Lehrgebäude

der

Mathematik.

Erstes Supplement,

enthaltend

die geometrischen Uebungaufgaben zum zweiten Bande des Lehrgebäudes.

Von

Alexander Freiherrn v. Forstner,

Lieutenant im 22sten Infanterie-Regiment und Mitglied der Ober-Militär-Examinations-Commission.

Mit dreizehn Kupfertafeln.

Berlin, 1823.
Gedruckt und verlegt
bei G. Reimer.

Sammlung

systematisch geordneter und synthetisch aufgelöseter

geometrischer Aufgaben,

bloß betreffend

Constructionen auf der Ebene.

Von

Alexander Freiherrn v. Forstner,

Lieutenant im 22sten Infanterie-Regiment und Mitglied der Ober-Militär-Examinations-Commission.

Mit dreizehn Kupfertafeln.

Berlin, 1823.
Gedruckt und verlegt
bei G. Reimer.

Seinem Bruder

Carl Freiherrn von Forstner,

Lieutenant im ersten Garde-Regiment zu Fuß,

widmet

diese Aufgabensammlung

als ein freundliches Andenken

der Verfasser.

Vorrede.

Ueber den Zweck dieses Supplementes zu meinem Lehrgebäude der Mathematik, spricht sich der erste Titel gegenwärtigen Buches, so wie meine, schon in der Vorrede zum ersten Bande des Lehrgebäudes ausgesprochenen Ansicht: dasjenige in besonderen, das Werk begleitenden Supplementen vorzutragen, was eine bloße Uebung des Vorgetragenen bezweckt; hinlänglich aus; und die Supplemente haben daher nicht den Zweck: Erläuterungen, weitere Ausführungen u. dgl. m. zum Hauptwerke zu geben, welche Zugaben, wenn sie auch, in sofern kein Werk vollkommen ist, zuletzt wol jedem großen Werke beigegeben werden oder ihm folgen müssen, dennoch immer als ein Mangel oder Fehler desselben anzusehen sind. — Es wäre daher überflüssig, diese Vorrede über die Grenzen obiger Zeilen auszudehnen; wenn ich nicht über die eigenthümliche Bearbeitung dieses Supplementes, besonders in sofern es zugleich ein Werk für sich ist, wie sein zweiter Titel zeigt, und über diesen Titel selbst, noch einiges zu sagen für nothwendig fände.

Wenn der Zweck von Aufgabensammlungen auch im Allgemeinen immer derselbe ist; so hat doch jeder Herausgeber einer solchen Sammlung, sowol in der Anordnung der Folge der einzelnen Aufgaben, als in der Art der Auflösung derselben, gewiß seine eigenen Ansichten. Die meinigen mögen daher hier folgen. — Die einzelnen Abschnitte und deren besondere Theile, sind so geordnet, wie sie den verschiedenen nach einander folgenden Theorien des zweiten Bandes des Lehrgebäudes, oder meiner Geometrie, entsprechen, so weit derselbe in seinem ersten Abschnitte, die ganze ebene Geometrie enthält, und wie auch bereits in jenem Bande, überall auf die verschiedenen Abschnitte dieses Supplementes, schon hingedeutet wird. Wer daher jenes Buch studirt, wird wol thun, wenn er nach Vollendung der einzelnen Theile der Geometrie, die, jenen Theilen entsprechenden Aufgaben dieser Sammlung, erst löset, ehe er die Theorieen des Hauptwerkes weiter verfolgt. Wer aber diese Sammlung von Aufgaben, ohne das Hauptwerk zu studiren, benutzen will, verliert nichts, denn die citirten Sätze, die sich allerdings auf den zweiten Band des Lehrgebäudes beziehen, befinden sich größtentheils auch in anderen geometrischen Werken. Durch diese Anordnung, mögte die vorliegende Sammlung, sich wol von ähnlichen Sammlungen unterscheiden, in welchen die Aufgaben so geordnet sind, wie sie zu einer bestimmten Gattung von Aufgaben gehören, gleich viel, welche Mittel zu ihrer Lösung angewendet werden müssen. Auch in gegenwärtigem

Buche, findet man die besonderen Gattungen von Aufgaben, in besonderen Theilen der einzelnen Abschnitte geordnet, nur ist diese Anordnung derjenigen untergeordnet, welche zuerst auf die Mittel zur Lösung, Rücksicht nimmt. So stehen z. B. die Aufgaben über die Verwandelung der Figuren, ohne Hülfe der Proportionen und der Aehnlichkeit, im ersten Theile des zweiten Abschnittes, und die Verwandelungen welche jene Lehren auch noch als Mittel voraussetzen, im zweiten Theile des vierten Abschnittes. Die Ueberschriften der verschiedenen Seiten, zeigen diese Eintheilung und Anordnung auf den ersten Blick. — Die einzelnen Aufgaben in den verschiedenen Theilen der Abschnitte, sind in solcher Folge vorgetragen, wie entweder die späteren eine nothwendige Folge der früheren sind, oder so, daß die schwereren den leichteren Aufgaben folgen. Dies mögte, besonders in Hinsicht der wechselseitigen Bedingung durch einander, bei den Aufgaben des zweiten und vierten Abschnittes vorzüglich der Fall seyn, weniger dagegen bei denen des ersten und dritten Abschnittes, wo jene nothwendige Folge, der Natur dieser Aufgaben weniger eigen ist, weshalb die Ordnung bei ihnen, mehr nach der Schwierigkeit ihrer Lösung sich richtet. Diese Bemerkung schließt aber eben so wenig eine gegenseitige Bedingung der Aufgaben dieser zuletzt genannten Abschnitte ganz aus, als das zuerst Gesagte hindern könnte, daß nicht einige an sich interessante Aufgaben, sobald sie nur dem ganzen Abschnitte entsprechen, den innigeren Zusammenhang der Aufgaben des zweiten und vierten Abschnittes, hin und wieder unterbrechen sollten. — Aus diesen Gründen habe ich diese Sammlung: systematisch geordnet, genannt.

Da der zweite Band des Lehrgebäudes, die gesammte Elementargeometrie nur synthetisch vorträgt; so werden die Mittel der algebraisch-analytischen Auflösungen, noch nicht als bekannt vorausgesetzt, daher denn auch alle in diesem Supplemente vorkommenden Uebungaufgaben, nur synthetisch aufgelöset werden. Das, in der Folge, den vierten Band des Lehrgebäudes begleitende Supplement, wird die Beispiele über die algebraische Art der Auflösungen allein abhandeln, indem es die Lehren der analytischen Geometrie, Trigonometrie ꝛc. begleitet. Dies hindert aber nicht, daß da, wo es dienlich ist, der geometrisch-analytische Weg, bei den folgenden Aufgaben angeführt wird. Es geschieht dies besonders bei den Aufgaben des dritten Abschnittes, und fast bei den meisten im vierten Abschnitte, jedoch immer nur in Anmerkungen, da die synthetische Methode, die Hauptabsicht bei dieser Sammlung bleibt. Nur da, wo die Aufgabe mehrere Fälle enthält, wird zuweilen der spätere Fall, durch die analytische Methode sogleich gelöset, um an ihm diesen Weg beim früheren Falle, zugleich mit zu erläutern (z. B. Aufg. 139. 2ter Fall). Eine Einleitung zu dieser Sammlung, giebt übrigens eine kurze Theorie der Aufgabe im Allgemeinen an. — Für die möglichst größte Mannigfaltigkeit der Auflösungen, mußte gleichfalls in einer, für die Uebung bestimmten Aufgabensammlung, gesorgt seyn, nur dürfte solche Mannigfaltigkeit, nicht allein in der mehrfachen Lösung derselben Aufgabe bestehen, sobald nicht eine neue Lösung durch ihre Eigenthümlichkeit, einen, für die Folge vielleicht nützlichen oder wichtigen Weg anzeigte (z. B. die zweite Auflösung der 119ten Aufgabe); sondern diese Verschiedenheit, mußte bei verschiedenen Aufgaben angewendet werden. Ueber die häufig vorkommende Verbindung des Beweises mit der Auflösung, spricht sich die Einleitung gleichfalls aus. Daß manche interessante, elementar aufzulösende Aufgabe, nicht in diese Sammlung aufgenommen ist, hat seinen Grund in der, größtentheils auf algebraischem Wege gefundenen Auflösung, wenn selbst der Beweis sehr einfach synthetisch geführt werden kann *). Die Aufgaben des vierten Abschnittes, geben vorzüglich Gelegenheit, die mannigfaltigen Anwendungen der allgemeinen Theorie der Proportionen, und die eigenthümlichen Wendungen zu zeigen, welche man den Auflösungen und Beweisen durch jene Theorie geben kann, und ist auf diese Mannigfaltigkeit sehr Rücksicht genommen. — Oft bedingt eine Aufgabe einen eigenen Lehrsatz, und in solchem Falle ist auch in dieser Sammlung, der Satz mit seinem Beweise angegeben (z. B. Aufg. 122. Zusatz 2.). — Diese Bemerkungen rechtfertigen gewiß die Benennung: synthetisch aufgelösete Aufgaben, wie der zweite Titel dieser Sammlung, die Auflösungen nannte.

---

*) Ich nenne hier nur als Beispiel die dritte geometrische Aufgabe, in meiner Sammlung neuer mathematischer Aufgaben, S. 67.

Alle Aufgaben sind vollständig aufgelöset und die Beweise ausführlich geführt, es sey denn daß ein besonderer, noch hinzugefügter Fall, beides überflüssig macht. Dies kann aber den Löser nicht abhalten, die Auflösung erst selbst zu versuchen, und sich bei den angeführten Lösungen und Beweisen erst dann Rath und Hülfe zu holen, wenn er beides nicht selbst finden kann. Auch ist diese völlige Durchführung der Lösung, dem Zwecke des ganzen Lehrgebäudes angemessen, welches nichts weniger als ein bloßer Leitfaden, seyn soll. Aber es bleibt dem Löser auch noch manches selbst zu denken übrig; denn von jeder Aufgabe ist nur der Hauptfall, wo möglich in seiner größten Allgemeinheit angeführt, und in besonderen Zusätzen, ist erst auf die Mannigfaltigkeit der Fälle, so wie auf verschiedene Lösungmethoden aufmerksam gemacht, wo dann oft nur so viel ausgeführt wird, als zur Hülfe nothwendig ist. Durch einfache Combinationen der verschiedenen Aufgaben, ist die Menge derselben ganz ungemein zu vervielfältigen; der Anfänger wird darauf, wie auf alles hier kurz Gesagte, an den gehörigen Stellen im Buche aufmerksam gemacht, und der Lehrer, der sich dieser Sammlung gewiß mit Nutzen bei seinen Schülern bedienen kann, wird in den angezeigten Verbindungen und Aenderungen der Aufgaben, Stoff genug zu neuen Aufgaben finden. Auch wird bei dergleichen neuen Fällen, oft auf besondere Beziehungen hingewiesen, welches gewöhnlich in Form von Fragen, zu denen der Leser die Antwort selbst zu finden hat, geschieht. Je nachdem der Löser durch die früheren Aufgaben schon geübt worden ist, wird in späteren Aufgaben oft nur das, denselben Eigenthümliche, durchgeführt, und für das bereits Bekannte der Weg angedeutet, der dann leicht selbst weiter zu verfolgen ist. Dies geschieht besonders in Hinsicht der Bestimmtheit der Resultate u. s. w., wie man es z. B. von der 12ten bis zur 17ten Aufgabe leicht bemerken wird. Die Aufgaben über die Constructionen bei den Parallelogrammen, gewähren besonders eine gute Uebung im Aufsuchen der verschiedenen Fälle, welche bei den Constructionen einer Figur in Hinsicht der gegebenen Stücke, stattfinden können. Die sieben, erst durch Hülfe der Kreislehre zu construirenden Aufgaben beim Rhomboides, mußten dieses neuen Mittels wegen, bis zum zweiten Theile des dritten Abschnittes, ausgesetzt werden. — Der Anhang zum zweiten Abschnitte, nemlich die Anwendung der Berechnung der Figuren auf Verwandelung und Theilung, rechtfertiget die Stelle, welche ihm dort angewiesen ist, durch das, was daselbst in der Einleitung gesagt wird. Dennoch sind späterhin nicht solche Anwendungen der Kreisberechnung, in diese Sammlung aufgenommen, indem sie dem Zwecke der bloßen Constructionen in der Ebene, noch ferner liegen, als die Anwendungen der Lehren jenes Anhanges. — Gern hätte ich noch einen fünften Abschnitt, vermischte Aufgaben enthaltend, hinzugefügt, wenn nicht vielleicht schon die Stärke gegenwärtigen Supplementes, die Grenzen eines solchen überschritten hätte, die ich, troß der größtmöglichsten Zusammendrängung dieser Aufgaben, nicht gut mehr einschränken konnte, weshalb ich auch meinen Wunsch, diesem Supplemente: eine Theorie der Constructionen im Raume mittelst der Projectionen, hinzuzufügen, nicht wol habe erfüllen können.

Unter den benutzten Werken, führe ich hier nur Grüson's Geodäsie. an, in so weit mir dieses, einen anderen Zweck als meine Sammlung habende schätzbare Werk, dienen konnte. Verschiedene Werke gaben mir einzelne Aufgaben, die oft erst durch neu zu erfindende Aufgaben, in der Gestalt vorgetragen, und mit anderen Aufgaben in die Verbindung gebracht werden konnten, in welcher sie hier erscheinen.

Das Supplement erscheint drittehalb Jahre später als es versprochen ist. — Der Grund hiervon liegt zunächst in meiner, zu Ende des Jahres 1820. erfolgten Versetzung aus Berlin. Die Fortsetzung der, damals bereits begonnenen Ausarbeitung dieses Supplementes, erfolgte unmittelbar, sobald die Möglichkeit eintrat, daß ich meinen Aufenthalt hierselbst, vielleicht auf längere Zeit, als fixirt ansehen dürfte. — Mögte diese Unterbrechung dem Werke nichts geschadet haben, und die gütigen Nachfrager nach dieser Sammlung, durch eine desto vollkommnere Arbeit, für ihr Warten möglichst entschädiget werden, so wie ich wünsche, daß das Buch Freunden der Mathematik Nutzen und Vergnügen, Kennern aber Befriedigung gewähren möge.

Berlin, im August 1823.

A. von Forstner.

Kurze Uebersicht des Inhaltes des ersten Supplementes.

Einleitung.

Ueber die Aufgabe.

Wenn die durch irgend eine Wissenschaft begründeten Wahrheiten und Lehren, in mannigfaltigen Verbindungen unter einander dazu dienen sollen, um gewisse Resultate zu erzeugen, welche entweder gemachte Forderungen, Bedürfnisse u. dgl. m., befriedigen, oder welche uns in den Anwendungen des Gelernten üben sollen; so ist es die Aufgabe welche uns mit dem Verlangten bekannt macht. Die Art und Weise wie die Aufgabe erfüllt wird, ist die Auflösung, und die Ueberzeugung von der Richtigkeit der Erfüllung, giebt uns der Beweis.

Es kann hier unmöglich der Ort seyn, eine vollständige Theorie der Aufgabe begründen und aufstellen zu wollen, die ihrem ganzen Umfange nach ein Gegenstand philosophischer Untersuchung ist *); sondern nur so viel von der Aufgabe soll hier vorangeschickt werden als nöthig ist, einen klaren Begriff von den Aufgaben über-

*) Man sehe über die Theorie der Aufgaben unter andern das 7te Hauptstück, im 1sten Bande von Lamberts neuem Organon, St. 276 u. fgd., so wie daselbst das 6te Hauptstück von den Beweisen handelt.

haupt, und von den mathematischen so wie hier wieder von den geometrischen besonders, zu erlangen.

Es giebt in der Mathematik gewisse Aufgaben, welche dazu dienen, um diejenigen Mittel vorzubereiten, die wiederum zum Beweise späterer Lehren dienen, oder die an sich eine eigene Theorie bilden; und solche Aufgaben gehören in den Vortrag der Mathematik selbst hinein. Weit größer ist aber die Menge derjenigen Aufgaben, welche weniger jenen eben genannten Zweck haben, als daß sie eine Uebung in der Anwendung der erlernten Sätze gewähren sollen, und solche Aufgaben sind in der Folge oft von großem Nutzen in den praktischen Anwendungen der Mathematik. Die Menge dieser Aufgaben ist unendlich, wie die Anforderungen selbst unendlich seyn können; man hat daher die wichtigsten unter ihnen, so wie diejenigen, welche als Hauptaufgaben anzusehen sind und viele besondere Fälle unter sich begreifen, aus jener Menge herauszuwählen, und sie in solcher Ordnung wo möglich aufzustellen, daß sie selbst ein systematisches Ganze bilden. Unter den isolirt stehenden Aufgaben dagegen, müssen nur die vorzüglichsten ausgewählt werden, die dann ihren Ort nach der auf sie anzuwendenden Theorie, unter den übrigen Aufgaben finden. Dies zu thun ist der Zweck der, die Lehrbücher begleitenden Sammlungen von Uebungaufgaben.

Wenn eine Aufgabe gegeben wird, so hat man vor allen Dingen erst zu untersuchen, ob dieselbe auch an sich möglich ist oder nicht. — Der Grund warum diese Untersuchung gewöhnlich unterlassen wird, ist wol der, weil die Aufgaben größtentheils nur so gegeben werden, daß an ihrer Möglichkeit nicht einmal gezweifelt wird. Die Folge von dieser Unterlassung ist theils der Verlust einer, durch jene Prüfungen zu gewinnenden Uebung und Fertigkeit im Vergleiche der Zusammenstimmung gegebener und daraus zu findenden Dinge (Größen u. s. w.); theils hat man in vielen Fällen auch unnütz Mühe und Zeit verschwendet, und kommt zu spät darauf, daß die Aufgabe unlösbar war. — Die unmöglich aufzulösenden Aufgaben sind aber selbst theils solche, die einen offenbaren Widerspruch in sich tragen, der gemeiniglich sogleich als Unsinn erkannt wird, oder sie sind solche, wo die Forderungen den Lehren der Wissenschaft widersprechen, und auch hier ist selten der Grund so verborgen, daß er nicht bei aufmerksamer Betrachtung bald in die Augen fallen sollte. Auf jeden Fall hat man sich jedoch von der Unauflösbarkeit einer Aufgabe genau Rechenschaft zu geben und den Beweis davon zu führen, was freilich in manchen Fällen sehr schwierig ist. — Hat man gefunden, daß eine Aufgabe in sich nichts Unmögliches enthält, so ist eine andere Frage die: ob dieselbe eine aufzulösende sey oder nicht; denn viele Aufgaben finden in den vorausgesetzten und bekannten Lehren, noch gar nicht die Mittel vorbereitet, die zu ihrer Auflösung führen; natürlich muß die Auflösung auch hier unterbleiben, aber wiederum Rechenschaft von den Gründen gegeben werden, warum sie unterblieb. Auch die hierzu nöthige Prüfung wird in der Regel unterlassen, aus denselben Gründen wie vorher bei den möglichen und unmöglichen Aufgaben angeführt wurde; der Schade hiervon ist derselbe, die Prüfung aber fast immer schwieriger als dort. — Wenn ein Bedürfniß im Leben die Lösung einer Aufgabe fordert, so kann man im Voraus überzeugt seyn, daß sie an sich möglich ist, denn wäre sie es nicht, so könnte das Bedürfniß der Aufgabe unmöglich durch sich selbst erzeugt seyn, oder man hätte die Aufgabe zu schnell für eine an sich nothwendige erkannt; beides gegen unsere Annahme. Aber die Frage ist allerdings noch problematisch, ob die Lösung solcher Aufgabe schon möglich ist oder nicht. — Wie diese Nothwendigkeit und die Theorie sich gegenseitig verhalten, liegt gewiß nicht verborgen, aber dies weiter durchzuführen, selbst nur für das Gebiet der Mathematik, ist hier nicht möglich.

Jede Aufgabe ist durch Bedingungen mehr oder minder beschränkt, und wenn diese Beschränkung auch so zu verschwinden scheint, daß man sie fast nicht erkennen kann, so liegt sie doch mindestens darin, daß gerade diese und keine andere Aufgabe gelöset werden soll. — Keinesweges macht aber die Menge der Bedingungen die Schwierigkeit der Auflösung aus; diese kann vermehrt oder vermindert werden durch die größere so wie durch die geringere Menge der Bedingungen. In den Bedingungen ist aber jedesmal das Mittel zu suchen, um über die Möglichkeit und Lösbarkeit, so wie über das Gegentheil hiervon zu entscheiden. Der besondere Fall der Aufgabe giebt hierzu die Regel an, und dem Geiste des Lösers wird diese Untersuchung, nach den weiter oben angeführten Grundzügen anzustellen, überlassen. — Man muß aber bei dem zur Aufgabe Gegebenen noch unterscheiden: die gegebenen Größen und die Bestimmungen zu deren Verknüpfungen. Beide Erfordernisse fallen nur bei den Aufgaben die möglichst allgemein sind zusammen; z. B.: man soll ein Paar Parallelen zeichnen; ist aber ein Punkt gegeben durch welchen die eine derselben gehen, oder gar noch eine Linie mit der die eine parallel laufen soll; so sieht man, daß hier schon bestimmte Größen gegeben sind *), mögen sie immerhin dem Löser in der Wahl selbst überlassen bleiben. Das Gegebene heißt im allgemeinen die Data der Aufgabe, die gegebenen Größen aber, besonders bei den geometrischen Aufgaben, die Stücke. Die zu den Auflösungen nöthigen Lehren, bestimmen gewöhnlich die Menge der Stücke so wie die Menge der

---

*) Wenn selbst der Punkt keine Größe an sich ist, so giebt er durch seinen Ort eine wichtige Bestimmung an.

möglich zu gebenden Verbindungen. Die folgenden Aufgaben werden oft Gelegenheit darbieten, alles hier allgemein Gesagte zu belegen.

Unter den möglichen Aufgaben sind ferner zu unterscheiden: die bestimmten von den unbestimmten Aufgaben. Erstere sind solche, wo das Resultat nur eines seyn kann, letztere Aufgaben dagegen lassen mehr Resultate, ja oft unendlich viele zu, wenn deren Menge nicht durch besondere Bestimmungen zwischen Grenzen eingeschlossen wird. Auch hier bleibt es stets dem besonderen Falle überlassen zu untersuchen, ob eine Aufgabe bestimmt oder unbestimmt ist, und es läßt sich höchstens allgemein sagen, daß eine Aufgabe um so unbestimmter sey, je allgemeiner sie gegeben ist, was jedoch noch Erläuterungen bedarf, die gleichfalls hier unterbleiben müssen. Für Aufgaben die zu einer bestimmten Gattung gehören, lassen sich zum Theil allgemeine Kennzeichen für die Bestimmtheit der Aufgabe anführen, die größtentheils in der Menge der Stücke und der Bedingungen ihren Grund haben.

Was die Auflösung der Aufgabe selbst anbetrifft, so ist es unmöglich allgemeine Regeln anzugeben, die unbedingt zur Auflösung jeder Aufgabe führen; denn die Wissenschaft wäre vollendet wenn eine oder einige solcher Regeln gegeben werden könnten. Höchstens sind es Wege die allgemein zeigen, wie man es anzustellen habe, damit die Lösung nicht ganz dem Zufalle überlassen bleibt; aber der Geist des Lösers der die Erfindung der Lösung erst erzeugen muß, ist unter keine Formel zu bringen. — Bald ist es der, doch nur untergeordnet mitwirkende Augenschein, bald die Aehnlichkeit einer besonderen Aufgabe mit anderen bekannten allgemeineren, bald die dunkele Vorstellung von der Art die Aufgabe zu lösen oder die Ahndung über den Zusammenhang der Aufgabe mit ihrer Lösung, u. dgl. m. *), was die erste Anregung zur Erfindung der Auflösung giebt. — Unter jenen vorher erwähnten Wegen finden wir nun zwei, die vorzüglich Beachtung verdienen, da sie auf eine wissenschaftliche Art die Lösung befördern helfen; und diese Wege sind der synthetische und der analytische. Wenn nemlich die Auflösung von ganz bekannten Operationen anfängt, und hierauf stets neue Mittel anwendet, bis sie zu einem Resultate gelangt das für das verlangte ausgegeben wird; so war dies die synthetische Methode der Lösung. Geht man aber von der Annahme der bereits vollzogenen Auflösung aus, und untersucht in welchen Verbindungen die zu findenden Größen mit den bekannten stehen, und gelangt so zu richtigen Sätzen oder zu einer nunmehr als nothwendig anerkannten Verknüpfung jener Elemente (d. h. der bekannten und unbekannten Größen) welche demnach die Auflösung bestimmen; so war dies die analytische Methode. Wie die eine das Umgekehrte der anderen ist, leuchtet gewiß sogleich ein, aber es ist auch nicht schwer zu finden, wie beide Methoden stets in einander begründet sind und sich gegenseitig bedingen; — ja man kann behaupten, jede synthetische Auflösung sey auf analytischem Wege gefunden, und bei jeder analytischen Auflösung ist die synthetische Darstellung erforderlich, wenn das Resultat wirklich erscheinen soll; es ist daher nur die Hauptrichtung des Weges, die über jede jener beiden Arten von Lösungen entscheidet. — Der analytische Weg an sich zerfällt für die geometrischen Aufgaben in zwei wesentlich verschiedenen Arten, nemlich: die geometrisch-analytische und die algebraisch-analytische Lösung. Während erstere nur im Gedanken jenen angezeigten Weg, höchstens durch Hülfe einer Figur zur Versinnli-

*) Man sehe auch das was die 2te Anmerkung der folgenden 71sten Aufgabe hierüber sagt.

chung jener Verbindungen, zurücklegt, bringt der letztere Weg durch Hülfe allgemeiner Bezeichnungen die gedachten Elemente in solche Verbindung, daß zwischen ihnen eine Gleichung formirt werden kann; und dann wird auf rein arithmetisch-algebraischem Wege, die unbekannte Größe berechnet und durch allgemeine Zeichen dargestellt. Dieses Resultat läßt sich nun in der Regel wieder in der Figur darstellen, aber das ganze Verfahren gehört der analytischen Geometrie an, die hier noch als unbekannt vorausgesetzt wird. Deshalb werden sämmtliche hier folgende Aufgaben nur auf synthetischem Wege gelöset, und nur zuweilen die geometrisch-analytische Auflösung in Anmerkungen gezeigt, wie bei den Aufgaben der ersten Abtheilung im dritten Abschnitte ausführlich geschieht, bei den früheren Aufgaben aber eben so leicht nachgewiesen werden könnte, und nur hier weggeblieben ist, weil Nachweisung dieser Methode an jenen Aufgaben vortheilhafter ist, überall aber nicht stattfinden konnte, ohne eine unnütze Weitläuftigkeit zu verursachen. Später finden sich gleichfalls noch zuweilen dergleichen Nachweisungen der geometrisch-analytischen Lösung, wo dies aus Gründen nöthig schien; der Leser aber wird der Uebung wegen wohl thun, diesen Weg überall wo er im Buche fehlt, selbst aufzusuchen.

Der Auflösung der Aufgaben selbst, sind nun die bildlichen Darstellungen der Begriffe durch Zeichen wesentlich, d. h. man bedarf der Constructionen, welche auf anschaulichem Wege die Verbindung der, die Auflösung bedingenden Begriffe nachweisen. In den ersten Erfordernissen sind die Constructionen begründet auf den sogenannten Forderungen, welche die einfachsten Verrichtungen, die an sich weiter keiner Rechtfertigung ihrer Ausführung bedürfen, in sich schließen, und in so fern gleichsam die Grundsätze der Aufgabe bilden. Im weiteren Verfolge aber, beruhen die Auflösungen selbst auf Aufgaben, d. h. auf die verschiedenen Verknüpfungen der Forderungen die schon ein zusammenhängendes und bewiesenes Ganze bilden, und solche Aufgaben sind eben jene den Lehrbüchern größtentheils zugehörende, oder sie sind aus diesen durch Zusammensetzungen schon abgeleitet. Bei der Lösung geometrischer Aufgaben ist die Construction von Hülflinien und Hülfflächen fast immer nöthig; erstere bestehen öfter in der Erfüllung von bloßen Forderungen, als die Construction der Hülfflächen, wo fast immer besondere, ihre Darstellung begründende Lehren erfordert werden. Was die Construction dieser Hülffiguren anbetrifft, so entspringt diese aus der jedesmaligen Nothwendigkeit der Auflösung, und sind wieder keine allgemeine Regeln hierüber zu geben. — Endlich können viele Aufgaben auf mannigfaltigen Wegen aufgelöset werden; der kürzeste ist natürlich der vorzüglichste, und wird in den folgenden Aufgaben auf verschiedene Auflösungen, nur bei besonderer Veranlassung Rücksicht genommen werden.

Die Führung des Beweises für die Richtigkeit der Auflösung, wird bei den synthetischen Auflösungen ganz wie bei den Lehrsätzen vorgenommen, indem man von der Art der Lösung als Voraussetzung, zum Resultate als der Behauptung hinaufsteigt; die analytische Auflösung dagegen, hat ihren Beweis bereits in sich, wenn man nicht das was die Wege dieser Auflösungart darstellten, in entgegengesetzter Ordnung, also synthetisch aufstellt, wo der Beweis denn wie nach jenen Lösungen geführt wird. — Größtentheils sondert man den Beweis von der Auflösung, oft aber verbindet man beide Momente d. h. Auflösung und Beweis so, daß nach jedem einzelnen Theile der Lösung der Beweis als begleitend zugefügt wird, und dies ist bei sehr zusammengesetzten Auflösungen mit Vortheil zu thun, da der abgesondert gegebene Beweis voraussetzt, daß man den ganzen Gang der Lösung stets gegenwärtig habe. Ueber die Natur der Beweise das Nähere beizubringen, ist hier der Ort nicht *). Wenn auch sie oft verschieden geführt werden können, so ist auch bei ihnen der kürzeste Beweis in der Regel vorzuziehen.

Bemerkt sey nur noch über die Aufgabe, daß sie stets als Lehrsatz aufgestellt werden kann, und daß eigentlich jede synthetische Auflösung als eine Voraussetzung, das Resultat von ihr aber als Behauptung angesehen werden kann (das Ganze also als Lehrsatz), der der Beweis folgt. Eben so klar ist aber auch, daß jeder Lehrsatz zur Aufgabe werden kann, wenn man die durch ihn behauptete Wahrheit, erst als zu erforschen d. h. noch als problematisch setzt. Es ist hiernach schwer eine bestimmte Grenze zwischen der Aufgabe und dem Lehrsatze zu ziehen; allgemein läßt sich dies so sagen: jede Wahrheit die in der Folge dazu dient, die Constructionen bei andern Lehren zu begründen, muß in Form einer Aufgabe aufgestellt werden. Ob die bloßen Uebungaufgaben diese Anforderung stets erfüllen, ist gleichgültig, und ihre Lehre ist oft der letzte Zweck selbst, den man bei ihrer Aufstellung sich vorsetzte.

Anmerkung. Wenn in der Folge bei den Auflösungen und Beweisen auf geometrische Lehren hingewiesen wird, so geschieht dies durch G. §. 11, und bezieht sich solche Hinweisung auf den zweiten Band meines Lehrgebäudes der Mathematik, der auch als besonderes Lehrbuch der niederen Geometrie erschienen ist.

*) Siehe Lehrgebäude der Mathematik 1ster Band, allgemeine Einleitung, II. von den Beweisen.

Geometrische Aufgaben.

Erster Abschnitt.

Constructionen bei Triangeln und Parallelogrammen, bloß zur Verzeichnung dieser Ebenen aus denen sie bestimmenden Stücken.

(Für diesen Abschnitt wird die Kenntniß der fünf ersten Kapitel im zweiten Bande des Lehrgebäudes der Mathematik, vorausgesetzt.)

I. Constructionen bei Triangeln.

(Siehe Lehrgebäude der Mathematik, zweiter Band §. 85, 4.)

1ste Aufgabe. (Fig. 1.)

Einen Triangel aus zwei Seiten und dem von diesen Seiten eingeschlossenen Winkel zu bestimmen.

Gegeben: die Linien n und m, nebst dem Winkel q; dieser Winkel soll von den beiden Linien als Seiten des Triangels, eingeschlossen werden *).

*) Man wird hier so wie bei den folgenden Aufgaben, leicht die

Auflösung. Ziehe eine Linie AC = m, trage an einen ihrer Endpunkte den Winkel BAC = q an (G. §. 50, 2.), mache den zweiten Schenkel AB = der zweiten gegeben Linie n, und verbinde die Puncte B und C; so ist △ABC der verlangte Triangel.

Beweis. Daß der erzeugte Triangel ABC die gegebenen Stücke unter der festgesetzten Bedingung wirklich enthält, folgt hier aus der gemachten Construction; daß aber der gefundene Triangel der einzig mögliche ist, welcher jene gegebenen Stücke enthält, d. h. daß derselbe bestimmt ist, folgt aus G. §. 44.; denn alle Triangel die man aus jenen Stücken unter der gedachten Bedingung construiren würde, wenn die Lage der Triangel auch noch so mannigfaltig ausfallen mögte, müssen nach jenem Lehrsatze congruent seyn. Es ist daher der Triangel ABC, völlig bestimmt *). — Welches zu beweisen war.

Zusatz. Daß die Aufgabe d. §. 6. für jeden Fall der Größe der Linien und des gegebenen Winkels möglich, also hierbei gar keine Einschränkung vorhanden ist, sobald der Winkel nur ein concaver Winkel (G. §. 28, I, e) ist (G. §. 120, Zusatz); wird aus der Construction wol sogleich einleuchtend seyn, da jenes Auf- und Antragen, so wie das Ziehen der Verbindunglinie, ohne Rücksicht auf die Größe der gegebenen Stücke, vollzogen wurde.

Anmerk. 1. Jenes in der Auflösung erwähnte Auftragen der Linien, und Verbinden der beiden Puncte, waren Forderungen, dagegen das Abtragen des Winkels, eine vorausgesetzte Aufgabe war, die in der Geometrie gelehrt wird, und worauf wir uns daher bloß beriefen.

---

gegebenen Größen von den gemachten Bedingungen unterscheiden. (Siehe die Theorie der Aufgabe in der Einleitung.)

*) Vergleiche auch hiermit G §. 84.

Anmerk. 2. Für diese, so wie für die fünf folgenden Aufgaben, vergleiche man G. §. 85, 1.

2te Aufgabe. (Fig. 2.)

Aus drei Linien einen Triangel zu construiren, so daß diese Linien die Seiten desselben werden.

Gegeben: die Linien n, m und t *).

Voraussetzung **). Die gegebenen Linien müssen so beschaffen seyn, daß die Summe zweier, immer größer als die dritte Linie ist, weil sonst kein Triangel entstehen kann (G. §. 66.; vergleiche auch §. 67, besonders die Anmerkung daselbst).

Auflösung. Ziehe eine Linie AC gleich einer der gegebenen Linien, z. B. gleich der t; aus dem einen Endpuncte derselben, beschreibe man mit einer zweiten der gegebenen Linien, z. B. aus A mit der n, den Kreisbogen df ***), eben so aus dem anderen Endpuncte C mit der dritten Linie m den Bogen hg; den Punkt B, wo beide Bogen sich schneiden, verbinde man mit den Puncten A und C, so ist △ABC der gesuchte Triangel.

Beweis. Daß der Triangel ABC die gegebenen Linien enthält, folgt wiederum aus der Construction, denn die Linie AB ist = der n, weil B ein Punkt in dem Bogen df, also AB ein Halbmesser für diesen Bogen ist (G. §. 18, 1.); eben so ist BC = m, und AC wurde gleich t gemacht. Daß der Triangel durch jene drei Linien bestimmt ist, folgt aus G. §. 49., mittelst derselben Betrachtungen, die bei der ersten Aufgabe im Beweise, angestellt wurden. Der Schnitt der beiden Kreis-

*) Die Bedingung liegt hier, so wie in der vorigen Aufgabe, klar vor Augen.

**) Vergleiche die Einleitung.

***) Dies ist eine Forderung; der Bogen dient hier der Kürze halber für einen ganzen zu beschreibenden Kreis.

bogen, folgt aber als nothwendig außerhalb der Linie AC, denn n+m ist größer als t=AC (laut Voraussetzung); verlängert man daher den Bogen dk bis zur Linie AC in p, so ist Ap=AB=n, folglich Cp<CB(=m). Würde man daher die m von C aus auf CA auftragen, so fällt der zweite Endpunct über p hinaus, und innerhalb des Kreises, von dem dp ein Bogen ist; denn: stellt man sich den Bogen dk zum Kreise BED ergänzt vor, und CB fiele außerhalb dieses Kreises z. B. in F, so wäre ja CF>DC, d. h. CB>AD+AC, oder m>AB*)+AC, oder m>n+t, was gegen die Voraussetzung ist. Indem also jener zweite Endpunkt der Linie m, innerhalb des Kreises BED fällt, der Mittelpunct des zweiten zu beschreibenden Kreisbogens (oder auch des Kreises) aber C ist, der außerhalb des Kreises liegt, so muß die Kreislinie bei ihrer Construction jenen ersten Kreis wieder verlassen, also dessen Kreislinie irgend wo schneiden. Ganz eben so würde dies bewiesen werden, wenn auch die Linie m > als AC wäre, ja selbst wenn n und m beide größer als AC sein sollten, denn sie müssen doch immer nach der Voraussetzung so beschaffen seyn, daß sie einzeln mit der AC zusammen genommen, größer als die andern sind.

Anmerk. Der hier gegebene Beweis für die Nothwendigkeit des Schnittes, darf nicht als überflüssig angesehen werden, wenn er auch etwas weitläuftig ist; der Anfänger kann ihn zur Uebung bei den verschiedenen Lagen der Figur, wiederholen. Wir erhalten erst durch diesen Beweis, die Ueberzeugung von der jedesmal stattfindenden Construction des Triangels, unter der, zu Anfang gemachten Bedingung. Die Lehre vom Kreise ist übrigens hier nicht mehr in Betracht gekommen, als sie schon bei den ersten Sätzen der Triangel nöthig war. (S. §. 18, Anmerk. 1.).

---

*) Es ist AB=AD (S. §. 18, 1.).

3te Aufgabe. (Fig. 3.)

Aus einer Linie und zwei Winkeln einen Triangel zu construiren, so, daß die Winkel der Linie, welche Seite des Triangels werden soll, anliegen.

Gegeben: die Linie n, ferner die Winkel p und q.

Voraussetzung. Die Summe der beiden gegebenen Winkel, muß kleiner als zwei rechte Winkel seyn, also $p + q < 2R$, weil sonst nach G. §. 58., kein Triangel daraus zu construiren ist.

Auflösung. Man nehme eine Linie AC = der n, und trage zu einer Seite derselben, an die Endpuncte, wechselseitig die gegebenen Winkel, nach G. §. 50, 2., an, so daß $\angle ABC = p$ und $\angle BCA = q$ wird; die beiden Schenkel verlängere man, bis sie in B einander schneiden; so ist $\triangle ABC$ der gesuchte Triangel.

Beweis. Auch hier ist es aus der Construction klar, daß der gefundene Triangel die gegebenen Stücke unter der gemachten Bedingung enthält; und daß derselbe völlig bestimmt ist, folgt aus G. §. 60., mittelst der, in der ersten Aufgabe erwähnten Betrachtung. Daß aber die Schenkel der beiden, an die AC construirten Winkel, sich verlängert schneiden müssen, was doch durchaus nöthig ist, folgt (aus G. §. 96.) nach unserer Voraussetzung. Zugleich sehen wir hieraus, daß unter jener Annahme, der Triangel immer entstehen muß.

4te Aufgabe. (Fig. 4.)

Ein Triangel soll durch eine Linie und zwei Winkel bestimmt werden, wovon der eine Winkel der Linie (als Seite) anliegen, der andere Winkel aber, ihr im Triangel gegenüber liegen soll.

Gegeben: die Linie n, der $\angle p$ welcher anliegen, und der $\angle q$ welcher ihr gegenüber liegen soll.

Voraussetzung. Die Summe der beiden gegebenen Winkel muß kleiner als 2R seyn; ebenfalls wegen G. §. 58.

Auflösung. Wird die Linie AC = der n gemacht, und der ∠BAC = dem ∠p der ihr anliegen soll; trägt man ferner an einen beliebigen Punct z. B. an D in der Linie AB den zweiten Winkel q = ADE an, und zieht alsdann durch den zweiten Endpunkt C der Linie AC, eine Linie CB parallel dem Schenkel DE (G. §. 97. Zusatz 1.), bis die Linie AB im Puncte M geschnitten wird; so ist △AMC der gesuchte Triangel.

Beweis. Da ∠CAD + ∠ADE oder ∠p + ∠q < 2R sind, so müssen sich die Linien AC und DE irgend wo schneiden (G. §. 96.), folglich schneidet sich auch die AC mit der MC, die parallel der DE gemacht wurde (G. §. 91. Zusatz). Es entsteht also immer ein Triangel nach unserer Construction. Da nun DE # MC ist, so ist auch ∠ADE = ∠AMC = ∠q (G. §. 97, 1.), weshalb der erzeugte Triangel die gegebenen Stücke unter den gemachten Bedingungen enthält. Daß aber endlich der Triangel auch der einzig mögliche für diesen Fall ist, lehrt §. 61. der Geometrie, wobei wiederum die, in den früheren Aufgaben erwähnten Betrachtungen, wiederholt werden können.

Anmerk. 1. Da die Summe aller Winkel des Triangels gleich 2R ist (G. §. 105.), so hätte man auch den Winkel suchen können, der mit den beiden gegebenen Winkeln p und q, zusammen 2R ausmacht, und wird dieser Winkel alsdann der Winkel ACM, d. h. der zweite, der Linie AC anliegende Winkel; so wäre alsdann diese Aufgabe, auf die dritte Aufgabe zurückgeführt.

Anmerk. 2. Da durch zwei Winkel eines Triangels, auch der dritte bekannt ist; so werden oft die beiden Lehrsätze §. 60. und §. 61. der Geometrie, worauf diese und die vorige Aufgaben beruhen, als ein Satz dargestellt; weil aber in dem Kapitel, wo die Congruenz der Triangel gelehrt wird, noch nicht jener Satz von der Summe der Winkel jedes Triangels bekannt ist, wodurch doch erst der dritte Winkel mit zweien anderen bestimmt werden kann, sondern weil jener Satz erst in der Theorie der Parallelen gelehrt wird; so müssen allerdings jene Sätze, als zwei besondere Lehrsätze aufgestellt und bewiesen werden.

Zusatz. Man sieht aus der Auflösung unserer Aufgabe zugleich, wie die Aufgabe zu lösen ist: durch einen Punkt C außerhalb einer Linie AB, eine Linie CM zu ziehen, die mit der AB einen gegebenen ∠q macht.

5te Aufgabe. (Fig. 5.)

Es sind zwei ungleiche Linien und ein Winkel gegeben; man soll einen Triangel construiren worin jene Stücke vorkommen, und wo der gegebene Winkel, der größeren der beiden Linien gegenüber liegt.

Gegeben: der Winkel n, ferner die Linien h und k, wo k > h ist; der Winkel n soll also der Linie k gegenüber liegen.

Auflösung. Wird eine Linie AB gleich der kleineren der gegebenen Linien, also gleich der h gemacht, trägt man alsdann den ∠n, an einen Endpunct z. B. an B dieser Linie an, so daß ∠ABE = n wird; und beschreibt man jetzt aus dem zweiten Endpunkt A mit der größeren Linie k nach der Linie BE hin einen Bogen pq, d. h. schneidet man mit der K von A aus die BE in C, so ist, wenn A mit C verbunden wird, △ABC der gesuchte Triangel.

Beweis. Da k > AB angenommen wurde, so ist auch k größer als der Perpendikel AD, welchen man von A aus auf die BC oder auf deren Verlängerung fällen kann, indem schon AB > AD ist; (G. §. 65, 2, a.); daher muß auch die k, irgendwo die Linie BE schneiden, so daß der ∠n oder ∠ABE ihr gegenüber zu liegen kommt, bei jeder Größe die auch ∠n haben mag. Hierdurch sehen wir also ein, daß die Aufgabe bei jeder Größe der gegebenen Stücke möglich

seyn

seyn muß, versteht sich, daß ∠n selbst nie größer als ein concaver Winkel seyn darf *). Daß ferner der gefundene Triangel die gegebenen Stücke unter den gemachten Bedingungen enthält, zeigt die Construction, und daß der Triangel völlig bestimmt ist, lehrt §. 71. der Geometrie.

6te Aufgabe. (Fig. 6.)

Einen Triangel zu bestimmen aus zwei Seiten und dem, der kleineren von beiden gegenüber liegenden Winkel.

Gegeben: die Linien n und t, so wie der ∠q; es ist $n > t$, und der ∠q soll der t gegenüber liegen.

Voraussetzung. Der gegebene Winkel q muß, da er der kleineren Seite **) im Triangel gegenüber liegen soll, spitz seyn (G. §. 62. Zusatz); ob die beiden gegebenen Linien, beliebig lang seyn können, wird die Auflösung und der Beweis sogleich lehren; eben so werden wir sehen, daß noch eine nähere Bestimmung über die Lage der kleineren jener Linien, gemacht werden muß.

Auflösung. Ziehe eine Linie AB = der größeren gegebenen Linie n, trage an einen ihrer Endpuncte, z. B. an A, den ∠q = ∠BAF an; aus dem zweiten Endpuncte jener Linie, also aus B, schneide man mit der Linie t, d. h. mit der kleineren der gegebenen Linien, die unbestimmt lange Linie AF, in C oder in E; verbindet man jetzt B mit einem oder mit beiden Puncten C und E, so erhält man zwei Triangel ABE und ABC, welche beide den Bedingungen der Aufgabe entsprechen.

---

*) Es sind daher auch bei dieser Aufgabe, keine weitere Voraussetzungen über die Größe der Stücke gemacht.

**) Ob diese Seite die kleinste im Triangel ist, bleibt hierbei gleichgültig, das hängt noch von der dritten sich ergebenden Seite ab.

Beweis. Es ergiebt sich auch hier wiederum aus der Construction, daß die erzeugten Triangel, beide die gegebenen Stücke, unter der gemachten Bedingung enthalten. Aber, eben weil wir zwei Triangel hier bekommen, so ist die Aufgabe unbestimmt, wenn nicht näher bezeichnet wird, welcher jener beiden Triangel der verlangte seyn soll, welches dadurch bestimmt wird, daß man entweder denjenigen Triangel verlangt, wo der, der größeren beider gegebenen Seiten gegenüber liegenden Winkel ein stumpfer, oder den wo er ein spitzer Winkel ist, da man hiernach △ABE (wo ∠BEA stumpf ist) oder △ABC (wo ∠BCA spitz ist) erhält. Daß man vom Puncte B aus, nach der Linie AF, zwei gleich lange Linien mit der t ziehen kann, folgt aus G. §. 65, 2, e, und liegen sie zu beiden Seiten des Perpendikels AD, den man vom Puncte B aus, auf die unbestimmt lange AF fällen kann. Was diese Linien übrigens weiter für Betrachtungen darbieten, ist G. §. 65, 2. gelehrt. — Allein, wenn die Linie t, kleiner als der Perpendikel AD ist, gegeben wird, so erhält man, indem die Lage der Linie AF, so wie die des Punctes B bereits völlig bestimmt ist, gar keinen Schnitt in der AF (G. §. 65, 2, a.); und hierin liegt wieder eine Einschränkung der Aufgabe, daß man nemlich wissen muß, ob die kleinere der beiden gegebenen Linien, auch größer als jener Perpendikel ist; ist sie kleiner, so ist die Auflösung nicht möglich, und ist sie ihm gleich, so ist △ABD, d. h. ein rechtwinklicher Triangel der erzeugte Triangel. Da übrigens $t < n$ gegeben ist, so kann der Schnitt mit der Linie AF, nicht über den Punct A hinaus, d. h. auf den Schenkel des Nebenwinkels von ∠BAF fallen, welches aus G. §. 65, 2, c folgt. — Jene beiden Einschränkungen, wozu noch die, vor der Auflösung genannte Voraussetzung gehört, müssen also wohl gemerkt werden; zwei von ihnen gehören zur Möglichkeit *), die dritte zur Bestimmtheit **) der Aufgabe. Ist aber alles dieses gehörig festgesetzt, so wird der erzeugte Triangel wiederum völlig bestimmt seyn, denn nach G. §. 73, ist jeder Triangel mit ihm congruent, welcher dieselben Stücke, unter denselben Bestimmungen und Voraussetzungen, enthält ***).

Anmerk. Die bis hieher gelöseten sechs Aufgaben, entsprechen den sechs Lehrsätzen der Congruenz der Triangel. — Siehe G. §. 74. und §. 85, 1.

7te Aufgabe. (Fig. 7.)

Einen gleichschenklichen Triangel aus seinen Stücken zu bestimmen.

Auflösung. Da beim gleichschenklichen Triangel durch eine der gleichen Seiten die andern, und durch einen der gleichen Winkel der anderen, schon mit bekannt ist (G. §. 45. und §. 47.); so darf man, wenn eine jener Seiten gegeben ist, die andere nicht auch besonders geben, und eben so bei jenen Winkeln. Die verschiedenen zu gebenden Stücke führen nun auf folgende Fälle, welche auf die bereits gelöseten Aufgaben zurückgeführt werden können:

1. Wenn eine der gleichen Seiten und der ungleiche Winkel gegeben sind. — Hier erhalten wir die erste Aufgabe. Uebrigens ist die Größe jenes Winkels willkührlich.

2. Wenn eine der gleichen Seiten und die ungleiche Seite gegeben werden. — Hier entsteht die zweite Aufgabe.

3. Wenn die ungleiche Seite und einer der gleichen Winkel gegeben sind. — Die dritte Aufgabe führt hier zur Auflösung. Der gegebene Winkel muß spitz seyn.

*) Die Größe des gegebenen Winkels, und der kleineren Seite, letztere in Hinsicht des gedachten Perpendikels BD.

**) Welcher jener beiden Triangel der verlangte ist.

***) Vergleiche G. §. 72. mit dieser Aufgabe.

4. Eine der gleichen Seiten und einer der gleichen Winkel sind gegeben. — Hier führt die vierte Aufgabe zur Auflösung; auch kann man sich der fünften so wie der sechsten Auflösung bedienen, da zwei Seiten und der, der einen von beiden (die in diesem Falle weder die größere noch die kleinere ist) gegenüber liegender Winkel gegeben ist. Da bei diesem, so wie bei dem 3ten Falle, der gegebene Winkel spitz seyn muß (G. §. 59, 2.), so kann die Frage, in Hinsicht eines der beiden Triangel (siehe die 6te Aufgabe) nicht entstehen. Eben so muß der Schnitt hier immer möglich seyn, da der, in der 6ten Aufgabe erwähnte Perpendikel, hier auf die Seite des spitzen Winkels fällt u. s. w. (G. §. 59, 4.).

5. Die ungleiche Seite und der ihr gegenüber liegende Winkel sind gegeben. — Hier kann man entweder den Nebenwinkel des gegeben Winkels suchen, welcher der Summe der beiden gleichen Winkel, gleich ist, daher die Hälfte desselben, einen der gleichen Winkel giebt, wodurch dieser Fall auf den 3ten Fall zurück geführt wird; oder man verfährt folgendermaßen: man trage auf die Schenkel des gegebenen ungleichen Winkels FAG (Fig. 7.); zwei beliebige doch gleiche Linien AC und AE auf, und verbinde C mit E, so ist △AEC gleichschenklich, und die Winkel E und C haben die Größe, die für sie die einzig mögliche ist, d. h. für die gleichen Winkel eines gleichschenklichen Triangels von jenem ungleichen Winkel *). Da aber die Grundlinie EC noch nicht gleich der gegebenen Linie seyn wird, so nehme man die gegebene Grundlinie und trage sie von C aus auf CE, so daß CD gleich derselben wird; durch D ziehe man eine Parallele DB mit der AE (nach G. §. 87, 2.) bis die AC geschnitten wird; so ist △BDC der gesuchte Triangel. Denn ∠DBC = ∠EAC (G. §. 97, 1.), gleich dem gegebenen Winkel, ferner ∠BDC = ∠AEC = ∠BCD,

*) Dies folgt einfach aus der zuerst erwähnten Betrachtung.

d. h. △BDC ist gleichschenklich (G. §. 47.), hat die gegebenen Stücke, und ist der einzig mögliche oder völlig bestimmte Triangel, eben der Größe der gleichen Winkel wegen.

Anmerk. 1. Es bedarf keiner Erinnerung, wie die Construction ferner ausgefallen wäre, wenn die gegebene Grundlinie größer als CE sich gefunden hätte.

Anmerk. 2. Daß man aus den Seiten und Winkeln eines gleichschenklichen Triangels, keinen neuen Fall, außer den erwähnten fünf Fällen, für die Construction desselben finden kann; lehrt eine einfache Betrachtung dieser Art von Triangel.

Anmerk. 3. Vergleiche G. §. 85, 3.

8te Aufgabe.

Einen rechtwinklichen Triangel aus seinen Stücken zu bestimmen.

Auflösung. Indem der rechte Winkel beim rechtwinklichen Triangel sich schon von selbst versteht, so darf derselbe nicht erst besonders gegeben werden, sondern die übrigen Stücke müssen in solchen Verbindungen bekannt seyn, daß sie mit jenem Winkel als drittes Stück, nach einer der sechs ersten Aufgaben, den Triangel bestimmen. Deshalb ist es aber auch wiederum nur nöthig, die hierbei vorkommenden Fälle aufzuzählen, und sie auf eine jener Aufgaben zurückzuführen. — Diese Fälle sind nun folgende:

1. Wenn die beiden Catheten *) gegeben sind. — Hier kommt Aufgabe 1 in Anwendung.

2. Wenn eine Cathete und der anliegende Winkel gegeben werden. — Daß dieser Winkel spitz seyn muß, folgt aus G. §. 59, 1. Die Aufgabe ist nun auf Aufgabe 3 zurückgeführt **).

---

*) Ueber die Erklärung der Catheten und der Hypothenuse, sehe man G. §. 64.

**) Daß kein Fall der Aufgabe 2 entspricht, ist klar, denn da der eine Winkel bekannt ist, können nicht noch 3 Seiten gegeben seyn.

3. Die Hypothenuse und der eine anliegende Winkel sind gegeben. Auch hier ist der Winkel natürlich spitz, und die Auflösung folgt aus der vierten Aufgabe.

4. Eine Cathete und der gegenüber liegende (spitze) Winkel sind bekannt. — Auch jetzt führt die vierte Aufgabe zur Auflösung.

5. Eine Cathete und die Hypothenuse sind gegeben. — Letztere Linie muß größer als die erstere seyn (G. §. 65, 1.). — Hier tritt die Auflösung der fünften Aufgabe ein.

6. Soll ein rechtwinklich gleichschenklicher Triangel construirt werden, so ist derselbe aus irgend einer seiner Seiten bestimmt. Denn: ist eine Cathete gegeben, so haben wir die erste Aufgabe, und ist die Hypothenuse gegeben, so kann man die Auflösung auf die dritte oder vierte Aufgabe zurückführen, indem ja alle Winkel eines solchen Triangels schon bestimmt sind (G. §. 106, 5.), daher diese auch nicht besonders gegeben werden dürfen.

Anmerk. Auch hier giebt es keinen neuen Fall, wie eine einfache Betrachtung eines rechtwinklichen Triangels zeigt. (Vergleiche G. §. 85, 3.)

Zusatz.

Wir haben uns durch die bis hierher gelöseten Aufgaben hinlänglich überzeugt, daß ein Triangel stets durch drei seiner Stücke völlig bestimmt ist, sobald sie nur so gegeben werden, daß den Bedingungen der Congruenz der Triangel entsprechen wird. Wenn bei den Fällen der beiden letzten Aufgaben, auch nur zwei Stücke scheinen gegeben zu seyn, so ist das dritte stillschweigend mitgegeben. — Werden weniger wie jene drei Stücke gegeben, so ist die Aufgabe unbestimmt, denn viele Triangel, die noch keinesweges unter einander congruent zu seyn brauchen, können deshalb doch jene Stücke enthalten; noch viel weniger aber, kann ein Stück jeden Triangel bestimmen. — Sind dagegen mehr als drei

Stücke gegeben, so wird die Aufgabe unmöglich; indem ein Triangel, welcher die drei ersten Stücke enthält, das vierte (oder gar noch mehr) entweder nur zufällig enthalten würde, und alsdann wäre es überflüssig dasselbe besonders zu geben, oder enthält er es nicht, so ist es, eben weil der Triangel schon ganz bestimmt ist, unmöglich, dasselbe ihm noch zu geben.

Nun wird aber ein Triangel auch oft durch die Verbindung einiger seiner Stücke bestimmt, aber die Menge der hierbei vorkommenden Fälle ist nicht aufzuzählen, der Mannigfaltigkeit wegen, die hierbei stattfinden kann. Oft werden dergleichen Aufgaben sehr einfach auf einem algebraischen Wege *) aufgelöset, ja es ist dieser Weg nicht selten der einzig mögliche, allein es sind auch oft hierbei Kenntnisse der Trigonometrie nöthig. Es mögen aber dennoch schon hier einige jener Aufgaben der Uebung wegen, folgen.

9te Aufgabe. (Fig. 8.)

Es soll ein Triangel bestimmt werden, aus einer seiner Seiten, dem dieser Seite anliegenden Winkel und aus der Summe der beiden anderen Seiten.

Voraussetzung. Die Linie welche die Summe der beiden Seiten angiebt, muß größer als die gegebene Seite seyn, wegen G. §. 66.; der Winkel aber kann jede beliebige Größe haben.

Gegeben. Die Linie n gleich der einen Seite, den $\angle p$ gleich jenem Winkel, und die Linie s gleich der Summe der beiden anderen Seiten.

Auflösung. Man zeichne eine Linie AB = der n, an einen ihrer Endpuncte z. B. an A, trage man den gegebenen $\angle p = \angle BAC$ an, und mache den anderen Schenkel AC = der gegebenen Linie s; dann verbinde man die Puncte C und B, halbire die Linie BC

*) Siehe die Einleitung.

(G. §. 52.), errichte auf der BC in der Mitte E einen Perpendikel (G. §. 53.), bis er die AC im Puncte D schneidet, dieser Perpendikel sey ED; den Punct D verbinde man mit B; so ist △BDA der gesuchte Triangel.

Beweis. Der Triangel BDA enthält die Seite n, und der ∠p liegt ihr laut Construction an; ferner ist △BED ≅ △EDC (G. §. 44.), denn BE = EC, ED = ED, ∠BED = ∠DEC als rechte Winkel; daher ist BD = DC (G. §. 40, 5.), und folglich AD + DB = AD + DC = AC = s, d. h. die Summe der beiden anderen Seiten im erzeugten Triangel, ist der gegebenen Linie s gleich, wie verlangt wurde.

Es ist aber mit obigem Beweise allein, noch nicht die Bestimmung des Triangels bewiesen, denn es könnten vielleicht noch mehrere (unter sich nicht congruente) Triangel jene Bedingungen erfüllen. Ferner muß gezeigt werden, daß jene Auflösung auch immer zu vollziehen ist. — Zuerst ist nun die Lage der Linie AB und der Linie AC, durch den ∠p völlig bestimmt. Man nehme jetzt an, es gebe in der Linie AC noch einen anderen Punct als D, welcher die Aufgabe auch auflöset, z. B. F, so verbinde man F mit B, und es müßte nun AF + FB = s seyn; da aber schon AD + DB = s ist, so müßte wiederum

AD + DB = AF + FB = AD + DF + FB seyn;

nimmt man hier AD = AD hinweg,

so bleibt DB = DF + FB übrig, was unmöglich ist, da es gegen G. § 66. streitet. Es kann also kein Punct über D hinaus die Aufgabe erfüllen. Wollte man einen Punct zwischen A und D, z. B. den Punct G als die Aufgabe erfüllend annehmen, so würde man, wenn G mit B verbunden wird, durch dieselbe Betrachtung wie oben, darauf stoßen, daß GB = GD + DB seyn müßte, was eben so unmöglich ist. Also ist △ABD der einzig mögliche, oder jene Stücke bestimmen ihn. — Was aber die Möglichkeit jener Construction, für jeden Fall, sobald nur die Bedingungen der Aufgabe erfüllt sind, anbetrifft; so verbinde man um solche zu zeigen den Punct E mit der gegenüber liegenden Winkelspitze A. Jetzt entstehen zwei Triangel AEC und AEB, worin EC = EB und AE = AE, aber laut Annahme AC > AB ist; daher ist auch ∠AEC > ∠AEB (G. §. 69.), und weil beide Winkel Nebenwinkel sind, so ist ∠AEC stumpf. Folglich fällt der in E errichtete Perpendikel auf die Seite des stumpfen Winkels, und muß die Linie AC irgend wo schneiden, da er weder die EA noch die EC treffen kann, und doch den Triangel AEC irgendwo bei gehöriger Verlängerung verlassen muß. — Indem diese Betrachtung nun, ganz ohne Rücksicht auf die Größe des Winkels p, oder auf die relative Größe der Linien s und n (nur daß s > n ist) gemacht würde; so findet jener Schnitt, und mithin die Auflösung unserer Aufgabe, für jeden Fall statt, die Linie s mag jede Größe über n hinaus haben. Zugleich steht es aber durchaus nicht in unserer Willkühr zu bestimmen, ob der gegebene Winkel der größeren oder der kleineren der beiden unbekannten Seiten des Triangels gegenüber liegen soll, indem wir bereits gezeigt haben, daß der Triangel völlig bestimmt ist, und es müßten offenbar zwei ganz verschiedene Triangel entstehen, wenn der gegebene Winkel einmal der größeren und dann wieder einmal der kleineren jener beiden Seiten gegenüberstehen sollte. Ist der gegebene Winkel ein stumpfer, so muß er ja überdem schon der größeren jener unbekannten Seiten gegenüberstehen.

Anmerk. Wie würde man wol nach der eben gelöseten Aufgabe, einen rechtwinklichen Triangel construiren, dessen Perimeter und eine Cathete gegeben wäre?

10te Aufgabe. (Fig. 9. und 10.).

Aus einer Seite, einem der anliegenden Winkel und aus der Differenz der beiden an-

deren Seiten, einen Triangel zu verzeichnen oder zu bestimmen.

Voraussetzung. Die Linie welche die Differenz der beiden Seiten angiebt, muß kleiner als die gegebene Seite des Triangels seyn, wegen G. §. 67.; der Winkel kann jede Größe (nur concav muß er natürlich seyn) haben.

Gegeben. Die Linie n als Seite, der ∠p ihr anliegend und die Linie d als Differenz der beiden zu findenden Seiten.

Auflösung. Diese Aufgabe theilt sich ihrer Natur nach, je nachdem der gegebene Winkel der größeren oder der kleineren der beiden zu suchenden Seiten gegenüber liegen soll oder kann, worüber das Nähere in der Auflösung gelehrt werden wird, in zwei Theile, nemlich:

a. Wenn der Winkel der größeren jener einzeln unbekannten Seiten gegenüber liegen soll, daher jede Größe haben, d. h. spitz, recht oder stumpf seyn kann (Fig. 9.).

Man ziehe eine Linie CB = der n, lege an einen ihrer Endpuncte den ∠ACB = p, und verlängere den Schenkel AC über C hinaus um CD = d, d. h. man suche den Nebenwinkel vom ∠p. Jetzt verbinde man D mit B, halbire BD*) in O, und errichte in O einen Perpendikel OA so weit, bis er den verlängerten Schenkel des Winkels p in A trifft; dann verbinde man A mit B, und △BAC ist der verlangte Triangel.

Beweis. Es enthält △BAC die Seite n, und der ∠p liegt ihr an; ferner ist △ADO ≌ △ABO (G. §. 44.), folglich AD = AB; also AB − AC = AD − AC = CD = d, d. h. die Differenz der beiden anderen

*) Wenn wir uns auf Aufgaben berufen die in der Geometrie gelöset werden, und schon einmal citirt sind, so fällt dies Zurückweisen ferner weg.

Seiten ist gleich jener gegebenen Linie d; ferner ist $AB = AD > AC$ d. h. der Winkel liegt der größeren Seite gegenüber.

Wir haben aber jetzt auch noch auf jene Betrachtungen Rücksicht zu nehmen, welche wir in der vorigen Aufgabe anstellten. Also zuerst: ist $\triangle ABC$ nun auch bestimmt? — Die Linie BC und der $\angle p$ können keine andere Lage gegen einander haben; allein man könnte vielleicht einen anderen Punct in der CA als den A, für einen, die Aufgabe auch lösenden Punct annehmen. Es sey also H derselbe, so verbinde man H mit B, und es müßte $HB - HC$ jetzt auch gleich d seyn. Dies ist aber nicht möglich, denn alsdann wäre:

$$BH - HC = BA - AC = BA - AH - HC,$$

da nun $-HC = \qquad -HC$ ist,

so auch $BH = BA - AH$

d. h. im $\triangle BAH$ ist eine Seite der Differenz der beiden anderen Seiten gleich, was gegen G. §. 67. streitet. Auf denselben Widerspruch würde man stoßen, wenn man jenen Punct H, über den Punct A hinaus, annehmen wollte, welches man leicht zeigen kann. Es ist also der gefundene Triangel völlig bestimmt. — Was aber die andere Frage anbetrifft, ob auch die Construction immer möglich sey zu vollziehen; so sehen wir, hierzu ist nothwendig, daß der Perpendikel OA, sich mit dem Schenkel CA auf der Seite der Linie DA schneidet, wo der $\angle p$ liegt, damit dieser Winkel in den Triangel zu liegen kömmt. Wenn aber der $\angle CDB$, den die Hülflinien BD mit dem rückwärts verlängerten Schenkel CD bildet, ein rechter, oder ein stumpfer Winkel ist, was, wenn $\angle p$ stumpf ist, wol möglich seyn könnte, so sieht man die Unmöglichkeit jenes doch nothwendigen Schrittes aus der Theorie der Parallelen leicht ein. Es muß also der $\angle D$ nothwendig ein spitzer Winkel seyn, oder sich als solcher während der Construction ergeben. Hieraus sieht man, daß es nicht genug für die Möglichkeit der Construction ist, wenn d < n gegeben ist, sondern dies kann sehr gut stattfinden, und nichts streitet dagegen, daß ∠BDC sich anders als spitz ergiebt, da er der grösseren Seite BC im △BCD gegenüber liegt. Wir würden also hierdurch berechtiget werden zu schließen, daß wir bei der Wahl der d, für diesen Fall *) nicht willkührlich verfahren können, wenn nicht erwidert werden könnte, daß vielleicht für solchen Fall, wo ∠D sich recht oder stumpf ergiebt, die gegebene Construction unvollkommen sey, und eine andere Auflösung jetzt stattfinden müßte **). Allein, wenn wir nun setzen, ∠D hätte sich stumpf oder recht ergeben, so muß, des einmal bestimmten Winkels p wegen, der dritte Winkelpunct des Triangels, doch immer in den Schenkel CA fallen, und man nehme an, irgend eine Construction könnte ihn in A geben; so ist, weil der Punct B auch schon bestimmt ist, △BAC der verlangte Triangel, und AB — AC = d = DC, daher AB = AC + DC = AD, folglich △BAD gleichschenklich, und in ihm endlich einer der gleichen Winkel, nemlich ∠D recht oder stumpf, was nicht möglich ist (G. §. 59, 2.). Also kann jener Triangel nun auch unter keiner Bedingung erfüllt, d. h. construirt werden, sondern die Aufgabe ist dann wirklich unmöglich. — Ist endlich der ∠p recht oder spitz gegeben, so kann sich schon ∠D nicht anders als spitz ergeben, weil ja ∠BCA > ∠BDC ist (G. §. 57.), und die Construction ist gewiß möglich (d. h. der Schnitt findet statt), sobald nur, was immer vorausgesetzt wird, d < n ist. — Soll aber noch bewiesen werden warum, wenn die Auf-

*) Ob bei den übrigen Fällen auch, wird die Folge bald lehren.

**) Dieser Einwurf ist einleuchtend; hätten wir aber wie bei der vorigen Aufgabe, die Construction für immer passend gefunden, so könnte wiederum kein Einwurf dieser Art gemacht werden.

gabe möglich ist, auch der Perpendikel OA die Linie CA über C hinaus trifft; so verbinde man O mit C, wo wieder Triangel BOC und △COD, die Seiten BO = OD und OC = OC, aber BC > CD haben, daher ∠BOC > ∠COD ist (G. §. 69.), also muß ∠COD spitz seyn, und der Perpendikel über C hinaus, d. h. auf CA fallen.

b. Wenn der gegebene Winkel der kleineren der gesuchten Seiten gegenüber liegen soll, also spitz seyn muß. (Siehe G. §. 63.) (Fig. 10.)

Man zeichne wieder eine Linie CB = n, lege den ∠p = ∠ACB an einen ihrer Endpuncte an, und mache CA = d d. h. gleich der gegebenen Differenz *), verbinde A mit B, halbire AB in O, und errichte in O auf der AB den Perpendikel OD, bis er die verlängerte CA in D trifft; so ist, wenn man D mit B verbindet, △CDB der gesuchte Triangel.

Beweis. △CDB enthält die Seite n, welcher der ∠p anliegt; es ist ferner laut Construction und G. §. 44., △AOD ≅ △BOD, daher AD = DB, und folglich d = CD − AD = CD − DB, d. h. die Differenz der beiden gefundenen Seiten ist der Linie d gleich. Da ferner DA + AC = DC > DA = DB ist, so liegt der Winkel der kleineren der gegebenen Seiten gegenüber.

Die Frage ob der △CDB auch bestimmt ist, wird durch die Annahme eines anderen Punctes als D in der AD, eben so bewiesen, wie es im vorigen Falle geschah. — Die Construction ist aber nur ausführbar, wenn ∠BAC stumpf, also ∠BAD spitz ist, denn nur alsdann kann sich der Perpendikel mit der verlängerten CA schneiden. Hierdurch erhalten wir wieder eine Einschränkung der Größe der gegebenen d, und man hätte leicht

---

*) In diesem Auftragen der d auf den Schenkel selbst, oder wie im vorigen Falle auf die Verlängerung desselben, liegt der Unterschied beider Auflösungen.

d $<$ n geben können, und doch wäre $\angle$ CAB vielleicht spitz geworden. Die Aufgabe wäre also für diesen Fall unmöglich, selbst noch, wenn $\angle$ CAB recht wäre. Wollte man wieder annehmen, daß eine andere Construction die Aufgabe dann noch vielleicht lösen könnte, so müßte doch der dritte Winkelpunct des Triangels, da C und B bestimmt sind, in der CD, des Winkels p wegen, liegen, und man hätte wieder, wenn $\triangle$ CDB der nunmehr erzeigte wäre, CA als Differenz, also AD = DB, d. h. einen gleichschenklichen Triangel ADB, wo $\angle$ A, als einer der gleichen Winkel, zugleich als Nebenwinkel eines spitzen Winkels, stumpf seyn müßte, welches unmöglich ist. Daß für den möglichen Fall der Aufgabe, sich der Perpendikel wiederum hier immer schneiden muß, liegt hier einfach vor Augen.

Zusatz. Wenn man annimmt, daß bei der gegebenen Differenz, die Seite welche dem gegebenen Winkel anliegt, als Minuendus erscheint, die dem Winkel gegenüber liegende Seite aber als Subtrahendus; so wird die Differenz negativ für den Fall, wo die anliegende Seite die kleinere seyn soll. Nun kann man allgemein sagen: wenn man den gegebenen Winkel an die gegebene Seite angetragen hat, so mache man den Schenkel gleich der gegebenen Differenz u. s. w. (wie die Auflösung gelehrt hat). Jetzt versteht es sich von selbst, daß, wenn die Differenz negativ war, dieselbe auch auf den rückwärts verlängerten Schenkel aufgetragen werden muß; welches ganz einfach aus dem Begriffe des Positiven und des Negativen folgt. Unter jener Bedingung also, würde die Auflösung einen allgemeineren Character erhalten.

Anmerk. 1. Vorstehender Zusatz ist von Wichtigkeit; denn, wenn man ohne darauf zu achten, wie der gegebene Winkel liegen soll, die Berechnung der Aufgabe (durch Trigonometrie, wovon hier die Rede nicht weiter seyn kann) anwendet, so ist jene zweideutige Eigenschaft der Differenz von Einfluß.

Anmerk. 2. Wenn man die Natur gegenwärtiger Aufgabe, mit der der 9ten Aufgabe vergleicht; so lassen sich an einer beliebig hierfür gewählten Figur noch manche Betrachtungen machen, die hier anzuführen nicht weiter hergehört.

11te Aufgabe. (Fig. 11, 12. und 13.)

Es soll ein Triangel bestimmt werden, aus einer Seite, dem dieser Seite gegenüber liegenden Winkel und aus der Summe der beiden anderen Seiten.

Voraussetzung. Die Summe der beiden Seiten, muß größer als die Linie gegeben seyn, welche die eine Seite anzeigt. Ob die Größe des gegebenen Winkels ganz beliebig seyn kann, oder ob eine gewisse Beziehung mit den gegebenen Linien stattfindet, wird die Auflösung und der Beweis lehren; daß er kleiner als 2R seyn muß, versteht sich von selbst.

Gegeben: die gegebenen Stücke brauchen nicht besonders construirt zu seyn; wenn die Auflösung sie in der Construction der Figur zu bringen verlangt, so sind die hier angeführten Stücke, die gegebenen *)

Auflösung. (Fig. 11.) Ziehe eine Linie AD gleich der Summe der gegebenen Seiten; an einen Endpunct dieser Linie, z. B. an A, lege man einen Winkel DAB gleich der Hälfte des gegebenen Winkels, an; aus dem zweiten Endpunct D der Linie AD, schneide man mit der gegebenen Seite des Triangels, d. h. mit DB, die Linie AB **), und ziehe DB; dann trage man an den Punct B, abermals die Hälfte des gegebenen Winkels so an, daß BA Schenkel des Winkels wird, also daß $\angle ABC$ gleich dieser Hälfte ist, und verlängere den Schenkel, bis AD in C geschnitten wird; so ist $\triangle BCD$ der gesuchte Triangel.

---

*) Diese Annahme, welche wir in der Folge öfter machen werden, fand bei den vorhergehenden Aufgaben nicht statt, und ist nur eine Abkürzung.

**) Der kleine Kreisbogen bei B, bedeutet den Schnitt.

Beweis. Laut Construction ist ∠CAB = ∠CBA, daher △BAC gleichschenklich (G. §. 47.), und AC = BC; folglich BC + CD = AC + CD = AD, d. h. die Summe der beiden Seiten BC und CD ist gleich der gegebenen Linie AD, welche die Summe angab; ferner ist ∠BCD = ∠CAB + ∠ABC (G. §. 104.), und da diese beiden Winkel laut Construction gleich und jeder die Hälfte des gegebenen Winkels ist, so ist ∠BCD das Doppelte eines jener Winkel, oder er ist wiederum gleich dem gegebenen Winkel. Endlich liegt dem ∠BCD in dem erzeugten Triangel, die gegebene Seite desselben laut Construction gegenüber. Es ist also △BCD ein solcher Triangel, welcher den Bedingungen der Aufgabe entspricht.

In den beiden vorhergehenden Aufgaben haben wir gesehen, daß noch mehrere Untersuchungen über die Bestimmung u. s. w. des Triangels anzustellen sind. — Zuerst bedeute nun △BCD (Fig. 12.), den in Fig. 11. construirten Triangel, und auch die beiden Puncte A in den beiden Figuren mögen sich einander entsprechen; so scheint zuerst die Auflösung selbst zweideutig, und zwei verschiedene Triangel als Resultat zu geben. Denn: wenn man aus dem Puncte D die unbestimmte Linie AB schneidet, so giebt es außer dem Puncte B, noch einen zweiten Punct E, so daß die Linien BD und DE gleich lang sind, und daß diese beiden gleichen Linien immer vorhanden seyn werden, ist einleuchtend aus G. §. 65, 2, e., und wie sie gegen den, aus D auf die AB zu fällenden Perpendikel DG liegen, ist auch dort gelehrt. Ferner müssen bei unserer gegenwärtigen Aufgabe, diese beiden Linien immer zu einer und derselben Seite der DA fallen, weil DB = DE < DA gegeben ist, und weil ∠A als Hälfte eines Winkels der kleiner als 2R seyn muß (d. h. des gegebenen Winkels), spitz ist. In dieser Betrachtung liegt aber auch klar, daß die gegebene Seite des verlangten Triangel, größer seyn muß als jener Perpendikel DG, sonst entsteht kein Schnitt, und die Auflösung wird unmöglich *), da im Gegentheile die Auflösung auf dem angezeigten Wege immer möglich ist, wenn diese Bedingung erfüllt ist. — Hätte man nun ferner statt der Linie DB, die DE gewählt, und ∠AEF = ∠A gemacht, also den △EFD erzeugt; so kann man jetzt eben so wie vorher geschahe beweisen, daß er die verlangten Eigenschaften in Hinsicht der Summe der Seiten EF + FD, und der Größe des Winkels EFD hat. Aber, hierin liegt noch keinesweges, daß △EDF ≌ △CBD ist, sondern es scheint vielmehr, als wären beide Triangel unter jenen gleichen Bedingungen, verschieden, und alsdann fände freilich keine Bestimmung statt, sondern die Aufgabe wäre unbestimmt. Nun ist aber ∠DBE = ∠DEB (da △BDE gleichschenklich ist), folglich ∠DEA + ∠DEB = ∠DEA + ∠DBE = 2R. Weil aber laut Construction ∠F = ∠C ist **), so ist EF ‡ BC (G. §. 94.), daher auch ∠AEF = ∠EBC ***), und es wird nun klar, daß:

∠DEA + ∠DBE = 2R = ∠DEF + ∠FEA + ∠DBC + ∠CBE ****) = ∠DEF + 2.∠FEA + ∠DBC = ∠DEF + ∠EFD + ∠DBC. Da aber auch

∠DEF + ∠EFD + ∠EDF = 2R ist (G. §. 105.), so ist ∠DEF + ∠EFD + ∠DBC = ∠DEF + ∠EFD + ∠EDF, folglich ∠DBC = ∠EDF.

Also haben die beiden Triangel DBC und EFD die Seiten DB und DE, so wie einen anliegenden und den

*) Dies ist also die Beziehung, welche noch zwischen den gegebenen Stücken statt finden muß wenn die Aufgabe möglich seyn soll. Daß jene Seite nicht allzuklein seyn darf, wenn der gegebene Winkel und die Summe der andern Seiten groß gegeben sind, sondern daß eine nähere Bestimmung vorhanden seyn mußte, ist wol für sich sogleich klar gewesen.

**) Jeder gleich dem gegebenen Winkel.

***) Auch sind diese Winkel laut Construction einander gleich.

****) Dies findet sich, weil die Winkel DBE und DEA aus jenen Theilen von Winkeln bestehen.

dieser Seite gegenüber liegenden Winkel einander gleich, und sind daher congruent (S. §. 61.), d. h. man hat denselben Triangel wie △DBC den die erste Construction gab. —

Sollte nun aber behauptet werden, daß dennoch hieraus keineswegs folge, daß nicht auf anderem Wege auch Triangel unter der gedachten Bedingung construirt werden könnten, die jenem Triangel nicht congruent zu seyn brauchten *); so nehme man zwei (also eben so auch mehrere) solcher Triangel an, z. B. △ABC und △ADE (Fig. 13.), und lege sie mit dem gleichen Winkel auf einander, wo wir nun annehmen, daß sie nicht sogleich congruirten, sondern so fielen, wie die Figur es giebt, also daß AE+AD=AB+AC wird **); so verbinde man B mit D. Nun ist auch AE+AD—AB—AD =AB+AC—AB—AD d. h. BE=DC. Weil aber laut Annahme auch ED=BC ist, so sind die Triangel EBD und CBD congruent (S. §. 49.), und folglich ∠BED=∠BCD; daher sind wiederum die Triangel AED und ACB congruent, da ED=BC und ∠A in beiden gleich ist (S. §. 61.). Es war also die in der Figur gewählte Lage, nur nicht die zur Deckung der Triangel erforderliche Lage, und leicht wird man erkennen wie diese Deckung erfolgen muß.

Es ist also hierdurch völlig bewiesen, daß die Triangel welche unsere Construction vorher gab, auch völlig bestimmt, daher die Aufgabe ganz gelöset ist. — Daß übrigens die gedachte Construction immer zu voll-

---

*) Es giebt nemlich keinen Lehrsatz der Congruenz, der die Congruenz der Triangel unter den Bedingungen unserer Aufgabe behauptete, es muß dieselbe daher hier bewiesen werden, wie es bei den vorigen Aufgaben auch geschah.

**) Wegen dieser gleichen Summen muß, wenn der Endpunct E des einen Schenkels über den Endpunct B hinausfällt, der Endpunct D des anderen Schenkels, in den Schenkel AC fallen.

ziehen möglich ist, wurde bereits während des Beweises hinlänglich bewiesen, wenn die Bedingungen nemlich die Auflösung selbst möglich machen.

Zusatz. Man sieht aus den drei letzten Aufgaben, daß es nicht genug ist den Triangel unter den gemachten Bedingungen zu construiren, sondern daß die Bestimmung des Triangels auch noch mancherlei Betrachtungen und Beweise erfordert, die eben nicht ganz kurz zu geben sind. Da aber hinlänglich gezeigt ist, worauf es beim Beweise für diese Bestimmtheit der Triangel ankommt, so mögen jetzt nur noch ein Paar Aufgaben, bloß mit ihren Constructionen folgen, und bleibt dem Leser, jene näheren Bemerkungen zu machen überlassen.

Anmerk. Wenn ein rechtwinklicher Triangel aus seinem Perimeter und der Hypothenuse construirt werden sollte; wie könnte dies wol nach der eben gehabten Aufgabe geschehen?

12te Aufgabe. (Fig. 14.)

Aus einer Seite, dem derselben gegenüber liegenden Winkel, und aus der Differenz der beiden anderen Seiten, den Triangel zu bestimmen.

Voraussetzung. Frage: Wie muß die Differenz der beiden Seitn in Hinsicht jener dritten Seite beschaffen seyn? — Kann der Winkel jede beliebige Größe (versteht sich nur kleiner als 2R) haben?

Gegeben. s = Seite, d = Differenz der beiden anderen Seiten, v = Winkel der s gegenüber liegt (die Stücke sind wieder nicht besonders abgezeichnet).

Auflösung. Vom gegebenen Winkel $v = \angle ADE$ suche man den Nebenwinkel EDF und nenne diesen n, dann mache man $\angle EDC = \frac{n}{2}$ (S. §. 51.), so ist $\angle ADC = v + \frac{n}{2}$; den Schenkel DC mache man = d, und schneide von C aus den Schenkel DA mit s =

CA. Dann halbire man AD in N, und errichte hier den Perpendikel NB bis die verlängerte CD in B geschnitten wird; verbindet man nun B mit A, so ist △ABC der gesuchte Triangel.

Beweis. △ABC hat die Seite AC = s; ferner ist BD = BA (G. §. 65, 2, e. und laut Construction) also BC − BA = BC − BD = DC = s. Endlich ist $\angle ADC = v + \frac{n}{2}$, also $\angle ADB = \frac{n}{2}$ (da $\angle ADB = \angle FDC = \frac{n}{2}$), daher auch $\angle BAD = \frac{n}{2}$ (G. §. 45.). Indem nun $\angle ABC = \angle ADC - \angle BAD$ (G. §. 104.), so ist $\angle ABC = v + \frac{n}{2} - \frac{n}{2} = v$; d. h. $\angle v$ liegt im △ABC der Seite s gegenüber. Wie verlangt war.

Als Untersuchungen und Bemerkungen zu dieser Construction, mögen folgende Fragen hier dienen *): 1) Wird sich der Perpendikel in N auf AD mit der über D hinaus verlängerte CD immer schneiden? d. h. wird ∠ADB stets spitz seyn? 2) Wird man wenn die obige Voraussetzung stattfindet, von C aus, stets mit der s die FA auf der Seite des stumpfen Winkels ADC schneiden können? 3) Werden alle Triangel die man unter den Umständen construirt wie die Aufgabe erfordert, congruent, d. h. wird der △ABC bestimmt seyn?

13te Aufgabe. (Fig. 15.)

Die Summe nebst der Differenz zweier Seiten eines Triangels und ein Winkel desselben sind gegeben; man soll den Triangel bestimmen.

Voraussetzung. Frage: Können die gegebenen Stücke jede Größe haben, oder hängt dies noch von anderen Bestimmungen ab? —

*) Siehe den Zusatz zur vorigen Aufgabe.

Gegeben. s sey die Summe und d die Differenz zweier Seiten, v aber der gegebene Winkel. — Je nachdem der Winkel von den beiden, nur durch ihre Summe und Differenz gegebenen Seiten, eingeschlossen werden, oder der größeren oder der kleineren von ihnen gegenüber liegen soll; zerfällt die Aufgabe in drei Theile.

1) **Der Winkel soll von beiden Seiten eingeschlossen werden.** Mache BE = s, schneide BD = d ab, halbire DE in A, und trage ∠BAC = v an A als Scheitel an, mache den Schenkel AC = AE, und verbinde B mit C; so ist △ABC der verlangte Triangel. (Bedarf gewiß hier keines besonderen Beweises, den jeder Leser leicht selbst findet).

2) **Der Winkel soll der kleineren der beiden Seiten gegenüber liegen.** Wenn wiederum BE = s und BD = d gemacht ist, trage man an den Punct B den ∠EBC = v, halbire DE in A, und schneide von A aus mit AE (oder AD) = AC den Schenkel BC; so ist △ABC der gesuchte Triangel. (Beweis ist höchst einfach.)

3) **Es soll der Winkel der größeren der beiden Seiten gegenüber liegen.** Nachdem man eine Linie $AC = \frac{s-d}{2}$ gemacht hat, trage man an ihren Endpunct C den ∠ACB = v, und schneide von A aus mit einer Linie AB, die man gleich AC + d gemacht hat, den Schenkel CB in B; so ist △ABC der gesuchte Triangel. (Beweis ist leicht zu finden.
$BA + AC = AC + d + AC = 2.AC + d$; laut Construction ist aber $AC = \frac{s-d}{2}$, also $2.AC = s - d$ und
$2.AC + d = s - d + d = s = BA + AC$).

Frage: Hat sich bei einer der Auflösungen etwas ergeben, das die Frage bei obiger Voraussetzung beantwortet? Werden die gefundenen Triangel auch bestimmt seyn?

Anmerk. Es giebt ein einfaches Mittel, aus der Summe und Differenz zweier Größen die Größen selbst zu bestimmen. Wenn sich dieses Mittel auch rein geometrisch beweisen läßt, so haben wir es dennoch hier aus begreiflichen Gründen nicht angewendet, und der Ausdruck in Nr. 3, $\frac{s-d}{2}$, (wenn er gleich den Kenner jenes Mittels an dasselbe erinnern wird) war doch hier in einer andern Bedeutung genommen.

Zusatz. Wenn die Summe und Differenz zweier Seiten und die dritte Seite gegeben sind — wie wird dann die Auflösung seyn, und welche Bedingungen werden die drei gegebene Stücke unter einander erfüllen müssen? (Ist sehr einfach nach der Lösung der vorigen drei Aufgaben zu finden.)

14te Aufgabe. (Fig. 16.)

Eine Seite, die Summe und die Differenz zweier Winkel eines Triangels sind gegeben; man soll den Triangel bestimmen.

Voraussetzung. Frage: Ist in Hinsicht der gegebenen Stücke etwas zu bemerken?

Gegeben. s sey die Summe, d die Differenz der beiden Winkel und n die gegebene Seite.

Man wird leicht finden, daß sich die Aufgabe ihrer Natur nach in drei Theile theilt.

1) Wenn die beiden Winkel deren Summe und Differenz gegeben sind *), der Seite n anliegen sollen. Ziehe eine Linie DE, trage an den einen ihrer Endpuncte z. B. an D den $\angle EDA = s$, und an den anderen Endpunct E zur anderen Seite der DE den $\angle DEN = d$, verlängere AD bis EN in N geschnitten wird, und verlängere dann abermals ND um NE = NC, verbinde endlich C mit E; so hat $\triangle CDE$ die verlangten Winkel. Denn $\angle ECD + \angle CED = \angle EDA$ (G. §. 104) $= s$; ferner $\angle NCE = \angle NEC$,

*) Könnte man hierfür wol sagen: wenn die beiden unbekannten Winkel u. s. w.; — ist der dritte Winkel etwa bekannt?

daher ∠DEC—∠ECN=∠DEC—∠CEN=∠NED=d. Da aber △CDE die Seite CE = n noch nicht haben wird (es müßte denn zufällig CE = n seyn), so verlängere man CE um EB, so daß CB = n wird, ziehe BA ⋕ ED; so ist △CAB der gesuchte Triangel, indem er die Seite n hat und seine Winkel B = DEC (G. §. 97, 1.) und C = C sind.

2) **Wenn der größere der beiden unbekannten Winkel der gegebenen Seite gegenüber liegen soll.** Man nehme eine beliebige Linie DE, trage an D den Winkel EDA = s, und an einen anderen Punct E den ∠DEN = d, verlängere AD bis EN in N geschnitten wird, und dann verlängere man wiederum DN um NC = NE, jetzt verbinde man C mit E; so wird wie in Nr. 1. gezeigt, daß ∠DEC + ∠ECD = s, und ∠DEC − ∠ECD = ∠DEN = d sey. Wäre nun CD = n, so würde die Aufgabe erfüllt seyn; da dies aber nur zufällig seyn könnte, so mache man CA = n, und ziehe AB ⋕ DE bis zur verlängerten CE; jetzt ist △ABC der gesuchte Triangel.

Anmerk. Woraus hätte man wol sogleich schließen können, daß die Auflösungen Nr. 1. und 2. fast dieselben (bis auf das Hineinbringen der Seite n) seyn mußten?

3) **Der kleinere der beiden unbekannten Winkel soll der gegebenen Seite gegenüber liegen.** Man mache eine Linie DE = n, trage an einen ihrer Endpuncte z. B. an D, den ∠EDA = s, und verlängere AD nach C zu, an E trage man den ∠DEN = d, bis AC in N geschnitten wird. Nun mache man NC = NE, und verbinde C mit E; so ist △DEC der gesuchte Triangel. Denn

∠DEC + ∠ECD = ∠EDA = s,

∠DEC − ∠NEC = ∠DEN = d = ∠DEC − ∠ECN,

da ∠NEC = ∠ECN ist; auch liegt die Seite DE = n, dem ∠DCE < ∠DEC gegenüber.

Anmerk. Warum konnte man füglich nicht bei den beiden ersten Fällen die Seite n gleich so mit in die Figur bringen, als es bei diesem dritten Fall geschah?

Frage. Welche Bemerkungen und Betrachtungen lassen sich auch hier bei diesen Auflösungen anbringen, und was dient um die Bestimmung der Triangel stets zu beweisen?

Zusatz. Könnte man für diese Aufgabe in Hinsicht der Winkel eine ähnliche Bestimmung machen, als im Zusatze der 13ten Aufgabe für die Seiten geschah? — Uebrigens: läßt sich das, was in der Anmerkung zur 13ten Aufgabe gesagt wurde, wol auch hier bei den Winkeln wiederholen?

15te Aufgabe. (Fig. 17.)

Eine Seite, die Differenz der beiden anderen Seiten und die Differenz zweier Winkel eines Triangels sind gegeben; man soll den Triangel bestimmen.

Voraussetzung. Frage: Was ist sogleich über die gegebenen Größen zu bestimmen?

Gegeben. n die Seite, d die Differenz der beiden anderen Seiten und v die Differenz zweier Winkel.

Auch diese Aufgabe theilt sich, je nachdem die Winkel deren Differenz man kennt, gegen die Seite n liegen, in folgende Fälle:

1) Wenn die gedachten beiden Winkel der Seite n anliegen sollen. Man mache eine Linie AB = n, trage an einen ihrer Endpuncte z. B. an A, den $\angle DAB = \frac{v}{2}$ und schneide mit BD = d von B aus den Schenkel AD in D, verlängere BD, und trage den sich hierdurch ergebenden $\angle CDA$ in A an AD, so daß $\angle DAC = \angle ADC$ wird, bis sich die Schenkel DC und AC in C einander schneiden; so ist $\triangle ABC$ der gesuchte Triangel. — Denn: der Triangel hat die Seite AB = n, ferner ist AC = CD (S. §. 47.), also

CB — CA = CB — CD = DB = d. Endlich ist ∠CDA = ∠CBA + ∠BAD (G. §. 104.) d. h. auch ∠CAD = ∠CBA + ∠$\frac{1}{2}$v; folglich ∠CAD + ∠DAB

= ∠CAB = ∠CBA + ∠$\frac{v}{2}$ + ∠$\frac{v}{2}$ = ∠CBA + ∠v,

daher ∠CAB — ∠CBA = ∠v d. h. die Differenz der beiden an n liegenden Winkel, entspricht auch der Forderung.

Anmerk. Frage: Hätte wol noch bestimmt werden dürfen, welcher der beiden unbekannten Seiten, d. h. der größeren oder der kleineren, jeder der unbekannten Winkel, nemlich wiederum der größere oder der kleinere, gegenüber liegen sollte?

2) **Wenn der größere beider unbekannten Winkel der Seite n anliegen, der kleinere aber ihr gegenüber liegen soll.** Man mache eine Linie AB = n, trage an den Endpunct A den ∠BAD = v, und schneide den Schenkel AD von B aus mit BD = d, verlängere alsdann BD um DC = DA, und verbinde C mit A; so ist △ABC der gesuchte Triangel. Denn: ∠DAC = ∠DCA (G. §. 45.) also ∠BAC — ∠BCA = ∠BAC — ∠CAD = ∠BAD = v, und BC — AC = BC — CD = BD = d; AB aber = n.

Zusatz 1. Der eben gehabte zweite Fall läßt sich noch in zwei Theile theilen, nemlich: wenn der der Seite n anliegende Winkel der größeren, oder wenn er der kleineren der unbekannten Seiten gegenüber liegen soll. Nr. 2. lösete den ersteren dieser Fälle, während der zweite Fall sich ohne andere als bis hierher vorausgesetzte Lehren, schwerlich so leicht mögte auflösen lassen.

Zusatz 2. Man wird noch einen dritten Fall dieser Aufgabe leicht finden, nemlich: wenn der größere beider unbekannten Winkel, der Seite n gegenüber liegen soll; wo wir wiederum zwei Unterfälle unterscheiden können, und zwar: wenn der kleinere der unbekannten Winkel alsdann der größeren, oder wenn er der kleineren der unbekannten Seiten gegenüber liegen sollte. Die Lösung beider Fälle muß aus demselben Grunde wie der 2te Fall des Zusatzes 1, hier noch unterbleiben.

Zusatz 3. Sollte eine Seite, die Differenz der beiden anderen Seiten und die Summe zweier Winkel gegeben seyn; so fällt diese Aufgabe auf die Aufgaben 10. und 12. zurück. Denn in der Summe zweier Winkel, ist der dritte Winkel des Triangels sogleich bekannt, und je nachdem nun die Lage der beiden unbekannten Winkel (also auch die des bekannten Winkels) gegen die gegebene Seite bestimmt ist, erhält man die beiden Fälle der Aufgabe Nr. 10. oder den einen Fall der zwölften Aufgabe.

Frage: Welche Bemerkungen u. s. w. lassen sich über die beiden gelöseten Fälle Nr. 1. und 2, und selbst über die ungelöseten Fälle der Zusätze 1. u. 2, so wie über die als gelöset anzusehende Aufgabe des dritten Zusatzes, machen?

16te Aufgabe. (Fig. 18.)

Eine Seite, die Summe der beiden anderen Seiten nebst der Differenz zweier Winkel eines Triangels sind gegeben; man soll denselben bestimmen.

Voraussetzung. Frage: Ist sogleich eine nähere Bestimmung über die gegebenen Größen nöthig?

Gegeben. n die Seite, s die Summe der beiden anderen Seiten und v die Differenz der beiden Winkel.

Daß die Lage der beiden unbekannten Winkel, deren Differenz man jedoch kennt, gegen die gegebene Seite, verschiedene Fälle der Aufgabe veranlaßt, ist wol deutlich, und zwar:

1) Wenn die beiden Winkel deren Differenz v ist, der Seite n anliegen sollen. Man nehme eine Linie = n = AB, errichte in A den Perpendikel AE, und schneide vom ∠ EAB einen Winkel

EAD $= \frac{v}{2}$ ab, so daß AE Schenkel dieses Winkels wird. Den anderen Schenkel AD schneide man von B aus mit BD $=$ s in D und ziehe BD. Nun trage man den $\angle$ BDA an AD in A an, so daß $\angle$ GAD $= \angle$ ADB wird. Wenn nun der Schenkel AG bis zum Schnitte mit BD in C verlängert wird, so ist $\triangle$ ABC der gesuchte Triangel. Denn da AC $=$ CD ist (G. §. 47.), so ist AC $+$ CB $=$ DC $+$ CB $=$ s, ferner hat $\triangle$ ABC die Seite AB $=$ n. Was die Winkel betrifft, so hat man: laut Construction $R - \frac{v}{2} = \angle DAB$, also

$$2R - v = 2.\angle DAB = 2.\angle DAC + 2.\angle CAB = \angle ACB + 2.\angle CAB \text{ (indem } \angle ACB = \angle CAD + \angle CDA = 2.\angle CAD \text{ ist)} = \angle ACB + \angle CAB + \angle CAB;$$

thut man hierzu $\angle$ CBA, so ist

$$2R - v + \angle CBA = \angle ACB + \angle CAB + \angle CAB + \angle CBA,$$

von diesen vier letzteren Winkeln machen aber die drei dem $\triangle$ ACB angehörenden Winkel $= 2R$ (G. §. 105), und man hat also $2R - v + \angle CBA = 2R + \angle CAB$; woraus $\angle CBA - v = \angle CAB$ d. h. $\angle CBA - \angle CAB = v$ folgt; also ist die Differenz der beiden, der AB anliegenden Winkel $=$ v, wie verlangt ist.

Anmerk. Frage: Hätte über die gegenseitige Lage der beiden an sich unbekannten Seiten und Winkel, wol noch eine nähere Bestimmung gegeben werden dürfen?

2) Wenn einer der beiden Winkel deren Differenz v ist, der gegebenen Seite gegenüber liegt.

Dieser Fall zerfällt wieder in zwei besondere Fälle, je nachdem nemlich der der Seite n gegenüber liegende Winkel der kleinere, oder wenn er der größere der beiden unbekannten Winkel ist, und jeder dieser beiden Fälle unterscheidet wieder die beiden Fälle, wo der, der Seite n anliegende Winkel, der größeren, oder wo er der kleineren der beiden Seiten deren Summe s ist, gegenüber liegen soll. Alle diese vier Fälle haben mehr oder minder Einschränkungen in Hinsicht der wechselseitigen Beziehung der gegebenen Stücke unter einander. Uebrigens mögten auch diese vier Fälle sich schwerlich so elementar wie die vorigen Aufgaben auflösen lassen.

Zusatz. Sollte eine Seite, die Summe der beiden anderen Seiten und die Summe zweier Winkel zur Construction eines Triangels gegeben seyn; so fallen die drei hierbei vorkommenden Fälle auf die 9te und 11te Aufgabe zurück, indem durch die Summe jener zwei Winkel, der dritte Winkel auch schon bekannt, und seine Lage durch die Bestimmung der Lage der beiden anderen Winkel, selbst bestimmt wird. Daß übrigens zwei dieser Fälle, wo einer der durch ihre Summe zum Theil bestimmten Winkel, der gegebenen Seite gegenüber liegen soll, in einen Fall sich vereinigen, folgt aus der 9ten Aufgabe.

Um die Menge dieser Aufgaben nicht allzusehr zu häufen, diene nur noch folgender Fall.

17te Aufgabe. (Fig. 19.)

Zwei Winkel eines Triangels nebst dem Umfange desselben (oder der Summe der drei Seiten) sind gegeben; man soll den Triangel construiren.

Auflösung. Man nehme eine Linie DE = jener Summe der Seiten, trage an jeden ihrer Endpuncte wechselseitig die Hälften eines der gegebenen Winkel an, und verlängere die Schenkel dieser angetragenen Winkel, bis sie in B einander schneiden. Dann halbire man DB in G und BE in F, errichte hier die Perpendikel GA und FC, bis diese in A und in C die DE schneiden, und verbinde A und C mit B; so ist △ABC der gesuchte Triangel.

Beweis. Laut Construction ist AD = AB und CB = CE (G. §. 65, 2, c.), also DA + AC + CE = AB + AC + CB, oder △ABC hat den verlangten Umfang. Ferner ist ∠BAC = 2.∠ADB und ∠ACB = 2.∠CEB, d. h. ∠CAB und ∠ACB, sind jeder gleich einem der gegebenen Winkel. Wie verlangt war. [Zur näheren Bestimmung dieser (bei der Erfüllung der nöthigen Voraussetzung, daß nemlich die Summe der beiden Winkel kleiner als 2R seyn muß) stets möglichen Aufgabe, diene hier nur zur Erinnerung, daß, da ∠D + ∠E stets kleiner 2R sind, die Schenkel sich schneiden müssen (wie in B G. §. 96.); ferner: da ∠D + ∠E auch < 1R seyn müssen (indem das Doppelte von ihnen < 2R ist), so ist ∠DBE stets stumpf, (G. §. 105.) und hieraus wird man sogleich sehen, daß die beiden Winkel D und E, sich innerhalb des Winkels B antragen lassen, ohne diesen Winkel zu erfüllen; die vollführte Construction war aber dieselbe, als wenn man ∠D = ∠DBA und ∠E = ∠EBC an BD und BE gelegen hätte.]

Zusatz.

Man wird nicht verkannt haben, daß es auch ein allgemeiner Character aller Aufgaben, von der 9ten an bis hierher war, daß immer nur drei Größen vorhanden waren, welche zur Bestimmung des Triangels gegeben würden, wenn gleich mehrere der gegebenen Größen auf gewisse Weise aus den Stücken des Triangels zusammengesetzt waren. Man vergleiche daher den Zusatz zur 8ten Aufgabe. — Aber auch andere Stücke als die Seiten und Winkel des Triangels selbst und deren Verbindungen, bestimmen den Triangel, worüber in der Folge noch einige Aufgaben folgen werden. (Siehe Aufgg. 94. bis 104. nebst der Anmerkung zur 97sten Aufgabe.)

II. Constructionen bei Parallelogrammen.

(Siehe Lehrgebäude der Mathematik, 1ster Band §. 143.)

Einleitung.

Indem wir die Construction der vier Arten von Parallelogrammen, um ihre Möglichkeit zu sehen, bereits G. §. 125. vorgenommen haben; bleiben noch diejenigen Constructionen für sie übrig, die aus der wechselseitigen Lage der Diagonalen oder anderer, für ein bestimmtes Parallelogramm sich nothwendig ergebenden Stücke, folgen. Zu diesen Stücken mögten außer den Diagonalen, noch die Winkel so wie die Perpendikel welche man vom Durchschnittspurcte der Diagonalen auf die Seiten fällen kann, zu rechnen seyn, versteht sich, in sofern sie sich nicht schon, als nothwendig für das besondere Parallelogramm ergeben, was aus den Lehrsätzen des fünften Kapitels zu erkennen ist. — Je nachdem die Art des Parallelogramms weniger oder mehr Stücke zu seiner Bestimmung nöthig macht, kann man sie in drei Klassen theilen: 1) das Quadrat, indem es aus einem Stücke, das nothwendig eine Linie seyn muß, sich bestimmen läßt; 2) das Oblongum und das Rhombus, die beide aus zwei Stücken, theils bloß Linien, theils Linie und Winkel zu construiren sind, und 3) das Rhomboides, das drei Stücke, ebenfalls bloß Linien oder Linien und Winkel erfordert. — Die Constructionen sind nun an sich auf die Construction der Triangel zurückzuführen, wie wir diese bereits gehabt haben. Die Bestimmung des Parallelogramms, oder der Beweis, daß alle aus denselben Stücken construirten Parallelogramme und unter denselben Bedingungen, congruent seyn müssen, ist gleichfalls auf die Congruenz der Triangel zurückzuführen, und wird daher als dort nachzusuchen, hier vorausgesetzt werden *). Die gegebenen Stücke werden auch hier nicht besonders abgezeichnet gegeben seyn, sondern wie bei den letzten Aufgaben der Construction der Triangel, erst in der Figur selbst erscheinen. Alle Bedingungen, Parallelogramme zu construiren aus einer Zusammensetzung der Stücke, wie sie den Aufgaben von der 9ten bis zur 17ten entsprechen würden, bleiben hier ganz weg, so wie die Wiederholung der vier Grundconstructionen G. §. 125.

18te Aufgabe. (Fig. 20.)

Quadrate zu construiren.

1) Aus der Diagonale.

Auflösung. Man halbire die gegebene Diagonale AC, und errichte in ihrer Mitte O den Perpendikel BD, den man zu beiden Seiten der AC, gleich $\frac{1}{2}$ AC macht, so daß BD = AC wird. Man verbinde nun die vier Puncte A, B, C und D zum Vierseit; so ist ABCD das gesuchte Quadrat.

Beweis. Nach G. §. 44. ist $\triangle AOB \cong \triangle BOC \cong \triangle COD \cong \triangle AOD$; daher $AB = BC = CD = DA$ (G. §. 40, 5.). Folglich ist ABCD ein Prllg. und zwar ein gleichseitiges (G. §. 122, 1.); da aber die beiden Diagonalen gleich sind (laut Construction), so kann es kein Rhombus seyn (G. §. 130.) und ist daher ein Quadrat. W. z. b. w.

Anmerk. Aus der Natur der vier vorher betrachteten Triangel, könnte man auch leicht zeigen, daß jeder der Winkel OBA, OBC, OCB rc. = $\frac{1}{2}$R, also $\angle$ ABC, $\angle$ BCD rc. = R sind; aber wir ziehen es vor, beim Beweise für die Bestimmung der Art des Prllgs. die gegebenen Stücke (vorher Diagonalen) selbst in Betracht zu ziehen. — Dasselbe ist auch stets

---

*) Es bleibt uns daher nur zu erweisen, daß die Construction ein Parallelogramm von der bestimmten Gattung erzeugte, und daß es die gegebenen Stücke hat, wenn sich dies letztere nicht schon von selbst ergiebt.

in der Folge zu merken, wo wir oft viele andere Beweise noch für diese Bestimmungen führen können, die dem Leser der Uebung wegen, alsdann überlassen bleiben.

2) Aus dem Perpendikel *) das Quadrat zu construiren.

Auflösung. Errichte am Endpuncte der gegebenen Linie EO (als Perpendikel) die Senkrechte AD, und mache EA = ED, ziehe DO und verlängere diese Linie um OB = OD; eben so ziehe die Linie AO, und verlängere sie um OC = OA; verbindet man die Puncte A, B, C, D zum Viereit, so ist dasselbe ein Quadrat.

Beweis. $\triangle EOD \cong \triangle EOA$ (G. §. 44.), also $OD = AO$, und daher auch $BD = AC$; ferner $\angle EOD = \angle EDO$, also jeder $= \frac{1}{2}R$ (G. §. 106, 5.); eben so $\angle EOA = \frac{1}{2}R$ also $\angle AOD = R$. Wie in Nr. 1. wird jetzt bewiesen, daß ABCD ein Quadrat ist, das überdies OE zum Perpendikel hat.

Anmerk. Hätte man gesagt: der Perpendikel beim Quadrate ist gleich der halben Seite desselben, so würde die Aufgabe sogleich auf G. §. 125, 1. zurückgeführt seyn.

Frage: Können noch andere Stücke zur Construction des Quadrates gegeben seyn, so lange man nur die Stücke als gebbar setzt, die in der Einleitung (vor dieser Aufgabe) als zu geben benannt würden? — Ist ferner das gegebene Stück einer Einschränkung unterworfen?

19te Aufgabe. (Fig. 21.)

Ein Oblongum zu construiren.

1) Aus einer Seite und einer Diagonale.

Auflösung. Man construire den rechtwinklichen Triangel ABD nach Aufg. 8, 5, so daß AB = der gegebenen Seite und BD gleich der Diagonale wird. Dann

*) Wir wollen hier und in der Folge, den vom Durchschnittspuncte der Diagonalen auf die Seite gefällten Perpendikel, bloß den Perpendikel nennen.

Dann ziehe man DC ⧺ AB und BC ⧺ AD durch die Puncte D und B; so ist ABCD das gesuchte Oblongum.

Beweis. Nach G. §. 122, 2. ist ABCD ein Prllg., ferner laut Construction ein rechtwinkliches (G. §. 123, 4.); daß es aber kein Quadrat sey, kann nur alsdann bewiesen werden, wenn man AB ungleich AD beweiset, was wiederum nicht anders geschehen kann, als wenn gegeben ist, daß die Linie BD nicht Hypothenuse in einem gleichschenklich-rechtwinklichen Triangel von der gleichen Seite AB, sey; ist dies, was also schon eine Bedingung der Aufgabe ausmacht, nicht bekannt, so kann es sich zufällig ergeben, daß ABCD ein Quadrat wird. — Schon in Hinsicht der gegenseitigen Größe der Linien AB und DB, muß eine Bedingung erfüllt werden, und zwar — welche?

2) **Aus einer Seite und dem anliegenden spitzen Winkel der beim Ziehen der Diagonale entsteht, das Oblongum zu construiren.**

Auflösung. Nach Aufgabe 8, 2. construire den rechtwinklichen △ABD aus der Seite AB und dem ∠ABD; ziehe wieder DC ⧺ AB und BC ⧺ AD; so ist ABCD das gesuchte Oblongum.

Beweis. Wie in Nr. 1. wird bewiesen, daß ABCD ein rechtwinklich Prllg. ist; daß es aber kein Quadrat sey, kann nur bewiesen werden, wenn man weiset, daß der gegebene ∠ABD — was nicht ist? (Siehe G. §. 136. und 135.)

Ganz auf ähnliche Art wird man mit Hülfe der Aufg. 8. (Nr. 3. und 4. daselbst) das Oblongum construiren wenn gegeben ist:

3) **Eine Diagonale und der anliegende Winkel** *).

---

*) Wenn hier und bei den folgenden Aufgaben von dem einer Diagonale anliegenden Winkel die Rede ist, so heißt das: ein

4) Eine Seite und der gegenüber liegende Winkel der zugleich der Diagonale anliegt.

Bei beiden Fällen Nr. 3. und 4. sind Bedingungen nöthig; welche?

5) Wenn eine Diagonale und einer der Winkel gegeben ist, unter welchen sich die Diagonalen schneiden.

Auflösung. Man halbire die als Diagonale gegebene Linie DB in O, trage hier den Winkel AOB = dem gegebenen Winkel an, mache den Schenkel OA = OB, und verlängere ihn über O hinaus um OC = OA, so daß also jetzt DB = AC ist. Verbinde endlich die Puncte A, B, C und D zum Vierseit ABCD; so ist dieses das verlangte Oblongum.

Beweis. Daß △DOC ≅ △AOB, und △DOA ≅ △BOC ist, folgt aus G. §. 44.; daher DC = AB und DA = BC; also ist ABCD ein Prllg. (G. §. 122, 1.). Da ferner BD = AC ist, so kann ABCD kein schiefwinkliches Prllg. seyn (G. §. 130.). Daß aber das Vierseit kein Quadrat ist, kann nur nach G. §. 68. bewiesen werden, wenn ∠ AOB ungleich 1 R gegeben ist (G. §. 138.). Hierin sehen wir also wiederum zugleich die Bedingung der Aufgabe. — Sind sonst noch Bedingungen vorhanden?

6) Wenn eine Seite und der ihr, beim Schnitt der Diagonalen unter sich erzeugte, gegenüber liegende Winkel gegeben ist.

Auflösung. Nach Aufg. 7, 5 construire man den gleichschenklichen △AOB, wo AB die gegebene Seite und ∠AOB der gegebene Winkel ist, verlängere alsdann AO um OC = AO und OB um OD = OB, so

---

von der Diagonale und einer Seite eingeschlossener Winkel, der als Theil eines Winkels des Prllgs von der Diagonale erzeugt wird.

daß also DB = AC ist, verbindet man die Puncte A, D, C und D; so ist ABCD das gesuchte Oblongum.

Beweis. Wie in Nr. 5. beweiset man, daß ABCD ein rechtwinklich Prllg. ist; daß es aber kein Quadrat werde, hängt auch hier vom ∠AOB ab, der — was nicht seyn darf?

Anmerk. Wäre AB und Winkel AOD gegeben, d. h. auch einer der durch den Schnitt der Diagonalen erzeugten, der Seite aber nicht gegenüber liegende Winkel; so ist leicht einzusehen, daß man nur den Nebenwinkel hätte zu suchen brauchen, wo dann Nr. 6. wieder eintritt.

7) Wenn einer der Perpendikel OE oder OF oder beide, nebst anderen Stücken des Oblongums gegeben werden.

Ohne hier in eine Aufzählung der verschiedenen leicht zu findenden Fälle einzugehen, sey bloß bemerkt, daß OE ungl. OF (G. §. 140.) ist, jeder dieser Perpendikel aber die Hälfte der Seite ist, auf die er nicht gefällt wird, d. h. OE = $\frac{1}{2}$AD und OF = $\frac{1}{2}$AB. Man kann daher diese Fälle sogleich auf diejenigen zurückführen, wo eine (oder beide) Seite unter den gegebenen Stücken ist; übrigens könnte man auch ähnlich verfahren, wie es Aufg. 18, 2. geschah.

20ste Aufgabe. (Fig. 22.)

Ein Rhombus zu construiren.

1) Aus einer Seite und einer Diagonale.

Auflösung. Man construire nach Aufg. 7, 2. einen gleichschenklichen △ABD, wo DB als ungleiche Seite gleich der gegebenen Diagonale, und AB = AD als gleiche Seiten, gleich der gegebenen Seite ist, dann ziehe man durch D die DC ⧣ AB und durch B die BC ⧣ AD; so ist Vierseit ABCD das verlangte Rhombus.

Beweis. Nach §. 122, 2. ist ABCD ein Prllg. das, laut Construction, da AD = AB ist, auch gleichseitig wird. Ob aber auch kein Quadrat entstanden sey, läßt sich nur dann beurtheilen, wenn ∠DAB schief ist. Hierin liegt also eine Bedingung der Aufgabe, die man so ausdrücken könnte: die als Diagonale gegebene Linie, darf nicht Hypothenuse in einem rechtwinklich-gleichschenklichen Triangel seyn, in welchem die gegebene Seite, eine der gleichen Seiten ist. — Die andere Bedingung welche, damit aus den Linien sich überhaupt ein Triangel construiren lasse, ist — welche?

2) Aus beiden Diagonalen das Rhombus zu bestimmen.

Auflösung. Halbire die eine als Diagonale gegebene Linie AC in O, und errichte hier den Perpendikel DB, so daß OD = OB = der Hälfte der gegebenen zweiten Diagonale wird; dann verbinde man die Puncte A, B, C und D zum Vierseit ABCD, welches das gesuchte Rhombus seyn wird.

Beweis. Nach G. §. 44. sind die Triangel AOB, BOC, COD und DOA alle congruent; daher AB = BC = CD = DA, d. h. ABCD ist ein Prllg. (G. §. 122, 1.) und zwar gleichseitig. Es wird aber ein Rhombus und kein Quadrat seyn, sobald die gegebenen Linien AC und BD ungleich waren (G. §. 129. und 130.), welches also eine Bedingung der Aufgabe ist.

3) Aus einer Seite und einem der, durch das Ziehen der Diagonale entstehenden anliegenden spitzen Winkel, das Rhombus zu construiren.

Auflösung. Nach Aufg. 7, 4. construire man den gleichschenklichen △ABD, so daß AB = AD = der gegebenen Seite, und ∠ABD gleich dem gegebenen Winkel wird; zieht man nun wieder DC ⧺ AB und BC ⧺ AD, so ist ABCD das gesuchte Rhombus.

Beweis. Wie Nr. 1. Damit man aber kein Quadrat erhalte, muß ∠ABD ungleich $\frac{1}{2}$R gegeben seyn, da ∠DAB = R wird, wenn ∠ABD = ∠ADB = $\frac{1}{2}$R ist; ferner muß ∠ABD < R seyn, weil ∠ABC =

oder > 2R werden würde, wenn ∠ABD = oder > R wäre (G. §. 135.).

4) **Aus einer Diagonale und dem derselben gegenüber liegenden Winkel im Rhombus, dasselbe zu bestimmen.**

Auflösung. △ADB wird nach Aufg. 7, 5. bestimmt, so daß die Diagonale gleich der gegebenen Linie = DB, und ∠DAB = dem gegebenen Winkel wird. Dann ziehe man wieder DC ⧣ AB und BC ⧣ AD, so ist ABCD das Rhombus.

Beweis. Wie Nr. 1. wird ABCD als gleichseitiges Prllg. bewiesen, das zugleich ein Rhombus und kein Quadrat seyn wird, wenn ∠DAB — wie gegeben ist?

Zusatz. Wäre die Diagonale DB und der ∠ABD gegeben, den die Diagonale halbirt (G. §. 135.); so würde man das Supplement desselben gesucht haben, welches ∠DAB ist, und wie vorher verfahren seyn.

5) **Aus einer Diagonale und dem ihr anliegenden, durch ihr Zeichen an ihr entstehenden Winkel, das Rhombus zu bestimmen.**

Auflösung. Aufg. 7, 3. lehrt den gleichschenklichen △DAB so construiren, daß die ungleiche Seite DB gleich der gegebenen Diagonale, und ∠DBA = dem gegebenen Winkel wird. Zieht man abermals DC ⧣ AB und BC ⧣ AD, so ist ABCD wieder das Rhombus.

Beweis. Wie Nr. 1. daß ABCD ein gleichseitiges Prllg. ist; ist nun ∠ABD ungleich $\frac{1}{2}$R und < 1R gegeben, so kann es kein Quadrat seyn (Siehe Nr. 3.).

Zusatz. Wäre z. B. die Diagonale DB und der ∠BAC gegeben, so hätte man ∠DAB = 2. ∠BAC, also die Aufgabe auf Nr. 4. zurückgeführt.

6) **Wenn eine Diagonale und einer der Perpendikel*) gegeben ist.**

---

*) Siehe Seite 48. unten bei *).

Auflösung. Construire einen rechtwinklichen Triangel $\triangle AOE$, wo $AO = \frac{1}{2}$ der als Diagonale gegebenen Linie zur Hypothenuse, und der gegebene Perpendikel OE eine Cathete wird (Aufg. 8, 5.); verlängere AO um $OC = AO$, und errichte in O auf AO den Perpendikel OB, so daß $\angle AOB = R$ wird, und verlängere OB bis zum Schnitte mit der verlängerten AE in B, BO verlängere über O hinaus um $OD = OB$ und verbinde endlich B mit C, C mit D, und D mit A; so ist ABCD das Rhombus.

Beweis. $\triangle AOB \cong \triangle DOC$ (G. §. 44.) und eben so $\triangle DOA \cong \triangle BOC$; also $AB = DC$ und $BC = AD$, folglich ABCD ein Prllg. (G. §. 122, 1.). Da der $\angle AOB = R$ ist, so ist es ein gleichseitiges Prllg. (G. §. 137. und 138.). Daß es aber wiederum kein Quadrat ist, folgt, sobald $\angle OAE$ ungleich $\frac{1}{2}R$ sich ergiebt, worin eine Bedingung der Aufgabe liegt, die man leicht ähnlich der Bedingung in Nr. 1. ausdrücken kann.

Zusatz. Es ist bei dieser Aufgabe nicht weiter Rücksicht darauf zu nehmen, ob der Perpendikel OE oder OF gegeben ist, denn beide sind einander gleich (G. §. 139.). Ferner werden die anderen Fälle, wo der Perpendikel nebst anderen Stücken des Rhombus gegeben ist, nicht weiter besonders in Betrachtung zu ziehen nöthig, und leicht in vorkommenden Fällen zu lösen seyn. Man könnte für die Construction des Rhombus nun noch folgenden Fall in Erwägung ziehen.

7) Eine Seite nebst dem Abstande zweier gegenüber liegenden Seiten des Rhombus sind gegeben; es soll dasselbe bestimmt werden.

Auflösung. Man construire den rechtwinklichen $\triangle ADG$, wo die gegebene Seite AD Hypothenuse, und der Abstand der Seiten von einander oder DG, Cathete ist, dann verlängere man AG so, daß $AB = AD$ wird, ziehe durch B die BC ⋕ AD und durch D die DC ⋕ AB; so ist ABCD das Rhombus.

Beweis. Nach G. §. 122, 2. ist ABCD ein Prllg. und zwar ein gleichseitiges; war nun ∠ DAB schief, so ist ABCD kein Quadrat sondern ein Rhombus.

Zusatz. Die Bedingungen sind wieder für diesen Fall leicht zu finden. Ferner ist es gleichgültig, welcher der beiden Abstände der gegenüber liegenden Seiten gegeben ist, da sie beide gleich sind (G. §. 141, 1.). Bedenkt man übrigens, daß der Abstand DG = 2.OE ist, so giebt die Einführung der Abstände nicht einmal wesentlich neue Bedingungen für die Aufgabe.

Anmerk. Uebrigens sind alle Aufgaben, die wir durch die Verbindung des Perpendikels OE (oder des Abstandes DG) mit den andern Stücken des Rhombus erhalten würden, schon hier lösbar, und ergeben sie sich aus sehr einfachen Betrachtungen.

21ste Aufgabe. (Fig. 23.)

Ein Rhomboides zu construiren.

1) Aus zwei Seiten und einer Diagonale.

Auflösung. Aus den drei gegebenen Linien, construire man nach der 2ten Aufgabe den △ABD. Ist nun DB die als Diagonale gegebene Linie, so ziehe man durch D die DC ⋕ AB, und durch B die BC ⋕ AD; so ist ABCD das verlangte Rhomboides.

Beweis. Nach §. 122, 2. und laut Construction, ist ABCD ein Prllg.; war nun AD ungleich AB gegeben, so ist das Prllg. kein gleichseitiges, und es wird auch kein Oblongum seyn, wenn ∠ DAB sich nicht gleich R ergiebt. Man wird also die Bedingungen leicht erkennen, welche unter den drei gegebenen Linien bestehen müssen, wenn das erzeugte Prllg. ein Rhomboides werden soll.

Folgende Fälle werden nun eben so leicht lösbar seyn, indem sie sich auf die Aufgaben, welche die Triangel ABD und AOB construiren lehren, zurückführen lassen. Die Bedingungen welche die zur Construction des Rhomboides gegebenen Stücke unter einander erfüllen müssen, ergeben sich alsdann eben so einfach wie bei jenen Aufgaben für die bloßen Triangel.

2) Wenn die beiden Diagonalen und eine Seite gegeben sind.

Da die Diagonalen sich wechselseitig halbiren (G. §. 127.), so nehme man von jeder der als Diagonale gegebenen Linien die Hälfte, und construire aus zweien dieser Hälften nebst der als dritten Seite gegebenen Linie, den △AOB nach Aufg. 2., verlängere AO um OC=AO, und BO um OD=BO; verbindet man A, D, C und B zum Viersett ABCD, so ist dasselbe das gesuchte Rhomboides. Denn: △DOC≅△AOB und △DOA≅△COB (G. §. 44.), folglich DC=AB und DA=CB, d. h. ABCD ein Prllg. (G. §. 122, 1.). Um die Natur des Rhomboides zu beweisen, ist ersichtlich, daß nähere Bedingungen über die wechselseitige Größe der gegebenen Stücken vorhanden seyn müssen, die sich nunmehr einfach feststellen lassen.

3) Zwei Seiten des Rhomboids nebst einem der Winkel, die durch das Ziehen der Diagonale erzeugt werden, und an den Enden derselben liegen*), sind gegeben.

Da die beiden gegebenen Seiten nur zwei aneinander stoßende Seiten seyn können, so kennt man, es mag von den acht Winkeln, die in Allem an den vier Enden der Diagonalen liegen, welcher es auch sey gegeben seyn, statt in einem der vier Triangel DBC, CBA, BAD und ADC, zwei Seiten nebst dem der einen von ihnen gegenüber liegenden Winkel, und man kann daher, je nachdem der gegebene Winkel der größeren oder der kleineren der gegebenen Seiten gegenüber liegen soll, nach Aufg. 5. oder 6. den Triangel construiren, wobei sich

*) Hierdurch werden diese Winkel von denen unterschieden, welche durch den Schnitt der Diagonalen entstehen.

das, die Bedingungen für die gegebenen Stücke Betreffende, dann leicht ergiebt.

4) Die beiden Diagonalen nebst einem Winkel der durch das Ziehen derselben an ihren Enden liegend entsteht, sind zur Construction gegeben.

Da in jedem der vier kleinen Triangel *), die durch das Ziehen der Diagonalen erzeugt werden, zwei Seiten, nemlich die halben Diagonalen, bekannt sind, der gegebene Winkel aber nothwendig in einem dieser Triangel, der einen Seite (Hälfte jener Diagonale) gegenüber liegt; so wird man bei näherer Bestimmung jener Lage, diesen Triangel nach Aufg. 5. oder 6. zu construiren haben, je nachdem nemlich laut Aufgabe, der gegebene Winkel an der kleineren Diagonale (also der halben größeren gegenüber) oder an der größeren (daher der halben kleineren gegenüber) derselben liegen soll. Ist △AOB, oder △BOC u. s. w. construirt, so ist das Rhomboides einfach zu ergänzen. (Siehe auch Nr. 2.).

5) Die beiden Diagonalen nebst einem Winkel des Rhomboids sind gegeben.

Die Lösung der Aufgabe unter diesen Bedingungen beruht auf, bis hieher noch nicht als bekannt vorausgesetzten Constructionen. (Siehe Aufg. 98.)

6) Eine Seite, eine Diagonale und der, durch das Zeichen der gegebenen Diagonale an deren Ende entstehende Winkel, sind zur Construction gegeben.

Sind die Stücke so gegeben, daß der Winkel der Seite noch überdies anliegen soll, so ist die Aufgabe 2. zur Construction des Triangels ADB (wo DB, AB und ∠DBA bekannt sind) leicht anzuwenden. — Soll aber der Winkel der gegebenen Seite gegenüber liegen,

*) Im Gegensatze der vier größeren Triangel, die wir in Nr. 3. betrachteten.

so wird, je nachdem die als Seite gegebene Linie die größere oder die kleinere der beiden gegebenen Linien ist, die Aufg. 5. oder 6. anzuwenden seyn, um den △ADB zu construiren. Die näheren Bestimmungen die Aufgabe 6. erforderte, dürfen für den Fall ihrer Anwendung hier nicht vergessen werden.

Wäre die Seite AB, die Diagonale DB und der ∠DBC gegeben, der zwar der Diagonale anliegt, sich aber nicht im △ADB befindet, so sieht man leicht ein, daß ∠ADB = ∠DBC ist. Eben so wäre es der Fall, wenn nebst der AB und DB, der ∠BDC = ∠DBA gegeben wär. Es treten also immer die beiden obigen Fälle nur ein. Uebrigens brauchte man auch nur den △DBC, wo DC = AB ist, zu construiren.

7) Eine Seite, eine Diagonale und ein Winkel des Rhomboids sind gegeben.

Hier muß noch näher bestimmt werden, ob der Winkel der als Diagonale gegebenen Linie gegenüber liegen soll, wo nach Befinden der Umstände die Aufg. 5. oder 6. eintritt; oder ob der Winkel einer von den Winkeln seyn soll, welche die gegebene Diagonale schneidet; und dann ist leicht einzusehen, daß man von dem sodann gegebenen Winkel nur den Nebenwinkel zu suchen hat, um sogleich wiederum den, der Diagonale gegenüber liegenden Winkel zu erhalten, wo der vorige Fall zur Construction eintritt.

8) Eine Seite, eine Diagonale und einer der, durch das Ziehen der anderen Diagonale entstehende und derselben anliegende Winkel sind gegeben.

Es wird wieder hier zu bestimmen seyn, ob der gegebene Winkel der als Seite gegebenen Linie anliegen oder gegenüber liegen soll. Ist hiernach z. B. AB, DB und ∠CAB gegeben; so hat man aus AB, $\frac{1}{2}$DB = OB und ∠CAB, den △AOB zu construiren, was nach den näheren Bestimmungen, ob OB oder $\frac{1}{2}$DB > oder

∠ AB seyn soll, laut Aufg. 5. oder 6. geschieht. Wie aus △ AOB das Rhomboides zu ergänzen sey, ist bekannt (Siehe auch Nr. 2.). Ist aber AB, DB und ∠ ACB gegeben, so kann die Aufgabe hier noch nicht gelöset werden. (Siehe Aufg. 99.)

Daß es gleichgültig ist ob ∠ CAB oder ∠ ACD, so wie ob ∠ ACB oder ∠ CAD gegeben ist, ist leicht einzusehen.

9) Eine Seite, ein Winkel des Rhomboids und einer der Winkel die durch das Ziehen der Diagonale an dieser liegend entstehen, sind gegeben.

Die beiden hier dem Anscheine nach zu unterscheidenden Fälle sind die, wo der zweite gegebene Winkel an derjenigen Diagonale liegt, welche selbst dem ersten Winkel gegenüber liegt, oder wo dieser zweite Winkel, ein Theil des ersteren ist. Wenn also gegeben ist AB, ∠ BAD und ∠ DBA, so wird △ ABD nach Aufg. 3, und wenn ∠ ADB der zweite gegebene Winkel ist, nach Aufg. 4. construirt. Zugleich sieht man ein, daß, wenn nebst AB und ∠ DAB, noch ∠ DBC oder ∠ BDC gegeben wäre, dies dasselbe seyn würde, als wenn man ∠ BDA oder ∠ DBA hätte. — Ist aber der zweite Winkel, ∠ CAB, so hat man durch den ∠ DAB, ja auch seinen Nebenwinkel ABC, also ganz dieselben Bedingungen zur Construction des Triangels ABC, als vorher zu der des Triangels ABD. Man könnte übrigens auch so verfahren, daß man an AB den ∠ DAB, und ∠ CAB antrüge; den Schenkel AC dann so weit verlängerte, bis eine Parallele durch B mit der Linie AD (die durch den ∠ BAD bestimmt in ihrer Lage ist) ihn in C trifft, wo △ ABC bestimmt wäre. Eine zweite Parallele durch C mit AB, bestimmt alsdann ein der unbestimmt langen AD, den Punct D. — Daß es gar keinen Unterschied machen würde, ob ∠ DAC, ∠ ACD oder ∠ACB als zweiter Winkel gegeben ist, ist leicht einzusehen.

10) Eine Seite und zwei Winkel, welche beide durch das Ziehen der Diagonalen an deren Enden liegend entstehen, sind gegeben.

Hier kann man folgende vier Fälle unterscheiden, die wir sogleich an der Figur betrachten.

a) Die AB nebst den Winkeln CAB und DBA sind gegeben. Nach Aufgabe 3 wird △AOB construirt, den man auf bekannte Weise zum Prllg. vollendet.

b) AB, ∠ABD und ∠BDA sind gegeben. Nach Aufgabe 4 ist △ABD zu construiren. Die Ergänzung zum Prllg. ist bekannt.

c) AB, ∠ABD und ∠DAC (oder ∠ACB) sind gegeben.

Auch die Auflösung dieser Aufgabe bleibt für die Folge aufbewahrt (Siehe Aufg. 100.).

d) Wenn gegeben ist AB, ∠ADB und ∠ACB. Die Auflösung unterbleibt gleichfalls hier noch (Siehe Aufg. 101.).

Man sieht, daß jede Verbindung zweier verschiedener *) jener acht Winkel, die an den vier Enden der beiden Diagonalen liegen, auf einen der vier obigen Fälle führen muß; denn: wenn man auch sechs solcher Verbindungen machen kann, so ist es in Hinsicht der Lage und der Construction gleichgültig, ob z. B. ∠DBA und ∠CAD, oder ∠CAB und ∠DBC, und eben so ob ∠DBA und ∠BDA, oder ob ∠BAC und ∠ACB gegeben sind. Daß die sich wechselseitig bedingenden Stücke, als z. B. ∠BDA und ∠DBC nicht beide gegeben werden dürfen, folgt aus der Natur der Aufgabe an sich.

---

*) Dies ist wol zu merken, da immer 2 und 2 der 8 Winkel wechselseitig gleich sind.

11) Eine Diagonale, ein Winkel des Rhomboids und ein Winkel der durch das Ziehen der Diagonalen an deren Enden liegend entsteht.

Ist DB nebst ∠DAB und einem der Winkel gegeben welche an der Diagonale DB liegen, d. h. ∠ADB (=∠DBC) oder ∠ABD (=∠BDC); so führt die Aufgabe 4 zur Construction des Triangels ADB. Ist nebst der DB und einem der vier an ihr liegenden Winkel, noch ∠ABC (oder ∠ADC) gegeben, so kennt man mit diesem auch seinen Nebenwinkel DAB, der auf die eben erwähnte Auflösung führt. Wenn dagegen außer der Diagonale DB und einem der vier Winkel des Rhomboids, noch einer der Winkel gegeben ist welcher an einem Ende der anderen Diagonale liegt, so muß auch diese Auflösung hier noch unterbleiben (Siehe Aufgabe 102.).

12) Eine Diagonale und zwei Winkel, die beide durch das Ziehen der Diagonalen an deren Enden liegend erzeugt werden, sind gegeben.

Auch hier lassen sich folgende vier, sogleich an der Figur zu zeigenden Fälle unterscheiden:

a) Die Diagonale DB nebst den beiden Winkeln BDA und ABD sind gegeben. Nach Aufgabe 3 wird △DBA construirt. Das Weitere ist bekannt.

b) Die DB, ∠DBA und ∠CAB sind gegeben. Aus $\frac{1}{2}$DB=OB nebst den beiden gegebenen Winkeln, kann △AOB leicht nach Aufg. 4. gebildet werden.

c) Die Diagonale DB nebst den Winkeln DAC und DCA ist gegeben. Wenn dieser Fall auch hier schon auf gewisse Weise zu construiren ist, so kann doch der vollständige Beweis erst später geführt werden; doch wird auch von diesem Falle eine, den anderen rückständigen Aufgaben ähnliche Auflösung gegeben werden. (Siehe Aufg. 103.)

d) Die DB und die Winkel DBA nebst DAC sind gegeben. Auch dieser Fall bleibt hier noch unaufgelöset (Siehe Aufg. 104.).

Was nach Nr. 10, d. über die Verbindung je zweier der acht gedachten Winkel gesagt ist, kann hier wiederholt werden; woraus man zugleich sehen wird, daß außer den obigen 4 Fällen kein wesentlich neuer mehr übrig ist.

Rechnet man zu den vorstehenden 12 Fällen noch den Fall G. §. 125, 4., so mögte man wol nicht leicht einen wesentlich neuen Fall finden, so lange man als gegeben ansieht: Seiten und Winkel des Rhomboides, so wie Diagonalen und Winkel, die an den Enden der Diagonalen liegen. Die Menge der möglichen Fälle zu Aufgaben wird aber sehr vermehrt, wenn man einen der Winkel unter denen die Diagonalen einander schneiden (und mit welchem zugleich alle vier jener Winkel gegeben sind), oder die Abstände des Punctes O von den Seiten, d. h. OI oder OF, die doch beim Rhomboides verschieden sind (G. §. 140.), unter sich oder mit den früher als gegeben betrachteten Stücken in Verbindung bringt. Die Abstände DG und AH, obgleich sie ungleich sind (G. §. 141, 2.), bedingen keine wesentlich neuen Fälle, da sie nur das Doppelte der Perpendikel OI und OF sind.

Anhang.

22ste Aufgabe. (Fig. 24.)

Jedes beliebige Polygon aus denen dasselbe bestimmenden Stücken zu construiren.

Auflösung. Die Zerlegung des Polygons durch Diagonalen in seine Triangel, und die Bestimmung nebst Aneinandertragung dieser einzelnen Triangel unter den gegebenen Umständen, ist alles was sich im Allgemeinen über die Construction der Polygone sagen läßt. Die

Menge der möglichen Bedingungen wird um so größer, je mehr die Anzahl der Seiten wächst, und wenn diese letztere n ist, so ist 2n—3 wie bekannt die Formel für die zur Construction des Polygons erforderlichen Stücke (G. §. 85, 2.). Sind indeß Bestimmungen gegeben die über die Natur einer besonderen Figur schon etwas Näheres feststellen, so mindert sich die Menge jener Stücke; als z. B. die Figur soll ein Paralleltrapez (G. §. 144.), oder sie soll eine symmetrische Figur (G. §. 145.), oder wol gar eine reguläre Figur seyn. Auch kann man die Figur durch andere Linien als bloß durch Diagonalen in Triangel zerlegen, z. B. durch Linien die von einem Puncte innerhalb der Figur aus gezogen werden; dies hindert aber nichts in Hinsicht der Menge der gegebenen Stücke.

Wir wollen an einem solchen Beispiele für die Construction eines irregulären Sechsseits, die Ausführung zeigen. Es seyen gegeben die neun Stücke: ∠BAF, ∠AFE als convexer Winkel, ∠ABC, ∠ABF der der Diagonale BF anliegt, die Seiten BC, CD, DE und AB nebst der Diagonale CE; ferner ist gegeben wie die verschiedenen Triangel sich aneinander schließen sollen.

Man construire zuerst △ABF nach Aufg. 3., so ergiebt sich die BF; man hat also im FBC die Seiten BF, BC und ∠FBC = ∠ABC — ∠ABF, und kann nach Aufg. 1. diesen Triangel construiren; indem sich wieder FC ergiebt, so hat man im △EFC schon zwei Linien, und ∠EFC ist auch dadurch bekannt, daß die Theile BFC und AFB des bekannten Winkels AFE, schon sich ergeben haben, also auch bekannt sind; indem man nun den Umständen nach, zufolge Aufg. 5. oder 6. den △EFC construirt, so hat sich die Linie EC ergeben, die wiederum mit den gleichfalls bekannten Seiten ED und DC sich nach Aufg. 2. zum △EDC vereiniget. So ist also die Figur ABCDEF bestimmt.

Es sey nur noch beiläufig erwähnt, daß die gegebenen Stücke nicht immer sogleich eine so vortheilhafte Lage haben, daß die Triangel sich so unmittelbar aneinander reihen lassen; denn man sieht z. B. wenn statt der CE, der ∠CDE gegeben worden wäre, man erst △CDE bestimmen müßte, um die Linie CE zu erhalten, die dem △CFE mit bestimmen hilft. Dieß verursacht indeß hier keine wesentliche Schwierigkeiten.

Zweiter Abschnitt.

Von der Verwandelung und Theilung der Figuren, in sofern noch keine Proportionen und Aehnlichkeit dazu erfordert werden *).

(Für diesen Abschnitt wird bloß die Kenntniß der sechs ersten Kapitel, oder des ersten Hauptstücks im zweiten Bande des Lehrgebäudes vorausgesetzt. — Siehe daselbst §. 191, 1.).

I. Verwandelung der Figuren **).

23ste Aufgabe. (Fig. 25. und 26.)

Einen Triangel ABC, in einen anderen Triangel zu verwandeln, der eine andere Grundlinie hat.

1) Wenn die Grundlinie größer werden soll.

Auflösung. Verlängere die Grundlinie AC (Fig. 25.) und mache AD gleich der neuen gegebenen Grundlinie; verbinde den Punct D mit der gegenüber liegenden

*) Siehe den vierten Abschnitt dieses Supplementes.

**) Siehe G. §. 190, 1.

Winkelspitze B, und ziehe durch C die Linie CE ⋕ DB*), bis die Seite AB in E geschnitten wird. Dann verbinde man die Puncte E und D mit einander; so ist △AED der verlangte Triangel.

Beweis. Es ist △ECB = △ECD, (G. §. 157. und
ferner △AEC = △AEC; laut Construct.)

daher △AEC + △ECB = △AEC + △ECD
d. h. △ABC = △AED W. z. b. w.

Auch könnte man sagen:

△ABD = △ABD, ferner
△BCD = △BED; (G. §. 157. u. laut Constr.)

also △ABD — △BCD = △ABD — △BED d. h.
△ABC = △AED.

Anmerk. Fast bei den meisten der hier folgenden Aufgaben, kann man den Beweis dadurch führen, daß man zu einer gewissen Fläche, die man mit sich selbst gleichsetzt, gleiche Flächen hinzuthut oder gleiche Flächen davon hinwegnimmt. Es wird aber genug seyn, hier immer nur eine dieser Beweisarten herzusetzen, und es dem Leser zu überlassen die zweite selbst zu suchen, was überdies einige Uebung gewährt.

2) **Wenn die Grundlinie kleiner werden soll.**

Auflösung. Trage auf die Grundlinie AC (Fig. 26.) die neue Grundlinie welche gleich CE seyn mag, auf; verbinde E mit B, ziehe durch A die AD ⋕ der EB, bis die Verlängerung der Seite CB in D geschnitten wird. Endlich verbinde man D mit E; so ist △DEC der gesuchte Triangel.

Beweis. Es ist △AEB = △EBD, (G. §. 157. u. l. C.)
ferner △EBC = △EBC;

daher △AEB + △EBC = △EBD + △EBC
d. h. △ABC = △EDC. W. z. b. w.

---

*) Die bereits im Lehrgebäude gelehrten einfachen geometrischen Aufgaben, werden nicht besonders mehr citirt, sobald sie früher schon gebraucht wurden.

Anmerk. Könnte man wol die Auflösungen beider Fälle unter eine Regel bringen, und wie würde diese heißen?

Zusatz. Da die Grundlinie eines Triangels eine seiner Seiten ist, so kann man nach unserer Aufgabe: jeden Triangel in einen anderen Triangel verwandeln, der eine bestimmte Seite hat.

24ste Aufgabe. (Fig. 27. und 28.)

Einen Triangel ABC, in einen anderen Triangel zu verwandeln, der eine andere Höhe hat.

1) Wenn die Höhe größer werden soll.

Auflösung. Man suche die Höhe BD des gegebenen Triangels (Fig. 27.), und verlängere sie so weit, bis die neue Höhe, die man von D aus aufträgt, sie in E schneidet, so daß also DE gleich dieser Höhe wird; dann ziehe man durch E die unbestimmt lange Linie EF ♯ AC, bis die Seite AB verlängert *) die EF in F schneidet. Dann verbinde man F mit C, ziehe durch B die BG ♯ FC, bis AC in G geschnitten wird; so ist, wenn man FG zieht, △AFG der gesuchte Triangel.

Beweis. Es ist △ABG = △ABG, ferner

△BGC = △BGF; (G. §. 157. u. l. C.)

also △ABG + △BGC = △ABG + △BGF d. h.

△ABC = △AFG.

Daß die Höhe FH des Triangels AFG, der Höhe ED gleich ist, folgt aus G. §. 90, 2.

2) Wenn die Höhe kleiner werden soll.

Auflösung. Hat man die Höhe BE (Fig. 28.) gesucht, und die neue Höhe = EF aufgetragen; so ziehe man wieder FD ♯ AC, bis BC **) in D geschnitten wird. Nun verbinde man D mit A, ziehe durch B die BH ♯ AD, bis die verlängerte Grundlinie CA in H geschnitten

*) Eben so hätte CB verlängert werden können.

**) Oder die andere Seite AB.

wird; verbindet man nun H mit D, so ist △HDC der gesuchte Triangel.

Beweis. Es ist wieder

△DAC = △DAC, ferner

△DAB = △DAH; (G. §. 157. u. l. C.)

also △DAC + △DAB = △DAC + △DAH d. h.

△ABC = △HDC.

Die Höhe DG des Triangels HDC, ist aus demselben Grunde wie im 1sten Falle, gleich FE.

Zusätze. (Fig. 29.)

1) Das Abschneiden eines Triangels und das gleichsam Wiederansetzen seiner Fläche durch einen anderen Triangel nach G. §. 157., macht den Hauptcharacter der Auflösungen der Aufgaben dieses Abschnittes aus, und wird in der Folge größtentheils nur kurz angegeben werden. —

2) Ueberdies führen zu der Auflösung der hier erwähnten Aufgaben oft mehrere Wege; so hätten wir z. B. bei der Verwandelung des Triangels AOB (Fig. 29.) in einen Triangel von der Höhe FC > Höhe OF, auch so verfahren können, daß wir C mit A und B verbinden, und durch O die OD ∦ AC so wie OE ∦ CB ziehen, wo sodann C, mit D und E verbunden, △DCE = △ABC giebt, da man leicht sieht, daß △ODC = △ODA, und △OEC = △OEB ist. Wenn aber solche andere Auflösung, nicht unter gewissen Umständen einen bedeutenden Nutzen gegen die hier angegebene Auflösung gewährt, so wird sie auch nicht besonders zu erwähnen nöthig seyn.

3) In der eben (Fig. 29.) gehabten Construction, wird man sogleich die Auflösung der Aufgabe erkennen: einen Triangel DCE in einen anderen Triangel zu verwandeln, dessen Winkelspitze in einen, beliebig innerhalb des Triangels DCE gegebenen Puncte O liegen soll. Wie man hier den △AOB erhalten wird, ist gewiß jetzt einfach zu finden.

4) Daß ferner die Puncte E, D, F und D (Fig. 25, 36, 27 und 28.), nicht allein die beiden vorigen Aufgaben, in Hinsicht der ihnen gegenüber liegenden Seiten, auflösen, ist wol klar, sondern daß man z. B. in Fig. 27. jeden Punct in der EF oder in deren Verlängerung mit den Endpuncten der AG hätte verbinden können, um einen Triangel zu erzeugen der die Bedingungen der Aufgabe auflöset. — Man sieht hieraus, daß, wenn auch der Inhalt des verlangten Triangels genau durch den Inhalt des gegebenen Triangels stets bestimmt ist, dennoch der erzeugte Triangel nicht in dem Sinne bestimmt ist, wie wir dies bei den Aufgaben des vorigen Abschnittes verstanden. Wir kennen also diese Aufgaben mit Recht zu den unbestimmten Aufgaben zählen; ob dies aber auch bei allen folgenden Aufgaben der Fall ist, mag dem Löser derselben zu überlegen, überlassen bleiben *).

5) Würde man wol haben verlangen können: den gegebenen Triangel in einen anderen Triangel, wozu Grundlinie und Höhe gegeben wäre, zu verwandeln? Warum oder warum nicht? — (Man vergleiche hiermit G. §. 162. und 167, 7.).

6) Man wird leicht finden, daß die vier erzeugten Triangel mit den zuerst gegebenen, einen Winkel gemeinschaftlich haben.

7) In jeder der beiden Auflösungen der Aufgaben 23. und 24., wird man endlich die Lösung der Aufgabe erkennen: einen Triangel in einen anderen Triangel zu verwandeln, dessen eine Winkelspitze ein Punct in einer Seite, oder in der Verlängerung einer Seite des gegebenen Triangels ist.

*) Die Willkühr mit der es uns bei den letzten Aufgaben überlassen war, die Grundlinie oder Höhe zu wählen die wir verändern wollten, zeigt schon einigermaßen von der Unbestimmtheit dieser Aufgaben.

25ste Aufgabe. (Fig. 30.)

Einen Triangel ABC, in einen anderen Triangel zu verwandeln, der einen gegebenen Winkel hat.

Auflösung. Man lege an die eine Seite z. B. an AC, den gegebenen Winkel = ∠EAC, bis der Schenkel AE, die Linie BE ⧺ AC gezogen, in E schneidet. Dann verbinde man E mit C; so ist △AEC der gesuchte Triangel.

Beweis. Ist aus G. §. 157. und laut Construction deutlich.

Man kann also auch leicht jeden Triangel wie △ABC, in einen rechtwinklichen Triangel, wie △DAC verwandeln.

Anmerk. Siehe Aufgabe 136.

Zusatz.

Merkt man darauf, daß der nach der eben gelösten Aufgabe erhaltene Triangel, mit dem gegebenen Triangel gleiche Grundlinie und gleiche Höhe hat *), so kann man nunmehr aus den drei gehabten Aufgaben stets die Aufgabe lösen:

einen Triangel in einen anderen Triangel zu verwandeln, welcher einen gegebenen Winkel, nebst einer gegebenen Grundlinie oder Höhe hat, wo jedoch der gegebene Winkel der Grundlinie anliegen muß **).

Daß es gleichgültig ist, ob man dem gegebenen Triangel erst den einen Winkel, und dann die Grundlinie (oder die Höhe) giebt, oder ob man umgekehrt verfährt, ist leicht einzusehen. Wird aber der neue Triangel nunmehr bestimmt seyn oder noch nicht?

---

*) Könnte man wol sagen einerlei Grundlinie und Höhe?

**) Siehe Aufg. 97. so wie daselbst Zusatz 2.

26ste Aufgabe. (Fig. 30.)

Jeden Triangel in einen gleichschenklichen Triangel zu verwandeln.

Auflösung. Wenn △AEC gegeben ist, so halbire man die AC in F, errichte FB senkrecht auf AC, bis die Parallele ED, durch E mit AC gezogen, den Perpendikel in B trifft. Zieht man nun BA und BC; so ist △ABC der gesuchte Triangel.

Beweis. Laut Construction und G. §. 44. ist △BFA ≅ △BFC, also BA = BC; ferner ist nach G. §. 157. △ABC = △AEC. W. z. b. w.

Zusatz.

Man sieht auch hier wieder sogleich, daß der neue erhaltene Triangel, gleiche Grundlinie und Höhe mit dem gegebenen Triangel hat, und es läßt sich durch einfache Zusammensetzung der Aufgaben 23, 24. und 26. stets die Aufgabe lösen:

einen jeden Triangel in einen gleichschenklichen Triangel zu verwandeln, der überdies noch eine gegebene Grundlinie oder Höhe hat.

Auch hier ist es gleichgültig, ob man erst den unbekannten gleichschenklichen Triangel erzeugt, und diesem dann die gegebene neue Grundlinie (oder Höhe) giebt, oder ob man umgekehrt verfährt. Im letzteren Fall hat man die, bei Figur 29. gezeigte Construction anzuwenden, denn man wird bald finden, daß, wenn daselbst △AOB gleichschenklich war, auch △DCE diese Eigenschaft erhalten wird. — Wie würde man dies beweisen? — Wäre der unter diesen Umständen erzeugte neue Triangel, nun bestimmt? oder könnte man ihm z. B. auch noch einen beliebigen Winkel geben?

Anmerk. Ueber die Verwandelung des Triangels in andere Triangel, siehe auch Aufg. 38, so wie Aufg. 133, 134. und einige andere Aufgaben.

27ste Aufgabe. (Fig. 31.)

Einen Triangel ABC, in ein Parallelogramm zu verwandeln, das einen Winkel des Triangels z. B. ∠ABC hat.

1ste Auflösung. Man fälle die Höhe AD des Triangels, halbire dieselbe in E, und ziehe durch E die EI ⫲ BC; eben so durch C, die CI ⫲ BA; so ist BHIC das gedachte Parallelogramm.

Beweis. Laut Construction und G. §. 122, 2, ist BHIC ein Prllg. Nach §. 163, a, ist aber △ABC = Prllg. BI.

2te Auflösung. Halbire in F die Grundlinie BC, ziehe FG ⫲ BA, so wie AG ⫲ BF; so ist AGFB das gesuchte Prllg.

Beweis. Folgt wie vorher aus G. §. 122, 2. und §. 163, 2.

Anmerk. Hätte man wol zwei Winkel geben können, welche das neue Prllg. haben soll? — Ist die eben gehabte Aufgabe bestimmt? Könnte man wol auf andere Art sie noch lösen, und wie?

Zusatz.

Gewiß bedarf folgende Aufgabe keiner besondern Auflösung mehr:

ein gegebenes Prllg. in einen Triangel zu verwandeln, der einen Winkel des Parallelogramms, oder auch jeden andern gegebenen Winkel hat, oder welcher gleichschenklich seyn, oder welcher eine bestimmte Höhe u. s. w. haben soll.

28ste Aufgabe. (Fig. 32.)

Ein Parallelogramm, in ein anderes Parallelogramm zu verwandeln, das einen*) gegebenen Winkel hat.

*) Siehe G. §. 123, 5.

Auflösung. Ist ABCD das gegebene Prllg., so trage man an eine Seite desselben, den gegebenen Winkel gleich ∠ EAD an, und verlängere den Schenkel bis zur gegenüber liegenden Seite oder deren Verlängerung in E, ziehe durch D die DF ⫲ AE; so ist AEFD das verlangte Prllg.

Beweis. Ist laut Construction und §. 156. deutlich.

Man kann hiernach jedes Parallelogramm in ein Oblongum verwandeln, denn ist ∠ GAD recht gemacht und DH ⫲ AG; so ist Oblongum GADH = dem Prllg. ABCD.

29ste Aufgabe. (Fig. 33.)

Ein Parallelogramm AO, in ein anderes Parallelogramm zu verwandeln, welches eine gegebene Seite hat.

Auflösung. Man verlängere eine Seite des Parallelogramms z. B. AC um CD gleich der gegebenen Seite des neuen Prllgs., ziehe DO und verlängere diese Verbindunglinie bis H, d. h. bis die verlängerte AB sie in H schneidet; ziehe durch H die Linie HF ⫲ AD, und durch D die DF ⫲ AH. Endlich verlängere man die CO bis zur HF in G, und die BO bis zur DF in E; so ist das Vierseit OGFE, das gesuchte Prllg.

Beweis. Laut Construction und G. §. 122, 2, ist AHFD ein Prllg.; eben so sind die Vierseite COED, OGFE und BHGO Parallelogramme, da ihre gegenüber stehende Seiten entweder parallel gezogen, oder Verlängerungen paralleler Linien sind. Da nun HD Diagonale in dem Prllg. AF ist, so ist Prllg. OF = Prllg. AO G. §. 168.; ferner ist die Seite OE = CD d. h. gleich der gegebenen Linie. Es erfüllt also das Prllg. OF die festgestellten Bedingungen. W. z. b. w.

Zusatz.

Wie leicht einzusehen, haben die Parallelogramme AO und OF die Winkel gleich. Man kann daher aus dieser und der vorigen Aufgabe zusammengesetzt, sehr leicht die Aufgaben lösen:

1) Jedes Parallelogramm in ein anderes Parallelogramm zu verwandeln, zu welchem eine Seite und ein Winkel gegeben ist.

2) Jeden Triangel in ein Prllg. unter einer gegebenen Seite und einem beliebigen Winkel zu verwandeln*). Daher jeder Triangel auch leicht in ein Oblongum zu verwandeln ist, zu dem noch überdies eine Seite gegeben werden kann**).

Auch hier ist leicht einzusehen, daß man der gegebenen Figur (Prllg. oder Triangel), erst die neue Seite und dann den Winkel geben, oder umgekehrt verfahren kann. Endlich ist die Aufgabe leicht zu lösen:

3) Ein Prllg. in ein anderes Prllg. das eine bestimmte Höhe hat zu verwandeln, wobei selbst noch ein beliebiger Winkel gegeben werden kann. Denn: verwandelt man das Prllg. in ein Oblongum so ist dessen Seite auch seine Höhe, wird dies in ein Oblongum von einer andern Seite verwandelt, so hat das neue Prllg. schon die neue Höhe, und verwandelt man dies Prllg. (Oblongum) in ein anderes Prllg. was den neuen Winkel hat (28. Aufg.), so behält es seine Höhe und die Aufgabe ist gelöset.

Anmerk. Hätte man wol ein Prllg. in ein anderes Prllg. verwandeln können, das eine bestimmte gegebene Grundlinie und eine gegebene Höhe hat? (Vergl. G. § 167, 5.)

30ste Aufgabe. (Fig. 32.)

Ein Prllg. in ein anderes Prllg. zu verwandeln, zu welchem die beiden Seiten gegeben sind.

---

*) Hierfür siehe Aufg. 27.

**) Wenn die Diagonale des verlangten Oblongums gegeben werden sollte, so wird diese Bedingung hier noch nicht geloset (Siehe Aufg. 97. Zusatz 1.).

Auflösung und Beweis. Ist EADF das gegebene Prllg., so gebe man ihm erst die eine Seite nach Aufg. 29.; gesetzt nun AEFD sey schon dieses Prllg. das die eine Seite AD hat*); so schneide man aus der einen Winkelspitze z. B. aus A, mit der anderen gegebenen Seite gleich AB, die gegenüber liegende parallele Seite EF in B, und ziehe AB, so wie DC ⧺ AB. Daß ABCD das gesuchte Prllg. ist, bedarf nunmehr kaum noch einer Erwähnung.

Anmerk. Hat die zweite gegebene Seite wol eine Grenze über die hinaus sie nicht gegeben werden darf? — Könnte man auch wol außer jenen beiden Seiten noch einen Winkel geben? Kann man verlangen, daß das eine Prllg. z. B. ein Oblongum seyn soll.

31ste Aufgabe. (Fig. 34.)

Ein gegebenes Parallelogramm ABCD, in ein Rhombus zu verwandeln.

Auflösung. Ziehe eine Diagonale AC, halbire sie in O, und errichte hier den Perpendikel OE bis eine, durch D mit AC gezogene Parallele DG, in E geschnitten wird. Nun verbinde man A und C mit E, ziehe AF ⧺ EC, und CF ⧺ EA; so ist AFCE das gesuchte Rhombus.

Beweis. Es ist △AEO ≌ △OEC (G. §. 44.), also AE = EC. Da nun nach §. 122, 2. und laut Construction, AFCE ein Prllg. ist; so ist es nach §. 124, 3. ein Rhombus. W. z. b. w.

Zusatz. Sollte die Diagonale gegeben seyn, die das verlangte Rhombus haben soll; so hätte man erst die Hälfte des gegebenen Prllgs., d. h. den △DAC in einen solchen Triangel zu verwandeln gehabt, der die gegebene Diagonale als Seite hat, (Aufg. 23, 2. Zusatz) und diesen Triangel so zum Prllg. ergänzt, daß jene Seite zur

---

*) Es ist oft eine Erleichterung in der Behandlung einer Aufgabe, wenn man wie hier annimmt, daß die gegebene Figur schon die eine auf bekannte Weise zu lösende Bedingung erfüllt.

Diagonale wird*). Mit dem hierdurch erhaltenen Triangel, verfährt man wie unsere Auflösung es eben angab, nach welcher die beiden Parallelogramme gleiche Diagonalen haben. — Ist aber die Seite gegeben welche das verlangte Rhombus haben soll, so geschieht die Verwandelung höchst einfach nach der vorigen Aufgabe, wenn man AD und AB gleich setzt. — Sollte aber ein Winkel des verlangten Rhombus gegeben seyn, so kann diese Bedingung hier noch nicht erfüllt werden (Siehe Aufg. 134. Zusatz 3.).

Anmerk. Woran würde man wol sogleich erkennen, ob auch nicht zufällig das erzeugte Prllg. ein Quadrat geworden ist? Ist dies wol aus den Linien AO und OE herzuleiten? — Haben sich nach der Construction die eben vollführt wurde, wol die Seiten des gegebenen Prllgs. DB, gegen die vom Rhombus EF geändert?

32ste Aufgabe. (Fig. 35.)

Ein Oblongum in ein Quadrat zu verwandeln.

Auflösung. Ist ABCD das gegebene Oblongum, so verlängere man die eine Seite DC, um die andere CB=CE, halbire die ganze Linie DE in O, und beschreibe über DE einen Halbkreis DFE. Verlängert man nun CB bis F, d. h. bis die Kreislinie geschnitten wird; so ist CF die Seite des gesuchten Quadrats CFGH, das man über CF nur zu beschreiben hat.

Beweis. Nach G. §. 185. ist DCBA=CFGH. W. z. b. w.

Zusatz.

Da man nach Aufg. 28. jedes Prllg. in ein Oblongum, und nach Aufg. 27. jeden Triangel in ein Prllg. verwandeln kann; so ist auch die Aufgabe nunmehr zu lösen:

---

*) Es ist leicht einzusehen, daß dies mit jeder Seite geschehen kann.

1) Jeden Triangel und jedes Prllg. in ein Quadrat zu verwandeln.

Ferner ist aus den Aufgaben 27. bis 32. die Aufgabe zu lösen:

2) Jedes Prllg. und jeden Triangel, in ein Prllg. von einer der vier bestimmten Gattungen der Parallelogramme zu verwandeln. Es können bei letzteren gegeben seyn:

a) beim Quadrate nichts weiter*), b) beim Oblongum und beim Rhombus eine Seite, c) beim Rhomboides zwei Seiten, oder auch eine Seite und ein Winkel.

3) Nimmt man bei dem zu erzeugenden Rhombus oder Rhomboides die Diagonale (bei letzterem noch überdies eine Seite) als bekannt an, so giebt der Zusatz zur 31sten Aufgabe das Mittel an, solches Parallelogramm zu erzeugen.

33ste Aufgabe. (Fig. 36, 37 und 38.)

Ein Vierseit mit bloß ausspringenden Winkeln, in einen Triangel zu verwandeln, dessen eine Seite in einer Seite des Vierseits liegt, dessen, dieser Seite gegenüber liegende Winkelspitze aber, folgende Lagen haben soll:

1) In einer Winkelspitze des Vierseits (Fig. 36.)

Auflösung. Ist ABCD das Vierseit, und soll die Seite des verlangten Triangels in AD, die derselben gegenüber liegende Winkelspitze aber in B liegen; so ziehe man die Diagonale BD, und durch C die CE $\#$ BD bis zur Verlängerung der AD in E. Nun verbinde man B mit E; so ist △ABE der verlangte Triangel.

Beweis. Es ist △BDE = △BDC, (G. §. 157.),
ferner △ABD = △ABD; also

△BDE + △ABD = △BDC + △ABD

d. h. △ABE = Viers. ABCD. W. z. b. w.

*) Siehe G. §. 167, 2.

2) Der Punct E in der Seite BC (Fig. 37.), soll Spitze des Triangels werden, und seine Seite in AD liegen.

Auflösung. Man verbinde E mit A und D, ziehe durch B die BG # EA und durch C die CF # ED, bis zur Verlängerung der AD. Verbindet man nun E mit G und mit F; so ist △GEF der gesuchte Triangel.

Beweis. Ist aus der Gleichheit der Triangel AEB und AEG, so wie der Triangel EDC und EFD, nach G. §. 157. leicht zu führen.

3) Wenn (Fig. 38.) die Seite des Triangels in AD, die gegenüber liegende Winkelspitze aber innerhalb des Vierseits in O liegen soll.

Auflösung. Man verbinde O mit B, C, D und A. Zieht man durch B die BE # OC, bis zur verlängerten Seite DC in E, und verbindet O mit E; so ist △OEC = △OBC (G. §. 157.). Ferner ziehe man durch E die EF # OD, bis zur verlängerten AD, und verbinde O mit F; so ist

△ODF = △ODE = △ODC + △OEC = △ODG + △OCB.

Endlich ziehe man durch B die BG # OA bis zur Verlängerung der DA in G, und verbinde O mit G; so ist △OAG = △OAB. Nun ist △FOG der gesuchte Triangel.

Beweis. Ist während der Auflösung geführt, indem gezeigt ist, daß △FOG, die Triangel DOC, OCB und OBA, in den Triangeln FDO und OAG enthält; ferner ist △DOA, auch ein Theil des Triangels FOG. Es wird daher △FOG von solchen Flächen erfüllt, welche den vier Triangeln die das Vierseit erfüllen, wechselseitig gleich sind. W. z. b. w.

Zusätze.

1) Kommt es bloß darauf an, ein Vierseit in einen Triangel zu verwandeln; so kann man sich

jeden der drei Fälle dieser Aufgabe nach Belieben bedienen. Man wird nunmehr die Aufgabe lösen können:

2) Ein jedes Trapezoides*) in einen Triangel oder in ein Parallelogramm zu verwandeln, unter allen Bedingungen die wir bisher bei der Verwandelung der Triangel und der Parallelogramme, in und unter einander gehabt haben.

Anmerk. Siehe den Zusatz zur folgenden Aufgabe.

34ste Aufgabe. (Fig 39.)

Einen Triangel ABC, in einen anderen Triangel zu verwandeln, dessen eine Seite zwar in der Seite AC, die dieser Seite gegenüber liegende Winkelspitze aber, in dem beliebig gewählten Punct D liegen soll.

Auflösung und Beweis. Verbinde D mit B und C, so hat man ein Vierseit ABDC, was um den △BDC zu groß gegen den gegebenen Triangel ist. Zieht man durch B die BE ‡ DC, bis AC in E geschnitten wird, und verbindet D mit E, so ist △DEC = △DBC (S. §. 157.), also die Fläche ABDE als Theil des Vierseits ABDC, nun nicht mehr zu groß gegen △ABC (eben weil die Vergrößerung des Triangels BAC d. h. △BDC, durch △DEC wieder abgeschnitten ist). Ist nun zufällig BD die Verlängerung von AB, so ist ABDE ein Triangel, ist dies noch nicht der Fall, so verwandele man nunmehr das Vierseit ABDE nach Aufg. 33, 1. in einen Triangel, dessen Winkelspitze D ist. Ist △FDE dieser Triangel, so kann man die Seite FE, auch überall auf die AC hintragen wo man will, z. B. nach CN, so wird N mit D verbunden, den △NDC = △ABC geben, und die Bedingungen werden erfüllt seyn.

---

*) S. §. 144.

Anmerk. In dieser mit dem Beweise verbundenen Auflösung, sieht man deutlich den, bei solchen Verwandelungen zu nehmenden Weg.

Zusatz.

Soll ein Vierseit nach Aufg. 33. in einen Triangel verwandelt werden, aber die bei dieser Aufgabe gedachte Winkelspitze außerhalb des Vierseits liegen; so suche man nach dem ersten Fall der 33sten Aufgabe ganz kurz erst den Triangel welcher gleich dem Vierseite ist, und verfahre mit diesem Triangel alsdann, wie die eben gelösete Aufgabe lehrte.

Anmerk. Die Zusammensetzungen welche sich aus den einzelnen Aufgaben in Hinsicht neuer Aufgaben machen lassen, sind ihrer Menge wegen nicht aufzuzählen, und bleibt es künftig dem Leser überlassen sich solche selbst zu bilden, wenn sie nicht an sich von besonderer Wichtigkeit sind, wo ihre Erwähnung alsdann nöthig wird.

35ste Aufgabe. (Fig. 40.)

Jedes Polygon mit bloß ausspringenden Winkeln, in einen Triangel zu verwandeln.

Auflösung und Beweis. Auch hierbei können alle die Bedingungen wie bei der 33sten Aufgabe stattfinden. Wir wollen aber, da alle verschiedenen Auflösungen doch denselben Character haben, hier nur annehmen, es sollte das Sechsseit ABDEFG, wo der Punct C in der Seite BD gegeben ist, in einen Triangel verwandelt werden, dessen Seite in AG, die dieser Seite gegenüber liegende Winkelspitze aber in C liegen soll. Man schneide sich zuerst vom Puncte C aus, das Vierseit CFED gleichsam ab, und trage an den △CEF, den △CED so an, daß ein △CHF entsteht, der gleich dem Vierseite CDEF ist, und dessen Seite in FE liegt. Dies geschieht, indem durch D die DH ⫲ CE bis zur verlängerten FE in H, und dann die CH gezogen wird. Nun trage man den △CFH, an den △CFG so an, daß ein △CGI entsteht, der gleich dem Vierseit CHFG

ist.

ſt *). Ferner trage man △CIG an △ACG an, indem man △CKG = △CIG macht. Man würde auf dieselbe Art fortgefahren seyn, wenn auch jede beliebige Menge von Triangeln noch heranzutragen gewesen wäre. Eben so verfa re man auf der andern Seite, wo man für gegenwärtigen Fall, nur den △CBA in den △CLA zu verwandeln hat, um endlich den △LCK = dem Sechsseit ABDEFG zu erhalten.

Anmerk. Kommt es nur darauf an, zu irgend einem Zwecke ein Polygon in einen Triangel zu verwandeln, so wählt man gewöhnlich, um die Figur nicht zu ausgedehnt zu erhalten, die längste Seite des gegebenen Polygons zu derjenigen Linie aus, in welcher man die Seite des gesuchten Triangels will liegen lassen. Zur gegenüber liegenden Spitze des Triangels, wählt man dann ferner diejenige Winkelspitze des Polygons aus, welche jener Seite so gegenüber liegt, daß wenn man sie mit den Endpuncten der gedachten Seite verbindet, zu beiden Seiten des dadurch erhaltenen Triangels (an den sich die anderen Triangel gleichsam anreihen), so viel wie möglich eine gleiche Menge von Triangeln zu liegen kommt, oder daß die ganzen Flächen zu beiden Seiten jenes Stammtriangels, ohngefähr gleich groß sind. — Daß solche Wahlen beliebig sind, ist deutlich, und durch einige selbst gewählte Fälle, wird man bald Uebung in dem ganzen hier genannten Verfahren erhalten. Uebrigens kann man, wenn es nur auf die Verwandelung selbst d. h. auf das Resultat ankommt, viele jener Linien der angeführten Construction ganz ersparen; z. B. die Verlängerung der Linie FG selbst, indem man bloß den Punct I in der HI durch Anlegung des Lineals sucht, oder man führt die Parallele HI nicht selbst aus, und sucht bloß den Punct I in der alsdann gezogenen Verlängerung der GF u. dgl. m. — Es ist hier so wie bei den meisten der folgenden Aufgaben gar nicht möglich, alle die Vortheile und Hülfen aufzuzählen die sich darbieten; größtentheils entscheidet der besondere Fall und die Bedingungen. Sind also dergleichen Vortheile nicht wesentlich, so werden sie auch in der Folge nicht weiter angeführt werden.

---

*) Also wieder durch H die HI parallel CF, die die verlängerte GF in I geschnitten wird, dann C mit I verbunden.

36ste Aufgabe. (Fig. 41.)

Ein Vierseit mit einem einspringenden Winkel, in einen Triangel zu verwandeln.

Auflösung 1. Ist ABCD das Vierseit, so ziehe man die außerhalb fallende Diagonale BD; so ist △BAD um △BCD zu groß gegen das gegebene Vierseit. Zieht man also durch C die CE ⋕ BD und dann die BE; so ist △BED = △BCD; folglich vom △BAD durch den △BED, wieder eine dem △BCD gleiche Fläche abgeschnitten, d. h. △AEB als Rest, ist wiederum genau gleich Vierseit ABCD *).

Auflösung 2. Man ziehe die innerhalb fallende Diagonale AC, verlängere DA bis F d. h. bis dahin, wo die Linie BF, durch B parallel der AC gezogen, die Verlängerung trifft. Zieht man nun CF, so ist △CFA = △CBA, also auch △FCD = Viers. ABCD.

Anmerk. Es scheint vielleicht als bedingten jene beiden Auflösungen nur die Fälle, wo A oder wo C die Spitzen der neuen Triangel werden sollen. Allein man sieht gewiß gleich, daß auch eben so gut die Scheitel der Winkel B und D, Spitzen der Triangel BAE oder FCD sind. — Wäre verlangt daß A die Spitze des gesuchten Triangels werden, in DC aber die gegenüber liegende Seite fallen sollte; so hätte man DC bis zur BF (parallel CA) in G zu verlängern gehabt, und indem nun △ACB = △ACG geworden wäre, würde auch △GAD = Vierseit ABCD seyn. Es kann also jede der Winkelspitzen des Vierseits, zur Spitze des Triangels gebraucht werden, dessen gegenüber liegende Seite dann in eine Seite des Vierseits (oder in deren Verlängerung) fällt.

37ste Aufgabe. (Fig. 42. und 43.)

Ein Polygon mit jeder beliebigen Menge einspringender Winkel **), in ein Polygon

---

*) Man könnte nun auch den Beweis besonders so führen, daß man z. B. sagte: △CED = △CEB; thut man zu beiden die Fläche AECB hinzu, so erhält man gleiche Flächen wieder, welche sind Vierseit ABCD und △BAE.

**) Siehe G. §. 120.

mit lauter ausspringenden Winkeln zu verwandeln.

Auflösung und Beweis. Es sey (Fig. 42.) das Achtseit ABCDEFGH mit den drei einspringenden Winkeln H, E und C gegeben. Man ziehe die außerhalb fallende Diagonale GA, und dann durch die Spitze des einspringenden Winkels H, die HI # GA bis die Seite AB in I geschnitten wird, und verbinde G mit I; so ist △AHG, um welchen die Figur durch die Linie GA vergrößert würde, im △GIA wieder abgeschnitten, und die Figur BIGFEDC, ist dem gegebenen Achtseit gleich. Eben so verfahre man bei der Spitze des Winkels E, indem man FD zieht, und durch E die EL # FD legt, dann DL zieht, wo △EFD = △FLD wird, d. h. man schneidet einen △LFD von der Fläche wieder ab, welcher gleich dem △FED ist, um welchen man die Figur durch das Ziehen der FD vergrößert hatte, und IGLDCB, ist wiederum dem gegebenen Achtseite gleich. Endlich ziehe man DB, und schneide einen dem △DCB gleichen Triangel, durch den △DKB wieder ab, indem man CK # DB zieht. Es ist jetzt die Fläche KDLGI ein, dem gegebenen Achtseit gleiches Fünfseit, worin alle Winkel ausspringend sind.

Aber nicht immer kann man sogleich die Parallelen nach einer Seite der gegebenen Figur hinziehen, oder geht dies auch noch an, so ist dennoch etwas Besonderes zu bemerken. Dies mag an Fig. 43. wo das Eilfseit ABCDEFGHIKL gegeben ist, gezeigt werden. Schafft man zuerst den einspringenden Winkel B weg, durch BM # CA, und zieht CM, so wird LMCDEF u. s. w. die zunächst erhaltene Figur. Wenn man nun den ∠D wegschaffen will, so muß die Parallele durch D mit EC, bis zur CM*) in N gezogen werden, und

*) Also hier bis zu einer, selbst erst erzeugten Linie oder neuen Seite.

LMNEFG u. s. w. wird die mit der gegebenen Fläche gleiche jetzt entstehende Figur. Nunmehr gehtan zum ∠F, und schafft durch FO ⧺ EG und die Linie EO, diesen einspringenden Winkel weg, so daß jetzt LMNEOHIK die erzeugte Figur wird. Um den einspringenden Winkel H wegzuschaffen, muß nun der Punct O in der Seite GH, mit I verbunden werden *), und da es sich hier trifft, daß die Parallele durch H mit OI, die nächste Seite IK nicht schneidet, so muß die IK so weit verlängert werden, bis sie von der HP ⧺ OI in P geschnitten wird. Da aber durch das Ziehen der OI, die Figur um den △OHI vergrößert war, und so zur Figur EOIKL u. s. w. wurde; so hat diese Figur durch Abschneidung des Triangels OPI = △OHI, wieder diese Fläche um welche sie zu groß war verloren, und es ist EOPKLMN die neue Fläche. Jetzt ist der ursprünglich bei K befindliche einspringende Winkel, gleichsam nach P verlegt, und wird durch die Linie PR ⧺ der Verbindunglinie OK, und durch die Linie OR weggebracht, so daß EORLMN, d. h. ein Sechsseit mit lauter ausspringenden Winkeln, das gesuchte Resultat ist. — So wird man sich also in den drei besonderen Fällen, die nicht bei der Construction in Fig. 42. vorkamen, so wie in ähnlichen Fällen leicht helfen können.

Anmerk. Man wird die Eigenthümlichkeit nicht verkennen, wonach bei diesen Constructionen, das Resultat, eine Figur von einer minderen Seitenzahl als die gegebene Figur, wird.

Zusatz.

Da man nach Aufgabe 35. jedes Polygon mit ausspringenden Winkel in einen Triangel, nach Aufg. 32. Zusatz aber jeden Triangel in andere Triangel oder in Parallelogramme unter mannigfaltigen Umständen und Bedingungen verwandeln kann; so ist nunmehr die Aufgabe einfach lösbar:

*) Also hier ein, selbst erst erzeugter Punct.

Jedes Polygon mit aus- und einspringenden Winkeln, in einen Triangel unter gewissen bisher angeführten Bedingungen, oder in ein bestimmtes Parallelogramm (besonders in ein Quadrat) von jeder der vier Gattungen der Parallelogramme, gleichfalls mit gewissen Bedingungen *), zu verwandeln.

Anmerk. Es mag hierbei noch bemerkt seyn, daß die anfängliche Wegschaffung sämmtlicher einspringenden Winkel, bevor man eine Figur mit solchen Winkeln z. B. in einen Triangel verwandeln kann, keinesweges immer ein unumgänglich nöthiges Erforderniß ist, wie leicht zu wählende Beispiele bald zeigen können.

38ste Aufgabe. (Fig. 44.)

Jedes Quadrat mithin auch jedes beliebige Polygon, in einen rechtwinklich-gleichschenklichen Triangel zu verwandeln.

Auflösung. Ist das Quadrat ABCD gegeben, so beschreibe man über dessen Diagonale DB als Seite, das Quadrat DBFE; so ist, wenn man in diesem die Diagonale DF zieht, der entstehende Triangel DBF der gesuchte Triangel.

Beweis. Es ist $\overline{DB}^2 = \overline{DA}^2 + \overline{AB}^2 = 2.\overline{AB}^2$ (G. §. 176).

d. h. $DBFE = 2.ABCD$;

nun ist aber $\triangle DFB = \triangle DFE$ (G. §. 126.), also

$2.\triangle DBF = 2.ABCD$, woraus folgt

$\triangle DBF = \square ABCD$.

Es ist aber $\triangle DBF$ rechtwinklich beim $\angle DBF$, und gleichschenklich, da $DB = DF$ ist.

Indem nun jedes Polygon in ein Quadrat verwandelt werden kann (Aufg. 37. Zusatz); so kann man auch jedes Polygon in einen rechtwinklich-gleichschenklichen Triangel verwandeln.

39ste Aufgabe. (Fig. 45. u. 46.)

Ein Paralleltrapez, in ein Parallelogramm zu verwandeln, welches zu seiner Seite eine

*) Die nur beim Quadrate nicht weiter gemacht werden dürfen.

der beiden parallelen Seiten und zum Winkel einen der, jener parallelen Seite anliegenden Winkel des Paralleltrapezes hat.

Auflösung. Je nachdem die kleinere oder die größere der parallelen Seiten des gegebenen Paralleltrapezes, Seite des Parallelogramms werden soll, erhält man 2 Fälle.

1) Wenn (Fig. 45.) die kleinere Seite AB der Figur ABCD, Seite, der ∠A aber der Winkel des Parallelogramms werden soll. Man ziehe durch die Winkelspitze B die Linie BO ⋕ der Seite AD; das dadurch abgeschnittene Stück OC der Seite DC, halbire man in E, und ziehe durch E die Linie EF ⋕ der Diagonale BD, bis zur Verlängerung der BO in F; durch F ziehe man die FG ⋕ OD bis zur Verlängerung der AD; so ist ABFG das gesuchte Parallelogramm.

Beweis. Daß die Figur BFGA, so wie das Vierseit OFGD Parallelogramme sind, folgt aus der Construction und G. §. 122, 2. Ferner ist △OEB = △EBC (G. §. 157.), da OE = EC ist; und △FEB = △FED *), weil BD ⋕ FE ist. Nimmt man von diesen letzteren Triangeln, △FOE hinweg, so bleibt

△OEB = △FOD; also auch

2.△OEB = 2.△FOD d. h.

△OCB = Viers. FODG. Indem nun

Vierseit DOBA = Viers. DOBA ist, so wird

△OCB + Vst. DOBA = Vst. FODG + Vst. DOBA

d. h. Prlltrpz. ABCD = Prllg. ABFG.

Ueberdies erfüllt Prllg. ABFG die Bedingungen in Hinsicht der Seite AB und des Winkels A.

2) Soll die größere Seite AB (Fig. 46.) und der Winkel A des Paralleltrapezes ABCD, in dem verlangten Prllg. erscheinen; so ziehe man durch B die

*) DF ist eine Hälftlinie.

BO # AD bis zur verlängerten DC in O; halbire das sich hierdurch ergebende Stück CO der OD in E, und ziehe EF # der Diagonale BD bis zur OB in F. Durch F ziehe man endlich die FG # AB; so ist BAGF das gesuchte Parallelogramm.

Beweis. Auch hier ist zuerst deutlich, daß BAGF so wie BADO Parallelogramme sind. Ferner ist wie vorher $\triangle OEB = \triangle EBC$. Dann ist

$\triangle FEB = \triangle FDE$, also auch

$\triangle FEB + \triangle OFE = \triangle FDE + \triangle OFE$, d. h.

$\triangle OEB = \triangle OFD$; also

$2.\triangle OEB = 2.\triangle OFD$ d. h.

$\triangle OBC =$ Viers. OFGD. Da nun

Vierseit ABOD = Viers. ABOD ist; so folgt:

Vrst. ABOD − $\triangle$OBC = Vrst. ABOD − Vrst. OFGD.

d. h. Prlltrpz. ABCD = Prllg. BAGF.

Ueberdies erfüllt das Parallelogramm BAGF, die Bedingungen der Aufgabe. — W. z. b. w.

Zusatz 1. Hätte man das Paralleltrapez ABCD (Fig. 45.) in ein Parallelogramm über eine der nicht parallelen Seiten, z. B. über BC verwandeln sollen; so würde man nur nöthig gehabt haben, die gegenüber liegende Seite AD in Q zu halbiren und durch Q die NM # BC zu ziehen, bis zu den parallelen Seiten DC und AB (oder deren Verlängerungen); so wäre MNCB ein Parallelogramm (S. §. 122, 2.), das wegen der Congruenz der Triangel QMA und QND (S. §. 60. oder §. 61.), gleich dem Paralleltrapez ABCD ist, und BC zur Seite hat.

Zusatz 2. Ein Trapezoides DCBP (Fig. 45.), kann leicht in ein Paralleltrapez verwandelt werden. Denn zieht man durch P die PM # der Diagonale BD bis zur Verlängerung der durch B mit der CD gezogenen Parallele BA in M; so ist wenn man DM zieht, $\triangle DBM = \triangle DBP$, also Trapezoides CBPD = Prlltrpz. DCBM. (Siehe auch Aufg. 138.)

Anmerk. 1. Wenn die Aufgaben welche wir eben löseten, auch schon in der Aufg. 33. Zusatz, enthalten sind, so wird man doch die Eigenthümlichkeit und größere Kürze dieser neuen Auflösungen nicht übersehen. — Uebrigens hätten beide Fälle Nr. 1. und 2. unter eine Auflösung gefaßt werden können; wie würde diese alsdann wol geheißen haben? und warum mag sie hier nicht allein, sondern statt ihrer zwei Auflösungen gegeben seyn?

Anmerk. 2. Die umgekehrten Aufgaben der eben gelöseten beiden Fälle, können hier noch nicht gelöset werden. (Siehe Aufgabe 139)

40ste Aufgabe. (Fig. 47.)

Die Summe mehrerer, den Unterschied zweier und das Vielfache eines Quadrates zu finden*).

Auflösung. Man suche:

1) Die Summe zweier Quadrate. Trage auf die Schenkel eines rechten Winkels EBF, vom Scheitel aus, die Seiten der gegebenen Quadrate auf, z. B. BA und BC; so ist, wenn man AC zieht, diese Linie die Seite eines der Summe der beiden gegebenen Quadrate gleichen Quadrates, denn $\overline{AC}^2 = \overline{BA}^2 + \overline{BC}^2$ (G. §. 176.).

Ist noch ein drittes Quadrat gegeben, so errichte man in C auf AC den Perpendikel CD gleich der Seite des dritten Quadrates, und ziehe AD, so ist

$$\overline{AD}^2 = \overline{DC}^2 + \overline{CA}^2 = \overline{DC}^2 + \overline{CB}^2 + \overline{AB}^2.$$

Man hätte auch die Linien AC und CD, abermals auf die Schenkel des Winkels EBF auftragen können, z. B. in BE und BC (= CD), wo EC dann Seite des Quadrats wird, welches gleich der Summe der drei gegebenen Quadrate ist. So kann man bei jeder beliebigen Menge gegebener Quadrate fortfahren.

---

*) Einen bestimmten Theil eines Quadrates zu finden, wird erst im folgenden Abschnitte gelehrt (Siehe Aufg 48. Zusatz 1.)

2) Es soll die Differenz zweier Quadrate gesucht werden. Man trage auf den einen Schenkel des rechten Winkels z. B. auf BF, die Seite BC des kleineren Quadrates auf, und schneide aus C mit CA = der Seite des größeren Quadrates, den anderen Schenkel BE in A; so ist AB die Seite des gesuchten Quadrats. Denn $\overline{AC}^2 - \overline{BC}^2 = \overline{BA}^2$. (S. §. 176. Zusatz.)

3) Soll man von einem Quadrate das Vielfache suchen, so ist das so gut als wenn eine Menge gleicher Quadrate zusammengethan werden sollten. Ist BC die Seite des z. B. n Mal zu nehmenden Quadrates, so trage man auf die Schenkel des rechten Winkels EBF, BC und BA = BC auf, so ist $\overline{AC}^2 = 2.\overline{BC}^2$. Wird nun BE = AC gemacht, so ist $\overline{EC}^2 = \overline{BC}^2 + \overline{BE}^2 = \overline{BC}^2 + \overline{AC}^2 = \overline{BC}^2 + 2.\overline{BC}^2 = 3.\overline{BC}^2$. So fahre man mit dem Auftragen auf die BE und BF fort. — Ist n eine große Menge, so kann man auch schneller sich dem Vielfachen nähern, wenn man z. B. auf BF und BE, die BF = BG = EC aufträgt, wo denn $\overline{GF}^2 = 6.\overline{BC}^2$ wird; u. s. w. —

Zusatz.

Da man jedes Polygon in ein Quadrat verwandeln kann (Aufg. 37. Zusatz), so ist die Aufgabe leicht lösbar:

Die Summe jeder gegebenen Menge verschiedener Polygone, den Unterschied jeder zwei Polygone und das Vielfache jedes beliebigen Polygons zu finden. — Das Resultat, das sich nach der Auflösung als Quadrat darstellt, kann wieder in mannigfaltige andere Figuren unter vielen verschiedenen Bedingungen, verwandelt werden.

Uebrigens ist es nicht nöthig, um diese Vereinigungen u. s. w. vernehmen zu können, die gegebenen Figuren durchaus erst auf Quadrate zurückzuführen; sondern dies kann auch in der Form der Triangel, der Parallelogramme u. s. w. geschehen; denn verwandelt man die zu vereinigenden Figuren z. B. in Triangel von lauter gleichen Höhen, so braucht man nur die verschiedenen Grundlinien zusammenzutragen, um bei derselben Höhe einen Triangel zu bekommen, der gleich der Summe aller einzelnen Triangel ist; u. s. w. — Welche dieser und anderer Methoden man sich im vorkommenden Falle bedient, hängt oft von Umständen ab, die der besondere Fall mit sich führt, oder es ist ganz beliebig. —

Wie viele Zusammensetzungen sich übrigens schon aus den bisher gehabten einfachen Aufgaben machen lassen, ist leicht zu finden, doch können auch diese hier nicht weiter aufgezählt werden.

II. Theilung der Figuren*).

41ste Aufgabe. (Fig. 48.)

Einen gegebenen Triangel ABC, in jede beliebige Menge gleicher Theile, z. B. in fünf derselben zu theilen, so daß die Theilunglinien von einer Winkelspitze des Triangels ausgehen.

Auflösung. Nach G. §. 115. theile man mit Hülfe der Linie AD, diejenige Seite AC, welche der Winkelspitze B, von der die Theilunglinien ausgehen sollen gegenüber liegt, in so viele gleiche Theile als die Menge anzeigt, in wieviele gleiche Theile der Triangel getheilt werden soll, also hier in fünf. Die Theilungpuncte E, F, G und H, verbinde man alsdann mit dem Puncte B; so sind die Triangel ABE, BEF, BFG,

*) Siehe G. §. 190, 2.

GBH und HBC, die gesuchten Theile, d. h. △ABC ist in fünf gleiche Theile getheilt.

Beweis. Nach G. §. 153, 6. und §. 157, sind die erzeugten Triangel einander gleich, daher die Bedingungen der Aufgabe erfüllt.

42ste Aufgabe. (Fig. 49, 50. und 51.)

Einen Triangel ABC, von einem in einer der Seiten gegebenen Puncte O aus, in eine beliebige Menge gleicher Theile zu theilen.

Auflösung und Beweis 1) *). Ist △ABC (Fig. 49.) vom Puncte O aus z. B. in 7 gleiche Theile zu theilen; so verwandele man den Triangel in einen Triangel ODC, dessen Spitze in O liegt (Aufg. 24. Zusatz 7.). Nun theile man die neue Grundlinie CD, in sieben gleiche Theile, und verbinde die Theilungpuncte E, F, G, H, I und K mit dem Puncte O. Die Triangel COE, OEF, FOG und GOH, welche ganz in dem gegebenen Triangel ABC liegen, erfüllen sogleich die Bedingung der Aufgabe, denn nach Aufg. 41. sind sie Siebentel vom △DOC, also auch von dem ihm gleichen △ABC; aber die Triangel HOI, IOK und KOD welche zum Theil außerhalb des Triangels ABC liegen, müssen noch in dasselbe hineingeschafft werden. Man ziehe deshalb mit der Linie OA durch die Puncte I und K, die Linien IL und KN parallel, bis die Seite AB des Triangels ABC, in L und N geschnitten wird **), und verbinde die Puncte L und N wo diese Schnitte erfolgen, mit dem Puncte O; so ist das Vierseit

OHAL = △OAH + OAL = △OAH + △OAI ***) = △OHI d. h. gleich dem siebenten Theile des Triangels ABC.

---

*) Die Beweise werden auch hier und in der Folge größtentheils mit der Aufgabe selbst schon verbunden werden.

**) Warum müssen diese Schnitte überhaupt erfolgen, und kann dies nicht auch in der Verlängerung der Seite AB z. B. über B hinaus geschehen?

***) Da △OAL = △OAI ist (G. §. 157. u. laut Constr.).

Ferner war $\triangle OHK = \frac{2}{7}\triangle ABC = \triangle OAH + \triangle OAK = \triangle OAH + \triangle OAN$ *) = Viers. OHAN. War nun das Viers. $OHAL = \frac{2}{7}\triangle ABC$, so ist Viers. OHAN — Viers. $OHAL = \frac{2}{7}\triangle ABC - \frac{1}{7}\triangle ABC$ d. h. $\triangle OLN = \frac{1}{7}\triangle ABC$. Es ist demnach $\triangle OLN$, das sechste Siebentel des Triangels ABC. Würde nun nicht schon von selbst folgen, daß der Rest, nemlich $\triangle ONB$, das siebente Siebentel des Triangels ABC seyn müßte; so könnte man eben so wie vorher sagen: $\triangle OHD = \frac{3}{7}\triangle ABC = \triangle OHA + \triangle OAD = \triangle OHA + \triangle OAB$ = Vierseit OHAB, da aber das Vierseit $OHAN = \frac{2}{7}\triangle ABC$ ist, so bleibt wiederum $\triangle ONB = \frac{1}{7}\triangle ABC$. Es sind daher die Linien OE, OF, OG, OH, OL und ON, die Theilunglinien des Triangels ABC, wodurch derselbe in sieben gleiche Theile getheilt worden ist, von denen sechs Theile selbst Triangel sind, ein Theil aber ein Vierseit geworden ist.

Zusatz. In dieser ganz weitläuftig geführten Auflösung, so wie in dem damit verbundenen Beweise, liegt der allgemeine Character der Hineinschaffung von solchen zuerst erhaltenen Theilen, die theilweise außerhalb der gegebenen Fläche gefallen sind, in diese ursprüngliche Fläche, welche Methode bei den meisten der folgenden Auflösungen angewendet wird, aber dort nur kurz angedeutet werden soll. Hat man übrigens erst einen Triangel, der zum Theil außerhalb des gegebenen Triangels fiel, wieder in denselben hineingeschafft, so daß seine Seite ganz in der Seite AB liegt (wie dies beim Triangel OLN der Fall ist); so kann man das Ziehen der übrigen Parallelen mit der Linie OA ersparen, besonders wenn noch viele dergleichen Triangel hineinzuschaffen wären, indem man nun nur die Linie LN, so oft in die NB zu tragen hätte, wie noch Triangel hineinzuschaffen sind; denn alle hierdurch entstehenden Tri-

*) Derselbe Grund wie vorher, und bedarf solcher in der Folge nicht immer einer besonderen Erwähnung mehr.

angel, wie LON, NOB u. s. w. sind einander gleich, sobald die Grundlinien LN, NB u. s. w. nur einander gleich sind. — Vortheile dieser und anderer Art, bieten sich in Menge bei der Theilung der Figuren dar, sie aber alle zu nennen, ist so unmöglich wie überflüssig. Zu den wichtigeren Vortheilen gehört aber ohne Zweifel folgende Lösung unserer Aufgabe, die deshalb hier nicht übergangen werden darf.

Auflösung und Beweis 2). Soll △ABC (Fig. 50.) vom Puncte O aus in n *) gleiche Theile getheilt werden, so theile man die Seite BC in n gleiche Theile, und z. B. sey $BD = \frac{1}{n} BC$. Zieht man die Linie AD, so ist $\triangle BAD = \frac{1}{n} \triangle ABC$ (Aufg. 41.); allein die Theillunglinie AD, geht nicht vom Puncte O wie doch bestimmt war, aus. Verbindet man O mit D, so ist △BOD um den Inhalt des Triangels DOA zu klein gegen △BAD; zieht man aber durch A die AE ⋕ OD und verbindet E mit O, so ist △ODE = △ODA, folglich △BOD + △DOA = △BOD + △DOE d. h. $\triangle BDA = \triangle BOE = \frac{1}{n} \triangle ABC$.

Man könnte nun eben so fortfahren, und den 2ten Theilungpunct F mit A verbinden, wonach △BAF = $\frac{2}{n} \triangle ABC$ ausmachen würde, und wo, sobald man OF zöge und dann AG ⋕ OF, △OFA = △OFG wird, also △BOF + △OFA = △BOF + △OFG, d. h. △BA = $\triangle BOG = \frac{2}{n} \triangle ABC$; indem nun $\triangle BOE = \frac{1}{n} \triangle ABC$ ist, so wird auch $\triangle BOG - \triangle BOE = \left(\frac{2}{n} - \frac{1}{n}\right)$**) △ABC

*) Wenn die Auflösung allgemeiner wird und die Deutlich nicht verliert, so soll die Menge der gleichen Theile immer allgemein n heißen.

**) Diese aus der Arithmetik genommene Bezeichnung, bedarf ge-

oder $\triangle EOG = \frac{1}{n} \triangle ABC$ seyn. Allein man kann sich hier, nachdem $\triangle BOE$ gefunden ist, der, im Zusatz zur ersten Auflösung angegebenen Methode bedienen, indem man die Linie BE so oft auf die EC noch aufträgt, als es möglich ist. Was nun die Theile anbetrifft die nach der Seite AC zu liegen kommen, so kann man den ersten derselben ganz durch dieselbe Methode wie es bei Fig. 49. geschah finden, indem man die, auf die Verlängerung der Seite BC, durch das Auftragen der Linie BE, fallenden beiden ersten Puncte wahrnimmt, von denen der erste erst ein Vierseit, als nten Theil des Triangels ABC giebt, der 2te Punct aber bereits einen Triangel, der schon ganz mit seiner Seite in AC fällt *), und dessen Grundlinie nur auf den Rest der AC alsdann noch so oft aufgetragen zu werden braucht, als noch Theile fehlen. Aber man kann auch eben so gut bei der Seite AC, die Methode wie bei der BC wiederholen; denn wenn $AI = \frac{1}{n} AC$ ist, so ist $\triangle BAI$ auch $\frac{1}{n} \triangle ABC$; wird nun OI gezogen, dann durch B die $BH \# OI$ und O mit H verbunden, so erhält man aus denselben Gründen wie vorher $\triangle AOH = \triangle BIA = \frac{1}{n} \triangle ABC$. Die Auftragung der Linie AH auf die HC, so oft es noch angeht, und die Verbindungen der hierdurch erhaltenen Puncte in der AC mit O, geben wiederum die, nach AC zu fallenden Triangel. Das Vierseit, das bei der Winkelspitze C wahrscheinlich zu liegen kommt **),

---

wiß hier keiner Erläuterung; sie gewährt große Kürze im Ausdrucke und kann leicht in Worte übertragen werden.

*) Entsprechend in Fig 49. dem Vierseite OHAL und dem Triangel LON.

**) Es müßte denn zufällig gerade in C der Endpunct einer der aufgetragenen Theile = AH oder = der BE fallen.

ergiebt sich als Rest oder als letzter Theil von selbst, wenn man die, zuletzt auf AC und BC aufgetragenen Puncte mit O verbindet.

Anmerk. 1. Man erspart durch diese 2te Auflösung Raum, denn wie leicht zu sehen, kann die ganze Construction verrichtet werden (selbst die der Theilung der Seite BC oder AC in n gleiche Theile), ohne den geringsten Flächenraum außerhalb des Triangels ABC zu gebrauchen, was besonders in practischen Fällen von Nutzen seyn kann. Wir hätten aber bei dieser Auflösung allein, nicht die Gelegenheit gehabt, die so wichtige Hineinschaffung der zum Theil außerhalb der gegebenen Figur fallenden Theile in die Figur, kennen zu lernen, welche in der Folge wichtig wird.

Anmerk. 2. Man sieht leicht, daß wenn der Punct O z. B. in der Mitte der AB gelegen hätte, die Verbindunglinie OC, den Triangel ABC halbirt hätte. Sollte nun der Triangel ABC in eine gerade Anzahl gleicher Theile getheilt werden, z. B. in 12, so hat man jeden der Triangel AOC und BOC, nur noch in 6 gleiche Theile zu theilen. Eben so können andere Lagen des Punctes O in der AB, Vortheile gewähren, wie man dies in der folgenden Auflösung sehen wird, welche Vortheile aber dem besonderen Falle eigenthümlich sind.

Auflösung und Beweis 3). Soll (Fig. 51.) △ABC vom Puncte O aus z. B. in 4 gleiche Theile getheilt werden; so theile man jetzt die Linie AC in welcher der Punct O liegt in vier gleiche Theile durch die Puncte D, E und F. Zieht man BD, so ist △ABD $= \frac{1}{4}$ △ABC. Wird ferner OB gezogen, so ist △ABO um den △BOD zu groß gegen △ABD; zieht man aber durch D die DI # BO und verbindet O mit I, so ist △OIB = △ODB, und folglich △ABO − △BOD = △AOB − △BOI, d. h. △ABD $= \frac{1}{4}$ △ABC = △AIO. Zieht man nun eben so durch E und F mit der BO die Parallelen EH und FG, so ist leicht einzusehen, daß wenn die Puncte H und G mit O verbunden werden, die Flächen △OGC, △OGH und Vierseit OHBI als gleich und $= \frac{1}{4}$ △ABC sich ergeben müssen.

43ste Aufgabe. (Fig. 52, 53 und 54.)

Einen Triangel ABC, von einem innerhalb desselben gegebenem Puncte O aus, in jede beliebige Anzahl gleicher Theile, allgemein in n derselben zu theilen.

Auflösung und Beweis 1). Man verwandele △ABC (Fig. 52.) in den △DOE, dessen Spitze in O liegt (nach Aufg. 24. Zusatz 3.), theile alsdann die Grundlinie DE, in den Puncten F, G, H, I, K, L ꝛc. in so viel gleiche Theile als die Zahl n angiebt. Verbindet man nun O mit allen diesen Theilungpuncten, so werden die Triangel DOF, FOG u. s. w., alle gleich und jeder $\frac{1}{n}$ △ABC seyn. Schafft man nun die, von jenen zum Theil außerhalb des Triangels ABC fallenden Triangel, nach der, Aufg. 42. Auflösung 1. angegebenen, Methode wieder in den △ABC hinein *); so werden die Flächen △AON, Vierseit NBGO, △GOH..., Vierseit ICMO, △MOP u. s. w., die gesuchten gleichen Theile seyn.

Auflösung und Beweis 2) Man theile eine der Seiten z. B. die AC des Triangels ABC (Fig. 53.), in den Puncten E, I, G u. s. w. in n gleiche Theile, Zieht man BE, so ist △BEC $=\frac{1}{n}$ △ABC, und verbindet man O mit B und mit E, so ist Viers. BOEC, um den △BOE zu groß gegen △BEC. Wird also durch B die BD ♯ OE gezogen, so ist △OED = △OEB, also Viers. BOEC − △OEB = Viers. BOEC − △OED, d. h. △BEC $=\frac{1}{n}$ △ABC = Viers. BODC, welches daher der eine Theil ist. Eben so fährt man fort zu schließen: △BIC $=\frac{2}{n}$ △ABC; wird OI gezogen, so fehlt

*) Die Figur zeigt die ganze Construction.

fehlt der Fläche BOIC, der $\triangle BOI$ an $\frac{2}{n} \triangle ABC$; zieht man also $BH \# OI$ und verbindet O mit H, so ist $\triangle OIH = \triangle OIB$, daher Vrs. $BOHC = \triangle BIC = \frac{2}{n} \triangle ABC$. War nun Vrs. $BODC = \frac{1}{n} \triangle ABC$; so ist $\triangle DOH$ auch $= \frac{1}{n} \triangle ABC$. Auf dieselbe Weise erhält man die übrigen Theile, wenn man stets durch B Parallelen mit den Verbindunglinien des Punctes O und der Theilungpuncte in der AC zieht. Fällt eine solche Parallele einmal außerhalb des Triangels ABC, wie z. B. $BF \# OG$ (wenn G ein Theilungpunct ist), so giebt die Linie OF zwar wie vorher den $\triangle OGF = \triangle OGB$ *), aber $\triangle FOG$ liegt zum Theil noch außerhalb des Triangels ABC; zieht man also OA, und durch F die $FN \# OA$, so giebt $\triangle OAN = \triangle OAF$, wieder die Fläche $BONAC =$ Viers. $BOFC = \triangle BGC = \frac{a}{n} \triangle ABC$; war nun z. B. H der sich zuletzt ergebende Punct (oder $\triangle HOD$ der zuletzt gefundene nte Theil); so ist Vierseit OHAN der neue nte Theil.

Auflösung und Beweis 3) Man kann sich vor dem Außerhalbfallen der Hülflinien und Triangel — das wir, wenn auch minder als in der ersten Auflösung, denn dennoch in der zweiten Auflösung als möglich fanden — ganz schützen, wenn man folgendermaßen verfährt. Es sey (Fig. 54.) $\triangle ABC$ von O aus in n gleiche Theile zu theilen, und man habe die Seite BC in n gleiche Theile getheilt, so daß D einer der Theilungpuncte geworden wäre **); so ist $\triangle BAD = \frac{1}{n} \triangle ABC$. Nun verbinde

*) Also die Fläche $FOBC = \triangle BGC = \frac{a}{n} \triangle ABC$, wo a eine gewisse Menge jener gleichen Theile anzeigt.

**) Gewiß würde hier die Parallele durch A mit OD (nach der 2ten Auflösung), außerhalb des Triangels ABC fallen.

man A mit O, und verlängere diese Linie bis zur BC in E. Zieht man jetzt durch D die DF # der Seite AB bis zur AE; so ist, wenn B mit F verbunden wird, $\triangle BFA = \triangle BAD = \frac{1}{n} \triangle ABC$. Zieht man jetzt OB, so ist $\triangle AOB$, um den $\triangle BOF$ zu groß gegen $\frac{1}{n} \triangle ABC$; wird daher durch F die FG # der BO bis zur AB gezogen; so giebt O mit G verbunden, $\triangle BGO = \triangle BFO$, also ist $\triangle AOG$ wieder $= \triangle AFB = \triangle ADB = \frac{1}{n} \triangle ABC$. Dies Verfahren setzt man bei den anderen Theilungpuncten in der BC fort. Bedeutet z. B. der Punct I, irgend einen jener Theilungpuncte, so daß $\triangle IAC = \frac{a}{n} \triangle ABC$ ist, so ziehe man IH # der Seite AC*), und es wird $\triangle AHC = \triangle AIC = \frac{a}{n} \triangle ABC$; wird nun durch H, die HK # der OC bis zur BC gezogen; so ist $\triangle OKC = \triangle OHC$, also Vierseit $AOKC = \triangle AHC = \triangle AIC = \frac{a}{n} ABC$. Die bereits innerhalb des Vierseits AOKC etwa schon liegenden Theile hinweggenommen, geben den neuen durch OK begrenzten Theil. Eben so fährt man fort, wenn noch mehr Theilungen vorzunehmen sind.

44ste Aufgabe. (Fig. 55.)

Einen Triangel ABC, durch drei Linien die von den drei Winkelspitzen ausgehen, in drei gleiche Theile zu theilen.

Auflösung. Theile die eine Seite z. B. die AB, in drei gleiche Theile. Ist D einer der Theilungpuncte, so ziehe man durch diesen die DE # der Seite BC,

*) Man sieht hieraus, daß die Lage des Punctes I zu einer der Seiten vom Puncte E, entscheidet, mit welcher der Seiten AB oder AC die Parallele zu ziehen ist.

bis auch die Seite AC geschnitten wird; halbire DE in O, und verbinde diesen Punct O mit den drei Winkelspitzen des Triangels; so ist die Theilung geschehen.

Beweis. Denkt man sich die CD gezogen, so ist $\triangle DBC = \frac{1}{3} \triangle ABC$ (Aufg. 41.); ferner ist $\triangle BDC = \triangle BOC$ (G. §. 157.), also $= \frac{1}{3} \triangle ABC$. Es bleibt also für die Fläche BOCA, noch $\frac{2}{3} \triangle ABC$ übrig. Aber da $DO = OE$ ist, so ist:

$$\left.\begin{array}{r} \triangle DOA = \triangle EOA \\ \text{und}\ \triangle DOB = \triangle EOC, \end{array}\right\} \text{G. §. 157.}$$

daher $\triangle DOA + \triangle DOB = \triangle EOA + \triangle EOC$ d. h.

$$\triangle AOB = \triangle AOC,$$

weshalb jeder dieser gleichen Triangel, gleich $\frac{1}{3} \triangle ABC$ ist. — W. z. b. w.

Zusatz 1. Wäre allgemein $BD = \frac{1}{n} AB$ gewesen, so würde auch $\triangle BDC = \triangle BOC = \frac{1}{n} \triangle ABC$ geworden seyn. Die Gleichheit der Flächen AOB und AOC, wäre ganz wie vorher bewiesen, und man sieht leicht ein, wie sich nunmehr die ganze Fläche BOCA von O aus, in jede beliebige Menge gleicher Theile hätte theilen lassen. Wäre diese Menge durch eine gerade Zahl als z. B. 6 bestimmt, so würde AC und AB, nur noch in drei gleiche Theile zu theilen übrig seyn; wäre aber noch eine ungerade Menge solcher gleichen Theile, z. B. noch 5 zu suchen verlangt, so würde AC so wie AB in fünf gleiche Theile getheilt worden seyn, und man hätte das Vierseit BOCA *) dadurch in 10 gleiche Theile, sämmtlich Triangel getheilt. Davon wurden aber zwei und zwei zusammengenommen, wiederum $\frac{1}{5}$ Vierseit ABOC gegeben haben, und bei A hätte sich ein Vierseit als dieses Fünftel, ergeben. — Durch eine ge-

*) Mit einem einspringenden Winkel bei O.

schickte Lage die man dem Puncte O in der DE gegeben hätte, würde man auch selbst dieses Viersett haben vermeiden können, und dagegen lauter Triangel erhalten haben, selbst wenn das Vierseit BOCA in eine ungerade Menge gleicher Theile zu theilen gewesen wäre. — Wie hätte dies wol geschehen müssen *)? — Man sieht aber aus dieser Aufgabe, wie auch aus mehreren der folgenden noch erhellen wird, daß wenn uns die Wahl des Punctes überlassen bleibt, von dem aus eine Fläche zu theilen ist, diese Theilung theils bequemer vollführt wird, theils Theile giebt, die eine bessere und gefälligere gegenseitige Lage haben, was bei practischen Anwendungen oft von großem Nutzen ist.

Anmerk. 1. Wenn also allgemein die Theilung eines Triangels in m gleiche Theile verlangt wird, wie würde man nach dem was eben im Zusatze 1. gesagt wurde, die Wahl jenes Punctes ausdrücken, je nachdem die Zahl m die Form 2n oder 2n ∓ 1 hat? (Siehe Lehrgebäude 1ster Band §. 64, 7.).

Zusatz 2. Hätte man eine Seite z. B. die BC in F halbirt, AF gezogen, und FO = ⅓ AF genommen; so würde der Punct O die Aufgabe auch erfüllen. — Oder: hätte man zwei Seiten, z. B. BC und AC, in den Puncten F und in G halbirt, so würden die Verbindunglinien der Puncte A mit F und B mit G, in ihrem Durchschnittspuncte O, wiederum den gedachten Punct geben, der unsere Aufgabe löset. — Beide Auflösungen sind höchst einfach zu beweisen; wie wol?

Anmerk. 2. Wollte man die Aufgabe für jedes Polygon lösen, und in jedem einen Punct suchen, von welchem aus die Verbindunglinien mit den n Winkelspitzen, das Polygon in n gleiche Theile theilten; so ließe sich diese Aufgabe nicht allgemein erfüllen, sondern jedes Polygon das einen Punct von solcher Lage hat, ist gewissen Bedingungen unterworfen, die näher anzuführen hier zu weit führen würde. So haben z. B. nur diejenigen Vierseite, welche wenigstens durch eine ihrer Diagonalen halbirt werden, in der Mitte dieser Diagonale einen

*) Siehe auch Aufg. 46, Zusatz.

solchen Punct; ferner haben ihn alle regulären Polygone u. s. w. (Siehe auch Aufg. 61.)

45ste Aufgabe. (Fig. 56.)

Einen Triangel ABC, in n gleiche Theile so zu theilen, daß die Theilungpuncte abwechselnd auf den Seiten AC und BC liegen.

Auflösung und Beweis. Man theile die Seite AC in n gleiche Theile. Ist D ein Theilungpunct, so ziehe man BD, und $\triangle ABD$ ist gleich $\frac{1}{n} \triangle ABC$; indem nun $\triangle DBC = \frac{n-1}{n} \triangle ABC$ ist, so theile man die Seite BC in $n-1$ gleiche Theile; ist hier E ein, dem Puncte B zunächst liegender Theilungpunct, so ist $\triangle DBE = \frac{1}{n-1} \triangle BDC = \frac{1}{n} \triangle ABC$. Es bleibt demnach wiederum für $\triangle DEC$ noch $\frac{n-2}{n} \triangle ABC$, weshalb DC in $n-2$ gleiche Theile zu theilen ist, und wenn F der dem Puncte D zunächst liegende Theilungpunct ist, so ist $\triangle DEF = \frac{1}{n-2} \triangle DEC = \frac{1}{n-1} \triangle DBC = \frac{1}{n} \triangle ABC$. Man sieht, daß für jede beliebige Menge verlangter Theile so fortgefahren werden kann zu theilen.

46ste Aufgabe. (Fig. 57.)

Einen Triangel ABC, von einem in der Seite AC zu findenden Puncte aus, in n gleiche Theile zu theilen, die sämmtlich wieder Triangel werden.

Auflösung und Beweis. Theilt man die Seite AC in n gleiche Theile, und ist D ein solcher erster Theilungpunct, so ist $\triangle ABD = \frac{1}{n} \triangle ABC$; man hat also vom Puncte D aus, nur den $\triangle BDC$ noch in $n-1$ gleiche Theile zu theilen, was nach Aufg. 41. einfach geschieht.

Zusatz. Wäre $\triangle ABC$ in eine gerade Anzahl gleicher Theile zu theilen gewesen, so hätte man AC in

N halbiren, und N mit B verbinden könne. Durch die Theilung der BA und der BC in $\frac{n}{2}$ gleiche Theile, würde man alle die Puncte erhalten, die mit N verbunden, die gesuchten Triangel erzeugen. Wäre die Menge n ungerade, so könnte der Punct N sehr leicht so gewählt werden, daß von den n gleichen Theilen der AC, eine gerade Menge zu seiner einen und eine ungerade Anzahl zu seiner anderen Seite zu liegen käme; wonach die Triangel NBA und NBC, alsdann gleichfalls in so viele gleiche Theile von N aus zu theilen übrig bleiben, als auf AN und CN gleiche Theile der AC liegen.

Anmerk. Vergleiche Aufg. 44. Zusatz 1.

47ste Aufgabe. (Fig. 58.)

Von einem gegebenen Triangel ABC, eine Fläche abzuschneiden, die einer gegebenen Fläche gleich ist.

Auflösung und Beweis. Man kann hierbei noch festsetzen, ob die Linie, welche vom △ABC die gegebene Fläche abschneidet, von irgend einem bestimmten Puncte des Triangels ausgehen soll. Sey dies nun von der Winkelspitze B, oder vom Puncte F in der Seite BC, oder von einem Puncte O innerhalb des Triangels aus; so verwandele man in jedem Falle die gegebene Fläche in einen Triangel, und gebe diesem die Höhe BD oder FG oder OD (Aufg. 37. Zusatz.). Alsdann trage man seine sich hiernach ergebende Grundlinie auf AC z. B. gleich der AE, oder gleich der CH oder gleich der EH; so werden die Triangel ABE, oder CFH oder EOH, die abgeschnittenen Stücke seyn. Man sieht, daß in dem Auftragen jener Grundlinie, im ersteren Falle auf AC, im zweiten auf CA oder BA *) im dritten

*) Nur müßte in diesem Falle auch die Höhe von F auf der AB gesucht seyn, so wie im dritten Falle die Höhe von O auf BA oder auf BC nothwendig gewesen wäre.

Falle auf AC, BA oder BC (siehe vorige Seite unten bei *), viel Willkühr liegt, wenn nicht nähere Bestimmungen diese einschränken, und daß man daher unter mehreren möglichen Fällen, den zweckmäßigsten zu suchen hat. Sollte bei dem Auftragen der Grundlinie, zuerst die Verbindunglinie einen Theil der abgeschnittenen Fläche außerhalb des Triangels ABC fallend geben, so haben wir Methoden genug gehabt, solche Fläche wieder in den △ABC hineinzuschaffen.

48ste Aufgabe. (Fig. 59.)

Ein Parallelogramm AC, durch Linien die der Seite AD parallel laufen, in n gleiche Theile zu theilen.

Auflösung und Beweis. Theile die Seite DC in n gleiche Theile, und ziehe durch die Theilungpuncte die Linien EH, FI, GK u. s. w. ⋕ AD. So erhält man nach G. §. 122, 2. lauter Parallelogramme, die nach §. 156. einander gleich sind.

Zusätze.

1) Es kann also der nte Theil von einem Quadrate gefunden (Siehe Aufg. 40.), und selbst wieder als ein Quadrat dargestellt werden (Aufg. 32.). Indem man nun jede Figur in ein Quadrat verwandeln kann, (Aufg. 37. Zusatz), so ist die Aufgabe stets lösbar:

Von jeder Figur F*) den nten Theil, oder überhaupt $\frac{a}{n}$ F **) zu finden, so daß dieser Theil wieder als ein Quadrat, oder als sonst eine bestimmte Figur unter denen bisher betrachteten Bedingungen, erscheint *).**

*) Diese allgemeine Bezeichnung jeder Figur durch F, wird keinen Anstoß verursachen.

**) Wo $\frac{a}{n}$ einen Bruch anzeigt, bei welchem auch $a > n$ seyn kann.

***) Siehe auch Aufg. 108. Zusatz 3.

2) Will man untersuchen, der wievielte Theil ein Oblongum von einem anderen Oblongum ist mit dem es bloß gleiche Höhe hat; so ist klar, daß man nur die Grundlinie des kleineren Oblongums in die des größeren zu tragen hat, da alsdann das ganze Oblongum von so vielen der kleineren Oblongen e füllt werden wird, als die Anzahl Male angiebt, welche die Grundlinie des kleineren sich in die Grundlinie des größeren Oblongums eintragen läßt, oder daß das kleinere der so vielte Theil des größeren Oblongums ist, als jene Menge Eintragungen angiebt. Sollte dies Eintragen nicht genau eine ganze Anzahl Male angehen, so hat man, da es ja hier auf das Suchen einer Zahl ankommt, welche die Anzahl Male der Eintragung angiebt, nur nöthig zu untersuchen, der wievielte Theil das noch übrig bleibende Stück von der gedachten kleineren Grundlinie des Oblongums ist, wo sich freilich noch ein Bruch ergeben wird, der aber weiter gar nichts schadet *). Dies ist aus unserer eben gehabten Aufgabe ganz einfach zu verstehen. — Da wir nun aber im Stande sind, jede zwei gegebene Figuren in Oblongen von gleicher Höhe zu verwandeln (Aufg. 37. Zusatz), so können wir ferner die Aufgabe lösen:

Zu untersuchen, der wievielte Theil eine gegebene Figur von einer anderen ist.

Daß diese Aufgabe auch gelöset werden kann, durch Verwandelung der Figuren in Triangel von gleichen Höhen, wo das Ineinanderlegen der Grundlinie entscheidet, ist gewiß deutlich; auch wird späterhin noch eine anders abgeleitete Construction hierfür gelehrt werden. (Siehe Aufg. 107. Zusatz 2.)

---

*) Ob derselbe übrigens rational oder irrational ist, ist hier durchaus gleichgültig. (Siehe Aufg. 106. so wie daselbst Zusatz 1. und 2.)

3) Soll ein Parallelogramm AC, in n gleiche Theile getheilt werden, durch Linien die wechselseitig parallel mit den beiden Seiten AB und AD gehen; so kann dies sehr leicht geschehen, sobald die Zahl n sich als ein Product zweier Zahlen a und b darstellen läßt, da man alsdann nur die Seite DC in a, und die DA in b gleiche Theile zu theilen hat; zieht man durch die Theilungpuncte der AD, die NM u. s. w. # AB, so ist wol deutlich, daß jedes der Parallelogramme AE, HF, IG u. s. w., in b gleiche Theile, wie Prllg. AO u. s. w. getheilt wird. Ist n nicht als ein Product a.b darzustellen, so fällt natürlich diese Art der Auflösung weg.

4) Daß jedes Parallelogramm durch die beiden Diagonalen in vier gleiche (nicht immer sämmtlich congruente) Triangel getheilt wird, folgt aus G. §. 127. und §. 157.

49ste Aufgabe. (Fig. 60. und 61.)

Ein Parallelogramm AC, durch Linien, die von einer Winkelspitze ausgehen, in n gleiche Theile zu theilen.

Auflösung und Beweis 1) Soll vom Puncte D aus (Fig. 60.) das Prllg. AC in eine gerade Anzahl gleicher Theile getheilt werden, so theile man die Seiten AB und BC jede in $\frac{n}{2}$ gleiche Theile; ist dies z. B. in E, F, G und H geschehen, so ziehe man DE, DF, DB, DG u. s. w., und es wird $\triangle ADE = \triangle EDF = \triangle DFB = \triangle DBG = \triangle DGH = \triangle HDC$ seyn.

Denn: $\triangle ADE = \frac{2}{n} \triangle ADB = \frac{1}{n} 2 . \triangle ADB = \frac{1}{n}$ Prllg. AC.

Dasselbe wird von allen anderen Triangeln bewiesen. — Soll aber die Theilung in eine ungerade Menge gleicher Theile geschehen, so theile man jede der Seiten AB und BC in n gleiche Theile; ist dies in L, E, K.... N, G u. s. w. geschehen, so verbindet man den 2ten, 4ten,

6ten u. s. w. Punct von A aus, mit D, so ist $\triangle ADE = \frac{2}{n} \triangle ADB = \frac{1}{n} 2 . \triangle ADB = \frac{1}{n}$ Prllg. AC. Beim Puncte B kommt alsdann ein Vierseit IDNB zu liegen.

Auflösung und Beweis 2). (Fig. 61.). Sollen die Theilunglinien von zwei einander gegenüber liegenden Winkelspitzen, also von A und C ausgehen; so hat man, wenn n gerade ist, nur nöthig DC so wie AB in $\frac{n}{2}$ gleiche Theile zu theilen, da alsdann, wenn z. B. F ein solcher Theilungpunct ist, $\triangle DAF = \frac{2}{n} \triangle DAC = \frac{1}{n}$ Prllg. DB wird, wie sich dies auch vom $\triangle CBK$ rc. ergiebt. Ist n ungerade, so wird DC und AB in n gleiche Theile getheilt, und wenn E, F, G, H.... I, K u. s. w. die Theilungpuncte vorstellen, so ist $\triangle DAF = \frac{2}{n} \triangle DAC = \frac{1}{n}$ Prllg. DB u. s. w. In der Mitte entsteht aber wieder ein Vierseit wie HAMC *), das $\frac{1}{n}$ Prllg. DB ist.

50ste Aufgabe. (Fig. 62.)

Ein Parallelogramm ABCD, von einem in einer Seite angenommenen Puncte E aus, in eine beliebige Anzahl gleicher Theile zu theilen.

Auflösung und Beweis. Theile die Seite DC in welcher der Punct E liegt, in n gleiche Theile, in den Puncten F, G, H, I u. s. w. (hier also z. B. in fünf gleiche Theile), ziehe durch alle diese Puncte Parallelen mit der Seite BC; so wird das Parallelogramm AC, in fünf gleiche Theile getheilt seyn (Aufg. 48.). Nun halbire man alle diese Parallelen in O, P, Q, R u. s. w.

---

*) Wenn nemlich H und M die, den Puncten C und A zunächst liegenden Theilungpuncte sind.

Zieht man jetzt durch E und den ersten Punct O; die Linie EOZ, so ist $\triangle EOF \cong \triangle OKZ$ (S. §. 60. und 61.), daher die Fläche $BZOFC + \triangle KOZ = BZOFC + \triangle EOF$, d. h. Prllg. $BKFC$ = Vierseit $BZEC = \frac{1}{n}$ Prllg. AC. Dann verbinde man E mit P d. h. man ziehe die Linie EW, so ist wiederum $\triangle GPE \cong \triangle WPL$, also Prllg. $LGCB$ = Viers. $WECB = \frac{2}{n}$ Prllg. AC; da aber bereits bewiesen, daß das Vrst. $ZECB = \frac{1}{n}$ Prllg. AC, so ist auch $\triangle WEZ = \frac{1}{n}$ Prllg. AC. So viele der Verbindunglinien des Punctes E, mit den Halbirungpuncten der Parallelen mit der BC, noch in der Seite AB endigen, so viele Triangel werden entstehen als nte Theile, die in E ihre Spitze haben; fällt aber eine solche Verbindunglinie wie z. B. EQS, mit ihrem Endpuncte außerhalb der BA, so ist zwar $\triangle EQH \cong \triangle QMS$, und die Fläche $BSEC$ = Prllg. $BMHC = \frac{3}{n}$ Prllg. AC; aber es liegt von jener Fläche ein Theil außerhalb des gegebenen Parallelograms. Dieser wird nun leicht wieder hineinzuschaffen seyn; denn zieht man EA, und durch S die $SV \# EA$ bis zur Seite AD in V, so ist $\triangle AES = \triangle AEV$, also die Fläche $BAVEC$ = Viers. $BSEC$ = Prllg. $BMHC = \frac{3}{n}$ Prllg. AC; weshalb für das Vierseit $WAVE$, $\frac{1}{n}$ Prllg. AC bleibt. Die Verbindunglinie ER, die verlängert die AB in T trifft, giebt wieder einen Triangel außerhalb des Parallelogramms AC, der ganz wie vorher durch die $TU \# AE$, wieder hineingeschafft wird, so daß nunmehr $BAUEC = \frac{4}{n}$ Prllg. AC, und daher $\triangle VEU = \frac{1}{n}$ AC wird. Daß man mit dieser Operation so lange fortfährt, als noch Puncte oder

Theile zu suchen sind, ist einleuchtend; daß man aber auch, wenn auf der AD der erste Punct V bestimmt ist, den übrig bleibenden Theil VD der AB nur in so viele gleiche Theile zu theilen hat, als überhaupt noch dergleichen Theile zu suchen sind, ist leicht einzusehen. Eben so hätte man können die Linie ZW die ganz in der BA liegt, auf den Theil WA so oft tragen, als es die Größe dieses Theils erlaubt; ja, selbst auf die Verlängerung der BA getragen, hätte ZW die Puncte S, T u. s. w. bestimmt.

51ste Aufgabe. (Fig. 63.)

Ein Parallelogramm AC, durch Linien welche die Seiten AB und DC schneiden, in n gleiche Theile, die alle Paralleltrapeze sind, zu theilen.

Auflösung und Beweis. Hat man $\frac{1}{n}$ der Seite CD gefunden, und ist $CH = \frac{1}{n} CD$; so ziehe man HG ⧺ BC, wo Prllg. $GC = \frac{1}{n}$ Prllg. AC wird. Halbirt man GH in O, so kann man jede beliebige Linie wie z. B. die EF, durch O legen, so daß beide Seiten AB und CD geschnitten werden, und das Paralleltrapez FBCE wird = Prllg. $GC = \frac{1}{n}$ Prllg. AC werden, wie aus der vorigen Aufgabe erhellt. Theilt man nun die Theile FA und ED, jeden in $n - 1$ gleiche Theile, z. B. in den Puncten L, M u. s. w. N, K u. s. w., so geben die Verbindunglinien LN, MK u. s. w., die Paralleltrapeze LFEN, MLNK u. s. w. die alle einander gleich sind (S. §. 187, 1.). Diese Gleichheit kann auch daraus hergeleitet werden, daß die Triangel LEN, MNK, KAD unter sich gleich sind, so wie dies mit den Triangeln LEF, MLN, AMK der Fall ist, von welchen wechselseitig immer zwei und zwei, die Paralleltrapeze FN, LK und MD erfüllen.

Wäre in der Seite DC ein Punct gegeben, der als Anfangspunct der ersten Theilunglinie angesehen werden sollte, z. B. E; so bedarf es gewiß jetzt keiner besonderen Betrachtung mehr, wie man die Linie EF erhalten haben würde. Aber leicht kann dieser Punct so liegen, daß nicht alle Theile Parallelrtrapeze werden können; denn ist z. B. I ein solcher Punct, so können die nten Theile nicht alle Paralleltrapeze werden, sobald die Triangel IAD und IBC, beide größer als $\frac{1}{n}$ Prllg. AC sind. Wie aber, wenn die Theilung doch von I aus geschehen soll, die ersten Theile gefunden werden die nun Triangel sind, lehrt bereits Aufg. 50.

Zusatz. Sollen die Theilunglinien senkrecht auf den Seiten stehen, so braucht man nur durch O einen Perpendikel auf diese Seiten zu fällen; und indem man mehrere Theilunglinien, wie die GH # der BC, zieht, kann man jene Operation wiederholen. Uebrigens kann es sich treffen, daß einige der nach dem Ende des Parallelogramms liegenden Theile, jene senkrechten Theilunglinien nicht zulassen, indem dieselben zum Theil außerhalb des Parallelogramms fallen können, und dann müssen andere Mittel für eine andere Lage derselben angewendet werden. (Siehe Aufg. 155. Zus. 1.)

52ste Aufgabe. (Fig. 64.)

Die Seite DC eines Parallelogramms ABCD, ist in den Puncten E, F, G und H, in fünf ungleiche Theile getheilt; man soll das Parallelogramm von denselben Puncten aus, in eben so viele gleiche Theile theilen.

Auflösung und Beweis. Durch die Linien IS, KT, LL′ und MU, parallel der Seite CB, theile man das Parallelogramm AC in fünf gleiche Theile (Aufg. 48.), und halbire die gezogenen Linien in den Puncten P, R, O und Q. Verbindet man E mit P, so giebt diese Linie verlängert bis N, den ersten Theil: Paralleltrapez ECBN = Prllg. IC = $\frac{1}{5}$ Prllg. AC*). Eben so giebt F mit R verbunden und bis Z verlängert, den Theil Prlltpz. FZBC = Prllg. TKBC = $\frac{2}{5}$ Prllg. AC, woraus für den Theil FENZ = $\frac{1}{5}$ Prllg. AC folgt. Verfährt man nun eben so bei den übrigen Puncten G und H, mit denen ihnen entsprechenden Puncten O und Q, so erhält man allerdings mit ihnen gleiche Flächen; allein die Theilunglinien können sich leicht kreuzen, wo dann folgendes Verfahren zu beobachten ist. Hat man G mit O verbunden und diese Linie bis V verlängert, so ist zwar das Prlltrpz. GVBC = Prllg. L′LBC; aber die wegzunehmende Fläche ZFCB, hat den kleinen Triangel ZVa, außerhalb der Fläche GVBC. Man schließe demnach so: Fläche VGCB = $\frac{3}{5}$ Prllg. AC,

Fläche ZFCB = △ZVa + Fünfs. VaFCB = $\frac{2}{5}$ Prllg. AC;

also Fl. VGCB — Fl. VaFCB — △ZVa = $\frac{1}{5}$ Prllg. AC

d. h. △GaF — △ZVa = $\frac{1}{5}$ Prllg. AC.

Um nun vom △GaF, den △ZVa wegzunehmen, verbinde man Z mit G, und ziehe durch V die VW ‡ ZG; so ist △ZVG = △ZWG, und nimmt man von beiden △ZaG weg, so bleibt △ZVa = △aWG. Indem man also vom △GaF den △ZVa wegnehmen sollte, nehme man nunmehr den, diesem Triangel gleichen Triangel aWG hinweg, und man erhält endlich △GWF = $\frac{1}{5}$ Prllg. AC. Kommt man zum letzten Puncte H, und zieht HQ bis X, so schneidet diese Linie die FZ in b; wenn nun auch HXBC = $\frac{4}{5}$ Prllg. AC ist, so ist doch bei der wegzunehmenden Fläche GWZBC, wiederum ein kleiner △bZX, der nicht zur Fläche HXBC gehört **). Nimmt man also von der Fläche HXBC =

*) Diese Gleichheit, so wie die der übrigen erhaltenen Flächen, mit den fünften Theilen des Prllgs. AC ist, theils an sich leicht zu beweisen, theils in der Aufg. 50. bewiesen.

**) Man hätte eben so gut sagen können: DHXA ist gleich $\frac{1}{5}$ Prllg. AC, und man muß diesem Vierseit den kleinen △ZbX

$\frac{4}{5}$ Parallelogramm AC, die möglich wegzunehmende Fläche BXbWGC hinweg, so bleibt Vierseit HbWG übrig, von dem jedoch noch der △ZbX wegzunehmen ist. Verbindet man Z mit H, und zieht durch X die XY ♯ ZH, so ist wieder △HZX = △HZY, also (△HZb von beiden hinweggenommen) △ZbX = △HbY, was nunmehr Viers. HbWG — △HbY = Viers. HYWG = $\frac{1}{5}$ Prllg. AC giebt. — Der übrig bleibende Rest, d. h. Fünfseit AZYHD, ist natürlich nunmehr das letzte Fünftel, und EN, FZ, GW und HY, sind die gesuchten Theilunglinien. — Sollten vielleicht von den Verbindunglinien anfänglich einige zum Theil außerhalb des Parallelogramms fallen; so ist in Aufg. 50. ihre neue Lage zu bestimmen gelehrt.

Wenn die Theilunglinien auch noch so mannigfaltig Anfangs liegen, so hat man in dem bereits Gelehrten hinlängliche Mittel, die Lage der Linien so zu verändern, daß der Aufgabe entsprochen wird.

53ste Aufgabe. (Fig. 65.)

Ein Parallelogramm AC, von einem innerhalb desselben liegenden Punct O aus, in n gleiche Theile zu theilen.

Auflösung und Beweis. Wenn man nach Aufgabe 48. das Prllg. AC, durch die Linien EF, GH, IK u. s. w. in n, hier z. B. in fünf gleiche Theile getheilt hat; so verbinde man die Mitte Q der ersten Theilunglinie EF, mit dem Puncte O, und verlängere die Verbindunglinie bis zu den Seiten AB und CD des Prllgs. AC, so daß also NP diese Linie wird. Wir wissen nun schon aus den mannigfaltigen Betrachtungen dieser Art in den vorhergehenden Aufgaben, daß △EQN ≌ △QFP ist, und daß daher △A'AN = Fläche EFPAA

---

hinzusetzen; dies führt auf ganz dieselbe Auflösung, ist aber hier darum nicht gewählt, weil, wenn mehr als 5 Theile zu suchen wären, man doch immer am bequemsten auf die bereits bestimmten Theile zurückgehen würde.

seyn wird. Diese Fläche ist aber um △DA'P zu groß gegen Prllg. AEFD = $\frac{1}{5}$ Prllg. AC, weshalb vom △A'AN, der △DA'P wieder abgeschnitten werden muß. Zieht man OD und PR ⋕ OD, dann OR, so ist △ODP = △ODR, also △A'DP = △OA'R; es ist also durch den △ORA', vom △NA'A die gedachte Fläche wieder abgeschnitten, um welche jener Triangel zu groß gegen $\frac{1}{5}$ Prllg. AC war. Es ist nunmehr Vierseit NORA = $\frac{1}{5}$ Prllg. AC. — Verbindet man ferner O mit der Mitte *) der GH, so entsteht die Linie TS, welche die Theilungslinie NO schneidet, oder welche vom bereits erhaltenen ersten Theile, ein Stück und zwar den △TON abschneiden. Indem also Vierseit ATSD = Prllg. AGHD = $\frac{2}{5}$ Prllg. AC ist **), so denke man sich hiervon den ersten Theil oder die Fläche NORA hinweggenommen; dies kann aber nur zum Theil unmittelbar geschehen, indem sich nur der Theil ATOR selbst wegnehmen läßt, und wonach der Theil ROSD zum Reste bleibt, von dem man noch den △TON wegzunehmen hat, um $\frac{1}{5}$ Prllg. AC zu behalten. Dies könnte nach der 47sten Aufgabe geschehen, indem man durch eine von O nach der DC gehende Linie, etwa wie die OY einen △OYS abschnitte, der dem △TON gleich wäre ***). Aber man kann in der Figur selbst, durch folgende Construction dieses Abschneiden erreichen. Man trage von O auf OR die OV = ON, und auf OS die OU = OT; zieht man VU, so ist △VOU ≌ △TON (S. §. 44.). Wird ferner durch V die VW ⋕ OS gezogen, so ist nach der Verbindung

*) Diese ist in der Figur nicht weiter benannt; U ist ein anderer Punct.

**) Aus denen, wie vorher bemerkt, oft erwähnten Gründen.

***) Zu diesem Ende müßte △TON in einen Triangel verwandelt werden, dessen Höhe der Perpendikel von O auf die DC wäre, dann würde sich die von S nach Y zu tragende Grundlinie ergeben.

bindung der Puncte O und U mit W, △OWU = △OVU = △TON, dann ziehe man durch U die UX ⋕ OW, dies giebt, wenn O mit X verbunden wird, △OXW = △OWU = △TON. Nunmehr hat man einen Triangel WOX, der die erforderliche Höhe hat, damit seine Grundlinie WX, von S nach Y getragen, △OSY = △TON giebt. Es ist also durch den △OYS, von der Fläche ROSD, eine dem △TON gleiche Fläche wieder abgeschnitten, und es bleibt Vierſ. ROYD = $\frac{1}{5}$ Prllg. AC. — Wollte man nun, um die übrigen Theile des Prllgs. AC zu finden, den Punct O immer zuerst mit den Mitten der IK,. der LM (u. ſ. w. wenn noch mehr Theile sind) verbinden, so würde die Figur so viele Reductionen, im Abschneiden und Zusetzen von Flächen erfordern, daß ein wahres Labyrinth von Linien entstehen würde. Es bietet sich hier aber der Vortheil dar, daß △POY = Vierſ. ORDY ist, und man daher nur die Grundlinie YP, von Y auf die YC zu tragen nöthig hat, wodurch YZ = YP wird, und so ist △YOP = △YOZ = $\frac{1}{5}$ Prllg. AC. Der neue Theil liegt sogleich ganz innerhalb des Prllgs. AC. Trägt man YZ von Z nach B′ weiter auf die YC*), so ist △ZOB′ auch = $\frac{1}{5}$ Prllg. AC; aber jetzt liegt ein Theil dieses Triangels außerhalb des Prllgs. AC; zieht man wieder OC, dann B′D′ ⋕ OC und verbindet O mit D′, so ist △OCB′ = △OCD′, also △OZB′ = Vierſ. OZCD′ = $\frac{1}{5}$ Prllg. AC. Es bleibt jetzt für den Theil OD′BN, nur noch $\frac{1}{5}$ Prllg. AC übrig, da $\frac{4}{5}$ der Fläche bereits bestimmt sind. Die Theilung ist also verlangtermaßen geschehen.

Zusatz. Soll ein Prllg. aus einem Puncte innerhalb bloß halbirt werden, so verbinde man diesen Punct mit der Mitte einer der Diagonalen (oder mit dem Durchschnittspuncte beider Diagonalen), und verlängere diese Verbindunglinie bis zu zweien gegenüberliegenden

*) Hier trifft B′ deren Verlängerung.

Seiten des Prllgs.; so ist nach G. §. 128. die Halbirung geschehen.

Anmerk. Die vorher gelösete Aufgabe würde im Allgemeinen kürzer so gelöset werden, wie nach Aufg. 60. jedes Vierseit zu theilen ist; obige Construction zeigt, daß Benutzung von gewissen Hülfen nicht immer kürzer zum Ziele führt; denn wenn in den Aufgaben 49 bis 52., die Theilung des Parallelogramms als solches, Vortheile vor der Theilung der Trapezoide im Allgemeinen gewährt *), so lassen sich doch diese Vortheile nicht unter allen Umständen gleich gut anwenden. Jene Construction würde dieser Behauptung wegen, theils aber auch deshalb hier angeführt, um die Abschneidung des Triangels OYS zu zeigen, und zu erinnern wie in dem Falle, wo schwierige Constructionen zu erwarten sind, oft eine einfache Betrachtung ungemeine Erleichterungen herbeiführen kann.

54ste Aufgabe. (Fig. 66.)

Ein Paralleltrapez ABCD, durch Linien welche die parallelen Seiten schneiden, in n gleiche Theile zu theilen **).

Auflösung und Beweis. Theile die Seiten AB und DC in n, z. B. in 4 gleiche Theile, und verbinde die Theilungpuncte wechselseitig; so sind EH, FI und GK die Theilunglinien (G. §. 187, 1.).

Anmerk. Siehe auch Aufg. 51.

55ste Aufgabe. (Fig. 67.)

Ein Paralleltrapez ABCD durch Linien, die parallel mit einer der nicht parallelen Seiten, z. B. der AD, gehen, in n gleiche Theile zu theilen.

Auflösung und Beweis. Nach Aufg. 39. Zusatz 2., verwandele man das Prlltrpz. AC in das Prllg. AEFD; theile dies durch die Linien GH, IK u. s. w.

---

*) Wie dies die folgenden Aufgaben bald lehren werden.

**) Die Theilung der Paralleltrapeze von gewissen Puncten aus, gewährt durch die Natur dieser Vierseite wenige Vortheile gegen die der Trapezoide im Allgemeinen; daher jene Theilungen hier nicht erst besonders erwähnt zu werden brauchen.

in n gleiche Theile nach Aufg. 48.; so sind dieselben auch die gesuchten Theile des Prlltrpzes. — Hierbei ist nur zu merken, daß bis jetzt unsere Forderung in dem Falle nicht ganz erfüllt werden kann, wo die Seite CB durch eine jener Parallelen schon geschnitten wird. Sollte daher z. B. AC in 10 gleiche Theile unter obiger Bedingung getheilt werden, und NM wäre diejenige Theilunglinie des Prllgs. AF, durch welche Prllg. AN $= \frac{7}{10}$ Prllg. AF abgeschnitten wäre, Prllg. AK aber enthielte 6 dieser Theile; so müßte man sich hier noch mit diesen Theilen begnügen, und den Theil IBCK für sich noch in 4 gleiche Theile theilen, wozu neue Bedingungen festgesetzt werden können. (Siehe Aufg. 155. Zus. 3.)

Zusatz.

Durch Verbindung der Aufgaben 52. und der beiden letzten, kann man nun auch die Aufgabe stets lösen: **Wenn die eine Seite eines Paralleltrapezes in mehrere ungleiche Theile getheilt ist, von diesen Puncten aus das Paralleltrapez, in eben so viele gleiche Theile zu theilen.**

56ste Aufgabe. (Fig. 68.)

Ein beliebiges Vierseit ABDC, durch Linien die von zwei gegenüberliegenden Winkelspitzen A und D ausgehen, in n gleiche Theile zu theilen*).

Auflösung und Beweis. Ziehe die Diagonale CB, und theile diese in n gleiche Theile z. B. in viere. Dann verbinde die Theilungpuncte E, F und G, mit den Puncten A und D; so bedarf die Gleichheit der Triangel CAE, EAF u. s. w., so wie die der Triangel CDE, EDF u. s. w., mithin auch die Gleichheit der

*) Die Theilung der Vierseite mit einspringenden Winkeln, wird erst später vorkommen (Aufg. 63. bis 67.).

Theile AEDC, AEDF u. s. w. gewiß keines weiteren Beweises mehr.

Anmerk. Diese Theilung wird, der Unregelmäßigkeit der Figur der einzelnen Theile wegen, selten angewendet werden, uns jedoch für andere Theilungen Vortheile gewähren. (Siehe Aufg. 58. Auflösung 2.)

57ste Aufgabe. (Fig. 69.)

Ein beliebiges Vierseit ABCD, vom Scheitel des Winkels D aus, in n gleiche Theile zu theilen, wobei die Theilunglinien gebrochene Linien seyn können.

Auflösung und Beweis. Ziehe durch A die AI ⧺ BC; so ist ΔBCI ein Paralleltrapez. Theile dasselbe nach Aufgabe 54. in n gleiche Theile. Es ist also auch die Seite AI in n gleiche Theile getheilt. Verbindet man die Theilungpuncte E, F u. s. w. auch mit D, so sind die Triangel DAE, DEF u. s. w. auch unter sich gleich; mithin ist die Gleichheit der Stücke DABGE, DEGHF u. s. w. eine Folge hieraus.

Anmerk. Wir werden sogleich sehen, wie die gebrochene Linien wieder wegzuschaffen sind, und so den Theilen eine regelmäßige Gestalt gegeben werden kann. (Siehe Aufg. 58. Auflösung 3.)

58ste Aufgabe. (Fig. 70. und 71.)

Ein Vierseit ABCD, aus einer Winkelspitze A, durch gerade Linien in n gleiche Theile zu theilen.

Auflösung und Beweis 1). Man verwandele nach der Aufgabe 33, 1. das Vierseit (Fig. 70.) in den ΔADE, dessen Winkelspitze in A liegt. Theilt man nun die Grundlinie DE in n gleiche Theile, so werden die, durch die Verbindunglinien der Theilungpuncte mit dem Puncte A, entstehenden Triangel DAF, FAG u. s. w. sämmtlich einander gleich seyn. Die zum Theil außerhalb des Vierseits DB fallenden Triangel, werden nun dadurch höchst einfach wieder in das gegebene Vierseit hineingeschafft, daß man durch die Puncte I, K, L ꝛc. die auf die Verlängerung der DC fallen, mit der Diagonale AC, die Parallelen IN, KM u. s. w. bis zur Seite CB zieht *), und die hier entstehenden Puncte N, M u. s. w. mit A verbindet. Denn: war z. B. $\triangle HAI = \triangle AHC + \triangle CAI = \frac{1}{n} \triangle DAE = \frac{1}{n}$ Viers. DB; so ist, da $\triangle CAI = \triangle CAN$ ist, auch $\triangle AHC + \triangle CAN$ = Vierseit AHCN = $\frac{1}{n}$ Vierseit ABCD. Eben so $\triangle HAK = \triangle HAC + \triangle CAK = \triangle HAC + \triangle CAM =$ Vierseit AHCM $= \frac{2}{n} \triangle ADE$; geht Vierseit AHCN = $\frac{1}{n} \triangle ADE$ davon ab, so bleibt $\triangle ANM = \frac{1}{n}$ Viers. DB. U. s. w. Hat man übrigens nur eine Linie wie die NM, welche eine Seite des Triangels NAM giebt und ganz in die CB fällt, so kann man auch durch deren bloße Weitertragung auf die MB, die anderen Theilungpuncte und mithin die übrigen Theile finden.

Anmerk. Wenn auch die gleich folgenden 2 Auflösungen den Raum außerhalb des Vierseits ganz sparen; so zeigte doch die eben gehabte Lösung, so wie mehrere der früheren Aufgaben wo Stücke wieder in die ursprüngliche Figur hineingebracht werden mußten, den allgemeinen Character der Theilungen der Figuren von gewissen Puncten aus an, indem sich nicht immer Vortheile für kürzere Auflösungen darbieten.

Auflösung und Beweis 2). Hat man nach Aufg. 56., den Theil AOCB (Fig. 71.) $= \frac{1}{n}$ Vrst. ABCD gesucht, so ziehe man die Linke AC. Nun ist $\triangle ABC$ um den $\triangle AOC$ zu groß gegen den gefundenen nten Theil; wird aber durch O die OE # AC gezogen, so ist, wenn man AE zieht, $\triangle AEC = \triangle AOC$, mithin $\triangle AEB = \frac{1}{n}$ Viers. ABCD. Es ist nicht zu verkennen, daß man dieselbe Verrichtung bei allen Puncten in der

*) Warum müssen wol alle diese Parallelen die Seite BC treffen, oder können sie auch deren Verlängerung erst schneiden?

DB nur zu wiederholen braucht, wodurch sich auf den Seiten BC und DC, die Theilungpuncte ergeben. Denn war z. B. ANCB $= \frac{a}{n}$ Viers. ABCD, so giebt NM ⋕ AC gezogen, △ACN = △ACM, also zu beiden den △ACB hinzugefügt, wird Vrs. ABCN = Vrs. ABCM, von welchem letzteren die bereits gefundenen Theile abgehen. Daß man auch hier den Vortheil hat, wenn erst ein Theil erzeugt ist, dessen Grundlinie ganz in die CD oder in die CB fällt, diese Grundlinie auf diese Seite nur weiter zu tragen nöthig ist; fällt in die Augen *).

Auflösung und Beweis 3). Hat man (Fig. 71.) den nten Theil vom Viers. ABCD, d. h. Viers. AQFD nach Aufg. 57. erzeugt, so ziehe man AF; dann ist △AFD um den △AQF zu klein gegen jenen nten Theil. Zieht man aber QG ⋕ AF und verbindet A mit G; so ist △AFG = △AFQ d. h. DAG $= \frac{1}{n}$ Vrs. ABCD. Die anderen Theile werden ganz eben so gefunden, was nunmehr keiner weiteren Erläuterung bedarf.

Zusatz. Die Verwandelung gebrochener Theilunglinien in gerade Linien, die bei den Theilungen der Figuren von so großem Nutzen sind, liegen zum Theil in der, einfach in dieser letzten Auflösung gezeigten Verfahrungart. Daher werden auch in der Folge keine besonderen Aufgaben, die nur eine solche vorzunehmende Umwandelung der gebrochenen Theilunglinien bezwecken, hier vorkommen, wenn gleich noch mehrere der folgenden Aufgaben dergleichen Verwandelungen enthalten. Schon bei der Verwandelung der ein- in aussprin-

*) Man wird leicht sehen, daß man, statt auf DC die Puncte zu bestimmen, man sie eben so auf AD suchen kann, und dann die Theilunglinien von C kann ausgehen lassen, so daß sie selbst wechselseitig von A und C ausgehen können.

gende Winkel, lag das Princip dieser Linienverwandelung zum Grunde.

Anmerk. Siehe Aufg. 160. 2te Auflösung und Aufg. 161.

59ste Aufgabe. (Fig. 72. und 73.)

Ein Vierseit ABCD, aus einem in einer Seite gegebenen Punct O, in n gleiche Theile zu theilen.

Auflösung und Beweis 1). Nach Aufg. 33, 2. verwandele man das gegebene Vierseit (Fig. 72.) in den △EOF, dessen eine Winkelspitze der Punct O ist. Theilt man nun die Grundlinie FE in n gleiche Theile, so erhält man △EOH = △HOI = u. s. w. = $\frac{1}{n}$ Viers. AC. Wie man die zum Theil außerhalb des Vierseits fallenden Theile, wieder in dasselbe zurückbringt, ist aus den Theilungen die wir bei den Triangeln gehabt haben, hinlänglich bekannt; überdies zeigt die Figur die Construction noch an.

Auflösung und Beweis 2). Man verwandele zuerst wieder das Viers. ABCD (Fig. 73.) in den △BCE, so daß der Punct O in der Grundlinie liegt, die Winkelspitze C aber, die der Grundlinie gegenüber liegende Spitze wird *). Nun theile man BE in n gleiche Theile, und nehme an, F, G, H und L wären einige dieser Puncte. Wird CF gezogen, und enthält △BCF z. B. $\frac{a}{n}$△BCE, so ziehe man OC, und durch F die FI ⧺ OC; jetzt entsteht wenn OI gezogen wird, △OFI = △CFI, also auch △OBI = △BFC. Ist eben so △BCG = $\frac{b}{n}$△BCE, so ziehe man durch G die GM ⧺ OC, und es wird wenn man O mit M verbindet, △OMC = △OGC, also Viers. OMCB = △GCB = $\frac{b}{n}$ Viers. AC. Ist fer-

---

*) Auch hätte D diese gegenüberliegende Spitze werden können.

ner $\triangle BCH = \frac{c}{n} \triangle ABC$, so entsteht wiederum, wenn die $HK \# OC$ gezogen wird, $\triangle OCH = \triangle OCK$, und hiernach $\triangle HCB =$ Viers. OKCB. Ist endlich L ein solcher Theilungpunct, der $\triangle LCB = \frac{c}{n} \triangle BCE$ giebt, wo aber die $LN \# OC$, den Punct N in der Verlängerung der CD erzeugt; so ist zuerst wieder $\triangle BCL =$ Vrs. ONCB. Man hat nun noch den kleinen, außerhalb fallenden Triangel, wieder in die gegebene Fläche hineinzuschaffen; wird daher $NP \# OD$ gezogen, so hat man $\triangle ODP = \triangle ODN$, also Fünfseit OPDCB = Viers. ONCB = $\triangle BCL = \frac{c}{n}$ Viers. ABCD. So hat also auch diese Art der Theilung keine Schwierigkeiten.

Zusätze. (Fig. 74. und 75.)

Ein Paar besondere Fälle mögen noch hier stehen.

1) Wenn das Vierseit ABCD (Fig. 74.) ein Paralleltrapez, und der Punct O in einer der parallelen Seiten AB gegeben ist, die Figur aber nur halbirt werden soll.

Auflösung und Beweis. Verlängere die AB um BE, so daß OE = OA wird. Verbinde E mit C und ziehe durch B die $BF \# EC$. Das Stück FD, das von der DC dadurch abgeschnitten wird, halbire man in G und ziehe OG; so ist dies die Theilunglinie. Denn: denkt man sich OD und OF gezogen, so ist $\triangle AOD = \triangle OFE$, und eben so $\triangle DOG = \triangle OGF$; deshalb ist Viers. AOGD = Viers. OGFE = $\triangle OGF + \triangle OFE = \triangle OGF + \triangle OFB + \triangle BFE = \triangle OGF + \triangle OFB + \triangle BFC =$ Viers. OGCB. Wie verlangt war.

2) Das Trapezoides ABCD (Fig. 75.), soll von dem in der Mitte der Seite AB liegenden Puncte O aus, halbirt werden.

Auflösung und Beweis. Ziehe durch C die $CE \# AB$ und halbire EC in Q. Verbindet man jetzt

Q mit D, so halbirt die gebrochene Linie OQD das Trapezoid (Aufg. 57.); zieht man also durch Q die QF ♯ OD, so halbirt wiederum OF das Vierseit BD (Aufg. 58, 3.).

60ste Aufgabe. (Fig. 76. und 77.)

Ein Vierseit ABCD, von einem innerhalb desselben gegebenen Puncte O aus, in n gleiche Theile zu theilen.

Auflösung und Beweis 1). Man verwandele nach Aufg. 33, 3. das Vierseit BD (Fig. 76.), in den △GOF, dessen Spitze also der Punct O wird, und theile dann die Grundlinie GF in n gleiche Theile. Einige der hierdurch erhaltenen Theilungpuncte, mögen die Puncte H, K, M, P und R seyn, wobei es also hier willkührlich ist, wie viele Puncte noch zwischen diesen liegen *). Hat nun △MOK einige der gleichen Triangel, deren n den △GOF erfüllen; so schafft man durch die KL ♯ OD, den △ODK = △ODL wieder ganz in das Vierseit hinein, und Viers. OLDM ist = △OMK. Lagen zwischen D und K noch Theilungpuncte, so würden sie auf dieselbe Weise bereits mit Puncten zwischen D und L auf der DC, vertauscht seyn. Geht aber eine der Parallelen, wie z. B. die Parallele durch H mit OD, über den Punct C hinaus **), und trifft wie die HI die Verlängerung der DC; so ist △ODI = △ODH, also die Fläche OMDI = △OMH = $\frac{a}{n}$ △GOF. Aber es

*) Diese willkührliche Annahme, die übrigens schon früher gemacht wurde, kann niemanden stöhren; sie dient theils um die Auflösung in der Allgemeinheit der n Theile zu erhalten, theils um Theilungpuncte wählen zu können, die besonders bemerkenswerthe Fälle veranlassen, welche in einer bestimmten Figur zu erzeugen oft Schwierigkeiten hat, wenn man GF genau in gleiche Theile theilt.

**) Warum kann dies hier geschehen, da es beim ähnlichen Falle in Aufg. 42. nicht geschehen konnte?

ist von neuem eine kleine Fläche nach außerhalb des Vierseits gefallen. Zieht man also wieder durch I die IN # OC, so ist △OCN = △OCI; also Fläche OMDCN $= \frac{a}{n}$ Viers. ABCD. So hat das Wiederhineinschaffen der zum Theil außerhalb fallenden Flächen, durchaus auch hier keine Schwierigkeiten, und wie z. B. △OAR gegen △OAS vertauscht wird, ist zu oft erwähnt als daß es wiederholt zu werden nöthig wäre.

Auflösung und Beweis 2). Man verwandele Viers. BD (Fig. 77.) in △ADE, und theile DE in n gleiche Theile, wo wieder F, G, H und I einige der Puncte vorstellen mögen. Zieht man AF, so ist △ADF $= \frac{a}{n}$ (oder auch $\frac{1}{n}$ da a = 1 seyn kann) Viers. BD. Wird O mit A und F verbunden, so ist die Fläche AOFD, um den △AOF zu groß gegen $\frac{a}{n}$ Viers. BD; zieht man also durch A die AK # OF, und verbindet O mit K, so ist △OKF = △OFA. Aber es liegt noch ein Theil vom △OKF, außerhalb des Vrsts. BD; wird daher KN # OD gezogen, und O mit N verbunden, so ist Viers. OFDN = △OFK = △OFA; also Viers. AOFD — Viers. OFDN = △AON $= \frac{a}{n}$ Viers. BD. — Nun ziehe man AG, so ist △AGD $= \frac{b}{n}$ Viers. BD; wird O mit A und G verbunden, so ist die Fläche AOGD, um den △AOG zu groß gegen $\frac{b}{n}$ Viers. BD; also wiederum durch A die AL # OG, giebt O mit L verbunden △OGL = △OGA, also Vierseit OLDA $= \frac{b}{n}$ Vrs. BD. Eben so wird △AHD, gegen Vrs. AOMD vertauscht, wie die Figur einfach zeigt, und dasselbe geschieht mit allen folgenden Theilungpuncten auf MC.

Findet es sich, wie beim Puncte I, wo $\triangle DAI = \frac{c}{n}$ Vierf. BD ist, daß ein Theil der Fläche außerhalb des Vierseits selbst fällt; so ziehe man erst AC, dann IN # AC, und AN; so ist $\triangle ACN = \triangle ACG$, also Vierf. ANCD $= \frac{c}{n}$ Vierf. BD. Wird wiederum O mit N verbunden, so ist von der eben genannten Fläche $\triangle OAN$ abgeschnitten, und indem man ihn mittelst der Construction der Parallele AQ durch A mit ON, ersetzen will, fällt dieselbe in die Verlängerung der BC in den Punct Q, so daß $\triangle OQN = \triangle OAN$ wird. Man hat also noch einmal durch Q die QR # OB, und dann die OR zu ziehen, um $\triangle OBR = \triangle OQB$, und mithin Vierf. ORBN $= \triangle OQN = \triangle OAN$ zu erhalten; wo nun endlich die Fläche DAORBC $= \frac{c}{n}$ Vierf. DB wird. Sollten in dem $\triangle AOR$ der als Rest bleibt, noch viele einzelne Theile zu bestimmen seyn; so würde man dieselben natürlich bloß bei diesem Triangel nach Aufg. 41. bestimmen, ohne sich um die Puncte in der IE erst zu bekümmern. Dieser und ähnliche Vortheile sind aber, wie oft erwähnt, nicht allgemein zu lehren.

61ste Aufgabe. (Fig. 78.)

In einem Vierseite ABCD, einen Punct zu bestimmen, von welchem aus die Fläche in n gleiche Theile getheilt werden kann, jedoch so, daß drei der Theilunglinien noch drei Winkelspitzen hin laufen *).

Auflösung und Beweis. Nach Aufg. 60. 2te Auflösung, suche man den $\triangle BEC$ der gleich $\frac{1}{n}$ Vrf. AC ist, und eben so den $\triangle DFC$ der gleichfalls $\frac{1}{n}$ Vrf. AC ist. Durch E ziehe man die EH # BC, und durch F die

*) Siehe Aufg. 44. Anmerk. 2.

FI # DC; so ist der Durchschnittspunct beider Parallelen, d. h. O, der gesuchte Punct. Denn zieht man OB, OC und OD, so ist $\triangle BOC = \triangle BEC = \frac{1}{n}$ Vrs. AC, und eben so $\triangle DOC = \triangle DFC = \frac{1}{n}$ Vrs. AC. Den Rest, Viers. ABOD, theilt man vom Puncte O aus in n—2 gleiche Theile nach Aufg. 58., was gewiß hier keiner besonderen Construction mehr bedarf.

Zusatz 1. Man wird auch bei Polygonen von mehr als vier Seiten, leicht einen solchen Punct bestimmen können, aber auch bald einsehen, daß die Bestimmung nicht gegeben werden darf, daß nach einer beliebigen Menge von Winkelspitzen Theilunglinien gehen sollen.

Zusatz 2. Sollte verlangt werden, ein Vierseit in n gleiche Theile zu theilen, durch Linien die alle von einem zu findenden Puncte innerhalb des Vierseits ausgehen, aber zwei von diesen Linien sollten nach zwei gegenüber liegenden Winkelspitzen des Vierseits gehen; so suche man einen $\triangle BEC = \frac{1}{n}$ Viers. AC, und theile Viers. BEDA, von A aus in n — 1 gleiche Theile; so bestimmt die erste von D aus nach der BE gezogene Linie, in dieser den gesuchten Punct *), von wo aus man das Vierseit, welches von den Seiten AB und AD, so wie von einem Theile der BE, und der von D aus gezogenen Linie gebildet wird, nur noch in n—2 gleiche Theile zu theilen hat. Ist aber die Seite BE im Vierseite BEDA so klein, daß die Linie von D nach B gezogen, einen Triangel DEB abschneidet, der kleiner als

---

*) Daß in der Figur diese Construction nicht ausgeführt ist, geschah um die Einbildungkraft zu üben; wem dies nicht deutlich seyn sollte, der wird es sogleich verstehen, wenn er die gleich folgende Construction hiermit vergleicht.

$\frac{1}{n-1}$ Vierſ. DEBA iſt; ſo ſieht man gewiß ein, daß ein ſolcher Punct nicht in der BE zu finden iſt, und man hat die Conſtruction nunmehr ſo zu machen, daß von B aus, zuerſt nach AD die Linie BG geht, um einen △ABG $= \frac{1}{n}$ Vierſ. AC zu beſtimmen, und daß dann von D aus durch die DQ, vom Vierſ. GBCD, der △DQG $= \frac{1}{n-1}$ Vierſ. GBCD $= \frac{1}{n}$ Vierſ. ABCD abgeſchnitten wird. Q iſt nun wiederum der Punct, von wo aus Vierſ. BQDC, in $n-2$ gleiche Theile noch zu theilen übrig iſt. — Die Aufgabe dieſes Zuſatzes macht daher noch die Bedingung möglich, in einem der Theile, den Winkel A (oder C) ganz zu erhalten, was bei der Aufg. des vorigen Zuſatzes natürlich nicht anging.

62ſte Aufgabe. (Fig. 79.)

In einer Seite AB eines Vierſeits ABCD, ſind die drei Puncte E, F und G gegeben; man ſoll von dieſen Puncten aus, das Vierſeit in vier gleiche Theile theilen.

Auflöſung und Beweis. Man verwandele das Vierſ. AC in den △ADL, ſo daß die Seite AB, in welcher jene Puncte gegeben ſind, die Grundlinie des Triangels wird (Aufg. 33, 1.). Theile nun von D aus den △ADL in vier gleiche Theile △ADH, △HDI, △IDK und △KDL (Aufg. 41.). Nun iſt △ADH = △ADE + △EDH. Wird durch H die HM ⋕ ED bis zur Seite DC gezogen, und E mit M verbunden; ſo iſt △EMD = △EDH, alſo Vierſ. ADME der erſte geſuchte Theil, da die Linie EM durch E geht. Eben ſo iſt △ADI $= \frac{2}{4}$ Vierſ. AC = △ADF + △FDI; zieht man alſo durch I die IN ⋕ DF, ſo giebt F mit N verbunden, △FDN = △FDI, d. h. Vierſ. ADNF = △ADI $= \frac{2}{4}$ Vierſ. AC, woraus Vierſ. EMNF auch als $\frac{1}{4}$ Vrſ. AC, d. h. FN als zweite Theilunglinie folgt. Wenn man beim dritten Puncte K, dieselbe Operation macht, und KP ⧺ DG zieht, so ist △DGP = △DGK, also Viers. GADP = △ADK = $\frac{1}{4}$ Viers. AC. Aber es muß jetzt noch ein Theil jenes Vierseits in das Viers. AC hineingeschafft werden, welches wie leicht einzusehen ist geschieht, wenn man GC, dann durch P die PQ ⧺ GC und zuletzt GQ zieht; diese Linie ist die letzte Theilunglinie.

Zusatz. Die Bedingungen sind zu mannigfaltig unter denen man, selbst mit den bisher bekannten Mitteln, die Theilung der Vierseite verrichten kann, als daß sie hier aufgezählt werden könnten. Wir haben aber noch die Vierseite mit einem einspringenden Winkel zu untersuchen, da die Theilungen dieser, noch besondere Erscheinungen verursachen.

63ste Aufgabe. (Fig. 80.)

Ein Vierseit ABOC mit einem einspringenden Winkel, von der dem einspringenden Winkel gegenüber liegenden Winkelspitze aus, in n gleiche Theile zu theilen.

Auflösung und Beweis 1). Man ziehe die außerhalb fallende Diagonale BC, und theile diese in n gleiche Theile. Es seyen D, E u. s. w. einige dieser Theilungpuncte. Zieht man AD und OD, so ist △ADC $=\frac{1}{n}$ △BAC, und △ODC $=\frac{1}{n}$ △BOC; daher

$$\triangle ADC - \triangle ODC = \frac{1}{n}(\triangle BAC - \triangle BOC) = \frac{1}{n} \text{ Viers. } ABOC.$$

Man muß also vom △ADC, den △ODC wegnehmen. Dies geschieht, indem man durch D die DN ⧺ der Diagonale AO bis zur OC zieht. Denn, verbindet man jetzt A mit N, so ist △DNO = △DNA, also △DCO = Viers. CDAN; sollte also vom △ADC, der △ODC weggenommen werden, so kann man das Viers. CDAN wegnehmen, und es bleibt △ANC $=\frac{1}{n}$ Viers. ABOC übrig. Eben so verfahre man beim Puncte E, indem $\triangle AEC - \triangle EOC = \frac{2}{n}$ Vrs. ABOC ist. Wird also EQ # AO gezogen, so ist wieder $\triangle AQC = \frac{2}{n}$ Viers. ABOC; demnach $\triangle ANQ$ allein, wieder $= \frac{1}{n}$ Viers. ABOC. Daß man so für jeden der anderen Theilungpuncte fortfahren kann, ist leicht einzusehen. Derjenige nte Theil des Triangels BAC, in welchem ursprünglich der Punct O liegt, verursacht hierbei weiter keine Schwierigkeit; denn ist z. B. $\triangle TAE$ dieser Theil, so denke man sich ihn durch die gerade Linie AOU, in die beiden Triangel AEU und ATU zerlegt; so ist $\triangle AET - \triangle TOE = \frac{1}{n}$ Viers. ABOC = Viers. ATOE = $\triangle AOE + \triangle ATO$; ist nun EQ und TS # AO, so ist $\triangle AQO = \triangle AEO$, und $\triangle ASO = \triangle ATO$, d. h. Vierseit AQOS ist $= \frac{1}{n}$ Viers. ABOC*). Hätte man aber, nachdem die Linie CN erzeugt ist, diese Linie mehrere Male auf CO weiter getragen, so würde der Punct Q erzeugt seyn, und wäre alsdann der nächste Punct in R, d. h. über CO hinaus gefallen, so würde $\triangle RAQ = \frac{1}{n}$ Viers. ABOC geworden seyn, und das Stück $\triangle AOR$, wäre durch die RS # der AO, und das Ziehen der AS wieder hineingeschafft. — Hätte man endlich die Theilungpuncte die dem Puncte B zunächst liegen, eben so wie D, E rc. gleich Anfangs auch benutzt; so wäre in der Mitte der Theil ASOQ, als $\frac{1}{n}$ Viers. ABOC übrig geblieben.

Auflösung und Beweis 2). Nach Aufg. 36, 1. verwandele man Viers. ABOC in den $\triangle ABG$, und

*) Man wird hierin eine Beweisart entdecken, die für unsere Construction gilt, wenn man von dieser Mittelfläche TAE, die richtige Theilung zu beweisen anfangen wollte.

theile BG in n gleiche Theile. Es mögen hier nur die Theilungpuncte H und F, die besondere Berücksichtigung verdienen, betrachtet werden. Zuerst ist $\triangle ABH = \frac{a}{n}$ Viers. ABOC*) (a kann auch 1 seyn); zieht man also durch H die HI # BA, und verbindet A mit I, so ist $\triangle AIB = \triangle AHB = \frac{1}{n}$ Viers. ABOC. Ist ferner $\triangle BAF = \frac{c}{n}$ Viers. ABOC, so ziehe man durch F die FM # BA, bis zur Verlängerung der BO; so wird erst $\triangle BAM = \triangle BAF$. Triangel BAM besteht aber aus den Triangeln BAO und AOM, von denen der letztere nicht ganz zum Viers. ABOC gehört; zieht man aber durch M die MP # der Diagonale AO, so wird $\triangle APO = \triangle AOM$, also Viers. BOPA $= \triangle BAM = \triangle BAF = \frac{c}{n}$ Viers. ABOC. So sieht man also, wie unter allen Umständen die, Anfangs ungünstig fallenden Puncte, wieder auf die Seiten des ursprünglichen Vierseits zurückgeführt werden können.

Anmerk. Daß die Theilung vom Puncte A aus immer möglich ist, ist leicht einzusehen; nicht so ist es immer von den Puncten B oder C aus (Siehe die folgende Aufgabe).

Zusatz. Soll das Vierseit von der Spitze des einspringenden Winkels aus getheilt werden, so hat die Aufgabe gar keine besondere Berücksichtigungen gegen die allgemeine Theilung der Vierseite nach Aufg. 58. nöthig. Die Verwandelung in einen Triangel dessen Spitze O ist, und dessen Grundlinie in BA oder in AC liegt, geschieht nach Aufg. 36, 2., dann ist die Theilung und Hineinschaffung der außerhalb fallenden Theile, ganz wie bei den übrigen Vierseiten. Wir bedürfen also

*) Als $\frac{a}{n} \triangle ABG$.

also keiner besonderen Anführung dieses Falls, und es sey nur bemerkt, daß auch er stets auszuführen möglich ist.

64ste Aufgabe. (Fig. 81.)

Ein Vierseit ABOC mit einem einspringenden Winkel, von einem der, dem einspringenden Winkel zunächst liegenden Winkelpuncte*) aus, in n gleiche Theile zu theilen.

Auflösung und Beweis 1). Gesetzt man sollte von B aus das Viers. ABOC theilen; so verwandele man dasselbe nach Aufg. 36, 2. in den △ABD, und theile AD in n gleiche Theile. Trifft es sich nun, daß z. B. G der letzte Theilungpunct ist und so fällt, daß die Verbindunglinie BG noch ganz innerhalb des Vierseits ABOC fällt, so ist die Aufgabe sogleich gelöset. Dies wird immer der Fall seyn, sobald, wenn man die Seite BO bis zur AC in H verlängert, der entstehende kleine △HOC, kleiner als $\frac{1}{n}$ Viers. ABOC ist, wie wol einfach zu sehen ist **). Fallen aber noch Puncte zwischen H und C, z. B. in N u. s. w., so ist wiederum leicht ersichtlich, daß es nicht möglich ist, die ferneren Theilunglinien nach der BG, auch noch von B ausgehen zu lassen, sondern sie müssen nunmehr von O oder von C ausgehen. Beides hat aber keine Schwierigkeit, denn zieht man ON, so ist △BGN $= \frac{1}{n}$ Viers. ABOC = Viers. BONG + △BON, und indem durch B die BM # ON gezogen wird, ist △ONM = △ONB, also

*) So kann man die Scheitel der Winkel B und C nennen; übrigens ist klar, daß die Methode der Theilung von B oder von C aus, dieselbe seyn muß.

**) Ist △BHA < $\frac{1}{n}$ Viers. ABOC, so wird gar keine Theilunglinie von B ausgehen können, die Aufgabe also unmöglich seyn.

die Fläche BOMG = △BNG = $\frac{1}{n}$ Vierseit ABOC. Sollten noch mehr Theilungpuncte zwischen N und C gefallen seyn, so kann man entweder die eben gezeigte Construction wiederholen, oder man theilt den △NOC von O aus in so viel gleiche Theile, als derselben noch erforderlich sind (Aufg. 41.) *).

Auflösung und Beweis 2). Hätte man die Auflösung der Aufgabe 56. angewendet, und die Diagonale AO in n gleiche Theile getheilt; so wäre, wenn I ein solcher Theilungpunct ist, Viers. BICA = $\frac{1}{n}$ Viers. ABOC geworden. Jetzt durch I die IE ‡ BC, giebt, wenn man BE zieht, △BEA = Viers. BICA, wie dies in der 2ten Auflösung der 58sten Aufgabe gezeigt ist. Die andern Theile, kann man übrigens durch Auftragung der AE auf die AC erhalten. Der Fall aber, wo die Theilunglinie von O ausgehen müssen, kann natürlich durch diese Construction eben so wenig als in der ersten Auflösung, vermieden werden.

65ste Aufgabe. (Fig. 82.)

Ein Vierseit ABOC mit einem einspringenden Winkel, von einem Puncte D aus, der in einer den einspringenden Winkel nicht bildenden Seite AC liegt, in n gleiche Theile zu theilen **).

Auflösung und Beweis. Man verwandele das gegebene Vierseit in den △AEB (Aufg. 36, 1.) ***),

---

*) Wie man △ONC, wenn es verlangt seyn sollte, von C aus theilt, bedarf keiner Erörterung.

**) Ob hiernach der Punct D in der Seite AC oder AB liegt, ist gleichgültig; dagegen erst die folgende Aufgabe den Fall, wo seine Lage in der CO oder der OB ist, betrachten wird.

***) Läge der Punct D zwischen E und C, so hätte man den Triangel nehmen oder suchen müssen, dessen Spitze in C und dessen Grundlinie in AB gefallen wäre; dies wäre △ARC geworden.

und theile die Grundlinie AB in n gleiche Theile. Es mögen F, H, K u. s. w. einige der Theilungpuncte seyn. Zieht man EF, so ist $\triangle$ ADF $= \frac{1}{n}$ Viers. ABOC; wird nun DF gezogen, so ist $\triangle$ DFA, um den $\triangle$ EDF zu klein gegen $\frac{1}{n}$ Viers. AO; also durch E die EG # DF, dann D mit G verbunden, giebt $\triangle$ ADG $=$ $\triangle$ AEF $= \frac{1}{n}$ Viers. AO. Es ist demnach DG die erste Theilunglinie. Macht man dieselbe Operation beim $\triangle$ AEH $= \frac{2}{n}$ Viers. AO, so wird $\triangle$ ADI $=$ $\triangle$ AEH. So kann man fortfahren *), bis eine der, von E aus gezogenen Linien, die Seiten CO und OB schneidet. Hat man also EK gezogen, so ist $\triangle$ AEK $= \frac{3}{n}$ Viers. AO; aber es liegt ein Theil dieses Triangels, außerhalb des Vierseits AO. Nun ist $\triangle$ AEK $=$ $\triangle$ AER **) $+$ $\triangle$ ERK; der $\triangle$ ERK theilt sich aber wieder in die beiden Triangel ORK und EOK, von denen $\triangle$ ORK ganz, aber $\triangle$ EOK nicht ganz zum Vierseite AO gehört. Zieht man aber durch K die KN # ER, und dann die Linie EN; so ist $\triangle$ EOK $=$ $\triangle$ EON, daher $\triangle$ ERK $=$ $\triangle$ ORK $+$ $\triangle$ EON; folglich $\triangle$ AEK $=$ $\triangle$ AER $+$ $\triangle$ REK $=$ Fünfs. AENOK. Geht hiervon der $\triangle$ ADI $= \frac{2}{n}$ Viers. AO ab, so bleibt die Fläche EDIKON $= \frac{1}{n}$ Viers. AO übrig. Um nun aber auch die Theilunglinie von D ausgehend zu haben, ziehe man DN, dann durch E die EM # DN, und verbinde D mit M; so ist $\triangle$ EDN $=$ $\triangle$ MDN, daher

*) Wenn man nicht das Auftragen der AG auf die AB vorziehen wollte, wodurch der Punct I u. s. w. auch bestimmt wird.

**) Wenn man E mit O verbindet und diese Linie verlängert, so erhält man $\triangle$ ERA, oder ER ist die der CB parallele Linie.

Fünfseit MDIKO, der gesuchte neue Theil. Die beiden Triangel CDM und KOB, die freilich getrennt liegen, bilden den übrigen Theil, welcher noch $\frac{n-3}{n}$ Viers. AO ist, und man sieht die Unmöglichkeit ein, diese getrennten Theile zu vermeiden, so wie es ferner unmöglich ist, den △OKB, im Falle er noch öfter getheilt werden soll, durch Linien vom Puncte D aus zu theilen, dagegen es auf längst bekannte Weise leicht ist, den △CDM, von D aus zu theilen. Nun giebt es aber mannigfaltige Wege, die Theilung dieser beiden Stücken fortzusetzen. Gesetzt das ganze Vierseit AO hätte sollen in 6 gleiche Theile getheilt werden, so würde noch erforderlich seyn, die beiden Flächen △CDM und △KOB zusammen, in drei gleiche Theile zu theilen. Um nicht dreimal zwei getrennt liegende Stücke zu bekommen *), wäre es unter anderen Operationen gut, beide Triangel so zu vereinigen, daß die Summe ein Triangel wird (Aufg. 40. Zusatz), welcher der Erleichterung wegen z. B. die Höhe des Triangels OKB hätte. Würde man nun den dritten Theil der Grundlinien dieses ganzen Triangels nehmen, so brauchte man denselben nur auf KB zu tragen, um hier den Punct zu bekommen, der mit O verbunden einen Triangel, gleich $\frac{1}{6}$ Viers. AO erzeugte. Dazu würde natürlich gehören, daß der △KOB $> \frac{1}{3}$ jenes Triangels, oder $> \frac{1}{6}$ Viers. AO wäre; so wie es möglich ist, daß der △KOB wol gar zwei solcher Triangel enthalten könnte. Alles dies sieht man ein, hängt von Umständen ab, die sich nicht aufzählen lassen; genug ist es, daß wir schon bis hierher Mittel genug entwickelt haben, dergleichen mögliche Bedingungen erfüllen zu können. Allgemein läßt sich nur

*) Was doch geschehen würde, wenn man diese Triangel wechselseitig von D und von O aus, in drei gleiche Theile theilen wollte.

sagen, daß, wenn der Triangel ORB, den man durch die Verbindunglinie des gegebenen Punctes D mit der Spitze des einspringenden Winkels O, vom Vierseite AO abschneidet, größer als $\frac{1}{n}$ Viers. AO ist, jedesmal die Schwierigkeit eintreten muß, noch eine oder mehrere Linien vom Puncte O aus, als Theilunglinien zu ziehen; ist er aber kleiner als $\frac{1}{n}$ Vrs. AO, so fällt es zwar weg diese Linien von O aus zu ziehen, aber es entsteht doch ein Stück Fläche, das von dem Stücke getrennt liegt, mit dem es zusammen $\frac{1}{n}$ Viers. AO bildet. Geht ferner die Verbindunglinie der Puncte D und O, sogleich verlängert außerhalb des Vierseits AO, so läßt sich die Bedingung, daß alle Theilungpuncte von D aus gehen sollen, stets erfüllen. So sey z. B. statt D, jetzt L dieser Punct. Hat man zuerst wieder den $\triangle$AEB gesucht, und $\triangle AEF = \frac{1}{n}$ Viers. AO gefunden, so fehlt dem $\triangle$ALF, noch der $\triangle$LFE an $\frac{1}{n}$ Viers. AO. Wird also durch E die EP $\#$ der LF gezogen, so ist $\triangle ALP = \frac{1}{n}$ Viers. AO. Man kann aber jetzt diese ungünstige Lage des neuen Triangels von welchem ein Theil außerhalb des Vierseits AO fällt, durch die PS $\#$ LB, und das Ziehen der LS wieder ändern, da alsdann Vrs. ALSB $= \frac{1}{n}$ Viers. AO wird. — Sollte endlich BO verlängert D treffen; so ist wol deutlich daß nunmehr auch von O aus, keine Theilunglinien ausgehen werden.

Zusatz. Hätte man das Vierseit AO, in einen Triangel verwandelt dessen Spitze D geworden wäre, so würde man eben so leicht zum Zwecke gekommen seyn. Eben so hätte man können, nachdem $\triangle$AEB erzeugt worden ist, die Linie AE zuerst in n gleiche Theile theilen. Die verschiedenen Methoden, zur Hineinschaffung des ersten zum Theil außerhalb des Vierseits AO fallenden Theils (wie △AEK), nebst vielen anderen Hülfen und Vortheilen, können nicht alle aufgezählt werden. Uebung an mehreren selbst gewählten Fällen, wird hier von vielem Nutzen seyn.

66ste Aufgabe. (Fig. 83.)

Ein Vierseit AOCB mit einem eingehenden Winkel, von einem Puncte Q aus, der in einem Schenkel des eingehenden Winkels liegt, in n gleiche Theile zu theilen.

Auflösung und Beweis. Nachdem man das Vierseit ABCO in den △AOD verwandelt hat, in dessen eine Seite AO der Punct Q liegt; so theile man wieder zuerst die Grundlinie AD in n gleiche Theile. Wir ziehen unter diesen Puncten wiederum nur einige der, ihrer Lage wegen vorzüglich zu beachtenden in Betracht, z. B. die Puncte E, F und G. Zieht man OE, so ist $\triangle AOE = \frac{a}{n}\triangle AOD = \frac{a}{n}$ Vierseit ABCO. Da aber die Theilunglinien von Q ausgehen sollen, so ziehe man QE, dann durch O die OH # der QE; so wird die Linie QH, den $\triangle AQH = \triangle AOE$ bestimmen, als einen der gesuchten Theile. Ferner bestimmt OF, den $\triangle AOF = \frac{b}{n}\triangle AOD$, und wird FI # BO durch F gezogen; so ist Viers. OIBA $= \triangle AOF = \frac{b}{n}$ Viers. ABCO, wie dies nunmehr leicht einzusehen ist. Dieser Theil AOIB, liegt nun zwar ganz in dem gegebenen Vierseite ABCO, aber die Theilunglinie muß noch laut Bedingung, von Q ausgehen. Zieht man also QI, so ist der abgeschnittene △OIQ, an das Viers. QIBA wieder anzutragen, welches abermals durch die OK # der QI, durch O gezogen, und durch die Verbindunglinie QK, die den $\triangle IQK = \triangle IQO$ giebt, geschieht. So ist nun

Vierſ. QKBA = $\frac{b}{n}$ Vierſ. ABCO, und Vierſ. HQKB, enthält die, nach dem △AQH zu findenden Theile, oder den einen zu beſtimmenden Theil. Nunmehr ſieht man ein, daß wenn die Verlängerung der Linie QO, d. h. QN, einen Triangel KQN beſtimmt, der kleiner als $\frac{1}{n}$ Vierſ. ABCO iſt, von Q aus keine Theillunglinie mehr ausgehen kann, ſondern die nächſten Linien müſſen vom Puncte O aus gezogen werden. Dies wäre auch ſchon alsdann der Fall geweſen, wenn vorher △ANB < $\frac{b}{n}$ Vierſ. ABCO ſich ergeben hätte, in welchem Falle man eben ſo die neuen Theilunglinien von O aus führen müßte; dies würde aber natürlich nur dann haben ſtattfinden können, oder ſich daraus ergeben haben, wenn die Parallele von F aus mit der OB, über N hinaus zwiſchen N und C gefallen wäre, wie wir dies als eine Folge der Lage des urſprünglichen Theilungpunctes G nunmehr annehmen wollen. Denn zieht man durch G die GL ⋕ der BO, ſo iſt △OBG = △OBL, und da △AOG = △AOB + △BOG = $\frac{c}{n}$ Vierſ. ABCO iſt; ſo iſt jetzt △AOB + △BOL d. h. Vierſ. AOLB = $\frac{c}{n}$ Vrſ. ABCO. Man kann der Linie OL nunmehr keine andere Lage geben. Wäre es nöthig, △OLC noch zu theilen, ſo braucht dies allerdings nur mit der LC zu geſchehen, da von O aus doch alle Linien jetzt ausgehen müſſen.

Zuſatz. Würde man △AOD, von neuem in einen Triangel verwandelt haben, deſſen Spitze Q geworden wäre; ſo hätte die Theilung von hier aus, keine neuen Schwierigkeiten gehabt, nur die Figur würde eine zu gedehnte Form, die unbequem für die Conſtruction iſt, erhalten haben.

67ste Aufgabe. (Fig. 84.)

Ein Vierseit mit einem einspringenden Winkel, von einem innerhalb des Vierseits gegebenen Punct D aus, in n gleiche Theile zu theilen.

Auflösung und Beweis. Man verwandele das Vierseit ABCO, in einen Triangel COE, dessen eine Winkelspitze, der Scheitel O des einspringenden Winkels AOC wird, und in welchem Triangel der gegebene Punct D liegen muß. Die Grundlinie CE, theile man in F, H u. s. w. in die n gleichen Theile. Nun ist zuerst $\triangle COF = \frac{a}{n}$ Viers. ABCO; wird D mit O und F verbunden, so ist an das Viers. CODF, noch der $\triangle DOF$ anzutragen, und dies geschieht durch die, durch O mit DF gezogene Parallele OG, und die Verbindunglinie DG, so daß also nun Viers. $CGDO = \frac{a}{n}$ Viers. ABCO wird. Ferner ist $\triangle COH = \frac{b}{n}$ Viers. ABCO, und wird DH gezogen, so ist $\triangle ODH$, durch die $OI \# DH$, in den $\triangle DHI$ zu verwandeln, so daß Vierseit $ODIC = \frac{b}{n}$ Viers. ABCO wird. Der $\triangle DBI$, wird durch die $IK \# DB$, in den $\triangle DBK$ verwandelt, und das Fünfseit ODKBC ist = Viers. $ODIC = \triangle OHC = \frac{h}{n}$ Vrs. ABCO; mithin bleiben für die Fläche DKBG die Theile übrig, welche $\frac{b}{n}$ Viers. ABCO, mehr als $\frac{a}{n}$ Viers. ABCO = Viers. CODG hat. Auf dieselbe Weise würde man aus denen, noch zwischen H und E liegenden Theilungspuncten der CE, die Puncte auf der BA bestimmen, wo zuerst die Linien von O aus hingezogen werden müssen, und die Vertauschung dieser Linien mit solchen von D ausgehenden Linien, hat jetzt keine Schwierigkeit mehr; so würde z. B. OQ gegen DM u. s. w. zu vertauschen seyn. — Verlängert man aber wieder die Verbindungslinie der Puncte C und O bis zur AB in R, so ist klar, daß, wenn $\triangle AOR > \frac{1}{n}$ Viers. ABCO ist, wieder wie bei den letzteren Aufgaben, die letzten Theilunglinien nach O hin verlegt werden müssen. Um aber überhaupt auf der KA die noch fehlenden Theilungpuncte zu bestimmen, kann man auch nach folgender Methode verfahren. Ist der Theil DKBG bestimmt, der den $\angle B$ hat; so ziehe man von G aus die GL # der DB bis zur Verlängerung der AB; verbindet man D mit L, so ist $\triangle DBL = \triangle DBG$, und $\triangle DKL =$ Viers. DKBG $= \frac{1}{n}$ Viers. ABCO*). Dadurch hat man einen Triangel KDL erzeugt, dessen Spitze in D liegt, und man braucht nur die LK so oft auf KA zu tragen, wie es noch erforderlich ist für die Menge der fehlenden Theile. Dies träfe nun z. B. in M und N; so ist DM die Theilunglinie selbst, aber DN fällt zum Theil außerhalb des gegebenen Vierseits, weil N zwischen R und A fällt, und daher ist noch die Lage der DN, in eine von O ausgehende Linie zu verändern. Betrachtet man $\triangle MDN$, so besteht er aus den Triangeln MDR und RDN; zieht man ON, so ist $\triangle RDN$ in die Triangel NOR und NOD zerlegt; wird daher DP # NO gezogen, so ist, wenn man O und P verbindet, $\triangle ONP = \triangle OND$, also $\triangle POR = \triangle NDR$, und folglich Viers. MDOP $= \triangle NDM$, d. h. man hat den neuen zu suchenden Theil bestimmt. Wäre $\triangle OPA$ noch zu theilen, so bedarf die Art dieser Theilung, hier keiner besondern Anführung mehr (Siehe Aufg. 41.).

Zusatz. Die verschiedenen Lagen welche der Punct D haben kann, können die Auflösungen wesentlich er-

*) Es ist hier die Rede von dem einen Theile der beim Winkel B liegt, und DKBG stellt denselben vor.

leichtern und erschweren, wozu auch die Größe des einspringenden Winkels, seiner Schenkel Länge u. s. w. viel beitragen können. Würde man z. B. S als jenen Punct im Vierseite ABCO annehmen, welcher nahe, oder gar auf, der Diagonale OB liegt, so zeigt eine kleine Aufmerksamkeit, daß gewiß alle Theilunglinien von S ausgehen könnten. Eben so geht es aus der Natur der gewählten Figur hervor, daß, wenn man die Seiten des einspringenden Winkels, bis zu den anderen Seiten des Vierseits verlängert, sich hierdurch eine Fläche (und zwar welche?) bestimmt, innerhalb welcher jeder Punct als jener Punct S gegeben werden kann, ohne daß Linien von O aus zu ziehen nöthig werden. Erst in den beiden, durch jene Operation abgeschnittenen kleinen Triangel, können solche Puncte liegen, die jene Veränderung in der Lage der Theilunglinien verursachen könnten, und zwar in welchen Fällen?

Anmerk. In den bisher gehabten Aufgaben, sind die Mittel zur Theilung der Figuren, sofern sie noch keine Proportionen und die Aehnlichkeitslehre erfordern, hinlänglich erklärt, und man wird alle die Theilungen welche bei Mehrseiten vorkommen, in sofern man die letzteren Aufgaben der Drei- und Vierseitstheilungen auf selbige mit Nachdenken überträgt, ohne neue Hülfmittel vollziehen können. Alle besonderen Fälle, die oft nur unter gewissen sehr beschränkten Umständen vorkommen und gelöset werden können, so wie einige eigenthümliche Auflösungen die keinen neuen Nutzen gewähren, bleiben also auch hier ganz weg. Es mag nur noch die nachfolgende Aufgabe, als Repräsentant aller jener Theilungen der Polygone mit aus- und einspringenden Winkeln, noch zum Schlusse dieses Abschnittes hier stehen.

68ste Aufgabe. (Fig. 85.)

Das Polygon ABCDEFGH, von dem innerhalb liegenden Punct O aus, in n gleiche Theile zu theilen.

Auflösung und Beweis. Nach Aufg. 37, verwandele man das gegebene Achtseit, in das Sechsseit ABLKGH mit lauter ausspringenden Winkeln, und diese neue Figur nach Aufg. 37. Zusatz, in den Triangel NOI. Beide Constructionen sind in der Figur genau ausgeführt. Die Grundlinie NI des Triangels NOI, wird nunmehr in n gleiche Theile getheilt, und hier nur die Theilungpuncte W, U, S, T, Z, B' und E' betrachtet, zwischen welchen eine beliebige Menge Theilungpuncte noch liegen können. Um die Theile NOW, WOU nnd UOS, zuvörderst ganz in die gegebene Figur wieder hineinzuschaffen, bedenke man, daß laut Construction bei der Verwandelung, △NOA = Viers. OAUG ist. Zieht man also durch U die UV ⧺ OA; so ist der Theil △OSU = Viers. OSAV. Wird eben so WX ⧺ OA gezogen, bis zur Verlängerung der Seite AH in X (da diese Seite selbst nicht mehr geschnitten wird); so ist △OAW = △OAX = △OAH + △OHX. Um den △OHX ganz hineinzuschaffen, wird wieder durch X die XY ⧺ OH gezogen*); so giebt OY die neue Theilunglinie, und Viers. OAHY wird = △OAW, daher Viers. OVHY = △OUW = dem hineinzuschaffenden Theile. Als Rest jener oben genannten beiden gleichen Flächen, muß nun △YOG = △OWN seyn, und es sind jetzt d r e i der gesuchten Theile bestimmt. Die, etwa zwischen ihnen liegenden Theile, werden ganz auf dieselbe Weise erzeugt. Der Theil △SOT hat sogleich seine gehörige Lage, und die Veränderung der Theilunglinie OZ in OA', ist nach dem Früheren, für sich klar. So ist also auch der Theil Viers. OTBA bestimmt. Die Linie OB', wird zuerst in die Linie OC', d. h. △OBB' in △OBC' verwandelt, und da hier wieder die Verlängerung der Seite BC geschnitten ist, so wird △OCC' in △OCD' verwandelt, mithin △OBB' = Viers. OBCD', d. h. der Theil △OZB' = Viers. OA'CD' **). Betrachten

---

*) Warum muß wol die HG geschnitten werden?

**) Es ist also bei dieser Hineinschaffung, sogleich die Seite BC der zuerst gegebenen Figur betrachtet, ohne auf BL zu sehen.

wir den Theil △OBE' *), so wird dieser Triangel zuerst in den △OBF' verwandelt**), und zieht man OL; so ist △OBF' = △OBL + △OLF'. Aber △OBL = Viers. OBCL + △BCL, und da laut Construction der zuerst vorgenommenen Verwandelung, △BCL = △LCD ist; so ist △OBL = Fünfseit OBCDL, das ganz der gegebenen Fläche angehört. Nun ist zu dem Theile OA'CDL, noch der △OLF' hinzuzufügen, ehe der Theil △OZE' erreicht wird, oder zu dem Vierseite OD'DL ist △OLF noch zuzufügen, ehe man den Theil △OB'E' erhält. Der Triangel OLF', hat aber wegen des in ihm liegenden einspringenden Winkels GFE der gegebenen Figur, eine ungünstige Lage, und es ist sogleich deutlich, daß auch hier die, von O ausgehende Theilungslinie OF', eine veränderte Lage vom Puncte F aus erhalten muß, welches jedoch auf verschiedene Weise gemacht werden kann, je nachdem die Bestimmungen oder sonstige Umstände es veranlassen sollten. Wir betrachten folgende Methode: Triangel OLF', läßt sich in △OLG' verwandeln, und wenn man O mit F verbindet und bis zur DE in H' diese Linie verlängert, wird △OLG' in die Triangel OLH' und OH'G' zerlegt, wovon △OLH', ganz der gegebenen Figur gehört. Man hat hiernach dem Theile OD'DH', wiederum nur den △OH'G' zuzufügen, damit △OB'E' erreicht werde. Nennen wir den Punct wo die OG' die FE schneidet, L', so ist △OH'G', in die Flächen G'L'FH' und OFL' zerlegt, wovon das erstere Vierseit auch noch ganz der gegebenen Figur zugehört; △OFL' aber, wird durch die L'Z' # der OF und die Verbindunglinie OZ', in △OFZ' verwandelt, und hierdurch die Flächen △OZ'F + Vrs. FL'G'H' = △OH'G'

---

*) Warum wird wol der Theil OB'E' nicht unmittelbar, sondern der Theil OBE' betrachtet? Ist dies auch früher schon geschehen?

**) Hier ist also die Verlängerung der Hülfseite BL betrachtet.

erzeugt, so daß also die Fläche OLG′L′FZ′ = △OLG′ = △NLF′, folglich die Fläche OD′DG′L′FZ′ = △OB′E′ oder = dem neuen zu findenden Theile wird. Es bleiben nunmehr zwei Triangel L′G′E und OZ′G übrig, die ganz getrennt liegen, deren Summe aber, als Ergänzung zur ganzen gegebenen Figur, gleich dem letzten Theile △OE′I, als Ergänzung zu dem, der gegebenen Figur gleichen Triangel NOI ist.

Um die nicht gefällige Form des vorletzten Theils abzuändern, kann man verschiedene Mittel anwenden, die aber von den Umständen der Lage des Scheitels F, des einspringenden Winkels GFE, abhängen, und hierüber mögen zum Schlusse noch einige Betrachtungen folgen. — Nemlich man sieht ein, daß die ganze ursprünglich gemachte Verwandelung, ganz dieselbe geblieben wäre, und die Theilung, so wie die Veränderung der Lage der Theilunglinien, sich ganz eben so wie wir es sahen, ergeben hätte, wenn der Scheitel F, jede beliebige Lage auf der Linie FK (die parallel der GE gezogen wurde) gehabt hätte, sobald nur die Puncte G, E, so wie die Seiten ED u. s. w. in ihrer Lage geblieben wären. Stellt man sich aber den Punct O mit F verbunden vor, so ist die Größe des Triangels GOF, stets eine andere, wenn der Punct F anderswo auf der FK liegt, so wie auch die Größe des Triangels EFK sich ändert, ob zwar △OGF + FEK d. h. die Summe derselben, ihren Werth stets behält. Von der Größe des Triangels GOF aber wird es abhängen, ob dieser Triangel größer, gleich oder kleiner als der △OE′I d. h. als der letzte Theil des Triangels NOI ist, der nächst dem △OB′E′ zu jener Fläche gehört. Denn: ist $\triangle GOF = \triangle OE'I = \frac{1}{n} \triangle NOI$, so ist OF eine Theilunglinie selbst, und der Theil OB′E′, wird von dem Theile OD′DEF völlig eingenommen. Ist $\triangle GOF > \frac{1}{n} \triangle NOI$, so braucht man vom $\triangle GOF$, nur durch eine Linie wie OZ', einen Triangel $OZ'G$ abzuschneiden, der $= \triangle E'OI = \frac{1}{n} \triangle NOI$ ist (Aufg. 47.) *), so bleibt wiederum die Fläche $OZ'FEDD'$ als $= \triangle OB'E'$. Ist aber $\triangle GOF < \frac{1}{n} \triangle NOI$, so muß durchaus eine Linie von F aus, nach ED noch gezogen werden, um einen Triangel abzuschneiden, der mit $\triangle GOF$ zusammen $\frac{1}{n} \triangle NOI$ bildet, welche Verrichtung auf bekannte Weise geschieht (Siehe Aufg. 47.); oder man macht es wie wir vorher sahen, daß zwei Linien wie OZ' und $L'G'$ diese Theile bestimmen. Auch können unmittelbar diese letzten Theillunglinien durch Constructionen, nach Art wie wir bisher sahen, (d. h. also ohne besondere Anwendung der Aufg. 47.) erzeugt werden, wozu die einfachen Hülfsmittel längst bekannt sind **). Hieraus ergeben sich die Fälle leicht, wo eine getrennte Lage der letzten Theile erfolgen wird, wo die Theile den Punct F gemeinschaftlich haben u. s. w. — Ist übrigens $\triangle GOF$ oder $\triangle FH'E$ bedeutend größer als $\frac{1}{n} \triangle NOI$, so gehen von O so wie von F aus, auch mehrere Theilunglinien noch nach GF und nach EH'.

Anmerk. 1. Einige andere Theilungmethoden die auch hier in gewisser Rücksicht schon stehen könnten, sollen erst in der Folge wo von ihnen Gebrauch gemacht werden wird, gelehrt werden (Siehe Aufg. 160, 2te Auflösung und Aufg. 161.).

---

*) Wegen der übeln Form des Triangels $OE'I$, würde man lieber $\triangle OST$, der doch auch $= \frac{1}{n} \triangle NOI$ ist wählen, um ihn laut Aufg. 47. zu verwandeln.

**) Man zeichne sich zur Uebung den oberen Theil der Figur besonders ab, und gebe den letzten Theilunglinien diese verschiedenen Lagen.

Anmerk. 2. Man findet im 3ten Capitel von Gråfons Geodåsie, eine Menge Aufgaben über die Theilung der Vielseite, wo besonders die Figuren mit einspringenden Winkeln (Aufg. 12—24 daselbst) interessante Betrachtungen darbieten, wenn gleich kein Fall dort vorkommt, der nicht denen hier von uns allgemein angestellten Betrachtungen untergeordnet wåre.

Zusatz.

Nachdem wir nunmehr von jeder Figur jeden Theil finden können, so lassen sich eine Menge Forderungen erfüllen, die auf das Abschneiden gegebener Flächen von anderen Flächen, unter solchen Umständen die wir bisher betrachteten, beruhen, wodurch also auch die Aufg. 47. bedeutend erweitert wird.

Anhang.

Ueber die Anwendung der Berechnung der Figuren, auf die Verwandelung und Theilung derselben. (G. §. 191, 2.)

Die Berechnung der Figuren *) führt oft kürzer und sicherer als die Constructionen die wir bis hierher betrachteten, zur Auflösung der, über die Verwandelung und Theilung der Flächen vorkommenden Aufgaben; kürzer, indem man, wenn die den Berechnungen doch stets zum Grunde liegenden Zahlenwerthe der verschiedenen Größen, schon selbst gegeben sind, oder sich leicht finden lassen, alsdann die Construction größtentheils oder auch ganz ersparen kann; sicherer, indem man während der Rechnung, sich genau des Grades von Gewißheit und Richtigkeit mit dem man die verschiedenen Resultate erzeugt, bewußt ist, folglich der Einfluß den die möglichen Ungenauigkeiten, die jede Construction doch in mehr oder minderem

---

*) Siehe G. §. 190, 2.

Maaße immer bei sich führt *), nicht mehr stattfindet oder doch größtentheils verschwindet. Man würde daher die Berechnung fast immer lieber als die rein geometrische Construction wählen, wenn letztere nicht an sich, einmal sehr viel Interessantes für die Speculationen darböte und mehr Gelegenheit zur Uebung des Scharfsinnes als die Berechnung gewährte, dann aber auch die Auflösung durch Berechnung, oft schon trigonometrische Kenntnisse voraussetzt, da wo eine einfache Construction leicht zum Zwecke führt. Die Anwendung der Trigonometrie findet überhaupt immer statt, sobald für die Winkel, Zahlenwerthe in Graden, Minuten u. s. w. gegeben sind, und da fast zur Construction jeder Figur Winkel gegeben sind **), die, sobald die Berechnung angewendet werden soll, in Zahlenwerthen bekannt sind, so kann die Berechnung der ebenen Flächen, ohne Trigonometrie gar nicht allgemein gelehrt werden, sondern es sind nur einige Vorbereitungen, gleichsam als eine Einleitung für die Folge, die jetzt hier gelehrt werden können. Dies muß ferner in einem Anhange geschehen, da nur synthetische Auflösungen, betreffend die bloßen Constructionen, hier gelehrt werden sollen. Uebrigens sind die Anwendungen, welche man von den Elementarsätzen über die Berechnung der Figuren, wie diese G. §. 167, 3, 4, 7. und §. 187, 2. gelehrt sind, machen kann, höchst einfach, und das Kapitel von der Kreisberechnung †), hat schon hinlänglich gezeigt, wie man sich diese Berechnungen vorzustellen habe. Daß übrigens alle Anwendungen der Algebra hier noch wegbleiben müssen, geht schon aus dem Zwecke dieses Supplements hervor. Eben so kann dieser Anhang, ohne Nachtheil für das Verstehen der folgenden Aufgaben, überschlagen werden.

Um

*) Siehe G. §. 8.

**) Siehe Aufgabe 22.

†) G. 3tes Hauptstück, 4tes Capitel.

Um also sogleich ein Beispiel von der Anwendung der Berechnungen auf Verwandelung und Theilung zu geben; so nehme man an, ein beliebig gegebenes Polygon sollte in einen Triangel verwandelt werden, dessen Grundlinie irgend eine bestimmte Länge hat. Man untersuche nur wie groß der Flächeninhalt des gegebenen Polygons ist, sobald derselbe nicht unmittelbar schon bekannt ist. Man zerlege sich daher das Polygon in Triangel, oder in solche Figuren deren Inhalte man leicht durch eine einfache Formel finden kann (als Parallelogramme, Paralleltrapeze u. dgl. m.), und berechne jeden dieser Theile für sich nach jenen Formeln, so giebt die Summe aller Theile das Polygon, und der hierdurch gefundene Inhalt, ist dem gesuchten Triangel gleich. Kennt man aber die Grundlinie eines Triangels, so erhält man nach jenen Formeln die Höhe, wenn man den doppelten Inhalt des Triangels durch die Grundlinie theilt. Aber eben so wenig, wie ein Triangel schon aus seiner Grundlinie und Höhe sich bestimmt construiren läßt *), ist auch die, durch obige Berechnung gefundene Höhe nun schon alles, was zur Bestimmung des oben verlangten Triangels erforderlich ist, es müßte denn ausdrücklich nicht mehr als diese Höhe verlangt seyn. Wollte man daher den Triangel construiren, so wäre noch etwas erforderlich, das der, der Grundlinie gegenüber liegende Winkelspitze, die bestimmte Lage in der, doch erst durch die bloße bekannte Höhe, in der Lage bekannten, der Grundlinie parallel laufenden Linie, gäbe, Wollte man aber keine Construction machen und dennoch einen vollständigen Begriff von dem gesuchten Triangel erhalten, d. h. denselben in der Vorstellung bestimmen, so könnte dies hier nur in Hinsicht der verschiedenen bei ihm vorkommenden Linien geschehen, so wie man aber von den Winkeln eine Bestimmtheit ihrer

*) Vergleiche Aufg. 24. Zusätze, besonders den 4ten Zusatz.

Größe in der Vorstellung verlangt, ist trigonometrische Berechnung nothwendig, es sey denn, daß die übrigen Bestimmungen zufällig eine Größe der Winkel erzeugten, deren Verhältniß zum rechten Winkel sich genau angeben ließe, wie beim rechtwinklich-gleichseitigen Triangel u. dgl. m. Auf die Berechnung unbekannter Linien aus bekannten Linien, in sofern diese gegenseitig als Seiten eines Triangels erscheinen, läßt sich elementar (d. h. ohne Trigonometrie) nur eine einzige Anwendung machen, und zwar die des pythagoräischen Lehrsatzes (G. §. 176.), also nur beim rechtwinklichen Triangel. Man wisse z. B. die eine Seite eines rechtwinklichen Triangels sey 6′, die Hypothenuse gleich 11′; man verlangt diesen Triangel in ein Quadrat zu verwandeln, und frägt daher nach der Länge der Seite dieses Quadrates. Man muß nun erst die zweite Seite jenes Triangels berechnen, diese ist $= \sqrt{(11^2 - 6^2)} = \sqrt{(121 - 36)} = \sqrt{85} = 9,2195\ldots$ und da sie zugleich die Höhe des Triangels ist, so ist der Flächeninhalt desselben $= \frac{6 \cdot 9,2195}{2} \square'' = 3 \cdot 9,2195 \square'' = 27,6585 \square''$. Soll nun dieser Inhalt von einem Quadrate eingenommen werden, so muß dessen Seite $= \sqrt{(27,6585)} = 5,26'$ seyn. Man sieht, daß hier gar keine Construction nöthig war. Diese beiden Beispiele enthalten die Principien aller erforderlichen elementaren Anwendungen der Berechnungen auf die Verwandelungen. — Um auch von der Theilung hier ein einfaches Beispiel zu geben, so werde verlangt: einen Triangel durch zwei gerade Linien von einem in einer Seite desselben liegenden Puncte aus, in drei gleiche Theile zu theilen. Man berechne den Inhalt des Triangels, und nehme hiervon den dritten Theil der t heiße. Fällt man von dem gegebenen Puncte auf die eine Seite einen Perpendikel p, so giebt der Ausdruck $\frac{2t}{p}$, die Grundlinie des zuerst abgeschnittenen Triangels, die man also nur auf die gedachte Grundlinie (worauf der Perpendikel gefällt ward) aufzutragen braucht, um den Punct in ihr zu finden, der mit dem gegebenen Puncte verbunden, die erste Theilunglinie bestimmt. Sollte diese gefundene Grundlinie größer als die des gegebenen Triangels seyn, so untersuche man, wie groß der Triangel wird, den die Verbindunglinie des ursprünglich gegebenen Punctes mit der ihm gegenüber liegenden Winkelspitze, vom ganzen Triangel abschneidet, und da dieser Triangel jener Annahme zufolge kleiner als $\frac{2 \cdot t}{p}$ ist, so suche man den Ueberschuß der Fläche $\frac{2 \cdot t}{p}$ über ihn, so ist derselbe wieder ein Triangel, der nächst jener Verbindunglinie zu liegen kommt, dessen Höhe aber der zweite Perpendikel p' seyn wird, den man vom gegebenen Puncte aus, auf die zweite Seite des Triangels fällen kann, und dessen zugehörige Grundlinie sich ergiebt, wenn man mit p' in seinen doppelten Inhalt (d. h. jenen Ueberschuß doppelt genommen) dividirt. Eben so bestimmt der Ausdruck $\frac{2 \cdot t}{p'}$, die Grundlinie des anderen Theils der auch ein Triangel ist, welche Linie man auf jene zweite Seite zu tragen hat, um die zweite Theilunglinie zu erhalten. Selbst hierbei werden sich Erleichterungen und Abkürzungen anbringen lassen, und eine leicht zu entwerfende Construction, die mit Fleiß hier vermieden ist, wird das Gesagte erläutern, wenn dies nicht gleich ganz verständlich seyn sollte.

Am meisten aber unterstützen sich Construction und Berechnung gegenseitig. Nemlich aller Berechnung liegt der Begriff der Zahl und des Maßes zum Grunde. Was man in der Geometrie mißt, sind fast immer nur Linien, und um diese zu messen wird ein Maaßstab vorausgesetzt, dessen nähere Theorie der practischen Geometrie angehört, von dessen Natur aber ein vorläufiger Begriff hier vorausgesetzt werden kann. Will man nun eine gegebene Figur berechnen, so muß man nach jenem Maaßstabe alle die einzelnen zur Berechnung gehörigen Linien messen, und hierbei kann man, wenn selbst ein sehr richtiger Maaßstab vorausgesetzt wird, dennoch leicht in Kleinigkeiten irren, die der Maaßstab vielleicht nicht genau angiebt, und solche Fehler in der Messung, sind von Einfluß auf die Berechnung; ja, solche Messungen können oft in einer Menge vorhanden seyn, daß sie eine Construction zur Hülfe wünschenswerther als die Rechnung machen. Dies alles hängt aber, wie man schon hieraus sieht, von besonderen Umständen ab, die sich eben deshalb nicht allgemein aufzählen lassen, welche aber doch zeigen, daß die reinen Constructionen nicht ganz überflüssig werden bei den Anwendungen der Geometrie, wenn sie selbst hier oft nur als letzte Hülfe des Gesuchten erforderlich seyn sollten. Alles dies näher zu erläutern, gehört hier nicht her, weil dies wie gesagt, ein Gegenstand der practischen Geometrie ist, die hier nicht gelehrt werden soll; aber die Anfangsgründe dieser Anwendungen, knüpfen sich an das, hier in der theoretischen Geometrie Gelehrte, wo selbst die zur Berechnung nöthigen Formeln schon entwickelt werden mußten und es auch sind. Einfache Anwendungen jener Lehren, auf einige der eben vorgetragenen Aufgaben, werden selbst hier schon erwünscht seyn. Es mögen alle diese Betrachtungen nunmehr, auf eine völlig durchgeführte Aufgabe noch angewendet werden.

69ste Aufgabe. (Fig. 86.)

Ein gegebenes Fünfseit AQBCD, in drei gleiche Theile zu theilen, durch zwei gleich lange Linien die von den Winkelspitzen Q und C ausgehen, und durch eine dritte Linie die von dem Puncte ausgeht, wo jene beiden Linien sich schneiden. — Mit Anwendung der Berechnung der Figuren.

Auflösung und Beweis. Man zerlege das Fünfseit in die Triangel BQC, CQD und DQA, und fälle die drei Höhen QH, QI und DG, welche man, so wie die drei dazu erwählten Grundlinien mißt. Nun sey gefunden:

$$\left.\begin{array}{l} \triangle BQC = \frac{BC.QH}{2} = \frac{1,31''.0,61''}{2} = 0,3995 \,\square'' \; ^{*)} \\ \triangle CQD = \frac{CD.QI}{2} = \frac{0,9''.0,61''}{2} = 0,2745 \,\square'' \\ \triangle DQA = \frac{AQ.DG}{2} = \frac{1,08''.0,57''}{2} = 0,3078 \,\square'' \end{array}\right\} \text{Folglich die ganze Figur}$$

$$= 0,9818 \,\square''$$

Hieraus ergiebt sich der dritte Theil der ganzen Fläche $= \frac{0,9818 \,\square''}{3} = 0,3273 \,\square''$. Da nun $\triangle QBC >$ $0,3273 \,\square''$ ist, so muß von seiner Fläche ein Stück abgeschnitten werden, das $= 0,3995 \,\square'' - 0,3273 \,\square''$ $= 0,0722 \,\square''$ beträgt. Diese abzuschneidende Fläche wird nun ein Triangel von der Grundlinie QC seyn, dessen Höhe man also findet $= \frac{2 . 0,0722}{0,79}$ **) $= \frac{0,1444}{2} =$ $0,18''$, sobald sich $QC = 0,79''$ gefunden hat. Da nun die, von Q und C ausgehenden Linien, gleich lang seyn sollen; so halbire man QC in N, und errichte hier den Perpendikel $NO = 0,18''$, so wird O mit Q und C verbunden, $OQ = OC$ und $\triangle QOC = 0,0722 \,\square''$ geben, weshalb Vierseit $QOCB = \frac{1}{3}$ Fünfseit AQBCD wird. Da nun die folgende Theilunglinie von O ausgehen soll, so fälle man von O auf CD den Perpendikel OM, der $= 0,43''$ sey, und untersuche wie groß die Grundlinie

---

*) Die Fläche hat solches Quadratmaß, wie das gedachte Längenmaß das hier Zolle ist, Längenmaß hat.

**) Während der Rechnung braucht nicht Rücksicht auf die Art der Fläche und Linie genommen zu werden.

auf der CD werden muß, damit ein Triangel vom Inhalte 0,3273 □″ abgeschnitten werden kann. Dies findet sich hier $= \frac{2 . 3273}{0,43} = \frac{0,6546}{0,43} = 1,52''$. Trägt man von C aus diese Linie auf, so trifft sie die Verlängerung der CD in K, und zieht man OK, so ist △COK = 0,3273 □″ Da aber ein Theil dieses Triangels außerhalb der gegebenen Figur fällt, so schaffe man diesen Theil durch die KL ⋕ der OD wieder hinein, wo dann OL die letzte Theilunglinie wird. Oder man berechne △COD, sehe zu um was er gegen die bestimmte Fläche vom Inhalte 0,3273 □″ zu klein ist, und berechne für die Höhe von O auf AD, die Grundlinie DL, so daß △DOL gleich dem Ueberschuß der Fläche 0,3273 □″ über den △ODC ist, wie dies im Vorigen auseinander gesetzt wurde. —

Man wird bei diesen Berechnungen nicht verkennen, wie sie fast überall nur eine Annäherung an die eigentliche Größe der einzelnen Linien und Flächen sind, und hätte man sie auch weiter ausführen können und wollen, so würde der Maßstab dennoch schwerlich diese Linie genauer angegeben haben. Dies bestätiget das, vorher allgemein Gesagte über die Berechnungen als solche.

Dritter Abschnitt.

Constructionen beim Kreise, ohne Anwendung der Proportionen und der Aehnlichkeit.

(Für diesen Abschnitt wird außer dem Früheren, nur noch die Kenntniß des zweiten Hauptstückes im zweiten Bande des Lehrgebäudes, d. h. die Lehre vom Kreise, vorausgesetzt *)).

I. Constructionen einzelner Linien beim Kreise, über berührende und schneidende Kreise, über Constructionen von Winkeln und Figuren beim Kreise.

70ste Aufgabe. (Fig. 87.)

Zu einem Puncte B eines Kreises oder eines Kreisbogens ABC, eine Tangente zu ziehen, ohne den Mittelpunct zu gebrauchen.

Auflösung. Mit einer beliebigen Länge schneide man vom Puncte B aus, zu beiden Seiten desselben auf dem Bogen gleiche Stücke ab, d. h. ziehe die beliebig langen aber einander gleichen Sehnen BD und BE. Verbinde D und E durch die gerade Linie DE, und

*) Siehe S. §. 229. Anmerk., §. 244. Anm. und §. 279. Anm.

ziehe durch B, die FG parallel der DE; so ist FG die gesuchte Tangente.

Beweis. Da die Tangente stets ein Perpendikel auf des Halbmessers Endpunct ist (G. §. 216, 1.), so stelle man sich zum Beweise, den Mittelpunct O des Kreises mit B verbunden vor, und ziehe auch die Radien OD und OE; so ist $\triangle BOD \cong \triangle BOE$ (G. §. 49.), also $\angle BOD = \angle BOE$. Nun sind ferner die Triangel DOH und EOH (nach G. §. 44.) congruent, folglich $\angle OHD = \angle OHE$, und daher jeder $= 1$ R. Indem nun $FG \# DE$ ist, ist auch $\angle OBF (= \angle OBG) = R$ (G. §. 97, 1.); also FG die gesuchte Tangente (G. §. 215. Zusatz.). W. z. b. w.

Anmerk. Die im zweiten Hauptstücke des Lehrgebäudes vorkommenden Elementar-Aufgaben über die Constructionen beim Kreise, die ihrer Natur nach dorthin gehören, werden hier natürlich als bekannt vorausgesetzt.

71ste Aufgabe. (Fig. 88.)

Durch einen Punct A in der Peripherie des Kreises ACB, eine Sehne zu ziehen, deren Entfernung vom Mittelpuncte O, gleich einer gewissen Linie a ist *).

Voraussetzung. Frage: kann die Linie a wol jede beliebige Größe haben, oder zwischen welchen Grenzen wird dieselbe eingeschlossen seyn?

Auflösung. Aus dem Mittelpuncte O des gegebenen Kreises, beschreibe man mit der Linie a als Radius, den Kreis DFE concentrisch (G. §. 219, 2.) dem ersteren Kreise. Zu diesem Kreise fälle man vom Puncte A aus, die beiden Tangenten AE und AD, nach der Methode die G. §. 217. Zusatz gelehrt ist **), dann verlängere AE und AD bis zur Peripherie des gege-

---

*) Auch hier ist, wie früher geschah, die Linie a nicht besonders in der Zeichnung dargestellt, sondern erscheint erst im Resultate.

**) In Fig. 88. ist diese Methode wieder ausgeführt.

benen Kreises in C und in B; so sind die Linien AC und AB zwei Sehnen, welche die Bedingung der Aufgabe erfüllen.

Beweis. Man ziehe die Radien OE und OD; so ist ∠OEA = ∠ODA = R, welches aus der Natur der Tangenten AE und AD nach G. §. 216, 1. folgt. Da aber AC und AB Sehnen des Kreises, und OE so wie OD ihre Abstände vom Puncte O sind; so erfüllen diese Sehnen die Bedingung der Aufgabe. Daß aber nicht mehr als diese zwei Sehnen die Aufgabe auflösen, folgt daraus, daß keine neue Sehne von A aus, gleich jenen beiden bereits zum Kreise gezogenen Sehnen werden kann (G. §. 204.), und die Abstände der anderen Sehnen, nicht gleich OE = OD = a seyn können (G. §. 211, 3.).

Anmerk. 1. Diese, so wie die meisten der folgenden Aufgaben, können durch die analytisch-geometrische Methode *) leicht gelöset, d. h. der Weg zur Auflösung gefunden werden, wenn man nemlich die Aufgabe als gelöset setzt, und die Bedingungen sucht, in denen das Resultat zu den bekannten Größen stehen muß. Nimmt man also hier an, AC sey die Sehne, so muß der Perpendikel vom Mittelpuncte auf sie gefällt, d. h. OE = a, also Winkel OEA = R seyn. Im Triangel AOE ist also AO, EO und Winkel AEO bekannt. Außer der Construction dieses Triangels nach Aufg. 8, 5. kann dieselbe sogleich durch das Fällen einer Tangente von A zu demjenigen Kreise geschehen, dessen Halbmesser OE ist, eben weil in E der rechte Winkel seyn soll. — Dies hat vorstehende Auflösung gegeben. Daß der gesuchten Sehnen zwei sind, zeigt die Möglichkeit ihrer Lagen zu beiden Seiten der AO vorläufig an, und die nähere Betrachtung, zeigt bald die Nothwendigkeit solcher zweiten Sehne. Eben so hätte man urtheilen können: der Punct, durch welchen die Sehne außer durch A auch noch gehen muß, muß in der Peripherie des Kreises, um O mit a = OE beschrieben, liegen, weil alle Puncte nur in dieser Kreislinie, um a von O entfernt sind; es

*) Siehe die Einleitung zu gegenwärtigem Supplemente: über die Aufgabe.

ist also in dieser Kreislinie ein Punct zu suchen, der Scheitel eines rechten Winkels wird, wenn man ihn mit O und A verbindet. Dies führt nothwendig auf das Mittel der Tangentenfällung.

Anmerk. 2. Die oft möglich anzustellende Betrachtung: daß kein Grund vorhanden sey, warum etwas nicht sollte seyn können; giebt nicht selten die ersten Anregungen zur Lösung der Aufgaben; und wenn wir unter denselben, oder nur unter ähnlichen Umständen schon, Aufgaben gelöset haben, so kommen wir der Wahrscheinlichkeit immer näher, daß wol die neue Lösung auch möglich sey, ja wir erlangen in unserer Vorstellung die Ueberzeugung von der Gewißheit solcher Auflösung, wenn wir jene Umstände durchaus identisch finden. Allein wir können diese Ueberzeugung, so lange doch nur als eine vorläufige aufstellen oder ausgeben, bis die Lösung selbst gezeigt und ihre Richtigkeit evident bewiesen ist. Dies Letztere mögte unter andern z. B. S. § 253., so wie die, sich daran knüpfenden Bemerkungen, leicht beweisen. — Nun ist aber der Kreis unter allen Figuren diejenige, bei welcher wir am meisten die Identität aller, auf gewisse Weise erzeugten Theile kennen; was daher z. B. auf der einen Seite eines Durchmessers in einem Halbkreise stattfinden kann, kann unter sonst gleichen Umständen auch bei der anderen Hälfte vorhanden seyn. So gut also die Sehne AC unter den bestimmten Umständen, auf der einen Seite der AO (d. h. auf der Seite derjenigen Linie, welche zu beiden Seiten identische Figuren erzeugte) möglich war, wird sie es auch auf der andern Seite seyn. Nichts ist daher leichter als AB zu finden, wenn AC bekannt ist. Diese Betrachtungen können leicht auf eigenthümliche Beweise für die ersten Sätze der Kreislehre führen, die weiter zu verfolgen hier nicht hergehört; da sie aber oft als Leitfaden bei den Auflösungen der Kreisaufgaben dienen, so war es nöthig das Obige von ihnen anzuführen.

72ste Aufgabe. (Fig. 89.)

Durch einen Punct O innerhalb einer Kreisfläche, eine Sehne legen, die gleich einer gegebenen Linie a ist.

Auflösung. Ziehe durch O den Durchmesser DQE; von Q trage auf QE die Linie $QF = \frac{1}{2}a$ auf, und errichte hier die FG senkrecht auf ED. Mit der Länge FG beschreibe man aus Q den Kreis IHK (wovon hier nur ein Bogen ausgeführt ist), und fälle von O aus zu ihm die Tangente OH (wie die Figur es nach G. §. 217. Zusatz zeigt); so giebt diese Linie OH so weit verlängert, bis sie die Peripherie des gegebenen Kreises trifft, in AC die gesuchte Sehne.

Beweis. Laut Construction ist $\angle QHO = R$ (G. §. 216, 1.), also die Sehne AC in H halbirt (G. §. 202, 2), d. h. $HA = HC$. Verbindet man nun Q mit G und mit A, so ist $\triangle QFG \cong \triangle QHA$ (G. §. 71.; denn $GF = QH$ laut Construction $QG = QA$ als Radien und $\angle QFG = \angle QHA$), folglich $QF = HA$. Aber QF ist $= \frac{1}{2}a$ gemacht, daher auch $HA = \frac{1}{2}a$ und $AC = a$. W. z. b. w.

Zusatz. Daß eine zweite Sehne noch durch O, gleich der a gezogen werden kann, ist einleuchtend (G. §. 204.). Daß ferner a nicht jede beliebige Größe haben kann, ist auch wol klar, und wenn man bereits weiß, daß a nach §. 196. kleiner als der Durchmesser seyn muß, so ist in der anderen Grenze, der durch O gehende Perpendikel auf dem Durchmesser ED, so weit verlängert bis er Sehne wird, die kleinste Größe die man der a geben kann. Dies letztere kann hier nicht näher dargethan werden *), gehört aber auch nicht weiter zur Auflösung der Aufgabe, die alsdann nothwendig unmöglich wird, wenn der Punct O in der Fläche des Kreises IHK liegt.

Anmerk. Die analytische Auflösung würde so gewesen seyn: gesetzt CA wäre die gesuchte Sehne a, so kommt es nur auf den Punct H noch an, wo der Perpendikel vom Mittelpuncte auf AC gefällt die AC trifft. Dieser Punct wäre aber bekannt, wenn der Perpendikel QH selbst nur bekannt wäre. Da aber Triangel AHQ, bei H rechtwinklich seyn muß, QA und HA $\left(= \frac{a}{2}\right)$ aber bekannt sind, so kann man die Länge

---

*) Der Beweis beruht auf G §. 331. und §. 279. Zusatz, wenn man letzteren Satz auf das Quadrat und Oblongum anwendet, welche nach §. 331. gefunden werden.

QH finden, die abgesondert im Triangel QFG gefunden ist, und zwar nach Aufg. 8, 5., nur daß hier die Peripherie EA den Punct G schon bestimmt, den man sonst erst durch einen Schnitt von Q aus mit der QG = QA suchen müßte. Hat man im Triangel QHA alsdann QH gefunden, so lehrt die Methode der Tangentenfällung, der Linie HA = HC, durch O gehend, ihre Lage zu geben.

Zusatz. Auch nach der eben gelöseten Aufgabe würde die Aufgabe leicht zu lösen seyn:

Durch zwei gegebene Puncte, zwei Linien zu ziehen, die bei ihrem Zusammentreffen einen rechten Winkel bilden (sich unter rechten Winkeln schneiden), und von denen die eine, eine bestimmte Länge hat.

Welche Länge darf aber diese gegebene Linie nicht überschreiten und warum?

73ste Aufgabe. (Fig. 90.)

Durch einen außerhalb eines Kreises CBD gegebenen Punct A, eine Sekante zu ziehen, so daß der innerhalb des Kreises fallende Theil von ihr, gleich einer gegebenen Linie a sey.

Voraussetzung. Die Größe der Linie a darf den Durchmesser nicht übertreffen; sonst kann sie, da der Theil einer Sekante welcher Sehne ist bis Null abnehmen kann, wo die Secante dann zur Tangente wird (G. §. 218, 5. und 6.), jede Größe haben.

Auflösung. In den Kreis CBD, trage man die Linie a als Sehne irgendwo beliebig ein, z. B. CD = a, und fälle auf sie den Perpendikel OE; beschreibe dann mit OE als Radius den Kreis GEF, und fälle von A zu diesem inneren Kreise die Tangente AF (zu welcher Verrichtung nach G. §. 217. Zusatz, Fig. 90. die Construction zeigt), welche man verlängert bis sie in B zur Sehne wird; so ist der Theil HB der AB, die gesuchte Linie a, d. h. AB die verlangte Sekante.

Beweis. Fälle auf AB den Perpendikel OF, oder verbinde O mit F; so ist OF = OE als Radien des Kreises GEF, folglich CD = HB = a (G. §. 211, 2.). Eine zweite Sekante von A nach der anderen Seite der AO liegend, ist natürlich auf dieselbe Art zu erzeugen.

Anmerk. Analytische Auflösung. Ist AB die gesuchte Sekante, also HB = a; so kommt es nur auf die Größe der Senkrechten OF, von O nach BH gefällt, an, denn alsdann kann man im rechtwinklichen Triangel AFO, den Punct F als Scheitel des rechten Winkels, leicht bestimmen, weil AC bereits seine bestimmte Lage hat. Da aber OF so groß als jede, von O auf eine der HB (= a) gleiche Sehne, gefällte Senkrechte ist (G. §. 211, 1.); so folgt einfach das Suchen der OE, durch Hülfe der beliebig gezogenen, doch der a gleichen Sehne DC.

74ste Aufgabe. (Fig. 91.)

An den Endpuncten einer Sehne AB, sind zwei Perpendikel AN und BM von unbestimmter Länge, errichtet; man soll eine Tangente zum Kreise ABC ziehen, die eine bestimmte Länge a hat, und von jenen beiden Perpendikeln begrenzt wird.

Voraussetzung. Daß die Tangente nicht kleiner als die Entfernung der beiden parallelen Perpendikel (G. §. 87, 1.) seyn darf, folgt aus G. §. 90, 2. und §. 165, 2a; dagegen ihre Länge über diese Entfernung hinaus, jede beliebige Größe haben kann, weil die gedachten Perpendikel laut Annahme, beliebig verlängert werden dürfen.

Auflösung. Von einem beliebigen Puncte E der einen Parallele BM aus, schneide man die andere Parallele AN im Puncte D mit der Länge a, so daß die hiernach gezogene Linie ED = a wird. Vom Mittelpuncte des Kreises, fälle man auf DE den Perpendikel QH, und ziehe durch den Punct O, wo dieser Perpendikel die Peripherie des Kreises schneidet, die Linie FG

DE; so ist FG, sich in den beiden Parallelen endigend, die gesuchte Tangente.

Beweis. FG # DE und FD # GE; also DE = FG = a (S. §. 112.). Ferner steht QH senkrecht auf DE, also auch auf FG, d. h. ∠FOQ = R (S. §. 97.), oder FG ist Tangente zum Kreise (S. §. 215. Zusatz.).

Zusatz. Die zweite, gleiche Bedingungen erfüllende Tangente erhält man, wenn man die a, statt nach ED zu tragen, nach EN trägt, und dann wie vorher verfährt. Ob der, laut Auflösung erforderliche Perpendikel, die Linie EN selbst oder ihre Verlängerung trifft, gilt gleichviel. Warum muß er sie aber überhaupt irgend wo treffen?

Anmerk. Analytische Auflösung. Gesetzt FG wäre die Tangente und O der Berührungspunct; so ist Winkel QOG = R, also steht OQ erweitert auf jeder Parallele mit der FG senkrecht, weshalb man nur zwischen AN und BM eine der FG oder der a gleiche Parallele zu kennen braucht, die wiederum wenn sie vorhanden ist, die FG erzeugen würde, da sie die Lage der OQ eben so bestimmt, als diese von der FG selbst bestimmt wird. Dies giebt die obige Construction.

75ste Aufgabe. (Fig. 92.)

Zu einem Kreise FQD, eine Tangente deren Länge gleich einer gegebenen Linie a ist, zu ziehen, deren zweiter Endpunct sich in der Verlängerung eines, der Lage nach gegebenen Durchmessers QB endigen soll.

Auflösung. Errichte im Endpuncte B des Halbmessers OB, den Perpendikel BC = a, und ziehe OC. Trage OC von O aus auf OG auf, so daß OA = a wird, und fälle von A zum Kreise FQD, die Tangenten AD und AF; so erfüllen beide die Forderung der Aufgabe.

Beweis. Ziehe OD; so ist △ODA ∾ △OBC (S. §. 71.), also AD = BC = a. Daß AD Tangente ist und sich in der Verlängerung der QB endiget, bedarf keines Beweises. Eben so ist klar, daß auch AF die Aufgabe erfüllt. — Die Länge von a ist durchaus beliebig; warum?

Anmerk. Nimmt man an: AD sey die gesuchte Tangente gleich a; so ist im Triangel ADO bekannt AD, OD und Winkel D; daher nur OA zu bestimmen ist, wonach sich der Punct A ergiebt. Die Bestimmung der OA, geschah im Triangel OBC. Dies ist der analytische Gang der Auflösung.

76ste Aufgabe. (Fig. 93.)

Es sind zwei concentrische Kreise CDG und FBE, so wie ein Punct Q in der Fläche des inneren Kreises gegeben; man soll durch diesen Punct eine Linie ziehen, die wechselseitig in den Peripherien beider Kreise endiget, und im Puncte Q selbst halbirt wird.

Auflösung. Verbinde O mit Q, und verlängere OQ um QA = OQ. Von A aus schneide man mit einer Linie AB gleich dem Halbmesser des größeren der gegebenen Kreise, die Peripherie des kleineren Kreises in B, verbinde B mit Q, und verlängere diese Linie BQ bis zur Peripherie des größeren Kreises in C; so ist BC die gesuchte Linie.

Beweis. Verbinde O mit C, so ist $\triangle BQA \cong \triangle OQC$ (G. §. 71.); denn AB ist laut Construction = OC, und ohnerachtet der willkührlichen Lage des Punctes Q, ist dennoch stets $AB > AQ$ (oder $OC > OQ$), ferner $QA = QO$ und $\angle BQA = \angle OQC$. Hieraus folgt, daß nun auch $QB = QC$ ist, oder daß BC in Q halbirt wird.

Zusatz 1. Ob der Schnitt von A aus, mit einer Linie gleich dem Halbmesser des größeren Kreises, die Peripherie des kleineren Kreises treffen wird; hängt von folgenden Umständen ab. Denkt man sich AO bis M verlängert, so ist AM die längste Linie, die sich von A aus zum kleineren Kreise ziehen läßt (G. §. 208, 1.), also muß die Linie, mit der man von A aus die Peripherie schneidet, **kleiner** als AM seyn; jene Linie war aber $=OC$ oder $=OI$ (wenn man OA bis I verlängert). Soll aber $AM > OI$ seyn, so muß auch, da $QO = QA$ ist, $AM - AQ > OI - OQ$ seyn *), d. h. $QM > QI$; wonach also die Lage des Punctes Q im kleinen Kreise, sich richten muß, wenn die Aufgabe möglich seyn soll. Daß die Linie OC nicht zu **klein** seyn kann, um von A aus die Peripherie zu schneiden, ist deutlich, da $OC > OQ$, also auch $OC > QA$, und um so mehr $OC > AP$ seyn muß, wo AP die **kleinste**, von A zur Peripherie MBE zu ziehende Linie anzeigt (S. §. 208, 2.). Fällt A selbst noch in den inneren Kreis, so giebt die Untersuchung für die Möglichkeit des gedachten Schnittes, ganz dasselbe Resultat das wir vorher fanden. Eben so wenn A außerhalb des großen Kreises fällt. Die Möglichkeit dieser verschiedenen Lagen des sich ergebenden Punctes A, selbst daß er auf die Peripherie eines der beiden Kreise fallen kann; bedarf keiner weiteren Auseinandersetzung. — Die Lage der anderen Linie EG, die gleiche Bedingungen erfüllt, wird eben so wie die CB bestimmt; auch war es ganz gleichgültig, ob man die innere Peripherie von A aus, in B oder in E schnitt.

Zusatz 2. Sollte der Punct Q in der Fläche des Ringes (S. §. 219, 3.), also z. B. in N liegen; so ist die Construction dieselbe wie vorher, und die Figur zeigt diese ausgeführt, wonach FD die gesuchte Linie wird. Damit man aber von H aus, die Peripherie FBE in F schneiden könne, ist nöthig daß man HF oder $OL > HK$ habe, oder da $ON = NH$ ist, daß $OL - ON > HK - HN$ d. h. $NL > NK$ sey, wodurch die Lage des Punctes N auf der Breite KL des Ringes sich ergiebt.

*) Siehe Grundsatz 13. der allgemeinen Einleitung im 1sten Bande des Lehrgebäudes.

giebt *). Zu groß für den Schnitt, kann OL nicht seyn, denn HG bleibt immer größer als HF = OL. Wie der Punct H selbst fällt, d. h. ob noch innerhalb des großen Kreises u. s. w.; ändert diese Untersuchung gar nicht. Daß außer der FD, noch die RS die Aufgabe erfüllt; versteht sich nunmehr von selbst.

Anmerk. 1. Analytische Auflösung. Gesetzt BC wäre die gesuchte Linie; so ist, wenn man OB und OC zieht, Triangel CBO ein solcher Triangel, in welchem OB und OC ursprünglich gegeben sind, und von dem man weiß, daß die Linie OQ die BC halbirt. OQ ist aber auch, durch die Lage des Punctes Q bestimmt, als gegeben anzusehen, und wenn man den Triangel OBC, zum Parallelogramm OBAC vollendet, wird BC Diagonale, und da Q die Mitte derselben ist, so geht OQ verlängert nach A, und QA wird gleich der OQ. Aus dieser Betrachtung läßt sich nun die Lage des Punctes A genau so bestimmen, wie es in der Auflösung vorher geschah, wonach wieder der Punct C oder B zu finden ist, da AC = OB und AB = OC, nemlich die beiden Radien bekannt sind.

Anmerk. 2. Vergleiche gegenwärtige Auflösung mit Aufg. 21, 1; OA = 2 . OQ ist Diagonale, OB und AB (= OC) sind die Seiten.

77ste Aufgabe. (Fig. 94.)

In der Peripherie des Kreises APE, sind zwei Puncte A und B gegeben; man soll einen Durchmesser ziehen, so, daß wenn man auf ihn die Perpendikel von den Puncten A und B aus fällt, der hierdurch vom Durchmesser abgeschnittene Theil, gleich einer gegebenen Linie a ist.

Auflösung. Ziehe AB, und beschreibe über diese Linie einen Halbkreis ACB. Von dem einen Endpuncte z. B. von B aus, trage man die Sehne BC gleich der a, in diesen Halbkreis ein, und ziehe den Durchmesser DE ⫲ BC; so ist dieser der gesuchte Durchmesser **).

*) Liegt N in der Mitte der Breite, so ist dieselbe d. h. KL, die gesuchte Linie schon selbst.

**) Daß auch hier ein zweiter Durchmesser die Aufgabe erfüllt,

Beweis. Verbinde A mit C, und verlängere diese Linie bis zum Durchmesser ED in G *); so ist ∠ACB = R (S. §. 110, 1. und §. 232, 2.), also AG der Perpendikel von A auf ED. Fällt man nun auch den anderen Perpendikel BF; so ist CBFG ein Oblongum (S. §. 122, 2. und die Winkel sind rechte), also CB = GF = a.

Zusatz 1. Die Auflösung kann auch folgendergestalt leicht geschehen. Sind K und L die gegebenen Puncte; so beschreibe man aus einem dieser Puncte z. B. aus K **) mit der a, den Bogen MQN, und fälle von L zu demselben die Tangente LQ. Verbindet man nun K mit dem Berührungpuncte Q; so giebt der, der KQ parallele Durchmesser ED, den verlangten Durchmesser. — Der Beweis ist höchst einfach zu finden, und bei näherer Betrachtung werden sich beide Auflösungen, als eine und dieselbe zeigen. —

Zusatz 2. So lange a **kleiner** als die Sehne AB ist, wird sich die Auflösung stets vollziehen lassen; größer als AB darf a aber nicht seyn, welches daraus leicht zu finden ist, daß man keinen Durchmesser ziehen kann, der einen solchen Abschnitt, **größer** als AB zuläßt; und zieht man den Durchmesser RP ⋕ AB, so ist das Stück ST = AB.

Anmerk. Analytische Auflösung. Sind AG und BF die gedachten Perpendikel (d. h. ist GF = a); so muß die Parallele durch B mit ED bis an AG gezogen, also BC, gleich FG, und eben so Winkel BCA = R seyn. Wie ein solcher Winkel über AB erzeugt wird, ist zur Genüge bekannt.

78ste Aufgabe. (Fig. 95.)

Es sind zwei sich einander schneidende Kreise OGD und OEF, von beliebiger Größe,

---

ist leicht einzusehen, und liegt dies schon in der eben genannten Construction.

*) Warum muß AC die ED schneiden? (S. §. 91. Zusatz).

**) Wird L genommen, so leitet dies wie vorher auf denz weiten, die Aufgabe auch erfüllenden Durchmesser.

gegeben; man soll eine Linie von einer bestimmten Länge a, durch einen der Schneidungpuncte z. B. durch O ziehen, die in den Peripherien beider Kreise endiget.

Auflösung. Man ziehe die Zentrallinie BA (G. §. 219, 6.), und beschreibe aus dem Endpuncte A, welcher zugleich Mittelpunct des kleineren Kreises ist, mit einer Länge gleich $\frac{a}{2}$, den Bogen CN. Von B aus fälle man zu demselben die Tangente BK, und verbinde den Berührungpunct K mit dem Puncte A. Nun ziehe man durch O, die Linie ED parallel der AK; so ist diese ED die gesuchte Linie.

Beweis. Man verlängere BK bis zur ED in H; so ist, da $\angle$ BKA laut Construction gleich R ist, auch $\angle$ BHE = R, d. h. BH ist Perpendikel auf OD, halbirt also OD in H (G. §. 202, 2.). Fällt man ferner von A auf ED den Perpendikel AI, so ist auch OE halbirt. Nun ist IHKA ein Oblongum (G. §. 122, 2.), also $AK = IH = \frac{a}{2}$; aber $ED = EO + OD = 2.IO + 2.OH$ $= 2(IO + OH) = 2.IH = 2.\frac{a}{2} = a$. W. z. b. w.

Zusatz 1. Durch O ist keine zweite Linie gleich der a zu ziehen möglich, wol aber durch Q. Man kann diese Linie auch so finden, daß man über AB den Halbkreis AMB beschreibt, von A aus die $AM = \frac{a}{2}$ einträgt, und durch Q die LG # AM zieht. Der Beweis ist einfach (mit Hülfe der Linien AR und BP) zu finden *).

Zusatz 2. Es lassen sich viele Betrachtungen über die Linien, welche durch die Durchschnittspuncte zweier

*) Man wird nicht verkennen, daß hier dieselben beiden Methoden wie in der vorigen Aufgabe und deren Zusatz, gebraucht sind, nur in einer umgekehrten Ordnung.

schneidenden Kreise zu ziehen sind, anstellen; doch würden dieselben alle hier angestellt, zu weit führen. Sie lehren unter andern die Grenzen finden, zwischen denen die in unserer Aufgabe gegebene Linie a liegen muß; denn daß diese Größe nicht willkührlich seyn darf, ist einleuchtend, und unsere Construction lehrt schon, daß $\frac{a}{2} < BA$ seyn muß.

Anmerk. Analytische Auflösung. Wäre ED die gesuchte Linie; so würden auch die Perpendikel BH und AI, eine bestimmte Lage haben, und das Stück $IH = \frac{1}{2}ED = \frac{a}{2}$ seyn *). Zöge man also durch den bekannten Punct A, die AK parallel ED; so wäre auch $AK = IH = \frac{a}{2}$, und Winkel AKB ein rechter. Nun ist im Triangel ABK genug bekannt, um die vorhin gezeigte Auflösung daraus einfach abzuleiten, nachdem diese Methode schon öfter angewendet ist.

79ste Aufgabe. (Fig. 96.)

Durch den Durchschnittspunct O, zweier schneidenden Kreise ODC und ODE, eine Linie zu ziehen, die in den Peripherien beider Kreise endiget, und im Puncte O selbst halbiret wird.

Auflösung **). Ueber die Zentrallinie AB, beschreibe man den Halbkreis AHB, und aus dem Puncte O, mit dem Halbmesser des kleineren Kreises, also mit OB, den Kreis GBF. Wo dieser Kreis den ersteren Halbkreis in F trifft, ziehe BF, und dann durch O die EC parallel der FB; so ist EC die gesuchte Linie.

Beweis. Man verbinde A mit F und verlängere diese Verbindunglinie bis zur EC in I; so ist laut Construction $\angle AFB = R$ (G. §. 110, 1.), und auch $\angle AIO$

---

*) Ist, wie vorhin geschah, leicht zu zeigen.

**) Sollten die gegebenen Kreise gleich seyn, so bedarf die Auflösung keiner näheren Erwähnung.

(als $= \angle$ AFB) = R; folglich wird die Linie EO, in I halbirt (G. §. 202, 2.). Von B fälle man auf OC den Perpendikel BK; so ist auch OC in K halbirt. Nun ziehe man die Radien des Kreises FGB, d. h. OF und OB; so erhält man die Triangel OFI und OBK, welche nach G. §. 71. congruent sind; denn da aus der Construction und dem eben Gesagten hervorgeht, daß IKBF ein Parallelogramm ist, so ist FI = KB, ferner sind die Winkel FIO und BKO recht, und FO = OB als Radien. Aus der Congruenz dieser Triangel folgt nun, daß IO = KO sey, also auch 2.IO = 2.KO d. h. EO = OC, oder die Linie EC ist in O halbirt. W. z. b. w.

Anmerk. 1. Analytische Auflösung. Da EC in O halbirt seyn soll, so müssen die Linien IO und OK, welche sich durch die beiden, von den Mittelpuncten A und B, auf die Sehnen EO und OC gefällten Perpendikel AI und BK ergeben, ebenfalls gleich seyn. Ferner wird die, durch B mit der EC gezogene Parallele BF, auf der IA senkrecht stehen, und es käme nur darauf an, den Punct F zu bestimmen, wo die BF die AI trifft. Denkt man sich O, mit F und B verbunden; so ist OB = OF, weil die Triangel OBK und OFI, laut Voraussetzung, congruent seyn müssen. Aber OB ist eine ganz bekannte Linie, durch die bestimmte Lage ihrer Endpuncte. Es kommt also alles darauf an, über AB den Scheitel F eines rechten Winkels zu bestimmen, so daß dieser Scheitel von O aus um eine Länge gleich der OB entfernt liegt. Dieses Bedürfniß wird nun einfach durch die genannte Auflösung befriedigt, wo sich dann wiederum durch die Lage der BF, auch die ihrer Parallele EC, ergiebt.

Anmerk. 2. Daß durch den Punct O keine zweite Linie, gleiche Bedingungen als die EC erfüllt; folgt aus G. §. 205, 3. *). Denn erfüllt z. B. die LP durch den Punct D, ganz auf obige Weise wie die EC gefunden, jene Bedingungen, und man zieht die Linie MN, so ist DM $>$ DL und DN $<$ DP, weshalb bei der MN nicht seyn kann DM = DN. — Aus dieser, bei den verschiedenen Lagen der durch D gehenden Li-

*) Jener Punct der dort im Durchmesser angenommen wurde, liegt hier zugleich in der Peripherie; nemlich der Punct D.

nien, mehr oder minder stattfindenden Ungleichheit der beiden in D bestimmten Theile, und daraus, daß der Theil in jedem Kreise, bald der größere bald der kleinere seyn kann; kann man im Voraus a.af eine solche Lage jener Linien schließen, wo der Unterschied einmal Null wird, d. h. wo eine Linie wie die MN, in D halbirt wird, oder es folgt, daß unsere Aufgabe immer zu lösen möglich seyn wird.

80ste Aufgabe. (Fig. 97.)

Durch den Punct O, wo zwei Kreise OGC und OGD einander schneiden, eine Linie dergestalt zu beiden Kreisen zu legen, daß sie sich in den Peripherien beider Kreise wechselseitig endiget, und daß die zu den Theilen dieser Linie als Sehnen gehörende Centriwinkel, einander gleich sind.

Auflösung. Man verbinde den einen Mittelpunct, z. B. A mit dem Durchschnittspuncte O beider Kreise, und ziehe mit dieser Verbindunglinie AO, durch den Mittelpunct B des anderen Kreises, den Halbmesser BC parallel. Verbindet man jetzt den Punct C mit O; so giebt die gehörig verlängerte Verbindunglinie CD, die gesuchte Linie.

Beweis. Ziehe BO und AD; so soll ∠OBC = ∠OAD seyn. Fälle die Perpendikel BE und AF auf die Linie DC; so ist BE ⋕ AF (G. §. 87, 1.), ferner laut Construction BC ⋕ AO, also ∠EBC = ∠FAO (G. §. 101, 1.). Da aber ∠OBC = 2.∠EBC (G. §. 202, 5.), und eben so ∠DAO = 2.∠FAO ist; so ist ∠OBC = ∠DAO. W. z. b. w.

Anmerk. 1. Analytische Auflösung. Gesetzt DC wäre die gesuchte Linie, so fälle man auf sie die Perpendikel BE und AF, welche parallel seyn müssen. Sollte nun Winkel OBC = Winkel DAO seyn; so müssen auch die Hälften, die durch jenen Perpendikel bestimmt werden, d. h. Winkel FAO und Winkel EBC gleich seyn. Dies ist aber erreicht, sobald auch AO parallel BC ist. Da die Lage der AO ganz bestimmt ist, so hat es keine Schwierigkeit den Punct C zu bestimmen, der zur Verbindung mit O erforderlich ist um CD zu finden.

Anmerk. 2. Daß keine zweite Linie durch O, die Bedingungen der Aufgabe erfüllen kann, zeigt sogleich das Ungleichwerden der gedachten Centriwinkel, bei einer anderen Lage der DC. Natürlich findet durch G, auch eine Linie unter unserer Bedingung Statt.

81ste Aufgabe. (Fig. 98.)

In einer Linie AB ist ein Punct C, und außerhalb derselben ein Punct D gegeben; man soll einen Kreis construiren, der jene Linie im Puncte O berührt, und durch den Punct D geht.

Auflösung. In O errichte man auf der AB den Perpendikel CE; halbire die Verbindunglinie CD, der Puncte C und D, in G, errichte in G auf CD den Perpendikel GF. Wo beide Perpendikel in O sich schneiden, ist der Mittelpunct des gesuchten Kreises, den man mit dem Halbmesser OC, nur noch zu beschreiben braucht.

Beweis. Ziehe OC und OD, so sind die Triangel GOC und GOD, laut Construction und G. §. 44. congruent; also OC = OD d. h. der Kreis CDH geht durch die beiden Puncte C und D. Da aber ∠OCA = R ist, so ist AB Tangente zum Kreise (G. §. 215.) oder dieser berührt jene Linie. W. z. b. w.

Anmerk. 1. Analytische Auflösung. Da der Kreis die Linie AB in C berühren soll, so muß der Perpendikel vom Mittelpuncte auf die AB gefällt, den Punct C treffen (G. §. 216, 4.). Durch diese Bemerkung erhält man, wenn man im Puncte C auf AB einen Perpendikel errichtet, eine Linie, in welcher der Mittelpunct des gesuchten Kreises liegt. Da aber die Kreislinie durch die Puncte C und D gehen soll, so wird die Linie CD eine Sehne, und giebt als solche wiederum ein Mittel an, eine Linie zu finden, in welcher der Mittelpunct des Kreises gleichfalls liegen muß (G. §. 202, 3.). Nach G. §. 13, 9. ist demnach der Durchschnittspunct O, der gesuchte Punct.

Anmerk. 2. Die Aufgabe bleibt so lange möglich, wie die Perpendikel sich schneiden können, d. h. so lange der Punct D nicht in der Verlängerung der BA liegt. — Sollte in der Linie AB kein Punct gegeben seyn, sondern nur der Punct D außerhalb der AB; so wäre die Aufgabe unbestimmt gewesen, da jeder Punct in der AB jetzt Berührungpunct werden kann. Ein Perpendikel von D nach AB gefällt, hätte in seiner Hälfte den kleinstmöglichsten Radius aller jener Kreise gegeben.

82ste Aufgabe. (Fig. 99.)

Gegeben ein Kreis EOF, in seiner Peripherie ein Punct O, und außerhalb seiner Fläche ein Punct B *); es wird ein zweiter Kreis verlangt, der durch den Punct B geht, und den gegebenen Kreis im Puncte O berührt.

Auflösung. Verbinde den Mittelpunct Q des gegebenen Kreises mit dem Puncte O, und verlängere diese Linie willkührlich weit nach G zu. Dann verbinde man B mit O, halbire BO in C, und errichte den Perpendikel CD in C auf OB, bis er die Linie QG in D schneidet; so ist D der Mittelpunct des gesuchten Kreises, den man nur mit dem Halbmesser DO noch zu beschreiben hat.

Beweis. Da $\triangle DCO \cong \triangle DCB$ ist (G. §. 44.); so ist $DO = DB$ d. h. die mit dem Halbmesser DO beschriebenen Kreislinie geht auch durch B. Nach G. §. 220., berühren aber beide Kreise einander in O. W. z. b. w.

Zusatz 1. Liegt der Punct B so, daß die Verbindunglinien BO und QO, einen rechten Winkel mit einander bilden, also wenn z. B. $\angle QOL = R$, und in der OL jener Punct gegeben wäre; so wird die Aufgabe unmöglich; denn jeder auf OL errichtete Perpendikel, geht der QG parallel, und man erhält keinen Schnitt d. h. keinen Mittelpunct. Daß aber auch alsdann keine andere als unsere gezeigte Construction einen Mittelpunct finden lehrt, ist daraus klar, daß der gesuchte Mittelpunct in der QG irgendwo liegen muß

*) Siehe den Zusatz 2. zu dieser Aufgabe.

(S. §. 222.), und jeder Punct in dieser Linie, wie z. B. G, ist weiter von L als von O entfernt (S. §. 65, 1.). — Liegt aber der gegebene Punct B z. B. wie B′ d. h. daß der ∠QOB spitz wird; so giebt unsere vorige Construction, den Kreis MOB′, wo es noch auf die Entfernung zwischen B′ und O ankommt, ob der gesuchte Mittelpunct D′, in oder außerhalb der Kreislinie EOF fällt, welche Umstände sehr leicht zu bestimmen sind. — Ist übrigens B, in der Verlängerung der Verbindunglinie QO gegeben; so giebt schon S. §. 220. die Construction. Daß B nicht in der Peripherie des gegebenen Kreises liegen darf, ergiebt sich daraus, weil dann der gesuchte Kreis auf den gegebenen fiele.

Zusatz 2. Der Punct B kann auch in der Kreisfläche des gegebenen Kreises liegen, z. B. in B″, wo die Construction wie vorher, D″ als Mittelpunct angiebt. Da B″O in allen solchen Fällen kleiner als die Sehne ist, die aus der Verlängerung der OB″ entsteht; so muß der gesuchte Mittelpunct, sich nothwendig zwischen Q und O ergeben. Da ferner die Entfernung jedes Punctes in der Peripherie EOF, von D″ größer als D″O ist (S. §. 205, 2.); so hat man nicht zu fürchten, daß der mit D″O beschriebene Kreis, irgendwo den gegebenen Kreis schneiden könnte, man also keine berührende Kreise erhalten würde. Auch folgt dies schon, wie im Zusatz 1. für den Punct D′ als Mittelpunct, aus den Constructionen für die allgemeine Aufgabe S. §. 220.

Anmerk. Die analytische Auflösung dieser Aufgabe hat gar keine Schwierigkeit, wenn man S. §. 222. und §. 202, 3. anwendet.

83ste Aufgabe. (Fig. 100.)

Gegeben ein Kreis SUG, außerhalb desselben eine gerade Linie AB, und in dieser ein Punct Q; man verlangt einen Kreis, welcher den gegebenen Kreis berührt, und zu welchem die Linie AB, in Q Tangente wird.

Auflösung. Man errichte im Puncte Q auf der AB, den Perpendikel QC gleich dem Radius des gegebenen Kreises, verbinde C mit O, halbire CO in D, und errichte hier den Perpendikel DE, bis die rückwärts verlängerte Senkrechte CQ, in E geschnitten wird *). Mit EQ beschreibe man einen Kreis QIG; so ist dieser der gesuchte Kreis.

Beweis. Verbindet man E mit O; so ist $\triangle EDC \cong \triangle EDO$ (G. §. 44.), also $EC = EO$. Nun war $QC = GO$ gemacht, also ist $EC - QE = EO - GO$ d. h. $EQ = EG$, oder der Kreis IQG, geht durch einen Punct G in der Peripherie des gegebenen Kreises, woselbst er alsdann diesen nach G. §. 220. berührt. Daß AB in Q Tangente zu diesem Kreise ist, folgt aus G. §. 215. Zusatz. — W. z. b. w.

Zusatz 1. Sollte der, in der AB gegebene Punct Q so liegen, wie der Punct F d. h. daß der hier auf der AB errichtete Perpendikel, verlängert durch den Mittelpunct ginge; so braucht man nur die Linie FV d. h. den Theil der FO bis zur Peripherie des Kreises, in H zu halbiren, und HF wird alsdann der Radius des verlangten Kreises. — Wäre aber die Lage der Linie AB so gegeben wie NO d. h. daß sie selbst schon erweitert durch den Mittelpunct des Kreises ginge; so sey z. B. M der in ihr gegebene Punct. Die Construction ist ganz wie vorher, nur daß es jetzt zwei Kreise ZST und YMX seyn werden, welche die Aufgabe erfüllen. Die Figur zeigt ihre Construction ganz auf dem Wege, wie dies in unserer obigen allgemeinen Auflösung geschah. Es ist also keine Lage der Linie AB anzugeben, wodurch die Auflösung unmöglich würde.

Zusatz 2. Wäre A'B' die gegebene Linie, so kann die Auflösung auch so gemacht werden, daß man den Perpendikel in Q' nach dem Kreise zu, also wie Q'C'

*) Siehe Zusatz 2. zu dieser Aufgabe.

(= OG) errichtet; verfährt man ähnlich wie vorher, so wird E′ der Mittelpunct des gesuchten Kreises werden, und die Radien sind E′Q′ und E′G′ d. h. E′O wird noch bis zur Peripherie verlängert. Jetzt berühren beide Kreise SGU und Q′I′G′, von innen einander.

Anmerk. Analytische Auflösung. Gesetzt GIQ wäre der gesuchte Kreis; so muß EQ = EG seyn, und da EQ auf AB in Q senkrecht stehen muß, so ist die Lage der QE sogleich bestimmt. Damit aber der Punct E oder G bekannt werde, ist es dienlich ein Paar Triangel zu suchen, worin die gleichen Linien EG und EQ erscheinen, und da dies selbst unmittelbar nicht wohl angeht, so suche man die Linie EO nebst einer ihr gleichen Linie, von der EQ ein Theil ist, in solche Triangel zu bringen. EQ kann aber der EO leicht gleich gemacht werden, wenn man sie um QC gleich der GO, verlängert. Indem nunmehr CO Grundlinie eines gleichschenklichen Triangels wird, läßt sich der Punct E höchst einfach finden. Von allen jenen genannten Linien, kann aber vorläufig nur QC vollständig bestimmt werden, doch ist dies hinreichend, denn der Punct C mit O verbunden, erzeugt die übrigen nothwendigen Linien, so wie den Punct E.

*84ste Aufgabe. (Fig. 101.)

Gegeben ein Kreis CRB, in seiner Peripherie ein Punct O, und außerhalb des Kreises eine gerade Linie DP; es wird ein Kreis gesucht, welcher den gegebenen Kreis in dem bestimmten Puncte O berührt, und zu welchem die Linie DP Tangente ist.

Auflösung. Man verbinde den Mittelpunct A mit dem Berührungpuncte O, und verlängere diese Linie beliebig nach H zu. Im Puncte O errichte man einen Perpendikel OE auf der AH, den man bis zur HP in E verlängert. Nunmehr halbire man den ∠OED, durch die Linie EF (S. §. 51.), und wo diese die AH in F trifft, ist der Mittelpunct des gesuchten Kreises NOG, den man nunmehr nur mit FO zu beschreiben braucht.

Beweis. Man fälle von F auf DP den Perpendikel FG, so erhält man die beiden congruenten Triangel FEO und FEG (S. §. 61.); also ist FO = FG. Nach S. §. 220. berühren sich beide Kreise einander, und nach S. §. 215. Zusatz, ist DP Tangente zum gefundenen Kreise. W. z. b. w.

Zusatz 1. Sollte die Linie DP, parallel der Verbindunglinie AO gehen; so hindert dies unsere Aufgabe eben so wenig an der Auflösung, als wenn DP und AO senkrecht auf einander stehen. Im ersteren Falle sey EK ⧣ AH; so ergiebt sich der Kreis MOI. Ist aber TI (senkrecht auf AH) statt DP gegeben; so ist die Mitte der OH, der Mittelpunct des gesuchten Kreises. — Auch kann der neue Kreis den gegebenen Kreis **von innen** berühren, wie z. B. MBR, wenn nemlich durch die, den ∠ BPD (wenn also DP als jene Linie, und B als Berührungpunct gegeben sind) halbirende Linie PS, der Mittelpunct S, sich auf die rückwärts verlängerte Verbindunglinie der Puncte B und A, ergiebt. Daß der Mittelpunct S nicht zwischen B und A fallen kann, folgt einfach daraus, daß sonst die gegebene Linie PD, offenbar den gegebenen Kreis schneiden müßte.

Zusatz 2. Aus vorstehender Construction, ergiebt sich einfach die Lösung folgender Aufgabe:

Wenn in einem Schenkel UE eines Winkels UED, ein Punct O gegeben ist, so soll ein Kreis beschrieben werden, der beide Schenkel, den Schenkel UE aber in jenem Puncte O, berührt.

Denn: statt vorher O und A verbunden wurden, wird jetzt in O ein Perpendikel auf UE errichtet. Die Halbirung des Winkels UED u. s. w. bleibt wie vorher.

Anmerk. Analytische Auflösung. Nimmt man an: NOG sey der gesuchte Kreis; so ist FO = FG. Stellt man sich in O den Perpendikel OE vor, und verbindet F mit E; so sind die Triangel FOE und FGE nach S. §. 71. congrnent. Hieraus folgt die Gleichheit der Winkel FEO und und FEG. Da aber der ganze Winkel OEG, vom Anfang an bekannt ist, so läßt sich die Halbirunglinie, und hieraus der Punct F, wieder finden.

85ste Aufgabe. (Fig. 102.)

Gegeben ein Kreis AFC neb'st einer von seinem Mittelpuncte ausgehenden, der Lage nach bekannten Linie OB. Es soll mit einem Halbmesser, gleich einer gegebenen Linie a, ein Kreis beschrieben werden, der den Kreis AFC berührt, und welcher von der Linie OB einen Theil, gleich einer ebenfalls bekannten Linie b so abschneidet, daß dieser Theil b, Sehne des zu findenden Kreises wird; wie findet man den Mittelpunct jenes Kreises.

Voraussetzung. Da b, Sehne eines Kreises vom Halbmesser a, werden soll, so muß b < 2a seyn. (Sollte b = 2a gegeben werden; so hat man nur auf die Linie OB, von U aus die b aufzutragen, so giebt die Mitte dieser aufgetragenen Linie den Mittelpunct, und b wird Durchmesser selbst).

Auflösung. Beschreibe mit dem Halbmesser a, aus O als Mittelpunct, einen Kreis GHI*), trage in ihn die gegebene Linie b als Sehne GH ein, und fälle vom Mittelpuncte auf sie den Perpendikel OK. Dann verlängere man den Halbmesser des gegebenen Kreises d. h. OD, um den bestimmten Halbmesser a = DE, beschreibe über OE den Halbkreis OFE, trage in diesen den Perpendikel OK, als Sehne OL ein, und ziehe so- dann LE. Von O aus trage man die Länge der Linie L/E, auf die OB, so daß OP = LE wird, und errichte in P die Perpendikel PS = OL (= OK) und PM auch = OL. Nun verbinde man die Puncte S und M,

*) Hier ist nur ein Halbkreis gewählt; auch kann derselbe ganz abgesondert von der gegebenen Figur construirt werden.

mit O; so sind die Linien SV und MC, die Radien von den gesuchten Kreisen *), die man daher nur von S und M aus, mit jenen Längen zu beschreiben braucht.

Beweis. Wir haben nur nöthig den einen Kreis, z. B. CNW zu betrachten. Daß dieser den gegebenen Kreis berührt, folgt schon aus der Construction (G. §. 220.), und es ist nur noch MC = a und WZ = b zu beweisen. Nun ist aber △OPM ≅ △OLE (G. §. 44.), denn ∠OPM = R gemacht, und ∠OLE = R (nach G. §. 233, 2.), OP = LE und PM = OL gemacht, also ist OM = OE. Da nun OC = OD ist, so ist auch CM = DE, und DE war = a gemacht. Ferner haben die Kreise GHI und CNW, laut Construction gleiche Halbmesser, also sind die Sehnen gleich, die sich in gleichen Entfernungen von den Mittelpuncten befinden (G. §. 211. Zusatz), d. h. ZW = GH, da PM = OK (= OL) gemacht war; aber es war GH = b gemacht, folglich ist auch ZW = b. W. z. b. w.

Anmerk. 1. Man hätte auch die Perpendikel in P, mit der Linie OE = OS = OM schneiden können; die Congruenz der Triangel OPM und OLE wäre alsdann aus G. §. 71. gefolgt. Daß dieser Schnitt immer möglich seyn muß, folgt daraus, weil OM = OE und OP = LE, aber OE > LE, daher auch OM > OP ist. Hieraus sieht man auch leicht, daß nunmehr kein neuer Kreis auf jener Seite der BO, die Aufgabe erfüllt, da der Mittelpunct der verlangten Kreise in dem Bogen SYM, welcher in der mit OS beschriebenen Kreislinie, wozu dieser Bogen gehört, liegen muß, und die Länge der OM = OU + a bestimmt ist; jeder andere Punct als M aber (oder als S) in dieser Linie, eine andere Entfernung von der OB hat als MP, daher ihm auch eine andere Sehne für den Radius a entspricht.

Anmerk. 2. Analytische Auflösung. Ist CNW der gesuchte Kreis; so ist im Triangel MPO, die OM = OU + a, der rechte Winkel MPO, und die Linie MP dadurch bekannt, daß sie in einem Kreise vom Halbmesser a, die Entfernung ei-

*) Es leuchtet ein, daß zwei Kreise die Bedingung der Aufgabe erfüllen werden. (Siehe auch Aufgabe 71. Anmerk. 2.)

ner Sehne gleich b, vom Mittelpuncte ist. Daher fand man MP, durch die besondere Construction der OK, beim Halbkreise GHI, woraus sich wieder die PO, durch die andere Construction der EL, beim Halbkreise OFE ergab, die zuletzt auf OB aufgetragen, den Punct P bestimmte, wo des rechten Winkels MPO Scheitel liegen muß.

86ste Aufgabe. (Fig. 103.)

Gegeben zwei Kreise ABC und DEF, in der Peripherie des einen ein Punct A; man soll einen Kreis construiren, der die beiden gegebenen Kreise, den Kreis ABC überdies noch im Puncte A, berührt.

Auflösung. Verbinde A mit O; so muß in der verlängerten AO, irgendwo der Mittelpunct des gesuchten Kreises liegen (G. §. 222.). Trage von A aus auf OA den Radius des Kreises DEF, so daß AW = QF wird, verbinde Q mit W, und errichte in der Mitte P der QW, einen Perpendikel PH, bis dieser die Verlängerung der OA in H trifft; so ist H der Mittelpunct des gesuchten Kreises GADI, den man nur mit der HA zu beschreiben braucht.

Beweis. Ziehe HQ; so ist $\triangle HPW \cong \triangle HPQ$ (G. §. 44.), also HW = HQ. Da ferner laut Construction AW = DQ ist; so ist HA = HD. Daß der Kreis GAD, die beiden gegebenen Kreise berührt, folgt aus G. §. 220. W. z. b. w.

Zusatz 1. Stellt man sich über der Centrallinie OQ, den Halbkreis OEQ vor, schneidet dann von O aus denselben mit OU, gleich der Differenz der Radien beider Kreise, und verlängert OU bis zur Peripherie in B; so ist B (und der auf der andern Seite eben so erzeugte Punct S) ein solcher Punct, welcher nicht als Berührungpunct gegeben werden kann. Denn wäre dieser Punct zu solchem bestimmt, und man trüge BU = QF auf die BO auf (laut obiger Construction); so ist $\angle$ OUQ = R (G. §. 110, 1.), also würde sich die OB nun mit dem Perpendikel, der in der Mitte der UQ zu errichten nöthig ist, schneiden. Für alle im Bogen BZS liegenden Puncte jedoch, gilt obige Construction. Ist aber im Bogen BCS, ein Punct als Berührungpunct gegeben, z. B. L; so verlängere man OL außerhalb des Kreises, um LM = QF, verbinde M mit Q; so giebt wieder der Durchschnitt V des, in der Mitte N der MQ errichteten Perpendikels NV, mit der verlängerten MO, den Mittelpunct des Berührungkreises KLFR, was gerade so wie vorher bewiesen wird.

Zusatz 2. Ist der Berührungpunct in der Peripherie des kleinen Kreises gegeben z. B. in D, so ist die Construction auch wie vorher, nachdem man den Radius des großen Kreises d. h. OS, von D aus auf die verlängerte DQ aufträgt, also DT = AO macht, dann T mit O verbindet u. s. w. Auch in der Peripherie des kleinen Kreises liegen zwei Puncte, welche die Auflösung unmöglich machen, und fast wie vorher zu finden sind.

Anmerk. 1. Wie mannigfaltig die Fälle oft sind, die sich bei einer Aufgabe darbieten, haben wir oft Gelegenheit gehabt zu sehen. Auch gegenwärtige Aufgabe bietet noch einige interessante Betrachtungen dar, worüber das Nähere in meiner Sammlung neuer mathematischer Aufgaben (Berlin 1819.) nachzusehen ist. (Seite 69 – 75.)

Anmerk. 2. Die analytische Auflösung gegenwärtiger Aufgabe, liegt fast schon in obiger Auflösung; es kommt nur darauf an, in der OH einen Punct zu finden, der von A so weit wie von der Peripherie des Kreises DEF ab liegt. Kann man also einen gleichschenklichen Triangel erzeugen, wo ein Punct in der OH Scheitel ist, HA aber oder HA + einer bekannten Linie Schenkel, so ist die Forderung erfüllt. Indem aber der Punct D in der Linie von H nach Q liegen muß (G. §. 222.), so dient HQ sehr gut zu jenem Schenkel, und HW muß gleich HQ seyn. Da aber H noch unbekannt ist, so muß man umgekehrt durch Hülfe der Puncte Q und W, H finden, was auf die oben vorgezeichnete Weise geschieht, nachdem man W bestimmt hat.

Anmerk. 3. Wenn sich auch noch mehrere interessante Aufgaben über berührende Kreise elementar lösen und leicht beweisen lassen, so sind die Auflösungen doch größtentheils auf einem

alge-

algebraischen Wege erzeugt, und wir könnten nicht wie bisher durch bloßes Raisonnement in Worten, die Auflösung ohne große Weitläuftigkeit nachweisen. Es bleiben daher solche Aufgaben auch hier weg, um so mehr, da sie in der Folge in dem Supplemente zum Lehrgebäude stehen werden, wo die analytischen Auflösungen besonders abgehandelt werden.

87ste Aufgabe. (Fig. 104.)

Ueber eine der Größe nach gegebene Linie AC, einen Kreisabschnitt zu beschreiben, der einen gegebenen Winkel n faßt.

Auflösung. An die gegebene Linie AC, trage man den Winkel CAB, gleich dem gegebenen ∠n an (G. §. 50, 2.), errichte in A auf AB einen Perpendikel AO, bis dieser einen in der Mitte D der AC errichteten Perpendikel DO schneidet. Nun beschreibe man mit OA den Kreis AGH; so ist jeder Winkel im Abschnitte ACG, als z. B. ∠AEC, gleich dem ∠n.

Beweis. Daß OA = OC ist, folgt laut Construction aus der Congruenz der Triangel ODA und ODC. Ferner ist AB Tangente zum Kreise (G. §. 215. Zusatz.); also ist nach G. §. 244, ∠CAB = ∠CEA = ∠n. W. z. b. w.

Anmerk. 1. Die Auflösung folgte unmittelbar aus der Kenntniß des Lehrsatzes G. §. 244. Denn, soll ein Abschnitt AGC über AC erzeugt werden, der die Winkel AEC u. s. w. gleich ∠n faßt; so sind solche Winkel gleich dem einen Winkel, den AC mit einer Tangente in A, zum Kreise dessen Sehne AC werden soll, macht. Aus diesen beiden Linien AC und AB, den Mittelpunct O zu finden, geschieht dann wieder nach den Lehren G. §. 202, 3. und §. 216, 5. — Dieselbe Bemerkung gilt auch bei der folgenden Aufgabe.

Zusatz 1. Wäre z. B. die Aufgabe gegeben: **Durch die Endpuncte einer Linie AC, zwei Linien zu ziehen, die einen gegebenen Winkel mit einander bilden, dessen Scheitel aber in einer der Lage nach gegebenen Linie LI liegen soll;**

so würde die Auflösung ganz die vorstehende gewesen seyn. Man hätte nachher nur nöthig gehabt, den einen der beiden Puncte E oder M, die der Bogen AGC des Abschnitts, auf der Linie LI bestimmt, mit A und C zu verbinden. Wäre LI Tangente zum Kreise geworden, so hätte man nur einen Punct als Scheitel jenes Winkels erhalten, und es wäre gar kein solcher Punct möglich, wenn IL außerhalb des Kreises fällt.

Zusatz 2. Auch folgende Aufgabe ist unter andern nach gegenwärtiger Aufgabe zu lösen:

Ueber eine gegebene Linie einen Kreisbogen zu beschreiben, der $\frac{1}{n}$ der Peripherie des ganzen Kreises ist.

Man hat nemlich nur nöthig, einen Winkel zu suchen, der $\frac{1}{2n}$ von 4R ist, und dann (nach unserer Aufgabe 87.) über die gegebene Linie einen Abschnitt zu beschreiben, der jenen $\angle \frac{1}{2n} 4R$ faßt; so ist der, zu dem gefundenen Bogen gehörende Centriwinkel, $\frac{1}{n} 4R$. So oft dieser Centriwinkel daher in den 4R Winkeln um den Mittelpunct enthalten ist, d. h. n Mal, ist auch der erzeugte Bogen in der ganzen Kreisperipherie enthalten (S. §. 239, 1, a). — Nur wird bei dieser Auflösung vorausgesetzt, daß man durch eine rein geometrische Construction, den $\angle \frac{1}{2n} 4R$ finden kann, was freilich nicht immer angeht.

Anmerk. 2. Hätte man einen gleichschenklichen Triangel construirt, dessen ungleicher Winkel $\frac{1}{n} 4R$, und die ungleiche Seite die gegebene Linie ist (Aufg. 7, 5.); so ist wol klar, daß die gleiche Seite, Halbmesser des verlangten Kreisbogens über jener Linie geworden wäre. Dies ist eine andere Auflösung von Zus. 2.

88ste Aufgabe. (Fig. 104.)

Von einem gegebenen Kreise HEF, einen Abschnitt abzuschneiden, der einen gegebenen Winkel m faßt.

Auflösung. Ziehe einen beliebigen Halbmesser OF, und trage, nachdem man in F die Tangente FI zum Kreise construirt hat (G. §. 215.), den ∠IFG gleich ∠m, an den Punct F der FI an; so bestimmt die Sehne FG, den Abschnitt GFA, wo jeder Winkel, wie z. B. ∠GKF = ∠m ist.

Beweis. Folgt aus G. §. 244. und laut Construction ganz einfach.

Anmerk. Siehe die Anmerkung 1. zur vorigen Aufgabe.

89ste Aufgabe. (Fig. 105.)

In der Peripherie eines Kreises AFE, sind drei Puncte A, B und C gegeben; es soll ein vierter Punct gefunden werden, so, daß wenn man von ihm aus, nach jenen drei Puncten gerade Linien zieht, die an ihm entstehenden beiden Winkel, gleich zwei gegebenen Winkeln n und m werden.

Auflösung. Soll der Winkel beim unbekannten Puncte, den die Linien nach A und nach B gezogen bilden, gleich n seyn; so beschreibe man über die Linie AB, einen Abschnitt ABI, der den Winkel n enthält (Aufg. 87.). Eben so construire man über die BC, den Abschnitt BKC, der den Winkel m enthält; so ist der Punct D, wo die Kreisbogen beider Abschnitte sich schneiden, der gesuchte Punct.

Beweis. Ziehe DA, DB und DC; so ist ∠ADB = ∠n (= ∠BAG) und ∠BDC = ∠m (= ∠BCH). Daß die beiden Kreisbogen, sich in weiter keinem Puncte schneiden, der auch jene Bedingungen erfüllt; folgt aus G. §. 225.; denn der andere Schneidungpunct B, kann natürlich die Bedingungen nicht erfüllen, und daß es außer den Peripherien jener Kreisabschnitte, keinen Punct von der erforderlichen Eigenschaft giebt, folgt aus G. §. 237.

Anmerk. 1. Die analytische Auflösung ist eine unmittelbare Folge von der Aufgabe 87.

Zusatz 1. Man kann unsere Aufgabe auch völlig unabhängig von dem Kreise AFE geben, und nur sagen:

Wenn drei Puncte A, B und C gegeben sind, einen vierten Punct finden, u. s. w. wie obige Aufgabe verlangte.

Den Kreis AFE kann man, im Fall man es sonst will, doch stets durch jene drei Puncte legen (G. §. 209.). Oder:

Durch drei Puncte, drei gerade Linien zu ziehen, die in einem zu findenden Puncte zusammentreffen, und gegebene Winkel mit einander bilden.

Der Kreis AFE ist auch hierbei überflüssig, und jene drei Puncte können selbst in gerader Linie liegen. Der gedachte Kreis dient aber zu folgenden Betrachtungen.

Zusatz 2. Stellt man sich von einem beliebigen Puncte z. B. von M, in der Peripherie des Kreises AFE, der durch die drei Puncte A, B und C geht, nach jenen Puncten gerade Linien gezogen vor; so wird man die bei M entstehenden Winkel AMB und BMC, stets wieder erhalten, man mag welchen Punct in jener Peripherie man auch will, annehmen (G. §. 232.). Die Lage des vierten Punctes gegen jene drei ersten Puncte, ist also für diese beiden Winkel, unbestimmt, und dies würde sich, wenn diese Winkel jene, in unserer Aufgabe ursprünglich gegebenen Winkel sind, daraus finden, daß man nach obiger Auflösung, einen und denselben Kreis, der zugleich der durch A, B und C gehende ist, erhalten würde. Wäre aber auch nur einer jener beiden Winkel, z. B. $\angle AMB$ als $\angle n$, und ein beliebiger anderer Winkel als $\angle m$ gegeben; so müßte sich bei der ersten Hälfte der Construction, der Kreis durch A,

B und C ergeben, und die zweite Hälfte der Construction, gäbe den Kreis, dessen Sehne BC ist, wo also C der zweite Durchschnittspunct beider Kreise wird d. h. es ergiebt sich wiederum kein vierter Punct. Wenn man also auch selbst ohne vorhergehende Prüfung, ob die beiden gegebenen Winkel, nicht die auf den Sehnen AB und BC, im Kreise ABC stehenden Peripheriewinkel sind, die Construction vornimmt; so hat man nicht zu wagen, einen unbestimmten vierten Punct zu erhalten, sondern man erhält eben gar keinen vierten Punct.

Zusatz 3. Es giebt noch einen Fall wo die Auflösung kein genügendes Resultat giebt. Denn: denkt man sich den Punct B, mit dem Mittelpuncte O des zuerst construirten Kreisabschnittes BID verbunden; so wird, wenn der nunmehr gesuchte Mittelpunct des zweiten Kreisabschnittes, in die Verlängerung der BO, z. B. in L fällt, die Peripherie dieses zweiten Abschnittes, die des ersten im Puncte B berühren (G. §. 220.), und man erhält keinen Schnitt mit der ersteren Peripherie. Daß aber auch jetzt kein anderer irgendwo liegender Punct, die Bedingungen erfüllen kann, folgt aus den Betrachtungen im Beweise zu gegenwärtiger Aufgabe (und G. §. 237.). Um jedoch den Winkel kennen zu lernen, der auf das Resultat der beiden Kreise als berührende Kreise führt, dient folgende Betrachtung. Wenn man über BC, den zweiten Abschnitt nach Vorschrift der Aufg. 87. beschreiben will, der den $\angle m$ faßt; so muß in der Mitte R der BC, ein Perpendikel errichtet werden, der nothwendig auch verlängert durch den Mittelpunct N des Kreises ABE geht (G. §. 202, 3. da BC auch Sehne dieses Kreises ist). Verlängert man daher RN, bis zum Schnitte mit der erweiterten BO in L; so ist L dieser eine Punct, der als Mittelpunct zum zweiten Kreise, einen berührenden Kreis mit dem ersteren giebt. Daß für den einmal bestimmten Mittelpunct O und für die Sehne BC, nur dieser eine Punct L solche Eigenschaft haben kann, liegt einfach darin, daß solcher Punct in der verlängerten BO so wie in dem, in R auf BC errichteten Perpendikel, liegen muß. Es bestimmt sich nun aber durch L als Mittelpunct, der Centriwinkel BLC, und der zu ihm gehörende Peripheriewinkel, ist eben der Winkel m, der gleich $\frac{1}{2}\angle BLC = \angle RLC$ oder $= \angle RLB$ ist. Sobald also dieser Winkel ($\frac{1}{2}\angle BLC$) als $\angle m$ gegeben ist, kann der Aufgabe wiederum nicht Genüge geschehen. — Leicht ist es, unabhängig von unserer eben angestellten Betrachtung, also besonders zu beweisen, daß, wenn $\angle RLC$ oder $\angle RLB$, den die verlängerten Verbindunglinien, der Puncte B und O so wie R und N, bilden, als Winkel m gegeben ist, die erhaltenen beiden Kreise berührende Kreise werden, oder die Auflösung unmöglich wird.

Anmerk. 2. Die vorstehende Aufgabe erhält in der practischen Geometrie eine wichtige Bedeutung, wenn sie auch dort größtentheils anders, theils mechanisch theils analytisch gelöset wird. Sie ist dort unter dem Namen des Rückwärtseinschneidens bekannt. Die Betrachtungen, die wir hier im dritten Zusatze anstellten, werden meines Wissens nirgends besonders angeführt.

90ste Aufgabe. (Fig. 106.)

In einen Kreis FEG, ein Oblongum zu beschreiben, dessen Inhalt gleich dem Inhalte einer gegebenen Figur ist.

Auflösung. Man verwandele die gegebene Figur in ein Oblongum, dessen eine Seite gleich dem Durchmesser des Kreises ist (Aufg. 37. Zusatz), so daß ABCD dieses Oblongum wird. Ist dasselbe über den Durchmesser AB selbst beschrieben; so verbinde man den Punct E, wo die Peripherie GEF die Seite DC schneidet, mit den Puncten A und B, ziehe durch A die AF # EB, bis die Peripherie in F geschnitten wird, ziehe endlich die FB; so ist Viereck AEBF das gesuchte Oblongum.

Beweis. Es ist ∠AEB = R (G. §. 233, 1.), und da AF ⋕ EB, so ist auch ∠EAF = R. Ferner ist aus dem Grunde wie vorher ∠AFB = R, also auch ∠FBE = R, folglich AFBE ein rechtwinkliches Parallelogramm (G. §. 123, 3.). Nun ist △AEB = △ACB (G. §. 157.), also auch 2.△AEB = 2.△ACB d. h. Oblongum AEBF = Oblong. ADCB = der gegebenen Figur.

Anmerk. 1. Man sieht leicht ein, daß das Oblongum, in welches man die gegebene Figur verwandelt hat, nicht jede Größe haben darf, und daß das größtmöglichste, über den Durchmesser zuerst erzeugte Oblongum, ein solches seyn muß, dessen Höhe der Halbmesser AH ist, wo alsdann das Resultat, das Quadrat wird, welches in den Kreis beschrieben werden kann.

Anmerk. 2. Analytische Auflösung. Ist FBEA das verlangte Oblongum; so muß der Mittelpunct O des Kreises, von allen vier Winkelspitzen gleich weit entfernt seyn, welcher Punct beim Oblongum, zugleich der Durchschnittspunct der beiden Diagonalen ist (G. §. 129. Zusatz); also ist die Diagonale des verlangten Oblongums, zugleich Durchmesser des Kreises. Man erhält daher Triangel ABE, als Hälfte des verlangten Oblongums, und hat nur nöthig, Triangel ABE über AB, zum Prllg. selbst zu ergänzen, welches alsdann wieder gleich dem Oblongum AFBE wird. Also hat man zuerst nur ein Prllg., gleich der gegebenen Figur zu bilden, wozu überdies jedes andere Prllg. als das Oblongum ABCD über AB, hätte dienen können, indem es nur auf die Höhe BC desselben, oder auf den Punct E in der Peripherie ankam.

91ste Aufgabe. (Fig. 107.)

In einen Viertelkreis BDCA, einen Kreis einzuschreiben, der die Peripherie des Viertelkreises und die beiden Halbmesser berührt.

Auflösung. Halbire den ∠BAC, und ziehe die Halbirunglinie AD bis zur Peripherie des Quadranten in D. Errichte in D auf AD, den Perpendikel DE, bis er die verlängerte AB in E (oder bis die Verlängerung DF jenes Perpendikels, die verlängerte AC in F) schneidet. Halbirt man nun den ∠AED; so giebt die Halbirunglinie EO, da wo sie in O die AD schneidet, den

Mittelpunct des verlangten Kreises, den man nur mit der OD zu verzeichnen braucht.

Beweis. Man fälle von O auf EA und FA, die Perpendikel OH und OG; so sind die Triangel HOA und AOG, congruent (G. §. 61.), also OH = OG. Nach eben dem Satze ist auch △OEH ≌ △OED, also OH = OD = OG d. h. der aus O mit OD beschriebene Kreis, geht durch G und H. Daß er den Bogen BDC in D berührt, folgt aus G. §. 220., und daß die Linien AB und AC, Tangenten zu ihm sind, folgt aus G. §. 215. Zusatz. — W. z. b. w.

Anmerk. Die analytische Auflösung ist höchst einfach. Denn der gesuchte Mittelpunct O, muß einmal so liegen, daß er von der AB aus der AC gleich weit entfernt liegt, und dies ist mit jedem Puncte in der Halbirunglinie AD, des Winkels BAC, der Fall. Liegt aber in der AD der gesuchte Mittelpunct; so muß auch die Verlängerung der AO, in D den Berührungpunct mit der Peripherie des Quadranten geben (G. §. 222. Zusatz.). Um nun ferner einen Punct in der AD zu finden, der von D so weit als von der Linie BA entfernt ist, bedenke man, daß in D, eine Tangente DE zum Bogen BDC, auch Tangente zum unbekannten Kreise ist (G. §. 223, 1.), zu welchem auch AE Tangente, laut Bedingung, seyn muß. Da die verlängerte DO mit der AB einen halben rechten Winkel bildet, so müssen beide Tangenten einander schneiden (G. §. 102.); dies erfolgt in E, und nach G. §. 218, 4. muß die den Winkel AED halbirende Linie EO, nach dem Mittelpuncte des unbekannten Kreises gehen. So erhält man O als den gesuchten Mittelpunct, und OD sogleich als Radius (da D Berührungpunct ist).

92ste Aufgabe. (Fig. 108. und 109.)

In einen gleichseitigen Triangel ABC, drei Kreise zu construiren, die sich unter einander wechselseitig berühren, und jeder derselben eine Seite des Triangels berührt.

Auflösung. Man fälle von zwei Winkelspitzen, z. B. von B und C des gegebenen Triangels ABC (Fig. 108.), auf die gegenüberliegenden Seiten desselben, die Perpendikel BD und CF, die sich in O einander schneiden; so steht auch die Verbindunglinie der dritten Winkelspitze A mit O, verlängert in E senkrecht auf der BC (G. §. 80.). Halbirt man nun einen der halben Winkel des gegebenen Triangels, z. B. den ∠BCF; so giebt die Halbirunglinie CQ, da wo sie in Q die OE trifft, den Mittelpunct des einen Kreises EGH, den man nur mit der QE zu beschreiben braucht. Die anderen beiden Mittelpuncte P und R, könnte man eben so finden, aber es ist kürzer, von D und F aus, auf die DO und FO, die Linien DP und FR, gleich der EQ aufzutragen, da man alsdann nur mit PD und RF, die Kreise DGI und FIH, zu beschreiben braucht.

Beweis. Denkt man sich Q, mit P und R, so wie P mit R verbinden, so sind die Vierseite GCEQ und GCDP, congruent *); denn GC = GC, ∠GCE = ∠GCD, EC = DC, ∠CEQ = ∠CDP, und EQ = DP. Daher ist denn auch QG = GP, und ∠QGC = ∠PGC, also jeder = R (G. §. 31, 6.). Nun ist auch △QCE ≅ △QCG (G. §. 61.), also QE = QG, und deshalb auch GP = PD **). Gerade so wird nun auch bewiesen, daß QH = HR = RI = IP = FR = QE 2c. ist. Der mit QE beschriebene Kreis, geht also durch die Puncte G und H, der mit PD beschriebene, außer durch D, auch noch durch G und I, und der mit RF beschriebene Kreis, noch durch I und H. Daß sich die drei Kreise wechselseitig berühren, folgt aus G. §. 220., und daß die Seiten berührt, oder diese Tangenten zu den Kreisen werden, ist aus G. §. 215. Zusatz deutlich. — W. z. b. w.

Zusatz 1. Daß der aus O mit OD beschriebene Kreis DEE, durch die Puncte D, E und F gehen muß,

---

*) Siehe G. §. 84. und 85.; auch kann man sich beide Vierseite gehörig auf einander gelegt vorstellen, und so ihre Deckung zeigen.

**) Als wechselseitig gleich den Linien GQ und QE.

und die drei Kreise berührt; ist wol leicht zu finden. Sollte also z. B. die Aufgabe gegeben seyn:

Innerhalb eines Kreises FDE, drei Kreise zu zeichnen, welche sich unter einander, so wie den gegebenen Kreis berühren;

so sieht man, daß der um den gegebenen Kreis beschriebene gleichseitige Triangel ABC (G. §. 259), die Puncte angiebt, wo die Berührung stattfinden muß, so wie die Mittelpuncte und die Radien der kleinen Kreise, nach unserer eben gehabten Aufgabe nunmehr einfach zu finden sind *). — Wenn aber z. B. die drei inneren Kreise, allein zuerst gegeben wären, und man sollte den sie umschließenden Berührungkreis finden; so sieht man, daß wenn O bekannt ist, die verlängerte Verbindunglinie OP d. h. mit einem der drei Mittelpuncte, den Radius OD giebt. Ist aber O auch unbekannt; so geben die beiden Perpendikel GO und IO, in den Mitten G und I, der Verbindunglinien OP und PR (der Mittelpuncte Q, P und R) errichtet, den Punct O wieder. (Siehe auch Aufgabe 175.)

Anmerk. Die analytische Auflösung unserer Aufgabe, folgt höchst einfach aus dem, was in der zweiten Anmerk. zur 71sten Aufgabe gesagt ist; denn die bei dem gleichseitigen Triangel überall stattfindende Gleichheit, zeigt sogleich, daß jeder der drei verlangten Kreise in einem der drei, laut obiger Construction erzeugten Triangeln BOC, COA und AOB, liegen muß, wo die Seiten OC, OA und OB, die wechselseitig gemeinschaftlichen Tangenten zu zweien und zweien der drei gesuchten Kreise, sind. Oder: denkt man sich die drei Kreise schon als construirt, so leitet ihre Lage unmittelbar auf das Ziehen der Linien CF, BD und AE laut vorstehender Auflösung. Soll aber jeder der Kreise die Seiten der drei gedachten Triangel berühren, so giebt die Auflösung G. §. 251, 2 die Halbirung des einen Winkels OCB, sogleich an, da Winkel BOC, durch die OE schon halbirt ist, was sich aus den Sätzen G. §. 79. höchst einfach ergiebt.

---

*) Die 7te Aufgabe in meiner Sammlung neuer mathematischer Aufgaben, löset diese Aufgabe etwas weitläuftiger auf

Zusatz 2. Die Betrachtung der überall congruenten Triangel, BOC u. s. w., leitet nothwendig auch auf die, der stets congruenten drei Vierseite EODC, DOFA und FOEB, und es entsteht die Frage: ob diese Vierseite nicht auch dazu dienen können, in jedes derselben einen Kreis zu beschreiben, so daß die drei Kreise sich gegenseitig berühren. Damit aber in ein Vierseit ein Kreis beschrieben werden kann, erfordert es nach G. §. 248. die Eigenschaft, daß die Summen der gegenüber liegenden Seiten gleich sind, also daß OD+EC=OE+DC sey; dies findet aber hier Statt, denn OE = OD und DC = EC. G. §. 249. lehrt nun sogleich, diese Kreise beschreiben, wie auch Fig. 109. dies darstellt; denn da ∠ECD, schon durch die CF halbirt ist, so hat man nur noch ∠OEC (oder ∠ODC), durch die EQ zu halbiren, da alsdann der Punct Q auf der CF, den Mittelpunct des Kreises NMU bestimmt. Eben so werden MTV und TNW, die anderen Kreise seyn. Man könnte übrigens leicht, wenn OQ auf OB als gleich der OR, getragen, und eben so OP = OQ gemacht wäre, auf synthetischem Wege die wechselseitige Berührung der Kreise beweisen, wo die Verbindunglinien QR, QP und RP, in N, M und T, die Berührungpuncte geben; denn aus der Congruenz der Triangel QON und RON, (G. §. 44.) folgt, daß ∠ONQ = ∠ONR, also jeder recht, und QN = RN u. s. w. ist. Man könnte die Bedingungen dieser Aufgabe auch so ausdrücken:

In einen gleichseitigen Triangel, drei Kreise zu beschreiben, die sich unter einander, und wo immer zwei und zwei eine Seite des Triangels berühren.

Diese Bedingung der Berührung einer Seite des Triangels, stets von zwei Kreisen, macht diese Aufgabe auch an sich verschieden, von der zuerst gegebenen. (Siehe Aufg. 175. Zusatz 1.)

93ste Aufgabe. (Fig. 110.)

Es sind zwei gleiche Kreise ECA und IGK, und in dem einen eine Figur ABCDE gegeben; man soll in den anderen Kreis eine, jener Figur congruente Figur construiren.

Auflösung. Man trage die Sehne AB als gleich der GH, in den zweiten Kreis ein; dann von H aus die Sehne HI = der BC, von I aus die IK = der CD u. s. w. ein; so wird die Figur GHIKL, congruent der ABCDE seyn. —

Beweis. Daß sich die Seiten der ersten Figur, genau wieder in den zweiten Kreis eintragen lassen, folgt aus G. §. 276.; die Gleichheit der Winkel beider Figuren aber, aus der wechselseitigen Gleichheit der Theile dieser Winkel; denn da $\triangle ABO \cong \triangle GHQ$ (G. §. 49.), so ist $\angle ABO = \angle GHQ$; eben so $\angle OBC = \angle QHI$, also $\angle ABC = \angle GHI$ u. s. w. Die Congruenz beider Figuren ist also vollständig dargethan.

II. Constructionen bei Triangeln und Parallelogrammen, mittelst der Anwendungen der Constructionen beim Kreise.

94ste Aufgabe. (Fig. 111.)

Einen Triangel, aus einer seiner Seiten a und den beiden Perpendikeln p und q, die man von den Endpuncten jener Seite auf die beiden anderen Seiten fällen kann, zu construiren.

Auflösung. Man beschreibe über die gegebene Seite a = der AB, den Halbkreis AFB, und schneide von A und von B aus, diesen Halbkreis wechselseitig durch die Bogen IEK und GDH welche mit den Halbmessern p und q, gleich AE und BD beschrieben werden, in den Puncten E und D. Nun ziehe man die Linien AD und BE, und verlängere sie, bis sie sich in C schneiden; so ist △ABC der gesuchte Triangel.

Beweis. Es ist ∠ADB = ∠AEB = R (G. §. 233, 2.), also sind BD und AE, die Perpendikel von den Endpuncten der Seite AB, auf die gegenüber liegenden Seiten gefällt, deren Länge gleich den Linien p und q, laut Construction, ist.

Zusatz 1. Hätte der Bogen, der von A aus als Mittelpunct beschrieben ist, den Halbkreis in F getroffen; so würde der bei O stumpfwinkliche Triangel AOB, das Resultat geworden seyn, wo also AF und BD, Perpendikel auf den Verlängerungen der unbekannten Seiten geworden wären, wie es in diesem Falle auch seyn muß.

Zusatz 2. Was die Bestimmtheit des erzeugten Triangels anbelangt, so haben die im ersten Theile des ersten Abschnittes behandelten Aufgaben hinlänglich gezeigt, wie dieselbe beurtheilt werden muß, und geschieht diese Beurtheilung auch bei den hier folgenden Aufgaben ganz wie dort, d. h. ohne alle Anwendung der Kreislehre als solche, die an und für sich nur die Auflösung giebt, wenn gleich die Art der Auflösung dazu dienen kann, zu lehren, daß man nach ihr nur ein Resultat erhalten kann. Es wird daher dem Leser hier und bei den noch folgenden Aufgaben überlassen, die Untersuchungen selbst anzustellen, warum das Resultat bestimmt ist, und nur in zweifelhaften Fällen, sollen Bemerkungen das Nöthige kurz erläutern. Dasselbe gilt von den gegebenen Stücken, deren gegenseitige Größe natürlich größtentheils auch hier bedingt ist, wie z. B. bei gegenwärtiger Aufgabe, daß die Perpendikel p und q kleiner als die Seite a seyn müssen.

Anmerk. Bei den vorhergehenden Aufgaben dieses Abschnittes, ist hinlänglich Gelegenheit gewesen, die Art der geometrisch-analytischen Auflösung zu zeigen, und fällt dies bei den hier folgenden Aufgaben um so mehr weg, da jene Betrachtungen die zu diesen Auflösungen führen, sehr leicht anzustellen sind, und sich nur auf wenige Sätze aus der Lehre vom Kreise beziehen.

95ste Aufgabe. (Fig. 112.)

Aus der Grundlinie g, dem derselben gegenüber liegenden Winkel v, und der Höhe h eines Triangels, denselben zu bestimmen.

Auflösung. Ueber die Linie AB, gleich der gegebenen g, beschreibe man nach Aufg. 87. den Kreisabschnitt AGB, der den Winkel v faßt; errichte irgendwo auf AB, z. B. in F, einen Perpendikel FE gleich der h, ziehe durch E die DC $\#$ AB, und verbinde die Puncte D und C mit A und B; so erfüllen die beiden Triangel ABC und ABD die Aufgabe.

Beweis. Daß $\angle$C so wie $\angle$D, gleich $\angle$v sind, folgt eben so aus der Construction, als daß die Höhe beider Triangel gleich h ist. — Daß übrigens, da die Aufgabe völlig bestimmt ist, beide Triangel congruent seyn müssen, ist klar, und leicht kann man diese Congruenz beweisen.

Anmerk. Frage: Wenn g und v einmal bestimmt sind, welche Größe darf h nicht übersteigen? —

Zusatz 1. Sollte die Aufgabe so gegeben seyn, daß außer g und v, noch der Punct in der g gegeben ist, wo die Höhe die Grundlinie trifft; so würde, wenn F z. B. dieser Punct wäre, H sich als Scheitel des Winkels v, oder $\triangle$AHB als der gesuchten Triangel, ergeben haben. — Die Aufgabe wäre auch dann wiederum bestimmt.

Zusatz 2. Auch könnten die beiden Abschnitte der Grundlinie, worin der, von der ihr gegenüberliegenden Winkelspitze auf sie gefällte Perpendikel sie theilt, nebst jenem gegenüberliegenden Winkel gegeben seyn. Die Lösung wäre wieder wie im ersten Zusatze; denn jene beiden Abschnitte der Grundlinie, bestimmen die Grundlinie selbst, so wie den Punct in ihr, wo der Perpendikel sie trifft.

96ste Aufgabe. (Fig. 113.)

Gegeben eine Seite a eines Triangels, der Perpendikel p, welcher von dem einen Endpuncte der a auf die gegenüber liegende Seite gefällt werden kann, und die Summe s der beiden anderen Seiten; es soll der Triangel daraus construirt werden.

Auflösung. Mit der Linie p = OB, beschreibe man aus dem Endpuncte O der OA = a, den Kreis BFL; fälle von A zum Kreise, die Tangente AB (G. §. 217.), und verlängere sie so weit, daß AD = s wird. Verbinde nun D mit O, errichte in der Mitte E der DO, den Perpendikel EC, bis die AD in C geschnitten wird, und ziehe OC; so ist △OCA der verlangte Triangel.

Beweis. Daß DC = CO ist, bedarf jetzt keines weitern Beweises mehr; also ist OC + CA = DC + CA = s. OB ist laut Construction Perpendikel auf der AC, und gleich p. Endlich ist OA = a gemacht. W. z. b. w.

Zusatz. Ist OG = a, OF = p, GK = s; so kann der Perpendikel in I auf der KO, auch die GK zwischen F und G, z. B. in H treffen, und △GHO ist der gesuchte Triangel, der nun stumpfwinklich wird. — Warum kann aber der Perpendikel auf der KO, die KG nicht über G hinaus treffen? Wie läßt sich dies aus denen, für die Größe der GO und GK stattfindenden Bedingungen beweisen? Warum ist die Aufgabe völlig bestimmt?

97ste Aufgabe. (Fig. 114.)

Es ist eine Seite a eines Triangels, dessen Inhalt I bekannt ist, nebst dem der Seite a gegenüberliegenden Winkel v gegeben; man soll den Triangel construiren *).

*) Dies ist so gut als: einen gegebenen Triangel in einen ande-

Auflösung. Man verwandele die Figur welche den Inhalt des Triangels bestimmt, in einen rechtwinklichen Triangel ABC, so daß ∠B recht wird, und wo die Seite AB = der a ist (Aufg. 37. Zusatz, Aufg. 23. und 25.). Beschreibe über AB den Kreisabschnitt ABH, der den ∠v faßt (Aufg. 87.), und ziehe durch C, die ED ⋕ AB, bis der Bogen des Abschnitts in E und D geschnitten wird; so erfüllen die Triangel AEB und ADB, beide die Bedingungen der Aufgabe.

Beweis. Nach G. §. 160., liegt die der Seite AB gegenüber liegende Winkelspitze des Triangels, dessen Inhalt I bestimmt ist, in der Linie ED, welche parallel der AB geht, sobald △ACB = I ist, oder △ADB (so wie △ABE) ist = I. Ferner ist ∠ADB (oder ∠AEB) = ∠v, d. h. △ABD und △ABE, erfüllen die Bedingungen der Aufgabe. W. z. b. w.

Anmerk. Diese vier Aufgaben haben die wesendlichsten Bedingungen angegeben (die man aber selbst noch sehr mannigfaltig zusammensetzen kann), unter denen die Constructionen beim Kreise, auf die Triangel angewendet werden können. Die folgenden Aufgaben dieses Abschnittes, können aber auch noch, als zur Construction von Triangeln gehörende Aufgaben betrachtet werden, denn wenn auch in jenen Aufgaben ein Parallelogramm verlangt werden wird, so ist es doch immer nur die Hälfte desselben d. h. ein Triangel, der zuerst aus den gegebenen Stücken und Bedingungen construirt wird. (Siehe Zusatz 2. zur folgenden Aufgabe und Zusatz 1. zu Aufg. 126.).

Zusatz 1. Nunmehr können wir auch jedes Parallelogramm (mithin auch jedes Polygon) in ein Oblongum verwandeln, zu dem die Diagonale gegeben ist. Denn: man gebe dem Triangel der die Hälfte jenes Prllgs. ist, zu einer Seite die bestimmte Diagonale. Ist

---

ren Triangel zu verwandeln, zu welchem eine Seite und der ihr gegenüber liegende Winkel gegeben ist; denn I bestimmt die gegebene Fläche, die man sich als Triangel vorstellen kann. (Siehe Aufg. 25. Zusatz).

Ist △ABC solcher Triangel und AB jene Seite; so beschreibe man über AB einen Halbkreis (den der Bogen AHB vorstellen mag) und ziehe durch C die CD ⧺ AB. ∠ADB ist nun recht, und man braucht den △ADB nur zu einem Prllg. zu ergänzen, das die Diagonale AB hat, so ist dieses Prllg. das gesuchte Oblongum (Siehe S. 74. unten bei **).

Zusatz 2. Eben so kann man nunmehr jeden Triangel (also auch jedes Polygon) in einen rechtwinklichen Triangel verwandeln, dessen Hypothenuse gegeben ist.

98ste Aufgabe. (Fig. 115.)

Die beiden Diagonalen D und d nebst einen Winkel v eines Rhomboides sind gegeben; man soll dasselbe construiren *).

Voraussetzung. Die beiden Diagonalen müssen ungleich seyn (G. §. 130.). Welcher von beiden Diagonalen der ∠v gegenüber liegen soll, bestimmt sich mittelbar dadurch, daß der Winkel, wenn er stumpf ist der größeren, und als spitzer der kleineren Diagonale gegenüber liegen muß (G. §. 130.) **).

Auflösung. Soll ∠v der Diagonale d gegenüber liegen; so beschreibe man über d = AB, einen Kreisabschnitt AEB, der den ∠v enthält (Aufg. 87.). Aus der Mitte der AB, also aus O, schneide man mit der OC = $\frac{1}{2}$D, den Kreisbogen AEB in C, ziehe CO, verlängere CO um OD = CO, verbinde A und B mit D; so ist ADBC das gesuchte Rhomboides.

Beweis. Die Congruenz der Triangel AOC und DOB, so wie die der Triangel AOD und COB (G. §. 44.), leitet hinlänglich darauf, daß ADBC ein Parallelogramm ist (G. §. 122, 1.). Da in ihm die Diagonalen CD und AB ungleich sind, so kann es kein rechtwinkliches Prllg. seyn; ob es aber auch nicht ein

*) Siehe Aufg. 22, 5.

**) Siehe Zusatz 1. zu dieser Aufgabe.

Rhombus geworden ist, kann nur entschieden werden, wenn man AC ungleich CB, oder $\angle$AOC ungleich $\angle$COB findet; denn leicht könnte CD so gegeben seyn, daß $\frac{1}{2}$CD = OE, d. h. gleich dem Perpendikel in O auf der AB bis zur Kreislinie in E, wäre. Daß aber die Winkel des erzeugten schiefwinklichen Prllgs. die verlangten sind; folgt aus der Construction, indem $\angle$ACB = $\angle$v ist.

Zusatz 1. Man sieht daß die Diagonalen, wenn sie auch wirklich ungleich sind, dennoch nicht beliebig gegeben werden können; denn sobald einmal über AB der Abschnitt AEB beschrieben ist, so kann es leicht kommen, daß der Schnitt aus O mit $\frac{1}{2}$D, nicht möglich wird; denn ist D $>$ d, so kann $\frac{1}{2}$D zu groß, und ist D $<$ d, so kann $\frac{1}{2}$D zu klein seyn, um den Schnitt möglich zu machen. Denkt man sich den Kreisabschnitt zum Kreise vollendet, so bestimmt OE (d. h. die Senkrechte in O auf AB) die größte Länge von $\frac{1}{2}$D, und OF die kleinste Länge (G. §. 206, 1. und 2.), wenn nemlich Q Mittelpunct des Kreises ist, denn der Abschnitt AFB wird der zuerst construirte Abschnitt seyn, wenn $\angle$v stumpf gegeben ist (G. §. 233, 2.). Hätte man von O aus mit der OC = $\frac{1}{2}$D, den Kreisbogen in G geschnitten (G. §. 204.); so würde man ganz dasselbe Rhomboides, nur in einer anderen Lage erhalten haben, denn $\triangle$ACB ist congruent dem $\triangle$AGB, was also auch ihren gleichmäßigen Ergänzungen zu Parallelogrammen, d. h. von den Rhomboiden gelten muß.

Anmerk. 1. Dergleichen Voraussetzungen die sich sogleich machen lassen, und nähere Bestimmungen die sich nach der Construction bald ergeben, finden auch bei allen den noch folgenden 6 Aufgaben Statt, werden aber dort dem Leser zu machen überlassen.

Zusatz 2. Wollte man die eben gelösete Aufgaben, als Aufgabe für die Construction eines Triangels geben; so würde sie so ausgedrückt werden müssen: Einen Triangel zu construiren, aus einer Seite, dem dieser Seite gegenüber liegenden Winkel und derjenigen Linie, welche aus dem Scheitel dieses Winkels nach der Mitte der gegebenen Seite zu ziehen ist.

Anmerk. 2. Auch die folgenden Aufgaben, kann man als Constructionen bei Triangeln ansehen, und sie alsdann ähnlich wie eben hier geschah, aufstellen. Die Art wie dies geschieht, wird aber gleichfalls dem Leser, so wie das Aufsuchen der analytischen Auflösung, überlassen. (Siehe Aufg. 97. Anmerk.)

99ste-Aufgabe. (Fig. 116.)

Aus einer Seite s, einer Diagonale d, und demjenigen Winkel v, welcher durch das Ziehen der anderen Diagonale an dieser liegend und der Seite s gegenüber liegend entsteht, ein Rhomboides zu construiren *).

Auflösung. Ueber die Seite AB = s, beschreibe man einen Kreisabschnitt ADB der den ∠ v faßt (Aufgabe 87.). Ist Q der Mittelpunct des zugehörigen Kreises, so ziehe man den Halbmesser QA, und beschreibe aus seiner Mitte E, über ihn den Kreis OFA. Aus dem Puncte B, schneide man nunmehr mit $\frac{1}{2}$d = BO, die Peripherie jenes Kreises in O, ziehe BO und AO, verlängere die Linie BO um OG = BO, und die AO bis zur Peripherie des Kreises in C, verbinde B, C, G und A zum Vierseit; so ist ABCG das gesuchte Rhomboides.

Beweis. Daß s = AB als Seite, und ∠ v = ∠ ACB der s gegenüber liegend, in dem Viers. ABCG erscheinen; folgt aus der Construction. Nun verbinde man den Mittelpunct Q mit O; so ist ∠ QOA = R (G. §. 233, 2.), also wird die Sehne AC des Kreises ADB, welche Diagonale im Vierseite ist, in O halbirt (G. §. 202, 2.), d. h. AO = OC, und weil BO = GO ist; so sind die Triangel AOB und GOC, so wie die

*) Siehe Aufg. 21, 8.

Triangel GOA und COB congruent (G. §. 44.), also GA = BC und GC = AB d. h. ABCG ist ein Prllg. (G. §. 122, 1.), in welchem außer den bereits als erfüllt gezeigten Bedingungen, auch GB = 2.OB = 2.$\frac{1}{2}$d = d ist. W. z. b. w.

Anmerk. Siehe Anmerk. 1. und 2. zur Aufg. 98.

Zusatz. Hätte man mit BO = $\frac{1}{2}$d, den Kreis OFA in F geschnitten, und obige Construction gemacht; so hätte man die Auflösung des Falles gehabt, wo ∠v stumpf gegeben wäre. Uebrigens kann man unter Umständen die aus G. §. 204. erhellen, auch noch einmal oberhalb der AB, den Kreis IOF schneiden, und geschieht dies z. B. in H, so wird das Vierseit ABIK, das gesuchte Rhomboides werden. Zur Bestimmung, welches der beiden Rhomboiden verlangt wird, würde die Festsetzung dienen, ob der Winkel welcher der AB anliegen, und durch den Schnitt der zweiten Diagonale entstehen wird, spitz (wie ∠CAB) oder stumpf (wie ∠IAB) seyn soll. (Siehe hierüber G. §. 233, 2.)

100ste Aufgabe. (Fig. 117.)

Eine Seite s, der durch das Ziehen der einen Diagonale entstehende, der Seite s anliegende Winkel v, und der durch das Ziehen der anderen Diagonale entstehende und der Seite s gegenüber liegende Winkel w, sind gegeben; man soll hieraus ein Rhomboides construiren *).

Auflösung. Ueber die AB = s, beschreibe man einen Kreisabschnitt AEB, der den ∠w enthält (Aufgabe 87.), und verbinde den Mittelpunct O des Kreises wozu jener Abschnitt gehört, mit dem Puncte A. Beschreibe aus Q über AO den Kreis AHF, und trage an die AB in B, den ∠v = ∠ABF an, dessen Schen-

*) Siehe Aufg. 21, 10, c.

kel man bis zur Peripherie des Kreises in F verlängert. Nun verbinde man A mit F, und verlängere diese Linie, bis sie in C Sehne des Bogens AEB wird, verlängere BF um FD = FB, ziehe die Verbindunglinie der Puncte D, C, A und B; so ist ABCD das gesuchte Rhomboides.

Beweis. Denkt man sich F mit O verbunden, so ist wieder ∠AFO = R (G. §. 233, 2.), also OF ein Perpendikel von O auf AC d. h. F die Mitte der AC, oder AF = FC. Da nun auch BF = FD ist; so wird man aus der Congruenz der Triangel AFB und DFC, so wie der Triangel BFC und AFD (G. §. 44.) die Gleichheit der Seiten AB und DC, so wie der BC und und AD herleiten, d. h. die Natur des Vierseits ABCD als Prllg. darthun. Daß die gegebenen Stücke AB = s, ∠ACB = ∠w und ∠ABD = ∠v sind; folgt unmittelbar aus der Construction. W. z. b. w.

*) Anmerk. Siehe die Anmerk. 1. und 2. zur Aufg. 98.

Zusatz. Hätte man den Punct G Statt F gewählt; so würde dieselbe Construction wie vorher, das Prllg. AKIB, als Resultat gegeben haben. Die Bestimmung, welches von den beiden Parallelogrammen das verlangte ist, wird dadurch bedingt werden, daß man sagt, ob der der Seite s gegenüber liegende, aber durch den Schnitt beider Diagonalen entstehende Winkel, ein spitzer Winkel (wie ∠AFB ist) oder ob derselbe stumpf seyn soll (wie ∠AGB). Hätte man den ∠v unterhalb der AB getragen, so würde man die beiden Fällen, wo ∠w stumpf gegeben ist, erhalten, wozu alsdann auch der Bogen, der den Bogen AEB zur ganzen Kreislinie ergänzt, gehört hätte.

101ste Aufgabe. (Fig. 118.)

Es soll ein Rhomboides construirt werden, aus einer Seite s desselben, und aus den beiden Winkeln v und w, wovon der eine dieser Seite gegenüber liegt, und der andere durch das Ziehen der Diagonalen an diesen liegend, entsteht *).

Auflösung. Man beschreibe nach Aufg. 87., über die gegebene Seite AB = s, zwei Kreisabschnitte ADB und AFB, welche wechselsweise die Winkel v und w enthalten. Die Mittelpuncte O und Q welche den Kreisen, wozu diese Abschnitte gehören, zukommen, verbinde man wechselseitig mit A und mit B, und beschreibe über die Verbindunglinien OA und QB als Durchmesser, die Kreise NGA und NHB; den Punct N wo beide einander schneiden, verbinde man mit A und B, und verlängere diese Verbindunglinie wechselseitig bis zu den Peripherien der ersteren Kreisabschnitte in C und E. Verbindet man die Puncte B, C, E und A zum Vierseite ABCE; so ist dieses das verlangte Rhomboides.

Beweis. Verbindet man die Mittelpuncte O und Q mit N, so ist ∠ ONA = ∠ QNB = R (G. §. 233, 2.), also ist die Sehne AC in N, so wie BE in N halbirt (G. §. 202, 2.), folglich ist nach G. §. 44. die Congruenz der Triangel ENC und ANB, so wie der Triangel ENA und CNB, und hiernach das Vierseit ABCE als ein Prllg., leicht zu beweisen (G. §. 122, 1.). Daß dieses Prllg. die gegebenen Stücke enthält, folgt aus der Construction, denn AB = s, ∠ ACB = ∠ v und ∠ AEB = ∠ w. W. z. b. w.

Anmerk. Siehe Anmerk. 1. und 2. **) der Aufg. 98.

Zusatz. Es ist über der Linie AB, unter gewissen Umständen, noch ein zweiter Schnitt der Kreise AGN und NHB möglich (von den beiden stets vorhandenen Schnitten, sobald sich die Kreise überhaupt schneiden, kann der andere Schnitt ja auch unter der AB geschehen), und das hiernach auf dieselbe Art wie vorhin er-

---

*) Siehe Aufg. 21, 10, d.

**) Um die Aufgabe in Beziehung auf den Triangel zu bestimmen, ist zu merken, daß Winkel AEB = ∠ EBC ist.

zeugte Prllg., wird gleichfalls den Bedingungen der Aufgabe entsprechen.

102te Aufgabe. (Fig. 119.)

Ein Rhomboides soll construirt werden, aus einer Diagonale d, einem Winkel v des Rhomboids, aus einem der Winkel w, welcher durch das Ziehen der anderen Diagonale an dieser liegend, entsteht *).

Auflösung. Ueber die gegebene Diagonale d = AB, beschreibe man einen Abschnitt AFB, welcher den ∠ v enthält (Aufg. 87.) **). Dann halbire man AB in O, und beschreibe über BO wieder einen Abschnitt ODB, der den ∠ w enthält. Nach D, wo die Bogen beider Abschnitte einander schneiden, ziehe man OC, und verlängere diese Linie um OE = OC. Verbindet man die Puncte A, C, B und E zum Vierseit ACBE; so ist dasselbe das gesuchte Rhomboid.

Beweis. Die Congruenz der Triangel AOC und BOE, so wie der Triangel COB und AOE, bestimmt wiederum die Eigenschaft des Vierseits ACBE als Prllg. (S. §. 122, 1.). Daß ∠ACB = ∠v, und ∠ECB = ∠w ist, folgt unmittelbar aus der Construction, so wie, daß die Diagonale AB = d ist. W. z. b. w.

Anmerk. Siehe Anmerk. 1. und 2. zur 98sten Aufgabe.

Zusatz. Sollte ∠ w stumpf gegeben seyn, so bemerke man, daß ∠ v − ∠ w = ∠ACB − ∠OCB = ∠ACO ist; weil aber alsdann ∠ACO spitz seyn muß, beschreibe man über AO den Abschnitt, der diesen spitzen Winkel enthält. Indem nun, wenn z. B. ∠OCB

*) Siehe Aufg. 21, II.

**) Nach der Bestimmung: ob der Winkel v der Diagonale gegenüber liegen, oder diese von seinem Scheitel ausgehen soll; wird man den Abschnitt der dem Winkel v selbst, oder den Abschnitt der seinen Supplementswinkel faßt, beschreiben.

dieser spitze Winkel wäre, $\angle ACB = \angle v$ ist, muß $\angle ACO = \angle w$ seyn d. h. jener stumpf gegebene Winkel, fällt mit seinem Scheitel auch noch in den Bogen AFB. Dies ist deshalb zu bemerken, weil man glauben könnte, der Schnitt beider Bogen könnte unterhalb der AB stattfinden, welches also nicht möglich ist. — Da B der zweite Schnitt beider Bogen ist, so hat die Aufgabe kein doppeltes Resultat.

103te Aufgabe. (Fig. 120.)

Zur Construction eines Rhomboids sind gegeben: eine Diagonale d und die beiden Winkel v und w, welche an den Enden der anderen Diagonale liegen; es soll dasselbe bestimmt werden*).

Auflösung. Man nehme eine Linie AO gleich der halben Diagonale d, (also $AO = \frac{1}{2}d$), und beschreibe zu beiden Seiten derselben, zwei Kreisabschnitte AEO und AFO, welche wechselseitig die Winkel v und w enthalten (Aufg. 87.); denn lege man durch den Durchschnittspunct O der Bogen beider Abschnitte, nach Aufg. 79. diejenige Sehne CD, die in den Peripherien beider Kreislinien endiget und in O halbirt wird. Verlängert man AO um $OB = AO$, daß also $AB = d$ wird; so ist das, durch die Verbindunglinien der Puncte A, C, B und D erzeugte Vierseit ACBD, das verlangte Rhomboides.

Beweis. Wie bei den früheren Aufgaben, wird auch hier aus der Congruenz der gegenüber liegenden Triangel, die Eigenschaft eines Parallelogramms, für das Vierseit ACBD hergeleitet. Daß $\angle ACO = \angle v$ und $\angle ADO = \angle w$ ist, folgt aus der Construction.

Anmerk. Siehe Anmerk. 1. und 2. zur Aufg. 98.

Zusatz. Auch hier wird nur ein Resultat stattfinden, da nur eine Linie durch O gelegt, die erfor-

*) Siehe Aufg. 21, 12, e.

derliche Eigenschaft hat. Die durch A zu legende Linie würde dasselbe Prllg. erzeugen.

104te Aufgabe. (Fig. 121.)

Aus folgenden Stücken soll ein Rhomboides construirt werden: eine Diagonale d, ein dieser anliegender Winkel v der durch das Ziehen jener Diagonale entsteht, und ein durch das Ziehen der anderen Diagonale entstehender, dieser anliegender Winkel w, der aber mit ∠v nicht in einem der vier Triangel liegt, die durch das Ziehen beider Diagonalen entstehen *).

Auflösung. Ueber AO = ½ AB = ½ d, beschreibe man einen Abschnitt AEO, der dem ∠w enthält (Aufg. 87.). Dann trage man an die AB, den Winkel ABC = ∠v an, und verlängere BC bis zur Peripherie des Kreises in C. Wird nun C mit O verbunden, und CO um OD = CO verlängert; so geben die nöthigen Verbindunglinien, das Vierseit ACBD, als das gesuchte Rhomboides.

Beweis. Wiederum wird auch hier aus G. §. 122, 1, die Natur des Vierseits ACBD als Prllg., aus der Congruenz der gegenüber liegenden Triangel, laut G. §. 44., hergeleitet. Daß die gegebenen Stücke AB = d, ∠ACO = ∠ACD = ∠w, und ∠ABC = ∠v, wie in der Aufgabe bestimmt wurde, in der erzeugten Figur liegen, folgt aus der Construction. W. z. b. w.

Anmerk. Siehe die Anmerkungen 1. u. 2. zur 98sten Aufg.

Zusatz. Uebrigens giebt der Schnitt der BF und der Kreislinie in F, das Prllg. AFBG, gleichfalls als Resultat.

---

*) Siehe Aufg. 21, 12, d. — Liegen die Winkel v und w in einem jener 4 Triangel, so wird die Auflösung auf Aufg. 4. zurückgeführt.

Vierter Abschnitt.

Constructionen einzelner Linien und Flächen, Verwandelungen, und Theilungen der Figuren, nebst Constructionen beim Kreise, durch Anwendung der Lehren von den Proportionen und der Aehnlichkeit der Geometrie *).

(Für diesen Abschnitt wird, außer dem Bisherigen, noch die Kenntniß des dritten Hauptstückes im zweiten Bande des Lehrgebäudes, mithin die ganze Epipedometrie vorausgesetzt.)

I. Constructionen einzelner Linien und Flächen, mittelst der Proportionen und der Aehnlichkeit.

105te Aufgabe. (Fig. 122.)

Zwei Linien zu finden, die sich wie zwei andere Linien oder wie zwei gegebene Zahlen gegen einander verhalten **).

Auflösung. Nennen wir allgemein die beiden Größen welche das gegebene Verhältniß bilden n und m,

*) Siehe G. §. 330.

**) Die Elementaraufgaben G. §. 301. und §. 322. Zusatz 2, werden hier vorausgesetzt.

die beiden unbekannten Linien aber x und y; so wird verlangt, daß sich verhalten soll:

$$x : y = n : m.$$

Sind die Grössen n und m zwei Linien, so trage man diese in eine gerade Linie AB an einander, so daß AE = n und EB = m wird. Nun ziehe man eine ganz beliebige Linie AN, unter einen willkührlichen ∠BAN an die AB, verbinde irgend einen Punct D in der AN, mit B, und ziehe durch E die EC ⧣ der BD; so sind AC und CD, die gesuchten Linien (G. §. 289.). Wenn aber n und m zwei Zahlen sind, z. B. 5 und 3, so nehme man eine beliebige Linie, und trage auf sie 8 = 5 + 3 beliebige, doch unter sich gleiche Linien wie z. B. AF, so daß AE = 5.AF und EB = 3.AF wird; so hat man zwei Linien AE und EB, woselbst sich verhält AE : EB = 5.AF : 3.AF = 5 : 3. Nunmehr verfährt man wie vorher, um AC und CD zu bekommen.

Beweis. Nach G. §. 289. verhält sich:

$$AC : CD = AE : EB = 5 : 3 = n : m.$$

Zusatz 1. Man sieht, daß es eine unendliche Menge von Linien giebt, welche der Forderung genügen, und daß daher unsere Aufgabe in jener Form unbestimmt war. Gewöhnlich wird daher eine der beiden Linien x oder y, gegeben, z. B. x = a, und festgesetzt daß sich verhalten soll: a : y = n : m. Nachdem AB aus n und m bestimmt, und AN herangezogen ist, hat man die AC = der a zu nehmen, und wie vorher durch B die Parallele BD mit der EC zu ziehen, denn nun wird AC : CD = n : m d. h. a : CD = n : m, und CD daher die gesuchte Linie y seyn.

Zusatz 2. Ist das Verhältniß a : b in Brüchen gegeben, so lehrt §. 275, 4. im 1sten Bande des Lehrgebäudes, dieses Verhältniß auf ganze Zahlen zurück zu führen, wo man dann wie vorher verfährt.

Zusatz 3. Daß gegenwärtige Aufgabe, für das Finden jeder beliebigen Menge von Linien gilt, deren gegenseitiges Verhältniß durch Linien oder Zahlen bestimmt ist, bedarf kaum einer Erinnerung.

106te Aufgabe. (Fig. 123.)

Zwei Zahlen zu finden, die sich wie zwei gegebene Linien gegen einander verhalten.

Auflösung und Beweis. Sind AB und CD die beiden gegebenen Linien, so nehme man einen aliquoten Theil der kleineren, z. B. $\frac{1}{3}CD = CE$, und trage diesen so oft es angeht, in die größere Linie AB ein. Geht dies genau eine gewisse Anzahl Male z. B. fünf Mal; so ist $AB = 5.CE$, und da $CD = 3.CE$ ist, so verhält sich $AB : CD = 5.CE : 3.CE = 5 : 3$. Geht jenes Eintragen nicht genau eine ganze Anzahl Male, also z. B. nur 4 Mal bis AF, und bleibt ein Theil $FB < CE$ übrig; so hat man zuerst

$$AB : CD = 4.CE + FB : 3.CE.$$

Jetzt trage man den Theil FB, so oft es angeht in den Theil CE ein; gesetzt es ginge genau zwei Male, so hätte man $2.FB = CE$, also $4.CE = 8.FB$ und $3.CE = 6.FB$, also würde aus obiger Proportion diese:
$AB : CD = 8.FB + FB : 6.FB = 9.FB : 6.FB = 9 : 6 = 3 : 2.$
Nehmen wir aber an, es bliebe nach zweimaligem Eintragen der FB in die CE, noch ein Theil GE übrig der $< FB$ ist; so hat man

$$AB : CD = 4.CE + FB : 3.CE = 4(2.FB + GE) + FB$$
$$: 3(FB + GE) = 8.FB + 4.GE + FB : 6.FB + 3.GE$$
$$= 9.FB + 4.GE : 6.FB + 3.GE.$$

Nun tragen wir wieder das Stück GE in FB ein, und nehmen erst an es wäre zwei Mal darin enthalten; so ist $2.GE = FB$, also $9.FB = 18.GE$ und $6.FB = 12.GE$, und man hat $AB : CD = 18.GE + 4.GE : 12.GE + 3.GE = 22.GE : 15.GE = 22 : 15$. Bleibt aber wieder ein Rest bei jener Eintragung der GE in die FB, so muß das nunmehr hinlänglich gezeigte Verfahren fortgesetzt werden, bis einmal ein solcher übrig bleibender Theil, genau in dem vorhergehenden Theile enthalten ist, oder bis man auf einen so kleinen übrig bleibenden Theil stößt, daß man denselben vernachlässigen kann. — Alsdann hat man allerdings das erforschte Zahlenverhältniß, selbst nur näherungsweise, freilich hinlänglich genau zum practischen Gebrauche.

Zusatz 1. Schon in der allgemeinen Theorie der Proportionen, ist die Rede von irrationalen Verhältnissen gewesen (§. 275, 9. im ersten Bande des Lehrgeb.), so wie über deren Ausdrückung durch Näherungen. Wenn man aber nach unserer eben gelöseten Aufgabe verfährt, so ist jenes Nichtaufgehen eines Restes in einen vorhergehenden Rest, keinesweges ein Beweis für die Irrationalität des Verhältnisses beider gegebenen Linien zu einander. Denn, wenn wir selbst die Unvollkommenheit, der nun einmal jede geometrische Construction in der Ausübung unterworfen ist *), nicht in Anschlag bringen; so gehört eine unendlich wiederholte Construction dazu, um die Irrationalität beider Linien behaupten zu können, und solche Construction ist an sich unmöglich. Man hat daher die Angabe jener Zahlen für den Fall, daß man irgend einen Rest vernachlässigt, als ein Näherungsverhältniß, aber nicht als ein Irrationalverhältniß anzugeben oder anzusehen. — Allein es ist möglich, daß man aus der gegenseitigen Beschaffenheit zweier Linien, auf ihre relative Irrationalität schließen kann, und dann ist das gesuchte Verhältniß in Zahlen, allerdings ein Irrationalverhältniß. Für diesen Fall sucht man aber auch auf dem Wege der Berechnung selbst, und nicht auf den der

*) Siehe hierüber auch den Anhang zum zweiten Abschnitte gegenwärtiger Sammlung von Aufgaben.

Construction, das Verhältniß. Z. B. man wüßte von zwei Linien, daß die eine s die Seite, und die andere d die Diagonale eines Quadrates ist; so weiß man, daß $2s^2 = d^2$, also $d = s\sqrt{2}$ ist; nennt man daher $s = 1$, so ist $d = \sqrt{2}$, oder es verhält sich $s:d = 1:\sqrt{2}$ d. h. es findet zwischen ihnen ein Irrationalverhältniß statt.

Zusatz 2. Die Geometrie ist durch ihre Constructionen im Rande, jede Linie zu construiren, welche durch den Ausdruck $\sqrt{a}$ angezeigt wird, wo a eine ganze Zahl, oder eine vermischte Zahl so wie ein echter Bruch seyn kann, der Wurzelexponent aber die 2 nicht übersteigen darf*). Wird z. B. eine Linie verlangt, die $\sqrt{\frac{n}{m}}$ in Hinsicht einer anderen Linie, die wir als Einheit setzen wollen sey; so suche man, wenn letztere Linie a ist, ein Quadrat das $\frac{n}{m}a^2$ ist (Aufg. 48. Zusatz 1.); nennt man dieses Quadrat b^2, so ist $\frac{n}{m}a^2 = b^2$, also $a\sqrt{\frac{n}{m}} = b$, oder $b = \sqrt{\frac{n}{m}}$ wenn $a = 1$ ist. So wahr und schön diese rein geometrisch zu verrichtende Aufgabe auch ist, so darf dennoch nie vergessen werden, daß das Resultat doch immer nur eine Annäherung an die Wahrheit ist, wenn man nemlich die gefundenen Linien zu irgend einem äußeren Zwecke gebrauchen will **). — Das eben Gesagte mußte hier erinnert werden, obgleich es uns jetzt nur auf die rein geometrische Lösung ankommt, die in der Idee, die Aufgabe vollständig befriedigt.

Zusatz 3. Hat man eine gewisse Länge nach einem bestimmten Maaße eingetheilt, so giebt die unmittelbare Vergleichung der beiden, in unserer Aufgabe gegebenen Linien, mit dem Maaße, sogleich die erforderlichen Ver-

*) Ob höhere Theile der Geometrie die Constructionen für höhere Wurzelexponenten zulassen, gehört hier nicht her.

**) Siehe S. §. 11, 1.

hältnißzahlen an, vorausgesetzt, daß jede der Linien sich genau messen läßt. — Diese Untersuchung gehört aber schon der practischen Geometrie an.

107te Aufgabe. (Fig. 124.)

Das Verhältniß zweier beliebig gegebener Flächen, durch zwei Linien oder durch zwei Zahlen anzugeben.

Auflösung 1. Man verwandele beide Figuren in Quadrate (Aufg. 37. Zusatz), trage die Seiten beider Quadrate unter einen rechten Winkel ABC zusammen, ziehe AC, und fälle von B auf AC den Perpendikel BD; so hat man

$$\overline{AB}^2 : \overline{BC}^2 = AD : DC.$$

Indem also AD und DC die gesuchten Linien sind, kann man ihr Verhältniß, und mithin das der gegebenen Quadrate oder Flächen, wiederum in Zahlen ausdrücken (Aufg. 106.).

Beweis. Die gefundene Proportion folgt unmittelbar aus G. §. 323. (Siehe die Anmerkung daselbst).

Auflösung 2. Man verwandele beide Figuren in Triangel, und gebe dem einen derselben die Grundlinie des anderen; so verhalten diese Triangel sich, also auch die gegebenen Figuren zu einander, wie die Höhen der Triangel. Oder: man gebe dem einen Triangel die Höhe des anderen, so verhalten sie sich beide wie die Grundlinien. Bei dieser Auflösung erspart man die weitläufigere Verwandelung der Figuren in Quadrate, die jedoch unter gewissen Umständen, auch vor dieser zweiten Methode Vorzüge haben kann.

Beweis. Folgt unmittelbar aus G. §. 282, 3.

Zusatz 1. Ganz dasselbe würde man gefunden haben, wenn man einen beliebigen Halbkreis AEC gezeichnet, und von einem Endpuncte A des Durchmessers AC, die Seiten der Quadrate, in welche man die gegebenen Figuren verwandelt hat, als Sehnen einträgt, z. B. AB und AE. Fällt man nun von B und E, auf den Durchmesser die Perpendikel BD und EH; so geben die Stücke AD und AH, ebenfalls das Verhältniß der Quadrate $\overline{AB}^2$ und $\overline{AE}^2$ an. Denn nach G. §. 321, 2. ist $\overline{AB}^2 = AC . AD$, und $\overline{AE}^2 = AC . AH$; folglich verhält sich $\overline{AB}^2 : \overline{AE}^2 = AC . AD : AC . AH = AD : AH$. Auf diese Weise kann man sehr schnell das Verhältniß vieler Quadrate (oder anderer Flächen) durch das Verhältniß von Linien darstellen.

Zusatz 2. Durch diese Auflösung findet man leicht, der wievielte Theil irgend eine Fläche von einer andern ist. Denn sind jene Flächen F und S, und man fand $F : S = n : m$; so ist $F = \frac{n}{m} S$ und $S = \frac{m}{n} F$. (Siehe Aufg. 48. Zusatz 2.)

Zusatz 3. Auch kann man das Verhältniß zweier Quadrate (also jeder zwei Figuren) dadurch leicht finden, daß man, wenn Q und q ihre Seiten bedeuten, eine Linie x sucht, so daß sich verhält $Q : q = q : x$ (G. §. 301, 2.). Denn alsdann verhält sich $Q^2 : q^2 = Q : x$, daher das Verhältniß der Linien Q und x, gleich dem der Quadrate ist.

108te Aufgabe. (Fig. 124.)

Zwei Flächen zu finden, die sich wie zwei gegebene Linien oder wie zwei Zahlen gegen einander verhalten.

Auflösung. Sind Zahlen gegeben, so suche man zwei Linien, die sich wie jene Zahlen verhalten, (Aufg. 105.) und trage sie in eine gerade Linie AC zusammen, wo z. B. AD und DC diese Linien sind. Halbirt man AC, und beschreibt darüber einen Halbkreis AEC, errichtet in D bis zu dessen Peripherie den Perpendikel DB, und zieht AB so wie BC; so sind diese Linien die Seiten zweier Quadrate, welche sich wie jene Linien gegen einander verhalten. Diese Quadrate kann man nunmehr

mehr in beliebige Figuren verwandelt, worüber Bestimmungen gegeben seyn können.

Beweis. Die Auflösung ist nur die umgekehrte der vorigen Auflösung, beruht also auf G. §. 323.

Zusatz 1. Auch diese Aufgabe ist an sich unbestimmt. Gewöhnlich wird, wenn diese Aufgabe vorkommt, die eine der beiden Flächen gegeben, und dann verlangt, daß sich diese zur unbekannten Fläche verhalten soll, wie n : m. Hat man daher die beiden Seiten AB und BC der Quadrate die jenes Verhältniß haben, gefunden, so trage man vom Puncte A aus, auf die Seite AB, die Seite AF eines Quadrates, das der gegebenen Fläche gleich ist, auf, und ziehe durch F die FG ⧺ BC; so verhält sich AB : BC = AF : FG (G. §. 290, 2.), also auch $\overline{AB}^2 : \overline{BC}^2 = \overline{AF}^2 : \overline{FG}^2$ (G. §. 281, 5.); da nun $\overline{AB}^2 : \overline{BC}^2 = AD : DC = n . m$, so auch $\overline{AF}^2 : \overline{FG}^2 = n : m$, und indem $\overline{AF}^2$ gleich der gegebenen Fläche war, so ist $\overline{FG}^2$ die gesuchte Fläche, die man wieder mannigfaltig umwandeln kann. Uebrigens ist deutlich, daß die Seite AF, je nachdem $\overline{AF}^2$ homolog der n oder der m, d. h. der AD oder der DC seyn soll, auf AB oder auf CB aufgetragen werden muß; ferner daß, wenn AF > AB seyn sollte, durch denjenigen Punct in der Verlängerung der AB wo die Auftragung hintrifft, die Parallele mit der BC, bis zur Verlängerung der AC gezogen werden muß. Auch kann man hier nach dem verfahren, was Zusatz 1. zur vorigen Aufgabe gesagt wurde. Denn ist AD = n, AH = m, $\overline{AB}^2$ = dem gegebenen Quadrate, oder AB die Seite desselben; so ist $\overline{AE}^2$ ebenfalls das gesuchte Quadrat, indem $\overline{AB}^2 : \overline{AE}^2 = AD : AH = n : m$. Um dies zu erlangen, errichte man an den einen Endpunct D der Linie AD = n (d. h. derjenigen Linie, welche in der zu erfüllenden Proportion, homolog dem gegebenen Quadrate ist) einen Perpendikel, den man von A aus mit der AB in B schneidet. Nun suche man auf der AD denjenigen Punct, der als Mittelpunct eines, durch die Puncte A und B gehenden Halbkreises AEC dient *). Trägt man nun von A aus auf die AC, die Linie AH = m; so giebt der in H errichtete Perpendikel HE, in der Peripherie des Halbkreises den Punct E an, so daß die Sehne AE die gesuchte Linie wird, deren Quadrat der Forderung entspricht. — Man sieht aber sogleich ein, daß diese Auflösung nicht immer der ersteren vorzuziehen ist, denn wenn AB < AD gegeben ist, so erhält man keinen Schnitt im Perpendikel DB, und ist AH > Durchmesser AC gegeben, so giebt es auf AC, von A aus keinen Punct H. Es würden in solchem Falle wiederum neue Mittel erfordert werden, die Linie AE zu finden, was bei der ersten Auflösung nicht geschehen kann. (Siehe die Aufg. 118.)

Zusatz 2. Wenn zu drei Flächen, eine vierte Proportionalfläche zu suchen ist; so hat man die gegebenen Flächen nur in Quadrate zu verwandeln, und zu den Seiten derselben die vierte Proportionallinie zu suchen **), welche die Seite des Quadrates wird, dessen Fläche die gesuchte vierte Proportionalfläche ist, die sich wieder mannigfaltig darstellen läßt. — Dies folgt aus dem eben Gesagten, so wie aus G. §. 281, 5. und §. 301, 1.

Zusatz 3. Durch gegenwärtige Aufgabe wird auch die Aufgabe gelöset: eine Fläche finden, welche ein gegebener Theil einer anderen Fläche ist. Soll F irgend eine Fläche seyn, und man sucht $\frac{n}{m}F$; so sey dies gleich Q, also nF = mQ oder F:Q = m:n. Verwan-

*) Also in der Mitte der AB einen Perpendikel errichtet, bis AC oder die Verlängerung davon geschnitten wird

**) Siehe G. §. 301, 1. u. 2.

delt man F in ein Quadrat a^2, so erhält man nach Zusatz 1., ein Quadrat x^2, so daß $a^2 : x^2 = m : n$, und x^2 ist dann gleich Q. (Vergleiche Aufg. 48. Zusatz 1.)

Zusatz 4. Nach G. §. 320. erhalten wir noch folgende Auflösung unserer Aufgabe für den Fall, wo das Quadrat zu welchem die vierte Proportionalgröße gesucht werden soll, gleich dem Quadrate der Linie n ist, also wenn sich verhalten soll: $n : m = n^2 : x^2$. Macht man nemlich $AC = n$, $AD = m$, so ist $AB = x$; denn nach G. §. 320. verhält sich

$AC : AB = AB : AD$, woraus (nach G. §. 281, 8.) folgt: $\overline{AC}^2 : \overline{AB}^2 = AC : AD$ d. h.

$$\overline{AC}^2 : \overline{AB}^2 = n : m = n^2 : \overline{AB}^2 (= x^2).$$

Folglich ist für diesen Fall x, die mittlere Proportionallinie zwischen den beiden Linien $n : m$. Es würde auch die $DB = x$ seyn, wenn $AD = n$ und $DC = m$ wäre.

Zusatz 5. Auch kann die Summe der Seiten zweier zu findenden Quadrate, nebst dem Verhältniß dieser Flächen gegeben seyn, oder was dasselbe ist, verlangt werden: eine gegebene Linie L so zu theilen, daß die Quadrate der Theile x und y, sich wie $n : m$ verhalten sollen, d. h. $x^2 : y^2 = n : m$, wo $x + y = L$ ist. Denn sucht man nach unserer eben gehabten Aufgabe, erst zwei beliebige Linien AB und BC, deren Quadrate sich wie $n : m$ verhalten, so braucht man die Linie L, nur nach dem Verhältniß von $AB : BC$ zu theilen, was nach G. §. 301, 3. geschieht. Sind diese Theile h und k, so hat man $AB : BC = h : k$, also auch $\overline{AB}^2 : \overline{BC}^2 = h^2 : k^2$, und da $\overline{AB}^2 : \overline{BC}^2 = n : m$ war, so ist $h^2 : k^2 = n : m$. Weil nun $h + k = L$, so entsprechen die Theile h und k den gesuchten Theilen x und y. — Hätte man aber zwischen den Theilen n und m die mittlere Proportionale p gesucht, so wäre $n^2 : p^2 = n : m$, also auch $x^2 : y^2 = n^2 : p^2$ d. h. $x : y = n : p$, und man hätte nur die L nach dem Verhältniß der n:p zu theilen gehabt.

109te Aufgabe. (Fig. 125.)

Eine Linie AB, durch Hülfe der Proportionen in eine große Anzahl gleicher Theile zu theilen.

Auflösung und Beweis. Wenn die Menge der Theile worin eine Linie getheilt werden soll z. B. N ist, und die Zahl N läßt sich in ein Product aus zwei Factoren a.b darstellen; so kann man auf folgende Weise eine bequemere Theilung verrichten, als G. §. 115. gelehrt wurde. Es sey N = 100 = 10.10 = a.b; so theile man AB in 10 = a gleiche Theile, errichte auf AB in B und A zwei Perpendikel, und trage auf den einen derselben wiederum 10 = b beliebig große, doch unter sich gleiche Theile wie BD, daß also BE = 10.BD wird, und ziehe durch alle die hierdurch erzeugten Puncte, als D, H u. s. w., Parallelen mit der AB, bis die AF geschnitten wird; so ist auch AF in 10 gleiche Theile getheilt, oder auf AF 10 solche Theile aufgetragen, als auf BE (G. §. 112.). Trägt man nun einen der Theile der AB, z. B. BC, von E nach I, und verbindet I mit B; so kann man durch alle die Puncte in der AB, Parallelen mit der BI ziehen, wovon die letzte in F eintreffen muß, wegen der Gleichheit der ganzen Linien BA und EF. Nunmehr ist die Theilung geschehen; denn es verhält sich BD : BE = DG : IE (G. §. 290, 2.), ist also $BD = \frac{1}{10} BE$, so ist auch $DG = \frac{1}{10} IE = \frac{1}{10} \cdot \frac{1}{10} AB = \frac{1}{100} AB$. Eben so $NH = \frac{2}{10} AB$, und z. B. $PO = \frac{26}{100} AB = 0{,}26 AB$, indem $OP = OQ + QP = MB + QP = (0{,}2 + 0{,}06) AB = 0{,}26 AB$ ist.

Zusatz. Auf diese Eintheilung beruhet die Errichtung des **hunderttheiligen Maaßstabes**, dessen Theorie hier ihre Begründung findet. Der Gebrauch desselben ist allzu bekannt, als daß hier eine besondere

Anleitung dazu zu geben nöthig wäre, so wie es überflüssig ist, einigen verschiedenen Einrichtungen die man demselben zuweilen giebt, hier zu erwähnen, um so mehr da die Theorie der Maaßstäbe ihren Ort in der practischen Geometrie hat.

110te Aufgabe. (Fig. 126.)

Von einem außerhalb einer Linie CD gegebenen Puncte A aus, nach dieser Linie eine Linie zu ziehen, die zu dem Perpendikel AB, ein gegebenes Verhältniß n:m hat.

Auflösung. Sind n und m zwei Linien, so trage man diejenige von ihnen, welche dem Perpendikel AB homolog ist, und die man schon daran erkennen kann, daß sie die kleinere von beiden ist (weil sonst wegen G. §. 65, 2, b. die Aufgabe unmöglich wird), von B aus auf BA. Gesetzt sie sey die m *) und gleich der BG; dann schneide man aus G, mit der n die CD in F. Zieht man nun durch A die AE ⫲ GF; so ist AE die gesuchte Linie. — Sind n und m zwei Zahlen, so suche man erst nach Aufg. 105., zwei Linien, die sich wie jene Zahlen verhalten und verfahre wie vorher.

Beweis. Nach G. §. 290, 2. verhält sich:

$$AB : AE = GB : GF = m : n. \quad \text{W. z. b. w.}$$

Zusatz. Es war also die unbekannte Linie die vierte Proportionale zur AB, und den beiden, das Verhältniß bestimmenden Größen. *

111te Aufgabe. (Fig. 127.)

Man soll zwei Linien x und y finden, deren Unterschied gleich einer gegebenen Linie d ist, und welche selbst die mittleren Glieder einer Proportion bilden, deren äußere Glieder zwei gleichfalls gegebene Linien n und m sind.

---

*) Aus der Aufgabe geht auch m als homolog dem Perpendikel hervor.

Auflösung. Man ziehe zwei beliebige sich in O senkrecht (oder auch schief) durchschneidende Linien AB und CD. Von O aus trage man auf die Theile der einen dieser Linien, die Linien OE = n und OF = m; halbire die EF = n + m, in L, und errichte hier den Perpendikel LQ. Dann trage man von O aus auf die andere Linie, den Unterschied d = OI, halbire auch OI in K, und errichte in K den Perpendikel KQ, bis dieser den Perpendikel LQ in Q schneidet. Nun beschreibe man mit QF den Kreis EHFG; so bestimmt dieser durch die Puncte G und H, die beiden Linien OG und OH, welche den Linien x und y entsprechen.

Beweis. Daß QF = QE ist, folgt aus der, nach der Construction leicht zu beweisenden Congruenz der Triangel QLF und QLE; also müßte die, mit der QF beschriebene Kreislinie, durch E gehen. Nun verhält sich nach G. § 331.:

OE : OG = OH : OF d. h. n : OG = OH : m.

Nach G. 202, 2. ist aber KG = KH, und da nach der Construction KI = KO ist, so ist IG = OH, folglich OG — OH = OG — IG = OI = d. Also ist die Differenz der beiden gefundenen Linien OG und OH, die festgesetzte Differenz, und jene Linien erscheinen als mittlere Glieder einer Proportion, deren äußere Glieder OE und OF, gegeben sind. W. z. b. w.

Zusatz 1. Da jeder Punct auf der LQ, und wenn diese Linie noch so weit verlängert wäre, von den Puncten E und F gleich weit entfernt ist; der Perpendikel in der Mitte der OI, bei jeder Größe dieser Linie, die LQ schneiden muß (G. §. 102.); so ist die Aufgabe bei jeder Größe der d, n und m, zu lösen möglich.

Zusatz 2. Durch Anwendung des Satzes G. §. 331. erhalten wir noch eine Auflösung der Aufg. G. §. 301, 1. d. h. zu den gegebenen Linien die vierte Proportionallinie zu finden. Hieße diese z. B. x, und es soll sich verhalten a : b = c : x; so trage man die beiden

Linien b und c, in eine Linie zusammen, so daß z. B. EO = b und OF = c wird; errichte auf der Mitte der EF einen Perpendikel, und beschreibe aus einem beliebigen Puncte desselben einen Kreis, der durch E und F geht z. B. EMG. Trägt man nun von O aus die Linie a so ein, daß der andere Endpunct in der Peripherie endiget, z. B. OM = a; so giebt diese Linie bis zur Peripherie in N rückwärts verlängert, die ON = der x; denn:

OM : OE = OF : ON d. h. a : b = c : ON (= x).

Sollte die einzutragende a zu klein oder zu groß seyn, um sogleich in den Kreis von O aus eingetragen werden zu können; so steht es einmal ganz in unserer Willkühr, den Kreis so zu ändern, daß die Eintragung angeht, da es unendlich viele Kreise sind, welche die Auflösung zuläßt. Dann kann man aber auch nach Umständen, entweder ein Vielfaches (z. B. das n fache) oder einen aliquoten Theil der a nehmen und diesen eintragen; ist dann OM = n . a gemacht, so ist $ON = \frac{x}{n}$, und ist $OM = \frac{a}{n}$, so ist ON = n . x (Siehe ersten Band des Lehrgebäudes §. 274. Zusatz).

Zusatz 3. Auf gegenwärtige Aufgabe läßt sich unmittelbar folgende Aufgabe zurückführen:

Eine gegebene Linie so zu theilen, daß das Oblongum aus der ganzen Linie und dem kleineren Theile, zum Quadrate des größeren Theiles, ein gegebenes Verhältniß n : m habe.

Nennt man also l die gegebene Linie, x und y ihre Theile und zwar x < y; so sollen diese so bestimmt werden, daß sich verhält:

$$n : m = l . x : y^2.$$

Man suche eine vierte Proportionallinie p, so daß sich verhält n : m = l : p; so muß sich auch verhalten

$$l : p = l . x : y^2, \text{ und daher auch}$$
$$l . x : p . x = l . x : y^2, \text{ weshalb}$$
$$p . x = y^2 \text{ seyn muß.}$$
$$\text{Nun ist } p . y = p . y, \text{ also auch}$$
$$p . x + p . y = y^2 + p . y \text{ d. h.}$$
$$p(x + y) = y(y + p), \text{ und da } x + y = l,$$
$$\text{so hat man } p . l = y(y + p) \text{ d. h.}$$
$$l : y = y + p : p.$$

Es sind also zwei Linien y und $y + p$ zu suchen, deren Differenz p bekannt ist, und welche die mittleren Glieder einer Proportion bilden sollen, deren äußere Glieder l und p (letztere Linie aber nur mittelbar durch obige Proportion) bekannt sind. Von diesem, zum Theil auf geometrisch-analytischem Wege zu construiren gefundenen Resultate, kann man sehr einfach rückwärts den synthetischen Beweis führen. (Siehe auch Aufg. 113. Zusatz 2., besonders den Ausdruck $a : x = x : b - x$, [III.] daselbst.)

112te Aufgabe. (Fig. 128.)

Es sollen zwei Linien x und y gefunden werden, deren Summe s bestimmt ist, und welche die mittleren Glieder einer Proportion bilden, deren äußere Glieder a und b gegeben sind.

Auflösung. Man ziehe zwei Linien AB und AC die sich beliebig schneiden, oder senkrecht in A auf einander stehen. Auf die eine dieser Linien, trage man von A aus, die $a = AE$ und die $b = AD$ auf. Den Unterschied ED beider Linien halbire man in F, und errichte hier den Perpendikel FO. Von A aus, trage man auf die andere Linie AB, die gegebene Linie $s = AH$ auf, halbire AH in G, und errichte auch hier den Perpendikel GO bis zum Schnitte mit FO in O. Beschreibt man mit OE, den Kreis KDL, so bestimmt derselbe auf der AB, die Puncte K und I, und hierdurch die beiden Linien AK und AI, welche der x und y entsprechen.

Beweis. Daß der mit OE beschriebene Kreis, auch durch D geht, ist leicht einzusehen; eben so daß GI = GK, also auch daß GH − GI = GA − GK d. h. daß IH = KA, folglich daß AK + AI = HI + AI = AH = s ist. Nun verhält sich aber nach G. §. 334. AE : AK = AI : AD d. h. a : AK = AI : b, und wie eben gezeigt, ist AK + AI = s. W. z. b. w.

Zusatz 1. Daß die Construction nicht wie in der vorigen Aufgabe immer möglich ist, leuchtet ein. Denn: ist OE = OG, so wird die Linie AB tangirt, und ist OE < OG, so erhält man gar keinen Schnitt in der AB. Dies war bei der vorigen Aufgabe nicht möglich, weil dort QE > QK (Fig. 127.) stets ist. Die Grenze der Möglichkeit der Construction, läßt sich genau nachweisen, doch geschieht dies auf einem arithmetischen Wege, wo gezeigt wird daß s^2 nie kleiner als 4ab gegeben werden darf, und daß die unbekannten Größen gleich werden, wenn $s^2 = 4ab$ gegeben wird. Hier sieht man aber aus der bloßen Figur sogleich ein, daß wenn die Construction für irgend ein s möglich war, jede andere Summe die größer als s ist, die Construction für die Größen a und b, stets möglich machen wird. Gesetzt man hätte s so groß gegeben, daß $s^2 = 4ab$ wäre, so würde $s = 2\sqrt{ab}$ seyn, d. h. gleich der doppelten mittleren Proportionallinie zwischen a und b; die einfache mittlere Proportionallinie zwischen zwei Linien wie AD und AE, ist aber die von A, zum Kreise der durch E und D geht, gehende Tangente AM, und indem man hat AE : AM = AM : AD (G. §. 335.); so sieht man daß s = 2 . AM ist; oder man zeigt nach G. §. 336. die Nothwendigkeit geradehin, daß die neue Linie, Tangente zum Kreise wird, also die gesuchten beiden Linien einander gleich werden.

Zusatz 2. Auch durch Anwendung des Satzes G. §. 334. erhält man eine Auflösung der Aufgabe: zu drei gegebenen Linien die vierte Proportionallinie zu finden. Denn soll sich wieder verhalten: a:b = c:x; so nehme man AI = b und AK = c (oder ist c > b, so wird AI = c und AK = b genommen). Beschreibt man nun aus irgend einem Puncte der, in der Mitte G von AI — AK = IK errichteten Perpendikels GO, einen durch I und K gehenden Kreis MDL, und schneidet dessen Peripherie von A aus, mit a = AE; so giebt diese Linie verlängert bis zum zweiten Schnitte mit der Peripherie in D, die Linie AD = x, oder traf der Schnitt in D, d. h. ist AD = a, so ist AE = x. — Sollte man dagegen: zwischen zwei Linien die mittlere Proportionallinie finden, so daß a:x = x:b; so wird, wenn man AI = a und AK = b gemacht hat, die Tangente AM, von A zum Kreise gefällt, die gesuchte mittlere Proportionallinie seyn (G. §. 335.). Dies ist also eine neue Art, die Aufgabe G. §. 322. Zusatz 2. aufzulösen. Auch kann nach G. §. 335.: zu drei Linien die vierte Proportionallinie gefunden werden, wenn die mittleren Glieder einander gleich sind, d. h. wenn a:b = b:x seyn soll. Denn: zieht man zu einem beliebigen Kreise IEL, eine Tangente MA = b, und schneidet von A aus mit der a die Peripherie in E, so ist AD = x; oder war AD = a, so ist AE = x, eben weil man hat AD:AM = AM:AE.

Zusatz 3. Bei der vorhergehenden so wie bei dieser Aufgabe, konnten auch die beiden zu findenden Linien die äußeren Glieder der Proportion seyn, deren mittlere Glieder bekannt oder gegeben waren; denn es brauchen ja nur die mittleren mit den äußeren Gliedern verwechselt zu werden.

Zusatz 4. Es läßt sich auf gegenwärtige Aufgabe, analog mit der Aufgabe im dritten Zusatze zur vorigen Aufgabe, wiederum folgende Aufgabe zurückführen:

Einer gegebenen Linie l, ein solches Stück x zuzusetzen, daß das Quadrat der ganzen

Linie $l+x$ (oder y) und das Oblongum aus den Theilen l und x, ein gegebenes Verhältniß $n:m$ haben, also daß sich verhalte $n:m = y^2 : l.x.$

Setzt man zuerst hierfür $m:n = l.x:y^2$; so suche man wieder eine vierte Proportionallinie p, so daß sich verhält $m:n = l:p$; so muß sich auch verhalten $l:p = l.x:y^2$ und folglich auch $l.x:p.x = l.x:y^2$, welches wiederum $p.x = y^2$ giebt. Da nun $p.y = p.y$ ist, so wird seyn

$$p.y - p.x = p.y - y^2 \text{ d. h.}$$

$p(y-x) = y(p-y)$ oder $p.l = y(p-y)$, woraus die Proport. $p:y = p-y:l$ folgt, wo die Summe der mittleren Glieder $= p$ bekannt ist. — Da $y > l$ ist, so muß wenn $p-y$ überhaupt hier möglich, also $p > y$ ist; auch $p > l$, also das Verhältniß $m:n$ steigend aber $m < n$ seyn. Dennoch sieht man daß, wenn auch p sich größer als l ergiebt (aus $n > m$), eine nähere Bestimmung beider Größen p und l nöthig ist, damit nach dem, was eben im Zusatz 1. gesagt wurde, die Auflösung überhaupt möglich werden könne.

113te Aufgabe. (Fig. 122.)

Zwei Linien, deren Summe oder Differenz bestimmt ist und deren Verhältniß gegeben wird, sollen gesucht werden.

Auflösung. Zwei Linien deren Summe und Verhältniß bestimmt wird finden, heißt nichts anderes als: eine Linie (jene Summe) nach einem bestimmten Verhältnisse zu theilen, denn jene Theile machen die Linie oder Summe aus. Nach G. §. 301, 3. und 4. ist diese Aufgabe gelöset. Denn ist AD die Summe, und bedeuten AE und EB die Glieder des gegebenen Verhältnisses; so ist $AC:CD = AE:EB$ *). Ist aber

*) Die Auflösung des Zusatz 5. zur 108ten Aufgabe, hatte ge-

die Differenz d gegeben, und sollen die Linien x und y so beschaffen seyn, daß sich verhält $x:y = a:b$ und $x - y = d$, also $x > y$ und folglich $a > b$ ist; so nehme man eine Linie $AB = a$, trage auf sie von dem einen Endpuncte B, die Linie $BE = b$, an den anderen Endpunct A unter den beliebigen Winkel BAD, die Linie AN an; auf diese trage man von A aus die $AC = d$ auf, verbinde E mit C, und ziehe durch B die $BD \# EC$; so sind AD und CD die gesuchten Linien.

Beweis. Es verhält sich $AB:EB = AD:CD$ (G. §. 290, 1.). Aber laut Construction ist $AB:EB$ $a:b$; also auch $AD:CD = a:b$, und $AD - CD = AC = d$.

Zusatz 1. Hat man vier Linien a, b, x und y; so kann man nunmehr stets, wenn $x \mp y$ bekannt ist, die beiden Linien x und y, aus den beiden gegebenen Linien a und b finden, wenn die Bestimmung so ist, daß sich verhalten soll:

(I.) $a:b = x:y$ (Nach Aufgabe 113.) oder
$a:x = y:b$ (Nach Aufgabe 111. und 112.),

wobei wol zu merken ist, daß jede dieser Proportionen auf acht verschiedene Formen zurückzuführen ist, die aber nichts wesentlich Neues geben (Lehrgebd. d. Mathem. 1r Bd. §. 273, 3. und G. §. 280.). Ferner: hat man die Linien a, b und x, so kann man immer x finden, je nachdem die Proportion seyn soll:

(II.) $a:b = b:x$ (G. §. 301, 2.) oder
$a:x = x:b$ (G. §. 322. Zusatz 2.)

Zusatz 2. Hat man aber zwei Linien a und b, und soll eine andere Linie x finden, so daß die Proportion

$$a:x = x:x \mp b$$

erfüllt werden soll; so schließe man, wenn zuerst $a:x = x:x + b$ gegeben ist: daß sich nun auch verhalten

---

wissermaßen schon eine Anwendung dieses Falles der gegenwärtigen Aufgabe.

muß $a : x - a = x : x + b - x$*) d. h. $a:x - a = x:b$ (I.)**), oder war $a : x = x : x - b$ gegeben: daß alsdann $a : a - x = x : x - (x - b)$ d. h. $a : a - x = x : b$ (II.) seyn muß. Diese beiden Proportionen (I.) und (II.), sind aber nach Aufg. 111. und 112. zu erfüllen, da bei der ersten die Differenz $x - (x - a) = a$, und bei der letzteren die Summe $a - x + x = a$ der mittleren Glieder bekannt ist. Daß man mit denen hierdurch gefundenen Werthen von x, auch die zuerst gegebenen Proportionen selbst erfüllt hat, läßt sich sogleich durch die entgegengesetzte Veränderung, welche man mit dieser neuen Proportion wieder vornimmt, zeigen; denn hat man $a : x - a = x : b$, so ist auch

$$a : x - a + a = x : x + b \quad \text{d. h.}$$

$$a : x = x : x + b \quad \text{richtig.}$$

Eben dies gilt auch von der Form der Proportion:

$$a : x = x : b \mp x;$$

denn nimmt man diese als $a : x = x : b + x$, so ist sie von jener $a : x = x : x + b$ nicht verschieden, und die Form $a : x = x : b - x$, führt auf $a : a + x = x : x + b - x$ d. h. auf $a : a + x = x : b$ (III.), welche wieder nach Aufg. 111. lösbar ist. Wäre also die Proportion $a : x = x : y$ zu erfüllen gegeben, und man wüßte, daß $y = + x \mp b$ oder $= b \mp x$ wäre; so läßt sich das Resultat für x, nach einer der Proportionen (I.), (II.) oder (III.) stets entwickeln.

Ueberhaupt lassen sich die Formen der, für uns zu construirenden Proportionen, sehr vermehren. Denn wäre z. B. gegeben $a : b - y = b - y : y$; so nenne man $b - y = x$, also $y = b - x$, und man erhält $a : x = x : b - x$, wo die Form (III.), x giebt, wonach wieder

*) Lehrgeb. d. Math. 1r Bd. §. 227.

**) Diese neue Bezeichnung (I.) u. s. w., ist ohne Beziehung auf die, im Zusatze 1.

$y = b - x$ ist. Die Form $a : b + y = b + y : y$, führt auf $a : x = x : x - b$, welche Proportion nach (II.), lösbar ist.

114te Aufgabe. (Fig. 129.)

Eine gegebene Linie AB, ist im Puncte C in zwei ungleiche Theile getheilt; man soll einen Punct X in ihr finden, so, daß von den nunmehr entstehenden drei, neben einander liegenden Abschnitten der ganzen Linie, einer die mittlere Proportionallinie zwischen den beiden anderen wird.

Auflösung und Beweis. Da es in der Aufgabe ganz unbestimmt bleibt, welcher jener drei Abschnitte die mittlere Proportionallinie werden soll; so haben wir folgende Betrachtungen anzustellen. In der Proportion welche erfüllt werden soll, kommen die beiden Theile AC und CB nicht beide vor; denn: falle der Punct X auch wohin es sey, so theilt er den einen der Theile AC oder CB; fällt er also z. B. in X′, so sind AX′, X′C und CB, fällt er in X″, so sind AC, CX″ und X″B, die drei betrachteten Linien, und wir wissen von diesen Theilen nur, im ersten Falle, daß $AX' + X'C = AC$, im zweiten Falle, daß $CX'' + X''B = CB$ ist. Wollten wir die Länge dieses unbekannten Theiles CX, der nun entweder CX′ oder CX″ wird, auch allgemein z. B. y nennen; so könnten wir in dieser Allgemeinheit schwerlich eine Proportion auffinden, welche die Lage der Puncte X′ und X″, in Beziehung auf die drei Puncte A, C und B feststellte. Nennen wir aber die zwei Theile der Linie AB, allgemein a und b, ohne Rücksicht darauf, ob AC oder CB, a oder b bedeutet; so ergiebt sich sogleich, daß die drei neben einander liegenden Theile ganz allgemein

$$a, \; y \text{ und } b - y$$

genannt werden können *). Und nun können wir drei

*) Ist $y = CX'$, so ist $AX' = AC - CX' = b - y$ d. h. $AC = b$

Proportionen nach der Aufgabe bilden, denn entweder soll seyn: 1) $a:y = y:b - y$, oder
2) $a:b - y = b - y:y$, oder endlich
3) $y:a = a:b - y$.

Jede der acht verschiedenen Formen, in welchen jede dieser Proportionen erscheinen kann, giebt nichts wesentlich Neues.

Nun sind wir aber nach denen, im 2ten Zusatz zur 113ten Aufgabe angestellten Untersuchungen, stets im Stande, die beiden ersten, und nach Aufgabe 112, die dritte jener Proportionen *), also immer y zu construiren. Aber bei dieser Construction ist es durchaus nöthig zu wissen, ob AC oder CB, a oder b bedeutet, und dann giebt der Ausdruck $b - y$ an, ob $y = CX'$ oder CX'' ist. Denn: war $AC = a$, so ist $CB = b$, und $CX'' = y$ damit $X''B = b - y$ werden kann; und ist $CB = a$, so wird $CX' = y$, und $AX' = CA - CX' = b - y$.

Eben so kann aber auch vorher bestimmt werden, ob der Punct X in X' d. h. zwischen A und C, oder in X'' d. h. zwischen C und B fallen soll; denn hiernach hat man beim Ansatze derjenigen obiger drei Proportionen, welche für den besonderen Fall erforderlich ist, zu wählen, ob man AC oder CB, b nennen muß. Bei der wirklichen Construction, hat es aber Einfluß, ob $a >$ oder $< b$ ist, ja sogar ob die größere dieser Größen die kleinere viel übertrifft; denn man sieht den Zusammenhang der erforderlichen Construction, mit der Aufgabe 112, und daher mit der Bedingung des Zusatz 1. daselbst. So ist es z. B. unmöglich, den Punct X', zwischen A und C zu finden, wenn $CB > AC$ ist, ferner

---

und $CB = a$; ist $y = CX''$, so wird $AC = a$ und $CB = b$, denn nun ist $CB - CX'' = X''B = b - y$.

*) Versteht sich, wenn die Bedingung Zusatz 1. der 112ten Aufgabe, nicht widerspricht.

CB = a gesetzt wird und die dritte der obigen Proportionen erfüllt werden soll, wie dies die Natur einer mittleren Proportionale mit sich bringt, die nicht größer als beide äußere Glieder seyn kann. Dies lehrt oft die bloße Betrachtung finden, oder es entscheidet sich solche Unmöglichkeit *), sobald man die Construction vollzieht.

Zusatz. Wenn eine Linie in drei Theile getheilt ist, so wird man sogleich finden, daß, die ganze Linie selbst mitgerechnet, es sechs Theile sind die man unterscheiden kann; und mit Beibehalt unserer obigen Bezeichnungen, können wir diese Theile a, b, a+b, y, a+y, b—y nennen. Wollte man alle stetige Proportionen bilden, welche sich aus, je dreien dieser sechs Größen bilden lassen; so kann man zuerst auf zwanzig Arten, Verbindungen zu dreien dieser sechs Größen machen **), und bei jeder dieser Zusammenstellungen dreier Größen, sind es wieder drei wesentlich verschiedene Proportionen die man bilden muß, je nachdem jede jener Größen mittleres Glied wird, versteht sich, ungerechnet der acht Versetzungen jeder dieser neuen Proportionen, da diese letzteren nur in der Form neu sind. — Anfängern wird es eine dienliche Uebung seyn, die 3.20 = 60 eben erwähnten Proportionen aufzusuchen, von welchen die drei vorher betrachteten nur einzelne Fälle sind. Unter diesen 60 Proportionen, sind aber mehrere für unsern Zweck ganz unbrauchbare, wozu z. B. die drei gehören, die man aus der Zusammenstellung der drei ganz bekannten Größen a, a + b und b machen könnte; andere Proportionen würden nur das Finden einer vierten Proportionen

---

*) Siehe die Einleitung: Ueber die Aufgabe.

**) Siehe Lehrgeb. 1r Band §. 228.: die Formel für die Menge der Combinationen ohne Wiederholung für sechs Elemente in der dritten Klasse.

portionallinie nach G. §. 301, 2. erfordern, nemlich jede der Proportionen, wo man zwei jener drei bekannten, nebst einer der drei unbekannten Größen so verbindet, daß die bekannte Größe als mittleres Glied erscheint; oder man würde nur das Finden einer mittleren Proportionallinie nöthig haben, da, wo in dieser Verbindung die unbekannte Größe das mittlere Glied wird. Andere Zusammenstellungen würden unmittelbar auf die Aufgaben 111. und 112., und wieder andere auf unsere so eben aufgelösete Aufgabe zurückführen. Versteht sich, daß überall die Möglichkeit der Lösung an sich, noch zu berücksichtigen ist. Stellen wir z. B. b, a+y und b—y zusammen, und suchen y so, daß sich verhalten soll $b:a+y=a+y:b-y$; so bildet sich hieraus die Proportion $b+a+y:b=a+y+b-y:a+y$ d. h. $b+a+y:b=a+b:a+y$; die mittleren Glieder sind hier bekannt, die Differenz der äußeren Glieder: $b+a+y-a-y=b$, ist ebenfalls bekannt, und nichts kann die Construction der Proportion, nach Aufg. 111, stöhren. Wird aber $b-y:b=b:a+y$ verlangt; so ist die Summe der äußeren Glieder $b-y+a+y=b+a$ bekannt, aber nach Aufg. 112. Zusatz, wird allerdings noch die Frage: nach der Möglichkeit der Construction entstehen. Wollte man a+b, mit a und y zusammenstellen, und die Proportion construiren:

$$a:a+b=a+b:y;$$

so scheint diese beim ersten Anblick nicht construirbar zu seyn, denn: da a+b gegen a wächst, so muß auch y gegen a+b wachsen, also der Theil y müßte größer als das Ganze werden. Allein wir können uns die gegebene Linie jetzt auch noch verlängert denken, und wenn der Punct X, z. B. in X‴ (Fig. 129.) fällt, die BX‴ als y setzen. Dann wird allerdings die eben betrachtete Proportion nicht nur einen Sinn haben, sondern höchst einfach zu construiren seyn (G. §. 301, 1.). Diese Annahme des Punctes X in der Verlängerung der AB, dehnt unsere Aufgabe ungemein aus, und wie wir eben sahen, kann sie Bedürfniß werden, oder eine gewisse Bedingung uns darauf führen; was zu untersuchen auch nie vernachlässigt werden darf *).

Nur die Zusammenstellung der drei Größen y, $b-y$ und $a+y$, scheint, da keine derselben ganz bekannt ist, Schwierigkeiten zu veranlassen, daher wir sie noch besonders betrachten wollen. Es kann hier gegeben seyn, daß sich verhalten soll:

1) $y:b-y=b-y:a+y$, oder
2) $y:a+y=a+y:b-y$ und
3) $b-y:y=y:a+y$.

Aber aus der ersten folgt $y+b-y:y=b-y+a+y:b-y$ d. h. $b:y=b+a:b-y$, woraus $b:b+a=y:b-y$ wird, welche Proportion nach Aufg. 113. Zusatz 1, (I.), wegen der bekannten Summe von $y+b-y=b$, lösbar ist. Die zweite Proportion muß zweimal, so geändert werden:

1) $y:a+y-y=a+y:b-y-(a+y)$ d. h. $y:a=a+y:b-a-2y$;
2) $y+a+y:y=a+y+b-y:a+y$ d. h. $a+2y:y=a+b:a+y$.

Durch Zusammensetzung beider erhält man $a+2y:a=a+b:b-a-2y$.

Hier sind die beiden mittleren Glieder völlig bekannt, eben so die Summe der äußeren Glieder $=b$, weshalb man beide Glieder construiren kann. Hat man alsdann die Linie $a+2y$ gefunden, so ist auch $2y$, und mithin auch y bekannt. — Die dritte Proportion erfordert ebenfalls zweier Anwendungen; nemlich:

1) $b-y+y:y=y+a+y:a+y$ d. h. $b:y=a+2y:a+y$;
2) $y:y-(b-y)=a+y:a+y-y$ d. h. $y:2y-b=a+y:a$.

Die Zusamensetzung giebt $b:2y-b=a+2y:a$.

*) Betrachtet man außer den Puncten A, C und B, nur jenen Punct X''' in der Verlängerung der AB; so sind jene sechs Größen diese: a, b, y, $a+b$, $b+y$, $a+b+y$.

Indem hier die Differenz der beiden mittleren Glieder bekannt ist, als $a + 2y - (2y - b) = a + b$; so kann man jedes derselben finden, woraus $2y$, also auch y selbst sich ergiebt.

Nachdem nunmehr die wichtigsten Betrachtungen, welche unsere Aufgabe darbietet, angestellt sind, auf die übrigen Zusammenstellungen aber aufmerksam gemacht ist; überbleibt es dem Leser, sie jetzt oder in vorkommenden Fällen auszuführen; und soll dies, für einen bestimmten wichtigen Fall, in der 123sten Aufgabe, vollständig geschehen.

115te Aufgabe. (Fig. 130.)

Eine Linie AB, ist in einem Puncte C beliebig getheilt; man soll einen Punct X in ihr bestimmen, so, daß die Quadrate der drei Linien AC, AX und AB, eine stetige arithmetische Proportion bilden d. h. daß sich verhalten soll: $\overline{AC}^2 \div \overline{AX}^2 \div \overline{AB}^2$.

Auflösung. Suche eine Linie EB, so daß $\overline{EB}^2 = \overline{AC}^2 + \overline{AB}^2$ wird (Aufg. 40.). Dann suche eine Linie EF, so daß $\overline{EF}^2 = \frac{1}{2}\overline{EB}^2$ wird *); so ist EF die gesuchte Linie AX, wodurch also der Punct X bestimmt wird.

Beweis. Laut Construction ist $2 . \overline{EF}^2 = \overline{EB}^2 = 2 . \overline{AX}^2 = \overline{AC}^2 + \overline{AB}^2$. Hiernach läßt sich nun die gesuchte Proportion bilden d. h. $\overline{AC}^2 \div \overline{AX}^2 = \overline{AX}^2 \div \overline{AB}^2$ (Siehe Lehrgebd. d. Mathem. 1r Bd. §. 261.) W. z. b. w.

Anmerk. Analytische Auflösung. Da die Proportion seyn sollte: $\overline{AC}^2 \div \overline{AX}^2 \div \overline{AB}^2$; so müßte $2 . \overline{AX}^2 = \overline{AC}^2 + \overline{AB}^2$ seyn, woraus die Construction der AX, höchst einfach folgt.

Zusatz. Sollte zwischen A und C, ein Punct X so bestimmt werden, daß sich verhielt $\overline{AX}^2 \div \overline{AC}^2 \div \overline{AB}^2$;

*) Nach Aufg. 48. Zusatz 1.; also $ED = DF = \frac{1}{2} EB$ und Winkel $EDF = R$ gemacht.

so sieht man, daß $2.\overline{AC}^2 = \overline{AB}^2 + \overline{AX}^2$ seyn muß. Es ist also $\overline{AX}^2 = 2.\overline{AC}^2 - \overline{AB}^2$; folglich ist diese Aufgabe nur alsdann lösbar, wenn $2.\overline{AC}^2 > \overline{AB}^2$ ist.

116te Aufgabe. (Fig. 131.)

Durch einen Punct O zwischen den Schenkeln eines gegebenen Winkels BAC, eine Linie zu legen, die beide Schenkel schneidet, und welche im Puncte O, selbst nach einem bestimmten Verhältnisse n:m geschnitten wird.

Auflösung. Ziehe durch O die Linie OD # dem Schenkel AB; suche eine Linie x, so daß sich verhält n:m = AD:x (Aufg. 105. Zusatz 1.), und trage die x von D nach E. Verbindet man E mit O, und verlängert diese Linie, bis sie in F den Schenkel AB schneidet; so ist EF die gesuchte Linie.

Beweis. Da OD # AF ist, so verhält sich im △AEF, EO:OF = ED:DA = m:n; also ist EF die gesuchte Linie. (S. §. 289.)

Zusatz 1. Je nachdem bestimmt ist, ob der Theil der Linie EF, der sich im Schenkel AC oder im Schenkel AB endiget, der Größe n oder m homolog seyn soll, wird natürlich auch die x gesucht. Denn im Resultate ist EO homolog der ED d. h. der x, und OF homolog der DA.

Zusatz 2. Macht man DE = DA; so wird die Linie EF in O halbirt, weil dann m:n = 1:1 ist. Dann entsteht folgender schöne Lehrsatz:

Unter allen Linien, die durch einen bestimmten Punct O zwischen den Schenkeln eines Winkels gezogen werden können, schneidet diejenige, welche in diesem Puncte halbirt wird, den möglich kleinsten Triangel, von der Winkelfläche ab.

Beweis. Man ziehe z. B. die Linie IG durch O; so soll △AIG > △AFE seyn. Zieht man durch F die FH $\#$ AC, bis die verlängerte GI in H geschnitten wird; so ist $\triangle OFH \cong \triangle OEG$ (G. §. 60.; denn $FO = EO$, $\angle FOH = \angle EOG$ und $\angle OFH = \angle OEG$ nach G. §. 97, 2.)*). Da nun $\triangle OFH > \triangle OFI$ ist, so ist auch $\triangle OEG > \triangle OIF$, also

Vierseit $AIOE + \triangle OEG >$ Vierseit $AIOE + \triangle OIF$

d. h. $\triangle AIG > \triangle AEF$.

Eben so kann man, wenn eine andere Linie LB, durch O gelegt wird, zeigen, daß $\triangle ALB > \triangle AEF$ ist. Denn: zieht man durch F, die FK $\#$ AC; so ist $\triangle OFK \cong \triangle OEL$, (G. §. 60.) also $\triangle OFB > \triangle OEL$ (da $\triangle OFB > \triangle OFK$), und folglich Viers. $ALOF + \triangle OFB >$ Vrs. $ALOF + \triangle OLE$ d. h. $\triangle ALB > \triangle AEF$. W. z. b. w.

Zusatz 3. Wir können demnach die Aufgabe lösen: **Durch einen Punct zwischen den Schenkeln eines Winkels, eine Linie zu ziehen, die von dem Winkel der kleinst-möglichsten Triangel abschneidet.**

Anmerk. Daß man (bei gegenwärtiger 116ten Aufgabe) die Linie, welche Anfangs durch O der AB parallel gezogen wurde, auch der AC hätte parallel ziehen und die weitere Construction nunmehr auf den Schenkel AB, wie vorher auf AC machen können; ist einfach einzusehen.

117te Aufgabe. (Fig. 132.)

Auf einer Linie AB, sind zwei Perpendikel AN und BM errichtet, und in dem, in der Mitte K der AB errichteten Perpendikel KL, ist ein Punct O gegeben; man soll durch O eine Linie ziehen, die beide Perpendikel AN und BM so schneidet, daß die Linie AB, die mittlere Proportionallinie zwischen den beiden Stükken wird, welche von A und B aus, auf jenen

*) Beiläufig bemerkt: man sieht hieraus auch, daß $OH = OG$, also $OI < OG$ ist, d. h. daß die Linie IG in O nicht halbirt werden kann. Das läßt sich auch von jeder andern Linie, die nicht die EF ist, beweisen.

Perpendikeln, durch die verlangte Linie bestimmt werden.

Auflösung. Fälle von O auf die BM den Perpendikel OC, und beschreibe aus C als Mittelpunct, mit der CB, den Halbkreis BDE. Wo dieser in F die AN trifft, ist der, auf der AN zu findende Punct, oder die Verbindunglinie der Puncte F und O, bis zur BM in G verlängert, giebt die FG zur gesuchten Linie.

Beweis. Man verlängere OC bis zur AN in H; so ist $\Delta GOC \cong \Delta HOF$ (G. §. 60.; denn $HO = OC$, indem $OC = KB$, und $HO = KA$ ist, aber $KB = AK$ laut Annahme war). Daher ist $HF = GC$; da aber $HF = HI$ ist (G. §. 202, 2.), so auch $HI = GC$, und $GB = GC + CB = IH + HA = IA$. Nun verhält sich

$$AI : AB = AB : AF \text{ (G. §. 335.) d. h.}$$
$$GB : AB = AB : AF. \text{ W. z. b. w.}$$

Anmerk. Analytische Auflösung. Wäre FG die gesuchte Linie; so müßte $HF = GC$ seyn *) Wäre also nur GC bekannt, so würde es auch $BC + GC = BG$, und $AH - HF = AF$ seyn. Es ist aber $BC = AH = KO$ bekannt. Nennt man $GC = HF = x$; so soll sich verhalten:

$$BG : AB = AB : AF, \text{ oder}$$
$$KO + x : AB = AB : KO - x.$$

Indem man die Summe der beiden äußern Glieder dieser Proportion, als gleich $2 . KO$ kennt, die mittlern Glieder aber bekannt sind; so kann man nach Aufg. 112. (siehe Zusatz 3. daselbst), $KO - x$, so wie $KO + x$ leicht finden. Man wird in der eben gehabten Construction, genau den Weg wieder erkennen, der in Aufg. 112. verfolgt ward, nur ist jetzt die Differenz der mittlern Glieder Null, daher am Endpuncte der AB selbst, der Perpendikel errichtet wurde; dann mußte auf AN, $2 . KO$ aufgetragen werden. Wäre die $AN = 2 . KO = 2 . AH$; so müßte ferner in H, wieder ein Perpendikel, bis zum Schnitte mit dem Perpendikel BM, d. h. bis C errichtet werden u. s. w. Es hat also gegenwärtige Figur schon in der Annahme die meisten Linien, die eigentlich erst construirt

*) Aus der Congruenz der Triangel HOF und GOC folgend; nachdem HC senkrecht auf MB und AN gezogen ist.

werden müßten. — Was bei der Aufg. 112. Zusatz 1. über die Grenzen der Möglichkeit der Construction dieser Aufgabe gesetzt wird, darf hier nicht übersehen werden.

Zusatz. Hätte die Hälfte der AB d. h. AK, die mittlere Proportionale seyn sollen, so wäre O selbst, Mittelpunct des zu beschreibenden Halbkreises geworden. Wenn der Punct O nicht besonders gegeben seyn sollte, so sieht man ein, daß die Aufgabe unbestimmt ist, daß es also eine unendliche Menge Puncte in der AN und der BM giebt, die wechselseitig verbunden, die AB (oder wenn sie danach bestimmt werden auch die AK) als mittlere Proportionale zwischen den entstehenden Abschnitten, zulassen.

118te Aufgabe. (Fig. 133.)

Es ist ein Winkel BAC, und wechselseitig auf seinen Schenkeln die Puncte D und E gegeben; man soll eine Linie unter einem bestimmten Winkel v mit dem Schenkel AC, ziehen, die auf den Schenkeln AB und AC, zwei andere Puncte dergestalt bestimmt, daß die nunmehr vorhandenen beiden Theile beider Schenkel, vom Scheitel an genommen, in Proportion stehen.

Auflösung. Durch den Punct E, ziehe man unter dem gegebenen Winkel v die Linie EF mit der AC, und suche nun eine Linie x, so daß sich verhält $AF : AD = \overline{AE}^2 : x^2$ (Aufg. 108. Zusatz 1.) *). Trägt man die als x gefundene Linie AT, auf den Schenkel AC, so

*) Hier trifft es sich nun, daß $AE < AF$ ist, und daß der in F errichtete Perpendikel FR, von A aus, nicht mit der AE geschnitten werden kann. Daher beschreibe man einen beliebigen Halbkreis APB über AB, errichte in D den Prpdkl. DP, und ziehe AR und AP; so verhält sich $\overline{AR}^2 : \overline{AP}^2 = AF : AD$. Nun trage man auf AR die $AE = AS$, ziehe ST parallel PR; so ist AT erst die gesuchte Linie x.

daß AM = AT wird; so ist M der Punct, durch welchen man nur eine Linie unter dem $\angle v$ mit der AC anzutragen, oder was nunmehr dasselbe ist, die MN $\#$ der EF zu ziehen hat, um auch den Punct N im Schenkel AB zu bestimmen, so daß nunmehr AD : AN = AM : AE ist.

Beweis. Daß die Linie MN mit dem Schenkel AC den $\angle v$ bildet, folgt aus der Construction, da MN $\#$ EF ist. Nun verhält sich nach G. §. 290, 1.

AF : AN = AE : AM; laut Constr. verhält sich aber AD : AF = $\overline{AM}^2 : \overline{AE}^2$ *); also erhält man durch Zusammensetz. AD : AN = AM : AE. W. z. b. w.

Zusatz 1. Es sind also auch die Verbindunglinien DM und NE, einander parallel (G. §. 292.).

Zusatz 2. Man hätte auch können durch D, die Linie DG ziehen, so daß der Winkel DGA den sie mit der AC bildet, gleich $\angle v$ wird (Aufg. 4. Zusatz). Indem sich hierdurch AG ergeben hätte, würde man die Proportion

$$AG : AE = \overline{AD}^2 : \overline{AN}^2,$$

zu erfüllen gehabt haben, wo AN den Punct N alsdann bestimmt, durch den die NM $\#$ DG gezogen, wieder den zweiten Punct M giebt. Die Construction in der Figur, zeigt die Anwendung des ersten Verfahrens der Aufg. 108. Zusatz 1., indem AH = AG, und dann HK = AD gemacht ist, wonach sich KL als x, oder als AN ergiebt. Es würde hier, wenn man die zweite Methode (Zusatz 1. Aufg. 108.) hätte anwenden wollen, der in G errichtete Perpendikel, sich zwar von A aus mit der AD > AG haben schneiden lassen; aber AE hätte den Durchmesser des, sich nach jener Construction ergebenden Halbkreises, übertroffen.

Anmerk. Die analytische Auflösung ist leicht zu finden.

---

*) Es verhielt sich nemlich AD : AF = $\overline{AP}^2 : \overline{AR}^2 = \overline{AT}^2 : \overline{AS}^2 = \overline{AM}^2 : \overline{AE}^2$.

119te Aufgabe. (Fig. 134.)

Zwischen den Schenkeln eines Winkels ABC, ist ein Punct O gegeben; man soll einen zweiten Punct finden, der mit O verbunden, eine Linie giebt, die verlängert nach dem Scheitel B des Winkels ABC hingeht, versteht sich, ohne den Scheitel selbst zur Construction zu benutzen.

Auflösung 1. Ziehe durch O eine willkührliche Linie ED, welche beide Schenkel des Winkels schneidet. Dann ziehe man eine zweite Linie FG zwischen beiden Schenkeln, aber parallel mit der DE; theile FG im Puncte Q so, daß die Theile mit den Theilen der DE in Proportion stehen (G. §. 301, 1.), also daß sich verhält FQ : QG = DO : OE *); so ist der Punct Q ein Punct, welcher mit O verbunden eine Linie giebt, die verlängert nach B geht.

Beweis. Gesetzt die Verbindunglinie QO, gehe verlängert nicht nach B, sondern schneide den Schenkel AB z. B. in K; so verbinde man K mit F, und nun muß diese Linie die Linie ED irgendwo, z. B. in N, schneiden. Nun verhält sich, weil NE ⧺ FG, ist:

NO : OE = FQ : QG (G. §. 297.); aber laut Constr. auch DO : OE = FQ : QG; es müßte also

NO = DO seyn, was unmöglich ist.

So können wir bei der Annahme jedes Schnitts der OQ mit einem der Schenkel, in einem anderen Puncte als B, leicht obigen Widerspruch, als nothwendig folgend, beweisen. Es ist daher kein anderer Schnitt als der in B selbst, möglich. W. z. b. w.

Auflösung 2. Vom Puncte O aus, fälle man auf die beide Linien AB und BC, die Perpendikel OS und OR, und verbinde S mit R. Nun ziehe man

---

*) Die Figur zeigt bei FH = DE und FI = DO, die Construction zum Finden des Punctes Q.

zwischen den gegebenen Linien, eine beliebige Linie LP # der SR. Wird jetzt durch L, die LP # der SR. Wird jetzt durch L, die LT # der SO, und durch P die PT # der RO gezogen; so geben diese beiden Linien in ihrem Schnitte T, einen Punct, der mit O verbunden eine Linie giebt, die verlängert nach B geht.

Beweis. Im $\triangle$LBP, geht die Seite LP # der Linie SR, also verhält sich BL : BS = LP : SR. Nach G. §. 310, 1. ist aber $\triangle$LTP ∾ $\triangle$SOR, also verhält sich auch LP : SR = LT : SO = PT : RO; daher denn LT : SO = PT : RO = BL : BS (= BP : BR). Gesetzt nun die Verbindunglinie der Puncte B und O, ginge nicht durch T, sondern z. B. wie die Linie BOM nach M; so hat man

BL : BS = LM : SO; da aber eben gefunden ist BL : BS = LT : SO, so müßte LM = LT seyn, was unmöglich ist. Man wird aber für jede Annahme, daß die Verlängerung der BO, durch einen anderen Punct als durch T gehe, auf jenen Widerspruch stoßen, weshalb BO durch T, also TO durch B gehen muß. W. z. b. w.

Anmerk. Aufg. 172. Zusatz 2, enthält eine Anwendung dieser zweiten Construction.

Zusatz. Diese Aufgabe kann wichtig werden, wenn statt des Winkels ABC selbst, nur zwei sehr wenig convergirende Linien (G. §. 89.) gegeben sind, die man entweder bis zu ihrem Schnitte nicht verlängern will oder nicht kann, wo alsdann jener Winkel nur gedacht werden muß. Ist der Punct O nicht besonders gegeben, so sieht man leicht, wie man nach unserer Aufgabe höchst einfach, eine beliebige Menge Linien, zwischen zweien wenig convergirenden Linien ziehen kann, die alle mit diesen Linien in einem und demselben Puncte zusammentreffen würden.

120ste Aufgabe. (Fig. 135.)

Einen Triangel zu verzeichnen, wo die Quadrate der Seiten, sich wie drei gegebene Linien, oder wie Zahlen, gegen einander verhalten.

Auflösung. Ist das Verhältniß in Zahlen gegeben, so suche man erst drei Linien, die sich wie diese Zahlen zu einander verhalten (Aufg. 105. Zusatz 3.). Hat man diese Linien gefunden, oder sind sie selbst schon sogleich gegeben, so trage man auf die größte AB von ihnen, die beiden kleineren, von den Endpuncten der AB, wechselseitig auf diese auf, also daß z. B. AC und BD diese Linien sind. Dann beschreibe man über AB als Durchmesser, den Halbkreis AMB, und errichte in C und in D, die Perpendikel CE und DF bis zur Peripherie des Halbkreises. Zieht man nun die Sehnen AE und BF; so sind diese Linien nebst der AB, die drei Seiten des Triangels AOB, den man nur zu construiren hat. (Wie dies die Figur zeigt; Aufg. 2.)

Beweis. Denkt man sich die Sehnen EB und AF gezogen, so sind die Triangel AEB und AFB rechtwinklich; also verhält sich: (G. §. 321, 1.)

$\overline{AB}^2 : \overline{AE}^2 = AB : AC$, und eben so

$\overline{AB}^2 : \overline{BF}^2 = AB : BD$; deshalb auch

$\overline{AE}^2 : \overline{BF}^2 = AC : BD$, folglich:

$\overline{AB}^2 : \overline{AE}^2 : \overline{BF}^2 = AB : AC : BD$, oder beim

$\triangle AOB$, $\overline{AB}^2 : \overline{AO}^2 : \overline{BO}^2 = AB : AC : BD$

d. h. die Quadrate der Seiten verhalten sich wie die drei gegebenen Linien oder Zahlen zu einander.

Zusatz 1. Es schadet hier nichts, wenn die beiden kleineren Linien zusammen, größer sind, als die größte Linie AB ist. Denn sind jene Linien z. B. AC und BK, so werden AE und BI, die anderen Seiten außer der AB, und $\triangle ANB$, aus jenen drei

Seiten (AE = AN, BI = BN, und AB) construirt, entspricht den Forderungen der Aufgabe aus denselben Gründen wie vorher. Sind die beiden kleineren Verhältnißlinien zusammen, der größten gleich, also sind jene z. B. AD und BD; so ist der erzeugte Triangel, der △AFB, der nunmehr rechtwinklich wird, was auch schon aus dem Grunde folgt, weil nun das Quadrat seiner einen Seite, gleich der Summe der Quadrate der beiden anderen Seiten unter jenen gegebenen Verhältnissen, werden muß *). Der Fall, wo die beiden kleineren Linien zusammen, kleiner werden als die größte Linie ist, kann unmöglich werden zu construiren, sobald nemlich die gedachten Sehnen die sich ergeben, zusammen kleiner als die größte Linie AB, sind (S. §. 66.). Diese Unconstruirbarkeit, ist aber noch keine unbedingte Folge aus jener Voraussetzung, denn in unserer Aufgabe vorher, halten wir auch $AC + BD < AB$. Die Aufgabe kann aber nie unmöglich werden, sobald die Summe der beiden kleineren Linien, gleich oder größer als die größte Linie ist; denn die Construction zeigt schon sehr einfach, daß die Sehnen AE, BF rc. gegen die Abschnitte AC, DB u. s. w. noch wachsen; indem sie aber an sich nie die AB erreichen oder gar übertreffen können, so ist dennoch ihre Summe unter sich, stets größer als die AB, aber auch jede für sich mit der AB zusammen, größer als die andere Linie. — Ist das Verhältniß in Zahlen gegeben z. B. $n:m:p$, und man weiß daß $n > m > p$; so ist die Aufgabe im-

*) Denn es soll sich verhalten $\overline{AF}^2 : \overline{BF}^2 = AD : DB$, also auch

$$\overline{AF}^2 + \overline{BF}^2 : \overline{AF}^2 = AD + DB : AD,$$

d. h. $\overline{AF}^2 + \overline{BF}^2 : \overline{AF}^2 = AB : AD$. Aber auch

$$\overline{AB}^2 : \overline{AF}^2 = AB : AD; \text{ also}$$

$$\overline{AF}^2 + \overline{BF}^2 : \overline{AB}^2 = AB : AB \text{ d. h.}$$

$$\overline{AF}^2 + \overline{BF}^2 = \overline{AB}^2.$$

mer möglich, sobald $n < m + p$, oder wenn $n = m + p$, oder wenn zwar $n > m + p$ aber doch $\sqrt{n} < \sqrt{m} + \sqrt{p}$ ist. Die arithmetischen Grenzen dieser Zahlenwerthe zu bestimmen, gehört nicht weiter hierher.

Zusatz 2. Sollten die drei Quadrate der Seiten des Triangels, sich wie drei gegebene Flächen zu einander verhalten; so hat man nur diese Flächen in Quadrate zu verwandeln, und aus den drei Seiten derselben den Triangel zu bilden, wo natürlich die Möglichkeit der Construction, noch von bekannten Umständen abhängt.

Zusatz 3. Sollte eine der Seiten des verlangten Triangels noch besonders gegeben seyn; so wissen wir bereits, wie zwei Linien gefunden werden können, die mit jener gegebenen, die bestimmten Verhältnisse haben (Aufg. 105. Zusatz 1. u. 2.).

121ste Aufgabe. (Fig. 136.)

Innerhalb eines Triangels ABC, einen Punct zu finden, durch welchen man drei Linien legen kann, die von den drei Winkeln des Triangels, drei gleiche kleinste Triangel abschneidet; nebst Bestimmung dieser Linie selbst.

Auflösung. Man halbire eine Seite, z. B. die AB des Triangels ABC in D, verbinde die Mitte D mit der gegenüber liegenden Winkelspitze C, und nehme auf der Verbindunglinie CD von D aus, $\frac{1}{3}CD = DO$; so ist der Punct O der gesuchte Punct, und die drei durch ihn, mit den Seiten wechselsweise parallel gezogenen Linien KI, EF und GH, vollziehen die Abschneidung der möglichst kleinsten gleichen Triangel.

Beweis. Es verhält sich $CF : FB = CO : OD$ (G. §. 289.); da nun $DO = \frac{1}{2}CO = \frac{1}{3}DC$ ist, so ist auch $BF = \frac{1}{2}CF = \frac{1}{3}CB$. Ganz eben so zeigt man, daß $AE = \frac{1}{2}EC = \frac{1}{3}AC$ ist. Aus G. §. 296. Zusatz 2., folgt aber, daß der Punct O ganz derselbe geworden wäre, wenn man die genannte Operation bei den beiden anderen Seiten vorgenommen hätte *), oder daß A so wie B, mit O verbunden, Linien geben, welche verlängert die Seiten BC und AC halbiren werden. Denkt man sich diese Linien gezogen, so wird wie eben geschah bewiesen, daß $KB = \frac{1}{2} AK = \frac{1}{3} AB$, $CI = \frac{1}{2} AI = \frac{1}{3} AC$, $GA = \frac{1}{2} BG = \frac{1}{3} AB$ und $HC = \frac{1}{2} BH = \frac{1}{3} BC$ ist, d. h. die Seiten AB, BC und CA, sind durch jene drei, den Seiten parallel gezogenen Linien, in drei gleiche Theile getheilt. Es sind also die drei Triangel BGH, CFE und AKI, mit dem ganzen Triangel ABC ähnlich (G. §. 312.), folglich auch ähnlich unter sich (G. §. 307.), und da sie wechselseitig eine Seite gleich haben, die an dieser Seite liegenden Winkel aber auch gleich sind, so sind diese Triangel auch unter sich congruent **) (G. §. 60.), folglich auch gleich. Daß aber jeder dieser Triangel auch der kleinstmöglichste ist, der von dem zugehörenden Winkel abgeschnitten werden kann; folgt aus Aufg. 116. Zusatz 2., da alle drei gedachte Parallelen, im Puncte O halbirt werden ***). W. z. b. w.

Zusatz. Stellen wir uns die Höhe GL des Triangels BGH vor; so ist leicht zu sehen, daß dieselbe in Q, d. h. da wo sie die KI scheidet, halbirt wird, denn $GQ : QL = GK : KB = 1 : 1$ (da $KB = KG = \frac{1}{3} AB$ ist). Verbindet man also K mit H, so ist $\triangle BKH = \frac{1}{2} \triangle BGH$ (G. §. 282, 3.). Vergrößert man aber die Grundlinie BH, um ihre Länge, wird also $HM = HB$; so ist wiederum $\triangle BKM = 2 . \triangle BKH = \triangle BGH$. Man hat

*) Denn er ist der einzige Punct, der von der Mitte D der AB, auf der DC um $\frac{1}{3}$DC entfernt liegt.

**) Wollte man dies, ohne vorher die Aehnlichkeit berücksichtiget zu haben beweisen; so betrachte man z. B. Triangel BGH und Triangel EFC, so ist $BH = FC = \frac{2}{3} BC$, Winkel $B = \angle F$ (G. §. 97, 1.) und eben so Winkel $H = \angle C$.

***) Denn es verhält sich z. B. $EO : OF = AD : DB$ (G. §. 297.) $= 1 : 1$; also ist $EO = OF$ u. s. w.

aber BF = FH, (= ⅓ BC), also BM = 4.BF; und man kann hiernach sagen:

der kleinstmöglichste Triangel (GBH), den man durch eine Linie (GH), die durch einen bestimmten Punct (O) zwischen den Schenkeln eines Winkels (ABC) gezogen werden soll, von diesem Winkel abschneiden kann; ist gleich einem Triangel (KBM), dessen Spitze in dem Puncte (K) liegt, wo eine Linie (OK), durch den gedachten Punct (O) mit einem Schenkel des Winkels parallel gezogen, den anderen Schenkel trifft, dessen Grundlinie (BM) aber gleich der vierfachen Linie (BF) ist, die von dem anderen Schenkel (BC) vom Scheitel aus genommen abgeschnitten wird, durch eine zweite Parallele (OF), die durch jenen gegebenen Punct mit dem anderen Schenkel parallel gezogen werden kann. —

Daß dieser Satz bei jedem Winkel, er mag in oder außer einen bestimmten Triangel liegen, gilt, zeigt eine einfache Vergleichung dieser jetzigen Aufgabe mit dem, bei der 116ten Aufgabe Gesagtem, wo ganz dieselbe Construction wie hier, erforderlich ist, um einen Triangel von jener Eigenschaft zu erhalten.

122ste Aufgabe. (Fig. 137. u. 138.)

Innerhalb des Triangels ABC, ist ein Punct O gegeben; man soll durch denselben eine Linie legen, welche den möglich kleinsten Triangel, vom gegebenen Triangel abschneidet.

Auflösung und Beweis. Ob man durch den beliebig gegebenen Punct O, vom Triangel ABC, nach jedem Winkel zu, einen möglichst kleinsten Triangel abschneiden kann, oder ob die Menge dieser Triangel geringer als drei ist; haben wir bisher noch nicht untersucht, und wird dies auch erst in den folgenden Zusätzen geschehen. Daß man aber einen solchen Punct O im △ABC haben kann, so daß die drei durch ihn gelegten Linien DE, GF und IH, nach jedem Winkel zu, einen möglichst kleinsten Triangel für diesen Winkel abschneiden können; zeigt nicht nur die vorhergehende Aufgabe, sondern nichts streitet gegen diese Annahme, die wir daher, als sey in Fig. 137. jene dazu erforderliche Construction geschehen, jetzt machen. Ist der Punct O, nicht der in der vorigen Aufgabe gefundene, so werden die drei Triangel auch unter sich nicht gleich seyn, und es entsteht die Frage: welcher von ihnen der kleinste sey, und dieser Triangel ist es, welcher die Aufgabe löset. — Man stelle sich nun durch den Punct O, auch noch die drei Linien KL, NM und RT, wechselseitig parallel den drei Seiten des Triangels gezogen, vor; so wissen wir aus dem Zusatze zur vorigen Aufgabe, daß der △DEB, gleich einem Triangel ist, dessen Spitze in K liegt, und dessen Grundlinie 4.BN ist; und eben so daß der △FGC, so groß als der Triangel von der Grundlinie 4.RC, der seine Spitze in L hat, ist. Diese beiden Triangel, die ihre Spitzen in K und in L, ihre Grundlinie aber in der BC haben, haben demnach gleiche Höhen, und verhalten sich daher wie die Grundlinien (S. §. 282, 3.), also auch wie die vierten Theile derselben d. h. wie BN und RC zu einander. Setzen wir für diese Triangel wieder die, ihnen gleiche Triangel DEB und FGC; so erhalten wir:

△DEB : △FGC = BN : RC, und eben so
△DEB : △AIH = BK : TA, und endlich
△FGC : △AIH = CL : MA,

so daß also die Vergleichung der Theile, welche die durch O mit den Seiten des Triangels parallel gezogenen Linien von diesen Seiten abschneiden, schon bestimmt, welcher der drei Triangel der kleinste ist, und man braucht daher die Triangel nicht erst besonders zu construiren, obgleich das Ziehen jener drei Parallelen, bereits der Anfang

fang zu dieser Construction seyn würde. Wollte man in fortlaufenden Verhältnissen die drei Triangel vergleichen; so suche man eine vierte Proportionallinie x, von der Art, daß sich verhält RC:CL = BN:x; so ist RC.x = CL.BN. Setzt man aber von den obigen drei Proportionen, die erste und dritte zusammen, so erhält man: △DEB:△AIH = BN.CL:RC.MA; für BN.CL seinen eben gefundenen Werth gesetzt, giebt

△DEB:△AIH = RC.x:RC.MA = x:MA.

Da hier △AIH, homolog mit MA ist, wie in der dritten der obigen Proportionen, so können wir setzen

△FGC:△AIH:△DEB = CL:MA:x,

woraus man leicht sieht, wie man auch eine Linie x hätte suchen können, die einem anderen jener Triangel in dieser Proportion homolog gewesen oder geworden wäre. Also auch hiernach kann der kleinste jener drei Triangel bestimmt werden.

Zusatz 1. Es ist gar nicht schwierig einzusehen, daß man mit Leichtigkeit einen Punct O (Fig. 138.) wählen kann, der so liegt, daß wenn man durch ihn DE ⧺ BC zieht, alsdann die Abschnitte AD und AE, kleiner als die Theile DB und EC werden, und daß alsdann durch den Punct O, keine Linien gelegt werden können, die mit den Winkeln B und C, jene möglichst kleinsten Triangel abschneiden, d. h. wo solche Linien noch ganz innerhalb des Triangels ABC fielen; denn nach der Construction eines solchen Triangels (laut Aufg. 116. Zusatz 3.), muß BD auf DA, oder CE auf EB aufgetragen werden. Aber eben so leicht sieht man ein, daß es mindestens immer zwei Winkel zugleich sind, die solchen möglichst kleinsten Triangel nicht zulassen, sobald man nur weiß, daß ein Winkel ihn nicht zuläßt, eben weil, wenn BD > DA ist, auch die durch D der BC parallel gezogene Linie DE, CE > EA giebt (S. §. 289.). Tritt aber der eben genannte Fall ein, so muß der dritte Winkel A, einen möglichst kleinsten

Triangel ANM zulassen; denn: ist AE < EC, so ist auch AH < EC, also gewiß AH < HC, d. h. man kann AH von H aus, auf HC (eben so AF auf FB) auftragen, um den bewußten Punct N (oder M) zu erhalten. Wir erhalten hieraus den Satz:

durch jeden Punct innerhalb eines Triangels, kann man entweder eine oder drei Linien legen, die von den Winkeln einen oder drei möglichst kleinste Triangel abschneiden, so daß diese Triangel, Theile des ganzen Triangels sind*); nie aber können bloß zwei solche Linien, dergleichen Triangel erzeugen.

Zusatz 2. Jetzt können wir auch folgenden Lehrsatz beweisen:

Die möglichst kleinste Fläche, die man mittelst einer geraden Linie, die durch einen bestimmten Punct innerhalb eines Triangels gehen soll, von diesem Triangel abschneiden kann; ist ein Triangel und nie ein Vierseit**).

Beweis. Ist nur ein Triangel, wie △MAN (Fig. 138.), vom ∠A des Triangels ABC abzuschneiden möglich, welcher hier der möglichst kleinste Triangel ist; so sieht man bald, daß er kleiner als das Vierseit MNCB, das der andere Theil ist, seyn wird. Denn: schon AE war < EC, also auch AN < NC; verbindet man M mit C, so ist △AMN < △NMC (S. §. 162, 1.), also um so mehr △AMN < Vrs. MNCB. — Aber wenn man, wie in Fig. 137., bei jedem Winkel einen möglichst kleinsten Triangel für diesen Winkel ab-

*) Als Winkel, ohne in Beziehung zum Triangel betrachtet, kann man stets eine solche Linie durchlegen, laut Aufg. 116.

**) Daß eine Linie, einen Triangel nie in zwei Vierseite theilen kann, ist leicht zu finden, oder folgt aus einfacher Anschauung eines Triangels und einer Theilunglinie.

schneiden kann; so ist es sehr gut möglich, daß der größte dieser drei Triangel z. B. △IAH, größer als das Vierseit IHCB seyn kann; aber der Lehrsatz behauptete: daß die kleinste Fläche, d. h. der kleinste unter jenen drei Triangeln (denn unter diesen, hat man offenbar stets die kleinste Fläche zu suchen), kleiner als der andere Theil, nemlich als das Vierseit sey. Man nehme nun an, △BDE sey der kleinste unter den drei Triangeln. Zieht man die Verbindunglinie DF, der Puncte D und F, so ist △DOF ≌ △GOE, denn OD = OE, OF = OG (laut Construction der möglichst kleinsten Triangel für jeden Winkel besonders) und ∠DOF = ∠GOE. Thut man zu beiden Triangeln, das Vierseit EOFC; so wird Viers. DECF = △GFC, und da Vierseit DECF < Viers. DECA ist, so ist auch △GFC < Viers. DECA, und um so mehr ist also der kleinste der drei Triangel, nemlich △DEB < Vrs. DECA. W. z. b. w.

123ste Aufgabe. (Fig. 139. u. 140.)

Durch einen der Lage nach gegebenen Punct O, soll eine gerade Linie gezogen werden, die von einem ebenfalls gegebenen ∠ABC, einen, der Größe nach bestimmten, Triangel abschneidet.

Auflösung. Je nachdem der Punct O zwischen den Schenkeln des Winkels, wie in Fig. 139., oder außerhalb des Winkelraums, wie in Fig. 140. liegt, ist die Auflösung in gewisser Hinsicht verschieden, und muß daher hier auch als zwiefach betrachtet werden. Der gegebene Triangel, dessen Inhalt der vom Winkel abzuschneidende Triangel haben soll, mag T, die Höhe desselben h und seine Grundlinie g heißen.

Erster Fall. Wenn, wie in Fig. 139., der Punct O zwischen den Schenkeln AB und BC liegt; so ziehe man durch O die Linie OD ⧺ dem Schenkel AB, bis die BC in D geschnitten wird. Fälle ferner von O auf BC den Perpendikel OP, und suche die vierte Proportionallinie zu den drei bekannten Linien OP, g und h; diese sey x, so daß sich also verhält

$$OP : g = h : x;$$

so ist, wenn man diese vierte Linie von D auf die DC aufträgt, d. h. DE = x macht, und die OE zieht, $\triangle ODE = \triangle T$ (G. §. 284, 2. u. 3.) *). Es kommt nun aber darauf an, daß die Linie OE, die zwar vom Puncte O ausgeht und den Schenkel BC trifft, auch den Schenkel AB treffe, und daher muß ihre Lage verändert werden, weil eine bloße Verlängerung bis R, offenbar $\triangle BRE$ nicht gleich $\triangle DOE$ giebt. Man betrachte jetzt die Linie BE als eine solche, die im Puncte D willkührlich getheilt ist, nnd in welcher man einen Punct X suchen soll, so daß sich verhält:

$$DE : BX = BX : DX.$$

Dies geschieht nach der 114ten Aufgabe, indem man zwei Linien sucht, deren Summe DE ist, welche aber selbst die mittleren Glieder einer Proportion sind, wo BD und DE äußere Glieder sind. Dies geschieht nun wieder nach der 112ten Aufgabe, und ist im gegenwärtigen Falle, in der 139sten Figur vollständig ausgeführt, indem DB auf DE aufgetragen d. h. gleich der DF gemacht, alsdann in D die DI = DE senkrecht errichtet ist. U und V sind die Mitten von FE und DI, dann ist der Mittelpunct Q des Kreises EKW (durch F und E) auf die bekannte Weise bestimmt, und die Linien DL und DK, haben sich als die gesuchten mittleren Glieder ergeben, indem $DE : DL = DK : DF$, oder

$$DE : DL = DK : BD, \text{ und}$$

$$DL + DK = DL + LI = DI = DE \text{ ist.}$$

---

*) Diese Methode zeigt, wie man durch Hülfe der Proportionen einen Triangel (oder ein Parallelogramm) in einen andern verwandeln kann, zu welchem die Höhe oder die Grundlinie gegeben ist (Vergleiche Aufg. 23. u. 24.).

Von diesen beiden Linien DL oder DK, trage man welche es sey, z. B. die DL, von B auf BE*), und ist BG = DL, so ist G der unbekannt gewesene Punct X. Verbindet man jetzt G mit O, so giebt die Linie GO bis zur AB in H verlängert, den △HBG als den gesuchten Triangel an. Es ist nun zu beweisen, daß nach den erwähnten Constructionen, der △HBG = dem △DOE sey, von welchem letzteren wir schon wissen, daß er gleich T ist.

Beweis. Laut Construction wissen wir bloß, daß sich verhält: DE : DL = DK : DF,
oder indem wir jetzt für DL und DF, die Werthe BG und BD setzen, daß DE : BG = DK : BD sey.
Nun war aber DK + DL = DI = DE, für DL ist BG zu setzen, also ist DK + BG = DE, das giebt DK = DE − BG = DE − (BD + DG) = DE − BD − DG = GE − BD; wonach die zuletzt genannte Proportion nunmehr DE : BG = GE − BD : BD wird. Aus dieser folgt: DE : BG = DE − (GE − BD) : BG − BD,
oder DE : BG = DE − GE + BD : DG, oder
DE : BG = BG : DG.
Man sieht hieraus, wie unsere Construction die in der Auflösung gemachte Bedingung erfüllt, nemlich daß man einen Punct X suchen solle (der nunmehr G ist), so daß sich verhält DE : BX = BX : DX.
Betrachtet man ferner die Triangel HBG und ODG; so ist laut Construction OD ⧺ HB, also verhält sich:
BH : DO = BG : DG; und da wir eben fanden daß DE : BG = BG : DG sey, so ist auch
BH : DO = DE : BG.
Nun haben die beiden Triangel HBG und ODE, einen gleichen Winkel, denn ∠B = ∠D (S. §. 97, 1.), und die letzte Proportion zeigt, daß die diesen gleichen Winkel einschließenden Seiten des einen Triangels die äu-

*) Siehe Zusatz 1.

ßeren, die des andern aber die mittleren Glieder einer Proportion bilden; also sind nach G. §. 287. beide Triangel einander **gleich**; und da wir schon gesehen haben, daß $\triangle ODE = T$ ist, so ist $\triangle HBG = T$. W. z. b. w.

Zusatz 1. Hätte man, wie in der Auflösung gesagt wurde, DK von B aus auf die BE getragen, und zwar $BN = DK$ gemacht; so wäre auch N ein solcher Punct X geworden, der die Aufgabe erfüllt hätte, d. h. $\triangle BNM$, der durch die Linie NOM bestimmt wird, erfüllt gleichfalls die Bedingungen. Denn setzt man in die Proportion: $DE:DL = DK:DF$, die Glieder $DK = BN$, und $DL = NE - BD$ *), so wird sie

$$DE:NE - BD = BN:BD \quad (\text{da } BD = DF),$$

und hieraus $DE:BN = DE-(NE-BD):BN-BD$

d. h. $DE:BN = BN:DN$, oder wird N als X gesetzt: $DE:BX = BX:DX$

d. h. die, als zu construiren gegebene Proportion, ist ebenfalls erfüllt. Wie vorher zeigt man nun daß, da $OD \# BM$ ist, $BM:DO = BN:DN$, also da auch

$$DE:BN = BN:DN, \text{ so ist}$$

$$BM:DO = DE:BN;$$

welches wieder aus dem Grunde wie vorher, auf die Gleichheit der Triangel MBN und ODE, mithin auch darauf führt, daß $\triangle MBN = T$ sey.

Zusatz 2. Diese doppelte Auflösung, die wir bei dem ersten Falle (d. h. wo O zwischen den Schenkeln liegt) finden, ist so zu sagen eine nothwendige Erscheinung aus der Construction der Proportion

$DE:BX = BX:DX$, mittelst der Proportion $DE:y = z:BD$,

wo $y + z = DE$ seyn sollte, denn es bleibt, wenn die Summe zweier Größen $y + z$, oder der gefundenen Li-

---

*) Da $DL + DK = DE$, so ist $DL = DE - DK = DE - BN = DE - BD - DN = NE - BD$; wie dies vorher bei der DK als $= GE - BD$ gezeigt wurde.

nie DK und DL, gegeben ist, ganz unentschieden, welche von beiden die größere ist *), und da nur von einer Linie BX, als die eigentlich zur Bestimmung des Punctes X zu suchende Linie die Rede ist, so mußten beide Werthe, auch den Punct X geben. Diese Nothwendigkeit wird auch aus der, in der folgenden Anmerkung noch ausgeführten analytischen Auflösung erhellen.

Zusatz 3 Da es stets einen Triangel giebt, der unter allen Triangeln die man mittelst einer durch O gehenden Linie, von dem ∠ABC abschneiden kann, der möglichst kleinste ist (Aufg. 116. Zusatz 2.); so ist wol einfach klar, daß die Größe des gegebenen Triangels T, nicht willkührlich seyn kann, sondern daß die Fläche desselben größer als T seyn muß, oder man erhält wenn sie gleich T ist, auch jenen kleinsten Triangel. Hierüber lassen sich wieder sehr interessante Betrachtungen anstellen, wenn man diesen kleinsten Triangel, der sich doch schon aus der Lage von O gegen die Schenkel des Winkels ABC ergiebt, mit der Fläche T, und mit unserer ganzen vorher gezeigten Construction vergleicht. Eben so läßt sich sehr einfach die Nothwendigkeit nachweisen, warum die beiden Linien DL und DK, sich stets größer als BD ergeben müssen **); denn fiele X d. h. G oder N, zwischen B und D; so ist aus der Natur der Aufgabe klar, daß keine von denen, vom Puncte X aus durch O gezogenen Linien, den Schenkel BA schneiden würden. Diese und ähnliche Betrachtungen anzustellen, wird um so vielmehr dem Leser überlassen, als sie leicht zu finden sind, und gegenwärtige, ohnehin schon lange Aufgabe, noch nicht zu Ende ist.

---

*) Vergleiche den gleich folgenden zweiten Fall hiermit.

*) Da die Proportion $DE : x = y : BD$ erfüllt werden soll, wo $DE > BD$ und $x + y = DE$ ist; so müssen sowol x als y kleiner als DE und größer als BD ausfallen, da $x \cdot y = DE \cdot BD$ seyn muß.

Anmerk. 1. Analytische Auflösung. Hat man Triangel ODE = T gemacht, und ist OD parallel AB; so sey die Linie HOG die gesuchte, oder der Punct G der gefundene Punct. Dann muß sich verhalten (da die gleichen Triangel HBG und ODE einen gleichen Winkel, ∠B = ∠D haben):

HB : OD = DE : BG (G. §. 286.). Ferner da HB paral. OD ist, HB : OD = BG : DG, folglich

DE : BG = BG : DG.

Dies ist die in der synthetischen Auflösung, als zu construiren gegebene Proportion. Aus ihr folgt:

DE : DE — BG = BG : BG — DG, oder

DE : DE — BD — DG = BD + DG : BD;

und setzt man DE = a, BD = b und DG = x; so wird sie:

$a : a - b - x = b + x : b$

d. h. das Finden einer Proportion, wo DE und BD die äußeren Glieder, und die Summe der mittleren Glieder gleich DE ist, wird verlangt. Jedes der mittleren Glieder, enthält aber auf gewisse Weise die Bestimmung des Punctes X, oder die unbekannte Größe x, und man könnte in Verlegenheit seyn, welches Glied zur verlangten Bestimmung erforderlich sey, wenn nicht gerade hieraus die Einerleiheit des Gebrauchs der beiden Werthe DE — BG, und BG selbst, sich abnehmen ließe. So ist also die vorstehende synthetische Auflösung gefunden.

Zweiter Fall. Wenn der Punct O, wie in Fig. 140., außerhalb des Winkels ABC liegt; so erhalten wir folgende analytische Auflösung, für die der Leser sich die synthetische leicht bilden wird. Hat man zuerst wieder OD ⧣ AB, bis zur Verlängerung des Schenkels CB in D gezogen; so nehme man △ODE = T, indem wie in Nr. 1., DE als vierte Proportionale zu OP (als Höhe) h und g gesucht wird. Wäre nun OG die eigentlich gesuchte Linie, also △HBG der gesuchte Triangel = △ODE = T; so verhielte sich in den beiden gleichen Triangeln ODE und HBG, wegen der gleichen Winkel bei D und bei B:

OD : HB = BG : DE (G. §. 288.);

ferner OD : HB = DG : BG (G. §. 290, 2. da BH ⧣ OD ist), daher BG : DE = DG : BG, oder auch so gesetzt

DE : BG = BG : DG;

woraus man sieht, daß die Anwendung der 114ten Aufgabe, wieder nöthig wird, indem nur die Puncte D, E und B bekannt sind, und G zu suchen ist. Die Aenderung der Proportion ist folgende:

$$DE : BG = BG - DE : DG - BG, \text{ oder}$$

$$DE : BG = BG - DB - BE : DB;$$ oder nennt man $BG = x$, $DB = b$, $BE = a$, so soll seyn

$$a + b : x = x - b - a : b.$$

Es sind also zwei Linien x und $x - b - a$, als mittlere Glieder einer Proportion zu finden, deren äußere Glieder $a + b$ und b bekannt sind, und von welchen man weiß, daß ihre Differenz $= x - (x - b - a) = b + a$, also bekannt ist. Nach Aufg. 111. geschieht dies, wie die Construction in Fig. 140. es zeigt, indem $DF = DB = b$, $DE = a + b$, $DI = DE = a + b$ gemacht, und der Mittelpunct des Kreises LKVV durch F und E, auf die bekannte Art bestimmt wird. Es ergeben sich die Linien DK und DL, als die gesuchten mittleren Glieder. Hier kann aber keine doppelte Bedeutung wie im ersten Falle, für x entstehen; denn: da $x > x - b - a$ ist, so muß die größere der beiden gefundenen Linien d. h. $DK = x$ seyn, und man hat daher DK von B auf die BC nach G zu tragen, d. h. $BG = DK$ zu machen. Somit entsteht der Punct G und die Linie GO welche den $\triangle HBG = T$ giebt.

Zusatz 4. Wenn es in diesem Falle nur eine Linie ist, welche die Forderung erfüllt; so sieht man dagegen leicht ein, daß die Aufgabe durch keine Lage des Punctes O unmöglich werden kann, sobald O nur nicht in der Verlängerung eines der Schenkel des Winkels ABC, oder in der Fläche des Scheitelwinkels desselben d. h. im $\angle FBV$ liegt, denn diese Lagen zeigen sogleich, daß die Erfüllung der Aufgabe völlig unmöglich ist. Jene immer stattfindende Möglichkeit der Auflösung, ergiebt sich aber auch daraus, daß man leicht zeigen kann, wie Linien von O aus gezogen, und den $\angle ABC$ schneibend, einen Triangel von der kleinsten bis zur größten Größe abschneiden können; ferner daraus, daß die Construction nach Aufg. 111. stets möglich ist, indem die Differenz der mittleren Glieder bekannt ist. Endlich sieht man leicht, daß G, von B aus genommen, stets über E hinausfallen muß; denn: da die Differenz der mittleren Glieder $a+b$ ist, so muß das größere Glied $x > a+b$ *), also größer als jedes der beiden äußeren Glieder in diesem Falle seyn, indem diese äußeren Glieder $a+b$ und b sind. Ist also $x > b$, so fällt unbedingt G über E hinaus, eben weil $BG (=x) > BE (=a)$ ist. Aber aus diesem Grunde folgt auch, daß das 2te mittlere Glied $x - b - a$ d. h. DL, kleiner als jedes der äußeren Glieder ist. Dies führt nun darauf, daß man DL von B aus nach D zu tragen, und den Punct N, wo $BN = DL$ die Linie BF trifft, zwischen B und D erhalten kann. Wird dieser Punct N mit O verbunden, so muß die Verbindunglinie ON verlängert, den verlängerten Schenkel AB irgendwo schneiden, und dies sey in V. Nun kann man beweisen, daß der hierdurch vom Scheitelwinkel FBV des Winkels ABC, abgeschnittene Triangel NBV, ebenfalls $= T = \triangle ODE$ ist, so daß also doch, eine gleich in anderer Beziehung als in Nr. 1., die beiden Linien DK und DL, die Aufgabe erfüllen. Der Beweis ist dieser: laut Construction verhält sich: $FD : DL = DK : DE$; setzt man hierfür die Werthe $DB : BN = NE + DB$ **)$: DE$; so läßt sich daraus bilden

$$DB - BN : NE + DB - DE = BN : DE \quad \text{d. h.}$$

$$DN : NB = NB : DE.$$

Da die beiden Triangel BNV und DNO, alle Winkel

*) Daß alle Glieder der Proportion hier positiv sind, versteht sich von selbst.

**) Da $DK - DL = DK - BN = DB + BE$ (laut Construction), so ist $DK = DB + BE + BN = NE + DB$.

gleich haben *), so verhält sich auch

DN : NB = DO : BV (S. §. 308.), also auch wieder NB : DE = DO : BV.

Die beiden Triangel BNV und ODE, haben aber bei B und D einen gleichen Winkel, und deßhalb folgt, weil nach der eben bewiesenen Proportion die äußeren Glieder die, jenen Winkel NBV, und die mittleren die, den gleichen Winkel ODE einschließenden Seiten der Triangel sind, daß △NBV = △ODE = T ist (S. 287.).

Anmerk. 2. Man vergleiche die Auflösung unserer Aufgabe mit der, §. 82. im ersten Theile von Meier Hirsch Sammlung geometrischer Aufgaben gegebenen Auflösung.

124ste Aufgabe. (Fig. 141.)

Zwei gerade Linien AB und CD, durchschneiden sich in Q unter rechten Winkeln. Zwischen den Schenkeln eines der vier entstehenden rechten Winkel, ist ein Punct O gegeben, der von beiden Schenkeln QA und QD gleich weit absteht; man soll durch den Punct O, eine gerade Linie so ziehen, daß der, zwischen den Schenkeln eines der rechten Winkel liegende Theil dieser Linie, eine gegebene Länge n habe.

Auflösung. Man fälle von O auf den Schenkel QD, den Perpendikel OE, und verlängere ihn willkührlich nach M zu. Trage vom Puncte E auf die EC, eine Linie ER gleich der n auf, und ziehe RO. Diese Linie RO, trage man von E aus auf die EM auf, so daß EN = OR wird. Ueber ON beschreibe man den Halbkreis OZN, und ziehe nach dem Puncte H, wo der Halbkreis die AB durchschneidet, die Linie OH; so erfüllt sie die Bedingung der Aufgabe, d. h. GH ist = n.

Beweis. Man fälle von H auf ON, den Perpendikel HK, und verbinde H mit N; so ist ∠OHN

*) Es ist laut Construction BV parallel OD.

ein rechter Winkel (G. §. 233, 2.), und HK = OF *) = OE, denn laut Annahme der Aufgabe ist OF = OE. Ferner haben die Triangel HKN und OEG, gleiche Winkel, indem $\angle K = \angle E = R$, und $\angle KHN = \angle EOG$ ist (G. §. 319.). Da nun auch HK = OE ist; so sind die beiden Triangel congruent (G. §. 60.), und folglich KN = EG (I.). Daß die Triangel GQH und OGE, der Gleichheit der Winkel wegen, so wie die Triangel QHK und OGE, ähnlich sind, bedarf keines weitern Beweises. Nun hat man:

$$\overline{GH}^2 = \overline{GQ}^2 + \overline{QH}^2$$ (G. §. 176.); ferner

$$\overline{QE}^2 = (QG+GE)^2 = \overline{QG}^2 + 2.QG.GE + \overline{GE}^2$$ (G. §. 171),

also

$$\overline{GH}^2 + \overline{QE}^2 = \overline{QH}^2 + \overline{GE}^2 + 2.\overline{QG}^2 + 2.QG.GE,$$ oder

$$\overline{GH}^2 + \overline{OE}^2 = \overline{QH}^2 + \overline{GE}^2 + 2.QG(QG+GE$$ (G. §. 179. Zus. 2.)

d. h.

$$\overline{GH}^2 + \overline{OE}^2 = \overline{QH}^2 + \overline{GE}^2 + 2.QG.QE,$$ od. für QE = OE gesetzt,

$$\overline{GH}^2 + \overline{OE}^2 = \overline{QH}^2 + \overline{GE}^2 + 2.QG.OE$$ (II.).

Aus der Aehnlichkeit der Triangel HQG und GEO, folgt aber: QH : QG = OE : GE, woraus QH.GE = QG.OE wird. Setzt man diesen Werth für QG.OE in (II.), so wird

$$\overline{GH}^2 + \overline{OE}^2 = \overline{QH}^2 + \overline{GE}^2 + 2.QH.GE = (QH+GE)^2$$
$$= (EK+GE)^2 = (EK+KN)^2 = \overline{EN}^2,$$

indem nach (I.) KN = EG ist. Aber $\overline{EN}^2$ ist nach der Construction $= \overline{OR}^2 = \overline{OE}^2 + \overline{ER}^2 = \overline{OE}^2 + n^2$; also ist auch $\overline{GH}^2 + \overline{OE}^2 = \overline{OE}^2 + n^2$, folglich

$$\overline{GH}^2 = n^2$$ d. h.

$$GH = n.$$ W. z. b. w.

Zusatz 1. Daß man die nunmehr gefundene Linie QH, auch nach dem Schenkel QC des Winkels AQC

---

*) OF ist ein Perpendikel, von O auf den Schenkel AB gefällt.

hin tragen, d. h. OS = OH machen kann, so daß TS = GH = n ist; leuchtet aus der, gegen beide Schenkel des Winkels AQD, vollkommen gleiche Lage des Punctes O ein *), oder ist höchst einfach zu beweisen. Daß die genannte Construction immer möglich seyn wird, läßt sich so zeigen: da OR > OE ist, so ist OR + OE > 2.OE d. h. ON (= OE + EN = OE + OR) > 2.OE, also auch ON > 2.EQ. Es muß daher der Radius des, aus der Mitte der ON zu beschreibenden Halbkreises, indem dieser Radius = $\frac{1}{2}$ON, also > EQ ist, auch stets die Linie AB irgend wo schneiden, also ein Punct H entstehen, wohin man die Linie OH ziehen kann.

Anmerk. 1. Folgende analytische Auflösung, darf hier um so weniger fehlen, als sie sich von der Methode, wie die früheren Auflösungen dieser Art geführt wurden, etwas unterscheidet, und ferner zeigt, wie auch eine zusammengesetztere Auflösung, sich auf diesem Wege finden läßt. — Man nehme also an, OH erfülle die Aufgabe; so fälle man von O auf DC, die Senkrechte OE, die man wieder willkührlich verlängert, und von H auf die OM, die Senkrechte HK. Jetzt ist nichts bekannt außer der OE, der EQ = HK = OE, ferner laut Annahme die GH (als = n) so wie, daß EQ parallel KH ist. Um nun solche Flächen zu haben, worin die bekannten und unbekannten Linien liegen, damit man eine Beziehung zwischen ihnen finden könne, errichte man auch in H auf OH, die Senkrechte HN, bis die OM geschnitten wird. So finden beim rechtwinklichen Triangel OHN, alle die Sätze G. §. 319. bis §. 324. statt. Man hat hiernach zuerst (G. §. 322)

OK : KH = KH : KN. Ferner: da EG parallel KH geht, so ist OK : KH = OE : EG, oder, da KH = OE ist,

OK : KH = KH : EG, u. so ergiebt sich aus der 1ten u. 3ten Proport. KN = EG **). Fängt man nun an zu schließen:

$$\overline{GH}^2 = \overline{GQ}^2 + \overline{QH}^2,$$

und fährt hierin gerade so fort, wie im vorstehenden Beweise

*) Vergleiche Anmerkung 2. zur 71sten Aufgabe.

**) Dies hätte auch aus der leicht zu beweisenden Congruenz der beiden Triangel OEG und HKN, wie vorher abgeleitet werden können.

zur synthetischen Auflösung geschah; so kommt man bald wie dort darauf, daß $\overline{GH}^2 + \overline{OE}^2 = (EK + GE)^2$ seyn muß. Da nun eben $KN = EG$ gezeigt ist, so folgt, daß $\overline{GH}^2 + \overline{OE}^2 = (EK + KN)^2 = \overline{EN}^2$ sey. So ergiebt sich also das Bedürfniß, wonach man die synthetische Auflösung anfing, nemlich daß eine Linie EN gesucht wird, deren Quadrat gleich $\overline{GH}^2 + \overline{OE}^2 = n^2 + \overline{OE}^2$ sey. Diese Linie war vorher OR, und man sieht, daß sie von E nach N auf die EM aufgetragen werden muß. Um endlich den rechten Winkel bei H zu erhalten, dessen Scheitel in der AB liegen muß, ist wol die Construction des Halbkreises über ON, ein einfaches Mittel, das sich sogleich ergiebt.

Zusatz 2. Aber es kann auch verlangt werden, daß die, durch den Punct O gelegte Linie, die Schenkel AQ und QD schneiden, und zwischen diesen Schenkeln die Länge n haben soll. Man verlege den Punct O (um die Figur nicht zu verwickelt zu machen) nach O' d. h. zwischen die Schenkel des rechten Winkels CQB, und vollziehe nun hier die Construction. Mag die analytische Auflösung sogleich vorgenommen werden. Gesetzt UV sey $= n$, so ziehe man durch Q' die Q'T # CQ; so hat man:

$$\overline{UV}^2 = n^2 = \overline{UQ}^2 + \overline{QV}^2.$$ Ferner:

$$\overline{QT}^2 = (QV - VT)^2 = \overline{QV}^2 - 2.QV.VT + \overline{VT}^2 \text{ (G.S. 172.)},$$

daher
$$n^2 + \overline{QT}^2 = \overline{UQ}^2 + \overline{VT}^2 + 2.\overline{QV}^2 - 2.QV.VT$$
$$= \overline{UQ}^2 + \overline{VT}^2 + 2.QV(QV - VT)$$
$$= \overline{UQ}^2 + \overline{VT}^2 + 2.QV.QT. \quad \text{(I.)}$$

Aber es verhält sich in den beiden Triangeln VQU und VTO', QV : QU = VT : TO'. Fället man aber O'P, senkrecht auf QC, so ist (wegen der laut Annahme bestimmten Lage des Punctes O') TO' = TQ, also QV : QU = VT : TQ, woraus VQ . TQ = QU . VT folgt. Diesen Werth in den Ausdruck (I.) substituirt, so wird $n^2 + \overline{QT}^2 = \overline{UQ}^2 + \overline{VT}^2 + 2.QU.VT = (UQ + VT)^2$. Hieraus folgt nun erst folgende Construction, indem wir doch nur das Quadrat $(UQ+VT)^2$ einer Linie $UQ+VT$ gefunden haben, deren Theile wir nicht kennen, und doch ist an der Kenntniß dieser Theile UQ und VT alles gelegen. Von dieser Linie $UQ+VT$ wissen wir aber, daß ihr Quadrat $= n^2 + \overline{QT}^2 = n^2 + \overline{O'P}^2$ d. h. bekannt ist, oder sich sogleich aus den vollständig bekannten Linien n und O'P, finden läßt. Nennen wir daher die bekannte Linie $UQ+VT=s$; so sind die Theile derselben noch zu suchen. Nun weiß man aber daß sich verhält:

$$TO' : UQ = VT : QV,$$

die mittlern Glieder dieser Proportion sind in der Summe als $= s$ bekannt, das 4te Glied QV aber, ist unbekannt; daher schließe man: $UQ - TO' : TO' = QV - VT : VT$ d. h. $UP : TO' = TQ : VT$, oder (durch Verwechselung der Glieder der Verhältnisse)

$$TO' : UP = VT : TQ.$$

Die äußeren Glieder sind bekannt und gleich, und von den mittleren Gliedern kennt man ihre Summe, denn man weiß daß $UP+VT+PQ$ oder $UQ+VT=s$ ist, daher ist $UP+VT=s-PQ$. Aber s so wie PQ sind bekannt, also auch jene Summe der mittleren Glieder. Nach der Aufg. 112. suche man also die beiden Linien UP und VT selbst, und jede von ihnen ist allein hinreichend, die Linie UV dadurch zu bestimmen, daß UP, von P nach C zu getragen den Punct U, und VT, von T nach B zu getragen den Punct V giebt, indem die Puncte P und T selbst, bestimmte Puncte sind. Zugleich sieht man die Willkühr die man hat, von P aus die gefundene TV noch W, oder von T aus die PU nach L zu tragen, um eine zweite Linie WL zu finden, die der Forderung gleichfalls entspricht. Merkt man darauf, daß die 112te Aufgabe, nur unter gewissen Umständen die Construction zuläßt; so wird man darin den Grund finden, warum zwischen den Schenkeln des Winkels CQB, nicht jede Linie von einer willkührlichen Größe n, sich eintragen läßt, wie dies auch ein bloßer Anblick der Figur schon lehrt, je nachdem O', fern oder nahe den Schenkeln liegt. — Wollte man endlich den synthetischen Beweis auch hier noch besonders führen, so ist dies keinen Schwierigkeiten unterworfen, wird aber dem Leser nunmehr überlassen. So giebt also auch diese Aufgabe, Stoff genug zur Betrachtung der mannigfaltigen Eigenthümlichkeiten, die sich aus der verschiedenen Lage eines Punctes gegen Linien ergeben können, wenn gewisse Linien durch ihn gezogen werden sollen. Diese Betrachtungen werden noch mannigfaltiger, wenn man gegenwärtige Aufgabe mit der letzten Aufgabe besonders, so wie mit einigen der früheren Aufgaben vergleicht.

Anmerk. 2. Durchschneiden die beiden gegebenen Linien sich unter schiefen Winkeln, und hat der gegebene Punct eine andere Lage als die eben betrachtete; so gehört die Auflösung der Aufgabe noch nicht hierher.

125ste Aufgabe. (Fig. 142.)

Ein Winkel eines Triangels, der vom Scheitel desselben auf die gegenüber liegende Seite gefällte Perpendikel, und das Verhältniß der beiden Abschnitte, in welche diese Seite durch den Perpendikel getheilt wird, sind gegeben; man soll den Triangel construiren.

Auflösung. Man trage zwei Linien AO und OB, die das gegebene Verhältniß der beiden Abschnitte darstellen (Aufg. 105.), in eine gerade Linie AB zusammen, beschreibe über sie einen Kreisbogen AGB der den gegebenen Winkel faßt (Aufg. 87.), und errichte im Puncte O, den Perpendikel OC bis zur Peripherie des Bogens. Nun trage man auf CO oder deren Verlängerung, von C aus die gegebene Höhe gleich der CD auf, und ziehe durch D eine Linie FE parallel der AB. Verbindet man jetzt C mit A und mit B, und verlängert diese Linien

nien bis sie in F und E die FE treffen; so ist △FCE der gesuchte Triangel.

Beweis. Triangel FCE hat den ∠C, gleich dem gegebenen Winkel, die Höhe CD gleich der gegebenen Höhe; ferner verhält sich DF:DE = AO:OB (S. §. 297.) d. h. die durch den Perpendikel CD bestimmten Abschnitte DF und DE, haben das gegebene Verhältniß zu einander. W. z. b. w.

Zusatz. Man wird diese Aufgabe als ähnlich erkennen mit Aufg. 95. nebst deren Zusätzen. Ueberhaupt lassen sich jene, im zweiten Theile des vorigen Abschnittes gegebene Aufgaben, leicht als solche Aufgaben geben, die in gegenwärtigen Abschnitt gehören, nemlich wenn man, z. B. statt eines Stückes, das Verhältniß seiner Theile, oder statt zweier Stücke, das Verhältniß derselben nebst der absoluten Größe des einen Stückes giebt u. dgl. m. So lange solche relativ (durch ihr Verhältniß) gegebene Stücke, Seiten sind, hat die Auflösung keine Schwierigkeit, wird aber das Verhältniß von Winkeln eingeführt, so ist durch Hülfe elementarer Constructionen, nicht immer die wahre Größe daraus zu bestimmen. — Im Allgemeinen merke man nur, daß ein Verhältniß so gut als ein Stück ist, lauter Verhältnisse aber allein gegeben, keine Figur absolut bestimmen, sondern daß mindestens eine Größe selbst gegeben seyn muß. — Sollte z. B. das Verhältniß zweier Seiten, der eingeschlossene Winkel und die demselben gegenüber liegende Seite gegeben seyn; so construire man zwei Linien, die jenes Verhältniß der Seiten haben *) z. B. FC und CE; trage sie unter den gegebenen Winkel FCE zusammen und ziehe FE. Trägt man nun von E aus, die EM gleich der dritten gegebenen Seite, auf, und zieht durch M die MN ⋕ FC; so sieht man, daß △MNE

*) Ist das Verhältniß durch Linien gegeben, so kann man diese Linien selbst hierzu brauchen.

die Bedingungen erfüllt, denn MN : NE = FC : CE (G. §. 290, 2.), ∠N = ∠C und ME hat die gegebene Länge. — Nun noch einige hierher gehörige Aufgaben, die aber schwieriger zu lösen sind.

126ste Aufgabe. (Fig. 143.)

Gegeben die Summe s zweier Seiten eines Triangels, ferner der von beiden Seiten eingeschlossene Winkel v, und das Verhältniß n : m der beiden Abschnitte, worin der Perpendikel, vom Scheitel des Winkels v auf die gegenüber liegende Seite gefällt, diese Seite theilt. Es soll der Triangel aus diesen Stücken construirt werden.

Auflösung. Zwei Linien AB und BM, deren Verhältniß zu einander wie n : m ist, trage man in eine gerade Linie AM zusammen, über welche man einen Kreisabschnitt AFM beschreibt, der den ∠v faßt (Aufg. 87.). In B errichte man den Perpendikel BO bis zur Peripherie des Bogens AFM, und ziehe AO und OM. Sollten diese beiden Linien zufällig in Summe = s seyn, so wäre △AOM, der gesuchte Triangel. Da das aber nicht anzunehmen ist, so verlängere man die eine Seite AO so weit, daß AE = s wird (oder trage s auf AO auf, wenn s < AO ist). An die AE trage man in den Punct E, einen Winkel AEN an, der gleich $\frac{1}{2}$∠v ist, und verlängere den Schenkel, bis die AM in N geschnitten wird; in N trage man wieder an die NE, den ∠END auch gleich $\frac{1}{2}$∠v, und verlängere den Schenkel, bis die AE in D geschnitten wird. Jetzt ist △ADN der verlangte Triangel.

Beweis. Laut Construction ist ∠DEN = ∠DNE = $\frac{1}{2}$∠v, also der △DNE gleichschenklich d. h. DN = DE; folglich DN + DA = DE + DA = s, d. h. die Summe der beiden Seiten DN und DA, entspricht der einen Bedingung der Aufgabe. Nun ist ∠DEN + ∠DNE = 2 . $\frac{1}{2}$∠v = ∠v = ∠AOM, da auch dieser Winkel

laut Construction, als Winkel im Abschnitte AFM, gleich $\angle v$ ist. Aber es ist $\angle DEN + \angle DNE + \angle NDE = 2R$ (G. §. 105.), folglich
$\angle v + \angle NDE = \angle AOM + \angle NDE = 2R$, woraus $DN \# OM$ folgt (G. §. 94.), und hieraus $\angle ADN = \angle AOM$ (G. §. 97, 1.), weshalb der $\triangle ADN$, auch die zweite Bedingung der Aufgabe erfüllt. Nun fälle man von D auf AN, den Perpendikel DC; so muß noch gezeigt werden, daß sich verhält:

$$AC : CN = AB : BM \; (= n : m).$$

Da aber im $\triangle AOM$, die $DN \#$ der OM geht, so verhält sich $AO : AD = AM : AN$; und weil auch $OB \# DC$, so ist $AO : AD = AB : AC$ (G. §. 290, 1.), also $AM : AN = AB : AC$, woraus folgt

$$AM - AB : AN - AC = AB : AC \text{ d. h.}$$

$$BM : CN = AB : AC \text{ oder}$$

$$AB : BM (= n : m) = AC : CN. \text{ W. z. b. w.}$$

Anmerk. Die analytische Auflösung ist leicht zu finden, denn gewiß sieht man, daß erst das gegebene Verhältniß eingeführt, oder eine Linie AM gefunden werden muß, deren Theile AB und BM, das bestimmte Verhältniß haben. Die Nothwendigkeit der vorhin genannten Art der Construction des Winkels AOM, liegt gewiß sehr nahe, und das Bedürfniß, die Linien AO und OM zusammen gleich s zu erhalten, leitet sehr einfach auf die Construction der ND, oder des gleichschenklichen Triangels DNE; so wie zugleich die Nothwendigkeit, den Winkel $ADN = \angle AOM \; (= \angle v)$ zu bekommen, darauf leitet, die DN parallel OM zu haben, oder Winkel $NDO + \angle DOM = 2R$ zu erhalten, woraus unmittelbar die Construction des Winkels $E = \frac{1}{2} \angle v$ sich ergiebt.

Zusatz 1. Um zu zeigen, wie sogleich die Art der Auflösung eine ganz andere wird, wenn, statt des Verhältnisses der beiden Abschnitte AC und CN, z. B. ihre Differenz d gegeben ist, während die anderen Bedingungen $\angle v$ und die Summe s der Seiten ungeändert bleiben; diene folgende Auflösung, wenn gleich die Aufgabe nunmehr ihrer Natur nach, eigentlich in den zweiten Theil des vorigen Abschnittes gehört.

Auflösung. Man trage auf eine beliebig lange Linie GM, die gegebene Differenz $d = GA$. An AM trage man in A, den $\angle EAM = \frac{1}{2}(2R - \angle v)$ d. h. gleich dem halben Nebenwinkel des Winkels v. Von G aus, schneide man mit der Linie s, die Linie AE in E, so daß $GE = s$ wird; trage dann an die AE in A, den $\angle EAH = \angle AEG$, und beschreibe aus H mit HA, den Kreis ALI. Nach L, wo die Kreislinie die GM trifft, ziehe man die HL; so ist $\triangle GHL$ der gesuchte Triangel.

Beweis. Da $\angle HEA = \angle EAH$, so ist $HA = HE$, und da HL als Halbmesser gleich HA ist, so ist auch $HL = HE$; folglich $GH + HL = GH + HE = GE = s$. Ferner ist $\angle EHL = 2 . \angle EAL$ (G. §. 231.) $2 . \frac{1}{2}(2R - \angle v) = 2R - \angle v$, daher der Nebenwinkel vom $\angle LHE$ d. h. $\angle GHL$, gleich $\angle v$ ist. Es sind also zwei Bedingungen der Aufgabe erfüllt. Fällt man von H auf GL, den Perpendikel HP; so ist $PA = PL$ (G. §. 202, 2.), also

$$PG - PL = PG - PA = AG = d. \text{ W. z. b. w.}$$

Zusatz 2. Durch die gegebenen Stücke ist sowol der, in der Aufgabe zuerst bestimmte Triangel, wie der eben im Zusatz 1. erzeugte Triangel völlig bestimmt, wie sich dies leicht beweisen läßt nach den Regeln, die wir bei den Aufgaben des ersten Abschnitts kennen lernten. Ist also die Differenz d (im Zusatz 1.) so groß gegeben, als die Differenz der Abschnitte AC und CN im ersten Falle sich ergiebt; so sind die beiden erzeugten Triangel DAN und HGL, congruent, vorausgesetzt daß $\angle v$, und die Summe der beiden anderen Seiten d. h. s, ungeändert bleiben. Diese Congruenz ist eine unmittelbare Folge aus der angenommenen Gleichheit jener drei, jeden der Triangel bestimmenden Stücke, indem $AC - CN = d = GA$ seyn sollte. Daß aber die Figur in unserem Falle, deutlich die Nichtcongruenz der beiden Triangel GHL und ADN zeigt, hat seinen Grund darin, weil $\angle$NAE, der sich aus der ersteren Construction schon ergab, bei der Construction des Triangels GHL, als der halbe Nebenwinkel des Winkels v angenommen wurde, was er offenbar nicht ist.

Anmerk. Da man bei Untersuchungen in Constructionen, oft auf dergleichen scheinbare Widersprüche stößt; so habe ich um so weniger diese Bemerkungen nächst der zwiefachen Auflösung übergehen können (Vergleiche G. §. 11.). Die analytische Auflösung unter den Bedingungen im Zusatz 1., hat hier keine Schwierigkeiten.

127ste Aufgabe. (Fig. 144.)

Um einen Triangel zu construiren, ist eine Seite s, die Differenz d der dieser Seite anliegenden Winkel, und die Höhe h, welche man auf die Seite s fällen kann, gegeben. Es soll der Triangel gefunden werden.

Auflösung. Man mache die Linie AB gleich der gegebenen Seite s, halbire sie in Q, und errichte hier den Perpendikel QC, dem man oberhalb der Linie AB, die Länge h = QO giebt. Vom Puncte O aus, trage man zu beiden Seiten einer, durch O mit der AB parallel gezogenen Linie RP, beliebig große, doch einander gleiche Linien OF = OE auf, und beschreibe über EF einen Kreisbogen ESF, nach der Seite zu, wo die AB liegt, welcher den Winkel d faßt, indem man $\angle$OFH = $\angle$d, so an die EF anträgt, wie es nach Aufg. 87. erfordert wird. Nun verbinde man O mit B. Nach N, wo die OB den genannten Kreisbogen schneidet, ziehe man die EN und die FN; dann durch den Punct B, die Linien BL und BM, wechselseitig parallel den Linien NE und NF. Die Puncte L und M, wo die RP von den gedachten Parallelen geschnitten werden, geben mit A und mit B verbunden, die Triangel ABL und ABM, welche beide den Bedingungen der Aufgabe ein Genüge leisten.

Beweis. Auf dieselbe Weise, wie wir vom $\triangle LAB$ beweisen können, daß er die Aufgabe erfüllt, wird man es auch vom $\triangle ABM$ zeigen können, der sich übrigens aus gegenwärtigem Beweise, mit $\triangle ABL$ congruent zeigen wird. Daß der $\triangle ABL$, die Grundlinie $AB = s$ und die Höhe $OQ = h$ enthält, ist aus der Construction schon deutlich, und es ist nur noch $\angle LAB - \angle LBA = \angle d$ zu beweisen. Nun hatten wir $BL \# NE$ und $BM \# NF$; also $\angle LBM = \angle ENF = \angle d$ (laut Construction und G. §. 101, 1.). Ferner verhält sich im $\triangle LBO$, weil $EN \# LB$ ist:

$OB : ON = OL : OE$, u. aus dems. Grunde im $\triangle OMB$, $\underline{OB : ON = OM : OF}$; daher

$OL : OE = OM : OF$, oder

$OL : OM = OE : OF$.

Da aber $OE = OF$ gemacht war, so ist $OL = OM$, und weil OC senkrecht auf RP ist, so ist jeder Punct in der CO (oder deren Verlängerung nach D zu), gleich weit von L und von M entfernt (G. §. 65, 2, c.). Aus demselben Grunde ist auch jeder Punct in der DC, gleich weit von A und von B entfernt. Sucht man daher durch Halbirung der Verbindunglinie LB in I, und durch einen hier in I auf LB errichteten Perpendikel IK, bis zum Schnitte mit der DC in K, den Punct K, welcher wiederum von L und von B gleich weit entfernt ist; so kann man von K aus mit KL, den Kreisbogen $LABM$, durch diese vier Puncte beschrieben sich vorstellen. Jetzt ist endlich:

$\angle LAB = \angle ABM$ (G. §. 232.)

ferner ist $\angle ABM - \angle ABL = \angle LBM = \angle d$, also auch

$\angle LAB - \angle ABL = \angle d$. W. z. b. w.

Zusatz. Daß $\angle BAM = \angle ABL$ ist, und daraus ferner folgt, daß auch im $\triangle ABM$, $\angle ABM - \angle BAM = \angle d$ ist; ist ohne weitere Auseinandersetzung klar. — Uebrigens ist gegenwärtige Aufgabe immer zu lösen möglich, so lange (aus bekannten Gründen) nur $\angle d < 2R$ gegeben ist.

Anmerk. 1. Die analytische Auflösung ist keinen Schwierigkeiten unterworfen, denn die Errichtung des Perpendikels $QO = h$, in der Mitte Q der $AB = s$, und das Ziehen der Parallele RP mit der AB, liegt sehr nahe als Anfang der Lösung zu finden. Nimmt man nun Triangel LAB, als den gesuchten Triangel an, so ergiebt sich sogleich das Daseyn eines zweiten Triangels AMB, der mit Triangel ABL congruent ist. Daß alsdann $\angle LBM = \angle d$ seyn muß, ist einfache Folge aus jener Gleichheit der Winkel bei A und B. Es kam also darauf an, in B als Scheitel, einen Winkel $= \angle d$ zu erhalten, dessen Schenkel in der RP endigen, und wo (wegen der Congruenz jener Triangel) die Entfernungen der Puncte L und M vom Puncte O, gleich werden. Daher erst die Construction des Hülfbogens ESF, um $\angle ENF = \angle d$ zu erhalten, wobei O in der Mitte der Sehne EF dieses Bogens liegen mußte. Aus der Gleichheit der Winkel ENF und LBM, deren Scheitel in der Linie OB liegen, folgt das Parallelseyn der Schenkel BL und NE, so wie BM und NF. Die entgegengesetzte Construction, um zu dieser Linie zu kommen, folgt nun höchst einfach.

Anmerk. 2. Man vergleiche unsere Construction unter andern mit der, im ersten Bande von Meier Hirsch geometrischen Aufgaben, §. 71. gegebenen synthetischen Auflösung. Wenn sich diese Auflösung auch, obgleich auf etwas gesuchterem Wege, durch analytisch-geometrische Schlüsse nachweisen läßt, so bleibt doch der Fall, wo $\angle d$ stumpf ist, dort außer Acht, und muß durch eine neue Construction erst gefunden werden.

128ste Aufgabe. (Fig. 145.)

Die beiden Stücke worin ein, von einer Winkelspitze eines Triangels auf die gegenüber liegende Seite gefällter Perpendikel, diese theilt, so wie die Summe s der beiden anderen Seiten des Triangels sind gegeben; man soll den Triangel construiren.

Auflösung. Man trage die beiden Stücke AF und FB, worin die gedachte Seite getheilt wird, in eine gerade Linie AB zusammen, und dann das kleinere Stück FB, von F aus auf FA; so daß $FK = FB$ wird.

In F errichte man einen unbestimmt langen Perpendikel FI auf der AB. Jetzt suche man die vierte Proportionallinie, zu den drei Linien s, AB und AK nach G. §. 301, 1., wie die Construction in der Figur zeigt, wo AE = s, und AG = AK gemacht ist. Hiernach erhält man AH als diese vierte Linie, so daß sich also verhält:

$$s : AB = AK : AH, \text{ oder}$$
$$s : (AF + FB) = (AF - FB) : AH.$$

Jetzt ziehe man die gefundene Linie AH, von s ab, und nehme die Hälfte der Differenz (s — AH); mit dieser Hälfte schneide man von B aus, den Perpendikel FI in O, ziehe OB und OA; so hat man △AOB als den gesuchten Triangel.

Beweis. Beschreibt man mit OB, von O aus einen Kreis DBC; so geht dieser durch den Punct K, weil FB = FK ist. In diesem Kreise verlängere man AO bis zur Peripherie in C, so daß also

$$OC = OB = \frac{s - AH}{2} \text{ ist.}$$

Nun verhält sich nach G. §. 334.,

$$AC : AB = AK : AL, \text{ oder}$$
$$AO + OB : AF + FB = AF - FB : AO - OB, \text{ woraus}$$
$$(AO + OB)(AO - OB) = (AF + FB)(AF - FB) \text{ folgt}$$

(G. §. 281, 6.). Dies giebt

$$\overline{AO}^2 - \overline{OB}^2 = \overline{AF}^2 - \overline{FB}^2 \text{ (G. §. 173.) (I.).}$$

Nun folgt aber aus der, in der Auflösung entwickelten Proportion ebenfalls, daß:

$$AH = \frac{\overline{AF}^2 - \overline{FB}^2}{s} \text{ ist, weshalb, da laut}$$

Construction $BO = \frac{s - AH}{2}$ war, auch

$$BO = \frac{s - \frac{\overline{AF}^2 - \overline{FB}^2}{s}}{2} = \frac{s^2 - (\overline{AF}^2 - \overline{FB}^2)}{2s} \text{ ist. Hieraus folgt}$$

wieder $2 . BO . s = s^2 - (\overline{AF}^2 - \overline{FB}^2)$, und

$\overline{AF}^2 - \overline{FB}^2 = s^2 - 2.BO.s$ *). Vergleicht man dieses Resultat mit dem in (I.) gefundenen Werth für $\overline{AF}^2 - \overline{FB}$; so hat man jetzt:

$$\overline{AO}^2 - \overline{OB}^2 = s^2 - 2.BO.s, \text{ daher}$$

$$\overline{AO}^2 = s^2 - 2.BO.s + \overline{OB}^2 \text{ d. h.}$$

$$\overline{AO}^2 = (s - OB)^2 \text{ (G. §. 172.) oder}$$

$$AO = s - OB, \text{ woraus wiederum}$$

$$AO + OB = s \text{ folgt. W. z. b. w.}$$

Zusatz. Man kann diese Aufgabe auch so ausdrükken: eine Seite, die Summe der beiden anderen Seiten eines Triangels, und der Punct (F) in jener Seite (AB) wo ein, von der ihr gegenüber liegenden Winkelspitze auf sie gefällte Perpendikel sie trifft, sind gegeben, man soll den Triangel construiren. — So schwierig vielleicht Anfängern der Beweis schien, so einfach wird man auf die Auflösung geführt, durch folgende analytische Auflösung.

Anmerk. Analytische Auflösung. Ist Triangel AOB der verlangte Triangel; so denke man sich aus O mit OB, den Kreis DBC beschrieben, der die AB im Puncte K, welcher von F um FK = FB entfernt liegt, trifft, so daß AK = AF − FB wird. Verlängert man AO bis C, so ist OC = OB, und es verhält sich (G. §. 334.)

$$AC : AB = AK : AL \text{ d. h.}$$

$$s (= AO + OB) : AF + FB = AF - FB : AL.$$

Zieht man diese vierte Proportionale AL, von AC = s ab, so bleibt LC = 2.OB übrig, daher OB selbst, die Hälfte jenes Restes ist, genau wie die synthetische Construction es angab. Daß beim vorstehenden Beweise AO + OB statt AC, und AO − OB statt AL eingeführt worden ist; geschah offenbar deshalb, weil die, durch die geschehene Construction erzeugte und eingeführte Größe der BO, selbst im Beweise wieder erscheinen mußte. Dagegen hätte man beim Beweise statt AF + FB die AB, und für AF − FB die AK einführen können.

---

*) Diese Umwandelungen, bedürfen gewiß keiner weiteren Auseinandersetzung, da die Bezeichnungen die ganze Operation deutlich zeigen.

129ste Aufgabe. (Fig. 146. u. 147.)

Mit einer gegebenen Figur eine andere Figur ähnlich zu zeichnen; wobei verschiedene Bedingungen stattfinden können.

Einleitung. Wenn durchaus nichts weiter verlangt wird, als eine Figur mit einer gegebenen ähnlich zu zeichnen; so sieht man wol sogleich die völlige Unbestimmtheit der Aufgabe, denn es können unendlich viele Figuren diese Bedingungen erfüllen, die sämmtlich, wenn auch unter sich ähnlich (G. §. 307.), doch nicht gleich sind, und die Congruenz aller, nach gewissen bestimmten Bedingungen erhaltenen Figuren, ist die wesentliche Bedingung der Bestimmtheit einer Aufgabe. Sollte dagegen in der That keine weitere Bedingung gegeben seyn, so kann man jede beliebige Menge, mit einer gegebenen Figur bloß ähnliche-Figuren, nach der Methode die wir gleich werden kennen lernen, sehr leicht erhalten, indem man dasjenige willkührlich annimmt, was wir als gegeben setzen. — Wir werden in den Zusätzen zu gegenwärtiger Aufgabe gleich sehen, daß alle Bedingungen die zwischen der gegebenen und der zu findenden, jener ähnlichen Figur, stattfinden können, auf die eine Bedingung zurückgeführt werden müssen, wo eine Linie gegeben ist, von welcher man bestimmt, daß sie Seite der gesuchten Figur, und zwar die homologe mit einer gleichfalls bestimmten Seite der gegebenen Figur, werden soll.

Es sey demnach festgesetzt: mit der Figur ABCDEF (Fig. 146.), eine ihr ähnliche Figur zu zeichnen, so, daß die gegebene Linie ab, die der Seite AB *) homologe Seite in der gesuchten Figur, werde.

---

*) Der Gebrauch, die homologen Stücke ähnlicher Figuren mit denselben großen und kleinen Buchstaben zu bezeichnen, mag auch hier beibehalten werden.

Erste Auflösung und Beweis. Vom Scheitel eines der Winkel, welche der Seite der gegebenen Figur anliegen, mit welcher die gegebene Linie ab homolog seyn soll, also hier vom Scheitel der Winkel A oder B, z. B. von B aus, ziehe man nach allen Winkelspitzen der Figur die möglichen Diagonalen, hier BF, BE und BD. Von derselben Winkelspitze B aus, trage man die gegebene Linie ab, auf die Seite BA, der sie homolog seyn soll (oder von B aus, bis zur so weit verlängerten BA, als die ab wenn sie > AB ist, erfordert). Durch den Punct a in der AB, wo der zweite Endpunct der ba hinfällt, ziehe man eine Parallele af mit der Seite AF, bis die Diagonale BF in f geschnitten wird. Durch f dann wieder bis zur nächsten Diagonale, die Linie fe ‡ FE, dann durch e bis zur BD die ed ‡ ED u. s. w. bis zur letzten Seite, die in c geschnitten wird. Die Figur abcdef, ist nunmehr die verlangte Figur. Denn die wechselseitige Gleichheit der Winkel in beiden Figuren, folgt aus G. §. 97, 1. und §. 101, 1., die Proportionalität der Seiten aber aus G. §. 290, 2., denn es verhält sich (weil af ‡ AF)

AB : ab = AF : af, ferner
BF : bf = AF : af; und im △BFE
BF : bf = FE : fe, also auch
AF : af = FE : fe (= AB : ab). Eben so
FE : fe = BE : be, und im △BED
DE : de = BE : be, daher
FE : fe = DE : de (= AF : af = AB : ab).

So fährt man, immer durch Hülfe der Diagonalen fort, zu zeigen, daß die folgenden Seiten dasselbe Verhältniß haben wie die vorhergehenden Seiten, wie die diesen vorhergehenden u. s. w. bis zu denen Anfangs gegebenen Seiten. Die Aehnlichkeit beider Figuren, folgt demnach aus dem bloßen Begriffe der Aehnlichkeit überhaupt (G. §. 305.).

Zweite Auflösung und Beweis. Man nehme eine ganz willkührlich lange Linie NH, und trage auf sie von einem in ihr angenommenen Puncte N aus, diejenige Seite der gegebenen Figur auf, welcher die gleichfalls gegebene Linie ab, homolog seyn soll, also die AB von N nach M, und beschreibe mit NM als Halbmesser, einen unbestimmt großen Kreisbogen MT. Von M aus aber schneide man diesen Bogen in P mit der gegebenen Linie ab, so daß die Sehne MP = ab wird. Nun verbinde man N mit P, und verlängere diese Linie beliebig nach G zu; so hat man einen Winkel GNH gebildet, der den Namen Reductionwinkel führt, weil, wie wir gleich sehen werden, alle Seiten der gegebenen Figur mittelst dieses Winkels, auf Seiten der gesuchten Figur reducirt oder zurückgeführt werden. Nimmt man nun die Seite AF, und trägt sie vom Puncte N auf die beiden Schenkel NH und NG des Winkels GNH, also nach R und nach L hin *); so ist die Linie LR zwischen diesen beiden Puncten, diejenige Seite in der verlangten Figur, die mit der AF homolog wird. Denn man kann zeigen, daß das Verhältniß von NR (= AF) zur RL, wie das der Linien NM (= AB) und MP (= ab) zu einander ist. Nemlich: da NM = NP und NR = NL ist; so verhält sich

NM : NP = NR : NL (= 1 : 1), also ist

MP # RL (S. §. 292.), woraus folgt

MP : RL = NM : NR (S. §. 290, 2.) d. h.

AF : RL = AB : ab.

Es ist daher RL die vierte Proportionallinie zur AF, und dem beständig sich gleich bleibendem Verhältnisse der Seiten in beiden Figuren, d. h. AB : ab. Ganz eben so wird es nun gezeigt, daß wenn man die Diagonale FB, auf die Schenkel des Winkels N aufträgt, z. B.

---

*) Wozu das Beschreiben des Bogens RL selbst, nicht weiter nöthig ist.

nach K und I, die Linie IK, die vierte Proportional-linie zur AB, ab und BF ist. Beschreibt man daher über die, außerhalb der Figur ABCDEF liegende Linie ab, mit den beiden gefundenen Linien RL und KI, den △afb, so daß af = RL und fb = KI wird; so ist nach G. §. 311. △AFB ∾ △abf.

Ganz eben so fahre man nun fort, mittelst des Reductionwinkels N, die Seite FE und die Diagonale BE zu reduciren, und beschreibe mit den beiden alsdann erhaltenen Linien fe und be, den △bfe über fb, wobei nur zu beobachten ist, daß die der BE homolog gefundene Linie auch an b, so wie die mit der FE homologe Linie, an f zu liegen kömmt. Die Aehnlichkeit der Triangel FBE und fbe, folgt wie vorher aus G. §. 311. So fährt man nun fort, die übrigen Triangel bed ꝛc., ähnlich den Triangeln BED u. s. w., durch das Mittel der Proportionalität der drei Seiten zu erzeugen, und reiht sie nach der, in der gegebenen Figur bestimmten Ordnung aneinander. Die Aehnlichkeit der ganzen Figuren, ergiebt sich aus G. §. 326.

Man sieht, daß der Reductionwinkel nichts weiter bezweckt, als ein schnelleres Auffinden der vierten Proportionale, zu dem beständigen Verhältnisse AB : ab, und den einzelnen Seiten der gegebenen Figur, und daß man nicht nöthig hat, immer die Operation G. §. 301, 1. zu wiederholen. Uebrigens kann man die Diagonalen in der gegebenen Figur, willkührlich ziehen, indem es nur auf die richtige Aneinanderreihung der verschiedenen Triangel ankommt.

In dem Falle wo die gegebene Linie ab > 2. AB ist, scheint der Reductionwinkel unbrauchbar zu seyn, oder vielmehr gar nicht gebildet werden zu können, da von M aus der Bogen MT, selbst wenn er ein Halbkreis wäre, nicht mit einer Linie die größer 2. NM ist, geschnitten werden kann. Aber man kann sich dadurch leicht helfen, daß man den Bogen MT, mit einem solchen aliquoten Theil der ab schneidet, der einen Schnitt zuläßt; denn, irgend einen nten Theil der ab muß es doch geben, der < 2.AB ist. Alsdann werden aber die erhaltenen Linien, wie RL, KI u. s. w., auch n Mal zu klein gegen ihre erforderliche Größe, und man hat sie daher noch n Mal zu vergrößern, was auf einer geraden Linie, durch nmalige Auftragung um so leichter angeht, wenn man n unter der Form 2^m gewählt hat, weil nun durch wiederholte Verdoppelung, leicht die eigentliche Größe der gesuchten Seiten gefunden wird. — Auch hätte man — und dies läuft fast auf dasselbe hinaus — die AB oder die NM, so viele Male größer annehmen können als nöthig ist, damit der Bogen MT von der ab geschnitten werden kann; nur müßte jede der anderen Seiten, ehe sie durch ihre Auftragung die Puncte R und L oder K und I u. s. w. erzeugen können, eben so viele Male erst vergrößert worden seyn; natürlich wären in diesem Falle die Sehnen der, zwischen die Schenkel des Winkels N fallenden Bogen, oder die Verbindunglinien der, auf die Schenkel getragenen Puncte, die gesuchten Seiten selbst wieder geworden. Der Grund von alle diesem ist zu einfach, als daß er besonders genannt zu werden brauchte.

Dritte Auflösung und Beweis. Will man die Diagonalen in der gegebenen Figur ersparen, so suche man nur mittelst des Reductionwinkels die, den Seiten der gegebenen Figur homologe Seiten, trage an ab in a den ∠A an, und mache den Schenkel af so groß als die, der AF homolog gefundene Linie angiebt. Mit dieser Antragung der Winkel, fahre man bis zu Ende fort, so hat man wieder nach S. §. 326. ähnliche Figuren. Daß man, wenn man z. B. den Punct c als den, dem Puncte C homologen Punct gefunden hat, nur die Verbindunglinie cb zu ziehen braucht, um die Figur zu schließen, ist einleuchtend; denn die beiden Triangel BDC und bdc, werden ähnlich seyn, weil die beiden

Seiten BD *) und DC, mit den Seiten bd und dc, das Verhältniß AB : ab haben, die Winkel BDC und bdc aber gleich sind, indem ∠EDC = ∠edc, und ∠EDB = ∠edb ist **). In diesen nach G. §. 312. ähnlichen Triangeln BDC und bdc, haben daher die Seiten BC und bc, ebenfalls das Verhältniß wie DC : dc = AB : ab, die Winkel C und c, so wie die Winkel DBC und dbc müssen gleich seyn, und da die Winkel ABD und abd, als aus gleichen Theilen bestehend gleich sind, so sind wiederum die ganzen Winkel B und b einander gleich. Dies ganze Verfahren hat offenbar an sich keinen Vorzug in der schnellen Erlangung des Resultates, vor dem Verfahren in Nr. 2., es kann aber in practischen Fällen wichtig, ja durchaus nöthig werden, worüber das Nähere aber nicht hierher gehört.

Vierte Auflösung und Beweis. Ist (Fig. 147.) ABCDEF die gegebene Figur; so nehme man einen willkührlichen Punct O ***) innerhalb derselben an, und ziehe von ihm aus, nach allen Winkelspitzen gerade Linien. Von O aus trage man auf eine dieser Linien, z. B. auf OB, die nach G. §. 301, 1. zu findende vierte Proportionallinie zur OB, AB und ab, diese sey ob, so daß sich verhält

$$AB : ab = OB : ob.$$

Durch b ziehe man bis zur OC, die bc ∦ BC, durch c die cd ∦ CD bis zur OD, durch d die de ∦ DE bis zur OE, durch e die ef ∦ FE, und dann die Verbindunglinie af; so beweiset man ganz auf demselben

*) Sind die Diagonalen auch nicht selbst gezogen, so kann man sie sich zum Beweise doch als gezogen vorstellen.

**) Wobei man sich die ähnlichen Triangel BED und bed, zu denken hat.

***) Die Eigenschaften der Figur werden stets lehren, wo man dem Zwecke in der obigen Auflösung gemäß, den Punct O am besten zu wählen hat.

Wege wie in der ersten Auflösung, die Proportionalität der wechselseitig parallelen Seiten, während aus G. §. 101, 1., die Gleichheit der gleichliegenden Winkel folgt. Daß die Seiten alle im Verhältnisse von AB : ab stehen, folgt aus der Construction der ob. Dieses Verfahren hat alsdann seinen großen Nutzen, wenn man mit einer krummlinigten Figur (von welcher hier nur ganz beiläufig die Rede seyn kann) eine ähnliche Figur zeichnen soll. Stellt z. B. FMANB, einen Theil des Umfanges solcher krummlinigten Figur vor; so zieht man von dem innerhalb gewählten Puncte aus, nach so vielen Puncten in der krummen Linie, als nur möglich ist, gerade Linien, wozu man natürlich die Puncte auswählen wird, die vorzüglich eine Beachtung verdienen. Sind dies z. B. die Puncte F, A, B u. s. w., so sucht man auf den Linien OF, OA, OB u. s. w., die Puncte f, a, b u. s. w. die jenen Puncten homolog sind, indem man sich die Verbindunglinien FA, AB u. s. w. jener Puncte denkt, und mit ihnen Parallelen fa, ab u. s. w. zieht. Zwischen diesen Puncten f, a, b u. s. w., muß man nun nach dem Augenmaße die Theile der gegebenen krummen Linie so zeichnen, wie sie zwischen den Linien OF, OA, OB u. s. w. liegen. Offenbar wird das Resultat um so genauer, je mehr Puncte man in der krummen Linie Anfangs angenommen hatte. Da in diesem Falle keine Seite bestimmt seyn konnte, mit der eine außerdem gegebene Linie homolog seyn soll; so muß die erste jener Linien, wie z. B. Ob, aus den sonst gegebenen Bedingungen hergeleitet werden, wie wir dies in den folgenden Zusätzen sogleich sehen werden.

Alle sonstige Auflösungarten unter unserer vorausgesetzten Bedingung, mögten zu unwesentlich seyn als besonders hier erwähnt zu werden, zumal sie in practischen Fällen (von denen doch hier nicht gehandelt wird) sich sehr einfach ergeben, und fast immer nur Zusammensetzungen obiger Methoden sind.

Zu-

Zusätze.

Die Bedingungen, unter welchen die verlangte Figur der gegebenen ähnlich seyn soll, können nun hauptsächlich folgende seyn:

1. Das Verhältniß der homologen Seiten in beiden Figuren, wird wie das, zweier gegebenen Linien oder wie das zweier Zahlen, bestimmt. Dann suche man aber zu solchem, auf einer von beiden Arten gegebenen Verhältnisse und zu einer Seite *) der Figur, die vierte Proportionallinie nach Aufg. 105. Zusatz 1., welche Linie die homologe Seite der gesuchten Figur wird, mit der man nach obigen Regeln verfährt.

2. Das Verhältniß der Flächen ist bestimmt durch das Verhältniß n : m. Ist dies Verhältniß durch zwei Zahlen oder durch zwei gegebene Linien bestimmt; so suche man nach Aufgabe 108. Zusatz 1., zum Quadrate irgend einer Seite der gegebenen Figur, ein zweites Quadrat, so daß beider Verhältniß dem Verhältnisse n : m gleich ist. Dann ist die Seite solches gefundenen Quadrates, die homologe Seite der verlangten Figur mit jener Seite die man vorher auswählte, und mit der gefundenen Linie verfährt man nach den obigen Regeln, um die verlangte ähnliche Figur zu erhalten. Denn: ist allgemein A die gegebene Figur, und a eine Seite derselben, X aber die gesuchte Figur und x die der a homologe Seite; so hat man (G. §. 327, 2.)

$$A : X = a^2 : x^2;$$ aber laut Bedingung soll

$$A : X = n : m$$ seyn, also

$$n : m = a^2 : x^2,$$

wonach man x^2 also auch x, wie erwähnt zu suchen hat. Da die über die Linie x construirte Figur $X \sim A$ ist; so hat man umgekehrt wieder

*) Oder zu einer Diagonale, oder zu irgend einer auf eine bestimmte Weise in der gegebenen Figur gezogenen Linie und dgl. m.

$A : X = a^2 : x^2$, und da gesucht war

$n : m = a^2 : x^2$, so ist

$A : X = n : m.$

Ist aber das Verhältniß $n : m$, in zwei Flächen gegeben, so verfährt man nach Aufg. 108. Zusatz 2., und sucht zu den Flächen n, m und zu a^2, das vierte Quadrat, das x^2 wird, also die Seite x giebt.

3. Alle zusammengesetzteren Bedingungen, lassen sich leicht auf die obigen zurückführen. Z. B. wenn das Verhältniß der Perimeter beider Figuren gegeben ist; denn diese Perimeter verhalten sich wie die homologen Seiten (S. §. 327, 1.), und wir erhalten den ersten Fall. Ist aber der Inhalt der verlangten Figur gegeben z. B. als I; so suche man erst zwei Linien p und q, die sich wie die Flächen A und I verhalten (Aufgabe 107. Auflösung 2.) *), und dann zur Seite a der Figur A, eine neue Linie x, so daß $a^2 : x^2 = p : q$ (Aufg. 108. Zusatz 1.); so ist x die, der a homologe Seite. Denn: wird über x die Figur X ähnlich der A, nach den vorhin genannten Regeln construirt, so verhält sich

$A : X = a^2 : x^2$ (S. §. 327, 2.); da man

aber hat $p : q = a^2 : x^2$, und

$p : q = A : I$; so auch

$A : X = A : I$, weshalb

$X = I$ wird, wie verlangt war.

Sollte der Flächeninhalt der Figur A in Zahlen bekannt, der der Figur I aber in Zahlen gegeben seyn; so kann man sogleich die Zahlen welche diese Inhalte darstellen, z. B. z und z' einführen, und eine Linie x suchen, so daß sich verhält

$$z : z' = a^2 : x^2, \text{ oder}$$

$$\sqrt{z} : \sqrt{z'} = a : x,$$

wo es nur des einfachen Suchens einer vierten Propor-

*) Auch kann die erste Auflösung daselbst angewendet werden, nur führt sie unnöthig eine weitläuftigere Construction herbei.

tionallinie bedarf. Sind z und z' d. h. A und I in zwei Quadraten dargestellt (oder in solche verwandelt), so mögen diese q^2 und q'^2 seyn, und man hat:

$$q^2 : q'^2 = a^2 : x^2 \quad \text{oder}$$
$$q : q' = a : x \quad \text{d. h.}$$

wieder nur eine vierte Proportionallinie zu finden. Dies ist die zuerst genannte Auflösung gegenwärtiger Bedingung, wenn man das dort eingeführte Hülfverhältniß $p : q$ wegläßt, und gleich $a^2 : x^2 = A : I$ sucht, wo nun, wie bekannt, die Nothwendigkeit der Verwandelung der Flächen A und I in Quadrate, eintritt. Alle diese Beziehungen sind in vorkommenden Fällen höchst einfach zu finden. — In dieser letzten Form ist unsere Aufgabe keine geringere als folgende:

Eine Figur zu suchen, die am Inhalte gleich einer gegebenen Figur, außerdem aber ähnlich einer noch anderen gegebenen Figur ist.

Oder:

Eine gegebene Figur in eine, einer anderen gleichfalls gegebenen Figur ähnliche Figur zu verwandeln.

Im letzteren Falle ist die gegebene Figur es selbst, die den Inhalt I darstellt. So wie zuletzt ausgesprochen, gehört die Aufgabe eigentlich in Nr. II. dieses Abschnittes, sie ist aber nunmehr hiermit abgemacht. Man findet dieselbe Aufgabe in verschiedenen Arten gegeben, z. B.

Eine Figur zu finden, die mehreren gegebenen ähnlichen Figuren zusammen genommen gleich, jeder von ihnen aber ähnlich ist.

Jetzt summirt man nach Aufg. 40. Zusatz, die verschiedenen gegebenen Figuren, dies giebt den Inhalt I, zeichnet dann eine Figur gleich I, die einer jener Figuren ähnlich ist, denn alsdann ist sie auch ähnlich mit allen. Zu dieser Summirung der gegebenen ähnlichen Flächen, kann aber auch G. §. 328. sehr vortheilhaft dienen, indem man hiernach sogleich die Seite der verlangten Figur, als Hypothenuse eines rechtwinklichen Triangels erhält, dessen Catheten die, dieser Seite homologen Seiten zweier jener ähnlichen Figuren sind. Sind der Figuren noch mehrere, so verfährt man fortgesetzt mit der gefundenen Seite und einer neuen jener homologen Seiten, wie es eben geschah, und wie wir Aufg. 40. bei der Summirung der Quadrate sahen. — Sehr einfach läßt sich auch hiernach die Aufgabe lösen:

Eine Figur finden, die ähnlich zweien gegebenen ähnlichen Figuren, und gleich dem Unterschiede derselben ist.

4. Ist in einem Kreise eine Figur verzeichnet, und es soll in einen anderen Kreis mit ihr eine ähnliche Figur construirt werden; so folgt aus G. §. 352., daß man nur um den Mittelpunct des zweiten Kreises, die Centriwinkel der ersten Figur zu tragen hat, wo alsdann die zugehörigen Sehnen, die verlangte Figur bilden *). Oder man braucht nur, wozu man sich wieder des Reductionwinkels bedienen kann, zum Verhältnisse der beiden Radien und den Seiten der gegebenen Figur, die vierten Proportionallinien zu suchen, die sogleich die, in den zweiten Kreis nach derselben Ordnung einzutragenden Seiten sind, wie die, ihnen homologen Seiten im ersten Kreise liegen (G. §. 353, 1.). Auch hier lassen sich die Bedingungen combiniren, doch ist nicht zu vergessen, daß der Kreis worin die gesuchte Figur liegen soll, selbst schon eine Bedingung ist, sobald er besonders gegeben ist.

130ste Aufgabe. (Fig. 148.)

Ist einem gegebenen Triangel ABC, soll ein, mit einem gleichfalls gegebenen Triangel DEF ähnlicher Triangel, so eingezeichnet werden, daß seine Winkelspitzen in den Seiten des Triangels ABC wechselseitig liegen,

*) Siehe G. §. 352. Anmerkung.

und daß diejenige Seite des gesuchten Triangels, die einer bestimmten Seite des Triangels DEF, z. B. der EF homolog ist, mit einer auch bestimmten Seite des Triangels ABC, z. B. mit der AC, einen gegebenen Winkel n bildet.

Auflösung. An einen der Endpuncte der, in der Aufgabe zuletzt bestimmten Seite AC, z. B. an A, trage man den gegebenen ∠n = ∠CAG an, und verlängere den Schenkel AG, bis die dritte Seite CB des Triangels ABC, oder deren Verlängerung, in G geschnitten wird. Ueber die Linie AG, beschreibe man nach Aufg. 129. den △AGH, ähnlich dem △DEF *), so daß die Linie AG, homolog der gleichfalls in der Aufgabe benannten Seite EF des Triangels DEF, wird. Nun verbinde man H mit C, und ziehe durch den Punct O, wo die HC die AB schneidet, die Linien OK und OI, wechselseitig parallel den Seiten AH und HG des Triangels AGH, bis die Seiten AC und BC, in K und in I geschnitten werden. Verbindet man die Puncte K und I mit einander; so ist △KOI der gesuchte Triangel.

Beweis. Da im △CHA, die KO ╪ AH, und im △CGH, die OI ╪ der HG geht; so verhält sich:

CH : CO = HA : KO, und
CH : CO = HG : OI, weshalb man auch hat
HA : KO = HG : OI.

Indem ferner nach G. §. 101, 1, ∠KOI = ∠AHG ist, so ist △KOI ∾ △AHG (G. §. 312.), und weil △DEF ∾ △AHG, laut Construction, ist; so ist △KOI ∾ △DEF (G. §. 307.).

Die Linie KI, die homolog der EF (als homolog der AG, die mit EF homolog gemacht war) ist, macht mit

*) Zur näheren Bezeichnung könnte noch gesagt werden, daß der Triangel AHG, der über AG zu verzeichnen ist, abgekehrt vom Triangel ABC zu liegen kommen muß.

der Seite CA, den ∠CKI, der gleich ∠CAG (S. §. 97, 1.) = ∠n laut Construction, ist, und es liegen die Winkelspitzen des Triangels KOI, verlangtermaßen auf den Seiten des Triangels ABC. W. z. b. w.

Anmerk. Die analytische Auflösung folgt einfach daraus, daß der Triangel KOI, wenn er der verlangte seyn soll, ähnlich mit unendlich vielen Triangeln ist, die man so construiren kann, daß ihre Winkelspitzen auf den Linien CA, CB und CO, oder in den Verlängerungen dieser Linien liegen, und deren Seiten wechselseitig mit den Seiten des Triangels KOI parallel laufen. Ferner werden die, der Seite KI homologe Seiten aller dieser Triangel, mit der CA denselben Winkel bilden, als die KI, weil diese Seiten parallel laufen müssen, also hier den Winkel n. Hat man aber umgekehrt, zuerst den Triangel AHG, so ist aus diesem wieder der Triangel KOI zu erzeugen, auf die eben genannte leicht zu findende Weise. So ist denn △AHG ∾ △DEF, mit der Seite AG unter dem Winkel n gegen AC geneigt, zuerst gebildet.

Zusatz. Es können bei dieser Aufgabe leicht Umstände eintreten, daß die drei Winkelspitzen des gesuchten Triangels, unter den übrigens ungeändert bleibenden anderen Bedingungen, nicht in die Seiten des Triangels ABC selbst fallen; sondern, daß eine Winkelspitze in die Verlängerung einer Seite fällt. Man überzeugt sich daran leicht, wenn man einen der Winkel, welche der EF anliegen, größer annimmt, als jeder der Winkel ist, den die Parallelen mit der AG (wie z. B. die KI), mit den Seiten AC und BC machen. Daß übrigens auch verlangt werden kann, die Seite KI solle parallel der Seite AB gehen, ist einleuchtend, und erspart man hier noch die Construction der AG, da alsdann über AB selbst der Triangel, welcher ähnlich △DEF ist, construirt wird.

131ste Aufgabe. (Fig. 149.)

In einen Triangel ABC, eine Figur so zu construiren, daß sie einer gegebenen Figur ähnlich werde, und daß von ihr wenigstens drei Winkelspitzen, wechselseitig in den drei Seiten des Triangels liegen.

Auflösung. Ueber die eine Seite des Triangels ABC, z. B. über BC, beschreibe man nach Aufg. 129., die Figur BGFEDC, ähnlich der gegebenen Figur, so daß BC homolog einer Seite derselben wird, die Figur selbst aber außerhalb des gegebenen Triangels fällt. Dann verbinde man die Winkelspitze A, mit allen Winkelspitzen der Figur BGFEDC. Von den Puncten, wo diese Verbindunglinien die Seite BC schneiden, suche man denjenigen heraus, welcher derjenigen Winkelspitze der Figur N (so mag der Kürze halber die Figur BGFEDC heißen) entspricht*), der am entferntesten von der Seite BC liegt, wie hier z. B. F, dem also f entspricht. Durch f ziehe man nun die fe ⋕ der Seite FE, bis AE in e geschnitten wird, durch e die ed ⋕ ED bis zur AD, u. s. w. bis bg ⋕ BG gezogen ist, wonach gf, eine bloße Verbindunglinie der Puncte f und g ist (von der wir aber gleich sehen werden, daß sie ⋕ der GF ist); so ist bcdefg, die verlangte Figur.

Beweis. Daß durch die angezeigte Construction, stets drei Winkelspitzen der erzeugten Figur, in den drei Seiten des Triangels ABC liegen werden, ist ohne weiteren Beweis klar. Wir haben nur noch die Aehnlichkeit der Figur bcdefg, mit der N darzuthun. Man nenne n:m das beständige Verhältniß zwischen den homolgen Seiten zweier ähnlichen Figuren; so beweiset man leicht, daß ein solches Verhältniß hier zwischen den Seiten beider Figuren stets stattfindet. Denn nach G. §. 290, 2. verhält sich

im $\triangle AFE$ $AF:af = FE:fe = n:m$**) $= AE:ae$;

*) Der Ausdruck entspricht ist hier gewiß zu verstehen.

**) Hier wird das Verhältniß der FE und fe wie n:m gesetzt, bei den folgenden Seiten aber, dasselbe Verhältniß bewiesen.

im $\triangle$AED   AE:ae = ED:ed, also auch
ED:ed = n:m.
Ferner   ED:ed = AD:ad, und
im $\triangle$ADC   AD:ad = DC:dc, daher auch
DC:dc = n:m.

So fährt man fort, bis die Proportion BG:bg = n:m bewiesen ist. Die Gleichheit aller, von den bisher betrachteten Seiten eingeschlossenen Winkel, folgt aus G. §. 101, 1. und §. 97, 1. Nun betrachte man $\triangle$AGF; so verhält sich

AF:Af = AG:ag = n:m;

(indem die beiden ersteren Verhältnisse, wie n:m bewiesen sind), ferner haben diese beiden Triangel den $\angle$GAF gemeinschaftlich, weshalb sie nach G. §. 312., ähnlich sind. Es ist also auch GF $\#$ gf (G. §. 292.), und eben so sind die Winkel g und f, den Winkeln G und F wechselseitig gleich. Also die beiden Figuren einander ähnlich. W. z. b. w.

Zusätze.

Gegenwärtige Aufgabe, läßt eine Menge Betrachtungen zu, in sofern nemlich, als nicht jede Figur eine ihr ähnliche in jedem Triangel zuläßt, unter den Umständen wie die Aufgabe es verlangte. Denn man sieht sogleich ein, daß, wenn die über die Seite BC, mit der gegebenen Figur ähnlich gezeichnete Figur, einige Winkelspitzen so liegend hat, daß die Verbindunglinien derselben mit dem Puncte A, die Linie BC in ihrer Verlängerung irgendwo schneiden; so werden auch einige Winkelspitzen der erzeugten Figur, außerhalb des Triangels ABC fallen. Unsere Aufgabe war aber überdies noch unbestimmt, denn die Wahl der Seite des Triangels ABC, über welche man die Hülfsfigur construirte, war nach unserer Wahl eben so beliebig, als diejenige Seite der gegebenen Figur, welche man als homolog jener Seite des Triangels ansehen will, über welche man die ähnliche Figur mit der gegebenen construirte *). Aber gerade diese Willkühr, so lange sie gestattet ist, erlaubt wiederum, die eben genannten Fälle, wo einige Spitzen der verlangten Figur, außerhalb des Triangels fallen würden, durch eine andere Wahl der Seite des Triangels ABC, oder der mit der BC homolog gewählten Seite der gegebenen Figur, in mögliche Fälle umzuwandeln, wie dies ein Blick auf die Figur sogleich kennen lehrt.

Wenn der besondere Fall, nun im Allgemeinen auch erst die Entscheidung über solche Möglichkeit giebt; so kann man doch bei gewissen Triangeln, z. B. bei den gleichseitigen, in Verbindung mit gewissen, in ihnen auf die gedachte Weise möglichen Figuren, wie z. B. der regulären Figuren, bestimmte Regeln über diese Einschreibungen feststellen, denn sobald die, der Seite BC anliegenden Winkel der Figur N, kleiner als der Nebenwinkel der Winkel B und C des Triangels ABC sind, die übrigen Winkel der Figur N aber, sämmtlich concave Winkel bilden; so fallen alle die erforderlichen Linien nach A gezogen, auf die BC selbst, und die Construction ist stets möglich. Zu merken ist aber noch, daß, wenn es zwei Winkelspitzen sind, die gleich weit von der BC, und unter allen Winkelspitzen am weitesten von dieser Linie abstehen, aus der gehabten Construction einfach folgt, daß nun auch zwei Winkelspitzen auf die BC fallen. Denn, sind F und E z. B. gleich weit von der BC entfernt; so ist FE ⋕ BC, also fällt die fe in die BC, d. h. auch e liegt in der BC. — Hiernach werden folgende Fälle sehr einfach zu verstehen und zu beweisen seyn, die als Beispiele von dergleichen Einschreibungen hier nur genannt werden mögen, sich aber sehr vermehren lassen.

---

*) Diese Willkühr fiel bei der 130sten Aufgabe, ganz weg.

1) In jeden Triangel, läßt sich ein Quadrat so einschreiben, daß zwei Winkelspitzen desselben auf einer Seite, die beiden anderen Winkelspitzen aber wechselseitig auf den beiden anderen Seiten des Triangels liegen. Ist der Triangel spitz, oder rechtwinklich, so kann jede Seite dazu dienen, daß zwei Winkelspitzen des Quadrates in ihr liegen, beim stumpfwinklichen Triangel, kann aber nur die größte Seite, jene zwei Winkelspitzen enthalten.

2) Unter denselben Bedingungen wie in Nr. 1., kann ein Triangel dazu dienen, ein Oblongum, wo das Verhältniß der beiden Seiten bestimmt ist, in sich aufzunehmen. (Denn nach der allgemeinen Auflösung unserer Aufgabe, ist die erzeugte Figur ähnlich der gegebenen; und Oblongen sind schon ähnlich, wenn nur zwei aneinanderstoßende Seiten jedes Oblongums, wechselseitig bei beiden Oblongen in Proportion stehen. S. §. 306, 6.).

3) In jeden Triangel, kann man ein schiefwinkliches Parallelogramm, ähnlich einem gegebenen, einschreiben, wenn der kleinste Winkel des Triangels, kleiner als der Nebenwinkel des größeren der beiden ungleichen Winkel des gedachten Parallelogramms ist. Ist dieses ein Rhomboides, so kann man das Verhältniß der beiden aneinanderstoßenden Seiten beliebig bestimmen. Es versteht sich, daß auch hier zwei Winkelspitzen auf eine Seite des Triangels fallen.

4) In jeden Triangel, wo jeder Winkel kleiner als der Nebenwinkel des Polygonwinkels eines regulären Polygons von n Seiten ist, läßt sich ein reguläres Polygon von n Seiten einschreiben *). In diesem Falle

*) Regulär wird das Resultat, da es ähnlich der Hülffigur, die regulär ist, ist. S. §. 306, 5.

kann man die Hülfsfigur über jede Seite des Triangels beschreiben. Sind aber nur zwei Winkel des Triangels kleiner als jene Nebenwinkel; so kann man die Hülfsfigur nur über die größte Seite des Triangels beschreiben, mit welcher Seite alsdann eine Seite der verlangten Figur parallel läuft. Hat das reguläre n Seit, eine gerade Seitenanzahl, so fallen zwei Winkelspitzen des Resultates auf die eine Seite des Triangels; ist jene Seitenmenge aber ungerade so fallen nur drei Winkelspitzen, wechselseitig auf die drei Seiten *).

5) Auf die in der Aufgabe vorgeschriebene Art, kann in jeden gleichseitigen Triangel ein reguläres Fünfseit eingeschrieben werden. Denn der Polygonwinkel desselben ist $1\frac{1}{5}$ R (S. §. 117. Zusatz 2.), und der Nebenwinkel hiervon d. h. $\frac{4}{5}$ R $>$ $\frac{2}{3}$ R (als Größe jedes der drei Winkel solches Triangels). Ein reguläres Polygon von mehr als 5 Seiten, läßt sich aber nicht so einschreiben, da schon beim regulären Sechsseit, der Polygonwinkel gleich $1\frac{1}{3}$ R = dem Nebenwinkel von $\frac{2}{3}$ R ist.

Anmerk. Siehe auch Aufg. 154. Anmerk.

II. Verwandelung der Flächen, mittelst der Proportionen und der Aehnlichkeit.

132ste Aufgabe. (Fig. 150.)

Es ist ein Triangel ABC gegeben; man soll denselben in einen anderen Triangel verwandeln, wo wieder der Winkel A des gege-

*) Siehe das Ende der Einleitung zu diesen Zusätzen.

benen Triangels sich befindet, in welchem aber die, diesem Winkel gegenüber liegende Seite, parallel mit einer, der Lage nach bestimmten gegebenen Linie NM geht. D. h. also: man soll einer Seite BC eines Triangels ABC, eine parallele Lage mit einer gegebenen Linie NM geben, ohne den gegenüber liegenden Winkel zu ändern *).

Auflösung. Durch einen der Endpuncte der Seite BC deren Lage verändert werden soll, z. B. durch B, ziehe man eine parallele Linie BD mit der gegebenen Linie NM, bis die gegenüber liegende Seite AC, in D geschnitten wird. Ueber die Seite AC, beschreibe man einen Halbkreis AIC, und errichte in D auf der AC den Perpendikel DE, bis die Peripherie des Halbkreises in E geschnitten wird. Jetzt nehme man die mittlere Proportionallinie zwischen den Linien AC und AD, d. h. die Linie AE (G. §. 320.), und trage sie von A aus auf die AC, so daß AO = AE wird. Durch O ziehe man wieder eine Linie OH # der NM (oder der BD), bis die andere Seite AB, in der Verlängerung in H geschnitten wird. Triangel AHO ist jetzt der gesuchte Triangel.

Beweis. Es ist nur zu beweisen nöthig, daß ΔAHO = ΔABC ist, denn die Erfüllung der beiden anderen Bedingungen, daß die Seite HO # der NM werden, und daß ∠A ungeändert bleiben soll, liegt unmittelbar in der Construction. — Nun verhält sich

AC : AE = AE : AD (G. §. 320.) oder

da AE = AO ist, AC : AO = AO : AD, woraus folgt:

---

*) Wird dieser Zusatz in Bezug auf den Winkel nicht gemacht, so ist die Auflösung ungemein einfach und gehört schon in den zweiten Abschnitt dieser Aufgaben.

$\overline{AD}^2 : \overline{AO}^2 = AD : AC$ (G. §. 281, 8.) *).

Aber es ist auch $\overline{AD}^2 : \overline{AO}^2 = \triangle ABD : \triangle AHO$ (G. §. 318.) **),
folglich $AD : AC = \triangle ABD : \triangle AHO$. Ferner
verhält sich $AD : AC = \triangle ABD : \triangle ABC$ (G. §. 282, 3.),
daher wieder

$\triangle ABD : \triangle AHO = \triangle ABD : \triangle ABC$, woraus
$\triangle AHO = \triangle ABC$ folgt ***). W. z. b. w.

Zusatz 1. Die Figur zeigt die Construction auch so, daß durch C die Hülfsparallele CG mit der NM gezogen ist, bis die AB in ihrer Verlängerung geschnitten wird. AF ist jetzt die mittlere Proportionale zwischen AG und AB, und wird AH = AF gemacht, so ist HO parallel NM gezogen, die neue Seite, d. h. $\triangle AHO$ der verlangte Triangel. Der Beweis ist ganz ähnlich dem eben geführten, indem man mit der Proportion AG : AH : AB beginnt, und daraus zuerst $\overline{AG}^2 : \overline{AH}^2 = AG : AB$ bildet. Die ähnlichen Triangel die ferner betrachtet werden, sind die Triangel AGC und AHO, so wie $\triangle AGC$ und $\triangle ABC$ diejenigen sind, die gleiche Höhe haben, sich daher wie die Grundlinien AG und AB verhalten, und mit den ersteren Triangeln in Proportion gesetzt, $\triangle AHO = \triangle ABC$ geben.

Zusatz 2. In der Natur dieser Aufgabe liegt es, und die Auflösung zeigt es deutlich, daß die Aufgabe nur so lange möglich ist, als die Lage der Linie NM so bestimmt wird, daß sie selbst, oder eine ihr parallele Linie, die beliebig verlängerten Schenkel des Winkels A, innerhalb der Neigung dieser Schenkel, beide Male schneidet; geht sie einem der Schenkel parallel, so ist die Aufgabe an sich unmöglich, schon weil

*) Statt der eben genannten Proportion, kann man nemlich auch AD : AO = AO : AC setzen.

**) Nach G. §. 306. und laut Construction, sind beide Triangel ähnlich.

***) Siehe Lehrgebäude erster Band §. 275, 5.

sie ihren Sinn dann verliert, und geschieht der eine Schnitt mit einem der Schenkel erst in der Verlängerung über den Punct A hinaus, so zeigt wieder eine einfache Ansicht der Figur, daß der $\angle A$ nicht der ungeänderte Winkel bleiben kann. — Uebrigens ist es gleichgültig, welcher von beiden Auflösungen man sich bedient, die im Grunde dieselben sind, wenn nicht Umstände eine derselben vorzuziehen veranlassen. Auch kann man noch überdies der Raumersparung wegen, die Construction mit dem Halbkreise, über der AC d. h. auf der Seite wo der Triangel selbst liegt, vornehmen.

Anmerk. 1. Um ein Beispiel von einer analytischen Auflösung auch hier zu geben, diene folgende für unsere gegenwärtige Aufgabe. — Da man den Punct O in der AC nicht kennt, durch welchen die Linie OH parallel der NM geht, und den $\triangle AOH = \triangle ABC$ abschneidet; so ziehe man eine Linie, die parallel der NM geht und deren Lage man genau kennt, und untersuche, in welcher Verbindung die hierdurch entstehenden Linien und Flächen, mit den gegebenen und unbekannten Linien und Flächen des Triangels AHO, den man als bereits construirt denkt, stehen. Eine solche Linie wird unter andern offenbar diejenige Linie, welche man durch B parallel der NM zieht, seyn, denn Triangel ABD, die AD u. s. w. sind völlig bekannt. Nun verhält sich, da Triangel ABD und ABC gleiche Höhe haben,

$$\triangle ABD : \triangle ABC = AD : AC;$$

da aber $\triangle ABD \sim \triangle AHO$ seyn muß (indem BD parallel HO geht), so hat man auch die Proportion:

$$\triangle ABD : \triangle AHO = \overline{AD}^2 : \overline{AO}^2.$$

Vergleicht man diese Proportion mit der vorigen, so sind die beiden ersten Verhältnisse gleich, indem $\triangle ABC = \triangle AHO$ seyn soll; also hat man auch

$$AD : AC = \overline{AD}^2 : \overline{AO}^2.$$

Nach Aufg. 108. Zusatz 4., hat man demnach AO, als mittlere Proportionallinie zwischen den Linien AD und AC, die beide bekannt sind, d. h. man hat

$$AD : AO = AO : AC.$$

Dies ist genau unsere Construction in der vorigen synthetischen Auflösung.

Anmerk. 2. Wir werden die gegenwärtige Aufgabe, in vielen der folgend n Aufgaben über die Verwandelungen und Theilungen der Figuren, gleichsam als Grundaufgabe oder Grundbedingung der verschiedenen Auflösungen wieder finden, worauf um so mehr hier aufmerksam gemacht werden muß, als sie zur Erfindung vieler Auflösungen dient, die auf sie gleichsam zurückweisen, vorzüglich in den analytischen Auflösungen solcher Aufgaben.

133ste Aufgabe. (Fig. 151.)

Einen gleichschenklichen Triangel AOB, in einen gleichseitigen Triangel zu verwandeln.

Auflösung. Man beschreibe über die Grundlinie AB des gleichschenklichen Triangels AOB, einen gleichseitigen △ACB (S. §. 42, 1.), und verbinde die Spitzen C und O beider Triangel durch die, bis zur gemeinschaftlichen Grundlinie AB gezogenen Linie CD. Nach der vorigen Aufgabe, verwandele man den △AOD, in den Triangel HGD d. h. so, daß der ∠ADO ungeändert bleibt, die Seite AO aber, eine parallele Lage mit der Linie AC erhält. Die Figur zeigt die hierzu nöthige Construction (Siehe vorige Aufgabe Zusatz 1.), so daß GH ⧣ AC ist. Durch den Punct H, ziehe man die HI ⧣ der CB, bis die AB in I geschnitten wird; so ist △GHI der verlangte gleichseitige Triangel.

Beweis. Die Congruenz der Triangel AOC und BOC, die hieraus folgende Gleichheit der Winkel ACD und BCD, die wiederum hieraus folgende Congruenz der Triangel ADC und BCD, so wie die hiervon abhängende Gleichheit der Winkel ADC und BDC, ihre Größe als rechte Winkel, und endlich, das hiernach wieder stattfindende Senkrechtstehen der CD auf der AB; folgt zu einfach aus der Construction und den nunmehr so oft angewendeten Sätzen, daß keine Wiederholung der Beweise dafür nöthig ist. — Nun ist nach Aufg. 132. und laut Construction:

$$\triangle GHD = \triangle ADO.$$

Da man über CD, in Hinsicht des Triangels BOD, ganz dieselbe Construction durch den Halbkreis DFC gemacht hat, die erforderlich ist, um der Seite OB eine parallele Lage mit der Linie BC zu geben; so ist aus demselben Grunde:

$$\triangle IHD = \triangle BDO, \text{ also}$$
$$\triangle GHD + \triangle IHD = \triangle ADO + \triangle BDO \text{ d. h.}$$
$$\triangle GHI = \triangle AOB.$$

Da aber $\angle G = \angle A$, $\angle I = \angle B$ und $\angle H = \angle C$ ist (G. §. 97, 1. und §. 101, 1.); so ist auch $\angle G = \angle I = \angle H$ d. h. $\triangle GHI$ ist **gleichseitig** (G. §. 48, 1.). W. z. b. w.

Anmerk. Hätte der gleichschenkliche Triangel AOB, eine **größere** Höhe gehabt als der über seine Grundlinie beschriebene gleichseitige Triangel; so wäre die Construction, der ersten Auflösung der vorigen Aufgabe, der Lage der Hülflinie u. s. w. nach, mehr entsprechend geworden, indem die Parallelen mit den Seiten des gleichseitigen Triangels, die Grundlinie in ihrer Verlängerung geschnitten hätten. (Siehe Aufg. 26. Zusatz, Anmerk.)

Zusatz.

Da nach der Aufg. 37. Zusatz, jedes Polygon in einen gleichschenklichen Triangel verwandelt werden kann; so können wir nunmehr die Aufgabe auflösen:

Jedes Polygon in einen gleichseitigen Triangel zu verwandeln.

Daß hierbei keine weiteren Bedingungen gegeben werden dürfen, versteht sich von selbst.

134ste Aufgabe. (Fig. 152. u. 153.)

Einen Triangel ABO (Fig. 152.), in einen gleichschenklichen Triangel zu verwandeln, der den $\angle A$ des gegebenen Triangels, zum ungleichen Winkel hat.

Auflösung. Man mache die eine Seite welche den $\angle A$ einschließt, z. B. die AO, so groß als die andere Seite ist, also $AC = AB$, und ziehe CB. Jetzt verwandele man nach Aufg. 132., den $\triangle AOB$ in einen

$\triangle AEF$,

△AEF, dessen Seite EF ⫲ der CB geht, und der den ∠A hat; so ist △AEF, der gesuchte Triangel.

Beweis. Daß △AEF = △AOB ist, folgt aus der Construction und laut Aufg. 132. Da nun ∠E = ∠C und ∠F = ∠B ist (G. §. 97, 1.); so ist ∠E = ∠F (indem zufolge der Construction und G. §. 45., ∠C = ∠B ist), d. h. △AEF ist gleichschenklich. W. z. b. w.

Anmerk. Daß auch hätte von AB die Linie AG = der AO abgeschnitten, OG gezogen und die Construction so gemacht werden können, daß Triangel AOB in den Triangel AEF, wo EF parallel OG geht, verwandelt worden wäre; ist leicht einzusehen.

Zusätze.

1. Soll ein Triangel in einen gleichschenklichen Triangel verwandelt werden, wo die gleichen Winkel eine bestimmte Größe haben; so verwandele man ihn zuerst in einen bloß gleichschenklichen Triangel nach Aufg. 26. Es stelle △AOB, Fig. 151., diesen sodann erhaltenen gleichschenklichen Triangel vor. Ueber AB, trage man an A und an B, die gleichen Winkel CAB und CBA, gleich dem gegebenen Winkel an; so entsteht der gleichschenkliche △ACB. Nun gebe man nach Aufgabe 132., den Seiten AO und BO des Triangels AOB, parallele Lagen mit den Linien AC und BC; so ist △GHI den man hierdurch erhält, gleich △AOB, und da ∠G = ∠A so wie ∠I = ∠B ist, so ist auch ∠G = ∠I d. h. △GHI ist gleichschenklich, und die gleichen Winkel sind von der bestimmten Größe.

2. Jedes Polygon kann man nunmehr in einen gleichschenklichen Triangel verwandeln, wozu einer der gleichen oder der ungleiche Winkel gegeben ist. Im letzteren Falle, kann man nach Aufg. 25. stets einen Triangel erzeugen, der zuerst den gegebenen ungleichen Winkel hat, womit man alsdann nach gegenwärtiger Aufgabe weiter verfährt.

3. Nunmehr läßt sich auch die, im Zusatze zur 31sten Aufgabe aufgeschobene Aufgabe lösen:

Ein Parallelogramm in ein Rhombus zu verwandeln, zu welchem ein Winkel gegeben ist.

Denn man verwandele das gegebene Prllg. in ein Prllg. ABCD (Fig. 153.), welches den ∠ A, gleich dem gegebenen Winkel hat (Aufg. 28.). Zieht man nun die Diagonale BD, so läßt sich der △ABD nach unserer eben gehabten Aufgabe, in den gleichschenklichen △AFE verwandeln, der den ∠ A hat. Ergänzt man △AFE zum Prllg. AFGE; so ist AG das gesuchte Rhombus, denn Prllg. AG = 2.△AFE = 2.△ABD = Prllg. AC, und aus AF = AE, ergiebt sich AG als Rhombus. **Es kann daher jedes Polygon in ein Rhombus, zu dem ein Winkel gegeben ist, verwandelt werden** (Aufg. 37. Zusatz, lehrt das Hülfsparallelogramm AC erzeugen, d. h. das gegebene Polygon, erst in dieses Prllg. zu verwandeln).

135ste Aufgabe. (Fig. 154.)

Zwischen den Schenkeln des Winkels BAC, die kleinstmöglichste Linie zu ziehen, die von diesem Winkel einen Triangel, dessen Inhalt I gegeben ist, abschneidet.

Auflösung. Man verzeichne einen Triangel vom Inhalte I *), und gebe demselben den Winkel A (Aufg. 25.). Trage alsdann diesen Triangel, so in den Winkel BAC ein, daß die gleichen Winkel A zusammenfallen, so daß also z. B. △AFK = I wäre. Nun verwandele man nach Aufg. 134. den △BFK in den gleichschenklichen △ADE; so ist die Grundlinie desselben d. h. DE, die gesuchte kleinstmöglichste Linie.

---

*) Ist I als Triangel gegeben, so ist diese Umwandelung nach Aufg. 37. Zusatz, natürlich nicht mehr nöthig.

Beweis. Da laut Construction $\triangle ADE = \triangle AFK = I$ ist; so hat man nur noch zu beweisen, daß $DE < FK$ sey, denn auf dieselbe Weise wird gezeigt werden können, daß alle Linien zwischen den Schenkeln des gegebenen Winkels, die nicht die DE sind, und doch einen Triangel $= I$ abschneiden, größer als DE sind. — Da laut Construction $\triangle ADE = \triangle AFK$ ist, ferner

Vierf. AFHE = Vierf. AFHE, so ist

$\triangle FHD = \triangle HEK.$

Trägt man von E aus, die Linie EK auf die EA, so daß $EL = EK$ wird, und zieht LH; so ist

$\triangle LHE = \triangle HEK$ (G. §. 158.)*), u.

da wir eben fanden $\triangle FDH = \triangle HEK$, so ist auch

$\triangle LHE = \triangle FDH.$

Diese beiden Triangel, haben aber nach der Construction die Winkel E und D gleich, daher verhält sich (G. §. 286.) $HE : DH = DF : LE$, oder für LE wieder EK gesetzt, hat man

$HE : DH = DF : EK$ **) (I.)

Nun bilden aber auch in den gleichen Triangeln vom Inhalte I, die Seiten (da beide Triangel den $\angle A$ gemeinschaftlich haben) folgende Proportion:

$AE : AK = AF : AD$ (G. §. 158.), woraus folgt $AK - AE : AD - AF = AE : AF$ d. h.

$KE : FD = AD : AF$, und da

$AD > AF$, so ist auch

$KE > FD$;

mithin folgt, daß auch in der Proportion (I.)

---

*) Ob $EK > EA$ ist, d. h. ob L über A hinaus fällt, gilt hier gleichviel.

**) Man kann hiernach einen eigenen Lehrsatz bilden, nemlich: bei gleichen Triangeln, wo sich zwei Winkel ($\angle HEK$ und $\angle HDF$) zu 2R ergänzen, geben die den gleichen Winkel einschließenden Seiten des einen die mittleren, die des anderen aber die äußeren Glieder einer Proportion.

$DH > HE$ sey. Indem aber
$DH = DH$ ist, so ist

1. $DH > HE + DH$ d. h.
2. $DH > DE$, also
$DH > \frac{1}{2} DE$.

Fällt man jetzt von A auf DE einen Perpendikel AG; so folgt daß, da dieser die Mitte der DE in G trifft, also $DG = \frac{1}{2} DE$ ist, $DH > DG$ seyn muß, d. h. der Perpendikel AG, wird innerhalb des Triangels ADE, von der KF geschnitten, und folglich ist von A bis zu diesem Schnitte, stets weniger, als der Perpendikel AG beträgt, d. h. $AO < AG$ *).
Fällt man endlich von A auf die KF, einen Perpendikel AN **); so ist $AO > AN$, also um so mehr $AG > AN$.
Nun verhalten sich die Triangel

$$\triangle AFK : \triangle ADE = FK.AN : DE.AG$$

(S. §. 281, 10.), und es ist, weil jene Triangel einander gleich sind, auch $FK.AN = DE.AG$. War aber $AN < AG$, so ist $FK > DE$. W. z. b. w.

Zusatz. Wollte man aus dieser Aufgabe einen Lehrsatz ableiten, so würde dieser heißen:

Unter allen gleichen Triangeln, die einen gleichen Winkel haben, ist die diesen Winkel gegenüber liegende Seite die möglichst kleinste, wenn der Triangel gleichschenklich ist.

(Man vergleiche den Satz S. §. 77, 1. hiermit.)

---

*) Daß sich dies schon in der Figur ergiebt, kann natürlich als allgemein gültig nicht angenommen werden, und doch wird sich gleich ergeben, daß die Nothwendigkeit von $AO < AG$, den Beweis bedingt.

**) Dieser kann außerhalb oder innerhalb des Triangels ADE fallen, nie aber auf AO, weil AOF spitz ist, indem er gleich Winkel GOH, dieser aber $< \angle OGH$, ($= R$) ist.

136ste Aufgabe. (Fig. 155.)

Einen gegebenen Triangel ABC, in einen anderen Triangel zu verwandeln, der zwei gegebene Winkel hat *).

Auflösung und Beweis. Man verwandele △ABC, in den △ABD, der den einen der gegebenen Winkel DBA hat (Aufg. 25.). Dann trage man an die AB, eine Linie AF, die mit der AB den ∠FAB, gleich dem zweiten gegebenen Winkel, bildet. Jetzt gebe man der Seite AD des Triangels ADB, eine parallele Lage mit der Linie AF, ohne den ∠DBA zu ändern (Aufg. 132.). Erhält man hiernach △GOB (wie die Figur die Construction angiebt); so ist ∠GOB = ∠FAB (G. §. 97, 1.), also △GOB der gesuchte Triangel. W. z. b. w.

Zusatz 1. Weitläuftiger würde die Construction seyn, wenn man erst einen beliebigen Triangel construiren wollte, der die beiden gegebenen Winkel hat, und dann den gegebenen Triangel in einen, mit dem eben gedachten Triangel, ähnlichen Triangel, nach Aufg. 129. Zusatz 3., verwandeln wollte. Der Grund dieser, übrigens auch richtigen Methode, ist leicht einzusehen.

Zusatz 2. Daß jedes Polygon in einen Triangel unter obigen Bedingungen verwandeln kann, braucht auch nur beiläufig noch erwähnt zu werden.

137ste Aufgabe. (Fig. 156.)

Ein Triangel ABC, soll in ein Paralleltrapez verwandelt werden, das zu einer der parallelen Seiten, eine Seite des Triangels, z. B. die BC, zu denen dieser Seite anliegenden Winkeln aber, den Winkel C des Triangels, welcher der Seite BC anliegt, und einen beliebig gegebenen Winkel n hat.

---

*) Die Voraussetzung hierbei: daß die Summe beider Winkel kleiner 2R sey, bedarf kaum noch einer Erwähnung.

Auflösung *). An die gegebene Seite BC, lege man an den zweiten Endpunct B, den ∠n = ∠CBD, und ziehe durch A die AD ⋕ der BC, bis der Schenkel BD in D getroffen wird, d. h. also, man construire ein Paralleltrapez DACB, das die Seite BC nebst den gegebenen Winkeln C und B als anliegend, und die Höhe des Triangels ABC hat (wenn nemlich BC als Grundlinie angesehen wird). Nun suche man zwischen den beiden parallelen Seiten BC und AD des erzeugten Paralleltrapezes, die mittlere Proportionallinie, welches unter andern so geschieht wie die Figur zeigt, wo BF ⋕ AC gezogen ist, bis zur Verlängerung der AD in F, und sich dann nach G. §. 320., AG = AH als mittlere Proportionallinie zwischen AF und AD d. h. zwischen BC und DA, ergiebt. Diese nunmehr gefundene Linie HA, trage man zwischen DB und AC so ein, daß sie parallel der BC läuft, welches einfach geschieht, wenn durch H die HI ⋕ FB (also auch ⋕ AC) bis zur DB gezogen wird, wo dann durch I, die IK ⋕ BC gezogen, IK = HA giebt (G. §. 112.). Das hierdurch erhaltene Paralleltrapez BIKC ist das gesuchte, so daß man also sagen kann: die gedachte mittlere Proportionallinie (HA), ist die gesuchte zweite parallele Seite des verlangten Paralleltrapezes.

Beweis. Es kommt nur darauf an, die Gleichheit der Flächen △BAC und Prlltrpz. BIKC zu beweisen, da letzteres die andern Bedingungen, in Hinsicht der Seite BC und der beiden Winkel B und C, schon erfüllt. — Man ziehe zu dem Ende durch A und durch K, die Linien AQ und KT, parallel der BD **),

*) Siehe Zusatz 1.

**) Man kann sich zum Beweise, eben so gut der bereits gezogenen Linien FB und HI bedienen, da diese aber laut Construction in der Figur mehr als zufällig erscheinen, so mag der Beweis allgemeiner geführt werden.

und verbinde K mit B; so sind die Triangel KTC und PAK ähnlich (G. §. 310, 1.), und die Triangel KBC und IKB haben gleiche Höhe (G. §. 155, 1.), so wie dies bei △KBC und △ABK der Fall ist. (G. §. 153, 6.). Nunmehr erhält man aus der vorausgesetzten Proportion BC:IK = IK:DA, diese giebt
BC—IK:IK—DA = BC:IK d. h.
TC*):PK = BC:IK. Ferner verhält sich
(G. §. 306, 4.) TC:PK = KC:AK, also:
BC:IK = KC:AK. Nach (G. §. 282, 3.,
ist aber auch BC:IK = △BKC:△IBK, und eben deshalb KC:AK = △KBC:△ABK, daher denn:
△BKC:△IBK = △KBC:△ABK, woraus
△IBK = △ABK folgt; thut man dazu
△BKC = △BKC, so ist
△IKB + △BKC = △ABK + △BKC d. h.
Prlltrpz. BIKC = △ABC. W. z. b. w.

Zusatz 1. Es liegt in der Natur dieser Aufgabe, daß der ∠ n größer als ∠ ABC ist, gegeben werden muß, sobald man darauf besteht oder dabei bleibt, daß das Prlltrpz. die Seite BC und den ∠ Q haben soll. Dies bedarf keiner weiteren Erläuterung.

Zusatz 2. Es kann also jedes Polygon, in ein Paralleltrapez verwandelt werden, das zu einer der parallelen Seiten eine beliebig gegebene Linie, und zwei gegebene Winkel jener Seite anliegend hat **). Denn man

*) Daß IK = BT und IP = DA ist, ist wol einfach zu finden (G. §. 112.).

**) Als eine besondere Aufgabe findet man oft unsere Aufgabe so aufgegeben: ein Paralleltrapez in ein anderes Paralleltrapez zu verwandeln, welches eine der parallelen Seiten und einen daran liegenden Winkel des gegebenen Paralleltrapezes hat, dessen anderer dieser Seite anliegender Winkel aber beliebig gegeben ist. Unter dieser Form werden wir selbst kann das Polygon stets in einen Triangel verwandeln, der die gegebene Linie als Seite hat, und welcher Seite einer der gegebenen Winkel anliegt (Aufg. 37, Zusatz), worauf man alsdann nach unserer Aufgabe nur zu verfahren braucht. Was die gegebenen Winkel anbetrifft, so können sie nach dem, was im ersten Zusatze bemerkt wurde, nicht ganz beliebig gegeben werden, sondern, wenn der eine Winkel willkührlich bestimmt ist, richtet sich die Größe des anderen, nach dem sich ergebenden zweiten Winkel des zuerst erzeugten Triangels, der der gegebenen Linie als Seite anliegt. Nur so viel kann man allgemein sagen, daß, wenn die Summe beider Winkel größer als 2R ist, die Aufgabe immer wird ausführbar seyn, so lange ihre Summe wiederum nicht 4R erreicht, d. h. jeder von ihnen noch concav ist, wovon der Grund wol einfach eingesehen wird.

Anmerk. Auch hier darf ihrer besondern Form wegen, die analytische Auflösung nicht fehlen. Nimmt man an, IK sey die, der BC parallele Linie, welche Prlltpz. BIKC = △BAC giebt; so muß, wenn man die BK zieht, △KBA = △BKI seyn (da beide nebst dem △BKC, gleiche Flächen bilden sollen). Zieht man also noch IA, so muß IA parallel BK gehen (G. §. 160. u. §. 155, 2.), indem BK die gemeinschaftliche Grundlinie beider Triangel ist. Verlängert man BI, bis eine durch A mit der BC gezogene Parallele AD, diese Verlängerung schneidet, um hierdurch einige ganz bekannte Linien BD und AD zu erhalten (die der Einführung wegen doch nöthig sind); so erhält man jetzt nach G. §. 310, 1., △DIA ∾ △IBK, und △AIK ∾ △BKC, daher nach G. §. 326. Prlltpz. DIKA ∾ △ Prlltpz. IKCB ist, in welchen beiden Figuren, IK und BC homologe Seiten sind. Daher verhält sich (G. §. 327, 2.):

$$\text{Prlltpz. DIKA} : \text{Prlltpz. IBCK} = \overline{IK}^2 : \overline{BC}^2 \quad (I.)$$

Die beiden Triangel DBA und BAC, haben aber gleiche Höhen, daher verhält sich

---

Anwendungen der allgemeinen Aufgabe dieses Zusatzes, bekommen. (Siehe Aufg. 157. Auflösung 1. und 2. u. a. m.)

$$\triangle DBA : \triangle BAC = DA : BC,$$ oder

$$\triangle DIA + \triangle IBA : \triangle BAK + \triangle BKC = DA : BC;$$

aber $\triangle IBA = \triangle AIK$

(S. §. 167.), und aus eben diesem Grunde ist auch

$$\triangle BAK = \triangle BKI,$$

daher hat man denn auch:

$$\triangle DIA + \triangle AIK : \triangle BKI + \triangle BKC = DA : BC$$

d. h. Prlltpz. DIKA : Prlltpz. IBCK = DA : BC.

Da wir aber (I.) fanden, daß das Verhältniß beider Paralleltrapeze auch wie $\overline{IK}^2 : \overline{BC}^2$ ist; so verhält sich jetzt:

$$\overline{IK}^2 : \overline{BC}^2 = DA : BC,$$

oder so gesetzt: $BC : DA = \overline{BC}^2 : \overline{IK}^2$.

Nach Aufg. 108, Zusatz 4., finden wir die unbekannee Linie IK, aus der Proportion:

$$BC : IK = IK : DA,$$

d. h. die unbekannte Linie ist die mittlere Proportionallinie, zwischen den Seiten BC und DA, genau wie die Auflösung vorher angab. Die Art der Eintragung der IK, bedarf keiner Erläuterung weiter, die oben angegebene Construction, zeigt dieselbe höchst einfach.

138ste Aufgabe. (Fig. 157.)

Ein gegebenes Trapezoides ABCD, in ein Paralleltrapez zu verwandeln, in welchem die Seite DC eine der parallelen Seiten wird, der die beiden Winkel D und C, wiederum anliegen *).

Auflösung **). Durch einen der Endpuncte der Seite DC, ziehe man mit der der DC gegenüber liegenden Seite AB, eine Parallele, bis die, dem anderen Endpuncte der DC anliegende Seite geschnitten wird, also hier z. B. durch D, die DE ⋕ der AB bis in E ***). Durch die der DE im △DCE gegenüber liegende Winkelspitze C, ziehe man ferner eine Parallele CF mit der Seite DA, bis die DE in F geschnitten

*) Man vergleiche diese Aufgabe mit Zusatz 2. zur 40sten Aufgabe.

**) Siehe Anmerkung 2. zu dieser Aufgabe.

***) Auf ähnliche Weise wie nun folgt, wird verfahren, wenn man durch C die Parallele bis zur Verlängerung der AD zieht.

wird. Nunmehr theile man die Seite AB im Puncte O so, daß sich verhält:

$$\overline{BO}^2 : \overline{AO}^2 = DE : DF,$$

welche Theilung nach Aufg. 108. Zusatz 5., geschieht. (Wählt man hierzu den zweiten Weg, daß man erst zwischen DE und DF, die mittlere Proportionallinie sucht, so giebt die Figur DH = DG als solche, laut G. §. 320., und nun theilt man AO so, daß sich verhält DE:DG = BO:AO). Durch den Punct O, ziehe man nun die KI ⋕ der DC, bis die Seiten CB und DA (letztere in ihrer Verlängerung) geschnitten werden; so ist das Paralleltrapez IKCD, das gesuchte Prlltpz.

Beweis. Daß IKCD im Prlltpz. mit den bestimmten Stücken DC, ∠C und ∠D ist; folgt einfach aus der Construction. Es ist nun zu zeigen, daß das Prllg. IKCD = dem Trapezoid ABCD, oder daß △KOB = △AOI ist. Nun haben die Triangel DCF und AOI, die Winkel laut Construction und G. §. 101., wechselseitig gleich, sind also einander ähnlich (G. §. 308.); dasselbe gilt aber aus gleichen Gründen von den Triangeln DCE und OKB. Man erhält daher aus ersterem Triangelpaar diese Proportion:

$DF : DC = AO : IO$, und aus dem letzteren Paar: $DE : DC = OB : OK$. Laut Construct. war aber $DE : DF = \overline{BO}^2 : \overline{AO}^2$ *). Setzt man hiermit die Prpt. $DF : DC = AO : IO$ zusammen; so ist

$$DE : DC = \overline{BO}^2 : AO . IO.$$

*) Hätte man den vorher angedeuteten zweiten Weg des Zusatz 5. Aufg. 108. gewählt, so würde man durch folgende Schlüsse wieder auf diese Proprt. kommen: $DE : DG = DG : DF$ (laut Constr. b. diesem 2ten Wege), also $DE : DF = \overline{DE}^2 : \overline{DG}^2$ (G. 281, 8.), da aber nun auch aus der Construction folgt $BO : AO = DE : DG$, woraus man erhält $\overline{BO}^2 : \overline{AO}^2 = \overline{DE}^2 . \overline{DG}^2$; so hat man wieder: $DE : DF = \overline{BO}^2 : \overline{AO}^2$.

Aus der zweiten Proportion folgt aber

$$DE:DC = OB.OB:OK.OB,$$ daher

wiederum $\overline{BO}^2:AO.IO = \overline{OB}^2:OK.OB$,

welches, da die ersten Glieder der Verhältnisse einander gleich sind, nun auch $AO:IO = OK.OB$ giebt, woraus sich die Proportion bilden läßt: (G. §. 281, 7.)

$$AO:BO = KO:IO.$$

Da die beiden Triangel AOI und KOB, aber auch die Winkel bei O gleich haben; so ist laut G. §. 287.

$$\triangle AOI = \triangle KOB.$$ W. z. b. w.

Anmerk. Analytische Auflösung. Daß durch irgend einen Punct der AB, eine Parallele mit der DC gezogen werden muß; ist eine, unmittelbar aus der Aufgabe folgende Nothwendigkeit. Es frägt sich nur, wie der Punct O bestimmt werden soll und dies muß zuerst so seyn, daß, wenn man die IK gezogen denkt, $\triangle KOB = \triangle AOI$ wird. Diese Triangel bieten aber, der Gleichheit der Winkel bei O wegen, die Proportion dar: $AO:OB = OK:OI$. (I.)

Dies ist aber keinesweges hinreichend, den Punct O zu finden, denn wenn gleich $AO + OB = AB$ bekannt ist, so kennt man dennoch weder die OK noch die IO. Dies führt unmittelbar auf das Bedürfniß, das Verhältniß $OK:OI$, auf ein Verhältniß anderer bekannter Größen zurückzuführen. Da IK parallel der DC ist, so ist die Construction der DE parallel AB und der CF parallel DA sehr natürlich, denn man erhält dadurch die, völlig bekannten Triangel DCE und DCF, die wechselseitig ähnlich den Triangeln OKB und AOI sind. Diese Triangel verglichen, und die unbekannten Größen wieder verschwindend gemacht, führt auf die Proportionen:

$$AO:IO = DF:DC$$ und

$$OK:OB = DC:DE,$$ woraus

$$\overline{AO.OK:IO.OB = DF:DE}$$ folgt.

Wenn man die Glieder des ersten Verhältnisses mit $AO.OB$ vervielfältigt *), so erhält man

$$\overline{AO}^2.OK.OB:IO.\overline{OB}^2.AO = DF:DE \quad (II.)$$

Aus der Proportion (I.) folgt aber, daß

$$OK.OB = AO.IO$$

---

*) Indem man jetzt ein Mittel suchen muß, die Größen OK und OI, wieder aus der Proportion zu entfernen.

ist, daher die Glieder des ersten Verhältnisses der Proportion (II.) hierdurch verkleinert giebt:

$$\overline{AO}^2 : \overline{OB}^2 = DF : DE,$$

und dies ist die Proportion, welche zu construiren die Bedingung der synthetischen Auflösung war.

Anmerk. 2. Wie hätte gegenwärtige Aufgabe nach dem, was Zusatz 2. der vorigen Aufgabe gesagt wurde, wol aufgelöset werden könne?

139ste Aufgabe. (Fig. 158. u. 159.)

Ein Parallelogramm ABCD, soll in ein Paralleltrapez verwandelt werden, dessen eine der parallelen Seiten die Seite AB wird, welcher der Winkel A, nebst ein beliebig gegebener Winkel v, anliegen sollen*).

Auflösung. Je nachdem $\angle v$ größer oder kleiner als der zweite, der AB anliegende Winkel ABC ist; erhalten wir zwei Fälle, wie dies auch bei der, gegenwärtiger Aufgabe entgegengesetzten Aufgabe 39., der Fall war.

Erster Fall. Wenn $\angle v > \angle ABC$ ist (Fig. 158.). Man trage $\angle v = \angle ABE$, an die AB an, und verlängere den Schenkel BE, bis die Verlängerung der Seite DC ihn in E trifft. Das Stück CE halbire man in F, und theile nun nach Aufg. 111. Zusatz 3., die Seite CB im Puncte H so, daß sich verhält $CF : AB = HC . BC : \overline{BH}^2$ **). Durch H ziehe man die IG ⋕ der AB; so ist ABGI das gesuchte Prlltpz.

Beweis. Daß ABGI, ein Prlltpz. mit den drei bestimmten Stücken AB, $\angle A$ und $\angle v$, so wie, daß die

---

*) Obgleich diese Aufgabe im Zusatz 2. zur 137. Aufgabe enthalten ist, so soll der Eigenthümlichkeit, so wie des Vergleiches mit Aufg. 39. wegen, folgende besondere Auflösung hier noch gegeben werden.

**) Die hierzu nöthige besondere Construction mit dem Kreise, so wie das Suchen jener vierten Proportionallinie, wird hier als geschehen vorausgesetzt.

Fläche IHCD ein Parallelogramm ist; folgt aus der Construction. Man hat nur zu beweisen nöthig, daß Prllg. DCHI = △HGB ist. Da aber CE ⧺ HG ist, so verhält sich CF : FE = HO : OG (G. §. 297.), und da CF = FE gemacht war, so ist auch HO = OG, also △HOB = △GOB (G. §. 157.); und weil, wenn man IC zieht, △ICH = △ICD ist, so braucht nur bewiesen zu werden, daß △ICH = △HOB ist. Da AB = HI ist, so folgt zuvörderst aus der Proportion die in der Auflösung construirt ward, daß sich verhält:

$CF : IH = HC . BC : \overline{BH}^2$ Ferner verhält sich nach G. §. 290, 2.

$HO : CF = BH : BC$, also beide Prprt. zusammenges. $HO : IH = HC : BH$.

Die beiden Triangel HOB und HCI, haben aber auch die Winkel bei H einander gleich, daher ist nach G. §. 287. △HOB = △HCI. W. z. b. w.

Zusatz. Da die Auflösung mittelbar auf Aufg. 111. zurückgeführt wurde; so sieht man, daß für ∠v > ∠B die Aufgabe stets erfüllt werden muß. Daß dies nicht immer der Fall ist, wenn ∠v < ∠B gegeben wird, zeigt eine einfache Anschauung der Figur, und ein Vergleich mit dem, was Zusatz 1. Aufg. 137. gesagt ward, so wie die mittelbare Zurückführung unserer Aufgabe auf Aufg. 112., gleich eine Einschränkung der Annahme vom ∠v zeigen wird. — Was die analytische Lösung gegenwärtigen ersten Falles betrifft, so sieht man die Nothwendigkeit ein, nach der Annahme: IG sey die der AB parallele unbekannte Linie; den Punct H in der CB zu suchen, was aus den Triangeln ICH und HOB, die man sogleich als einander gleich findet, zu suchen ist. Die gleichen Winkel bei H führen auf die Proportion HC : BH = HO : HI (G. §. 286.), und weil HC und HB unbekannt sind, so setzt man mit dieser Proportion, die Prprt. BC : BH = CF : HO G. §. 290, 2.) zusammen, woraus folgt, daß man die Proportion $HC.BC : \overline{BH}^2 = CF : HI (= AB)$, zu construiren habe.

Zweiter Fall. Wenn $\angle v < \angle B$ ist (Fig. 159.). Es mag hier sogleich die analytische Auflösung gegeben werden, aus der sich wie beim ersten Falle, die synthetische Construction leicht ergiebt. An die Seite AB, trage man $\angle v = \angle ABO$ an, und stelle sich die BO bis I verlängert vor, so daß durch I die IG ⋕ BA, bis zur Verlängerung der AC gezogen, Viers. BIGA, als das gesuchte Prlltpz. giebt. Zuerst muß $\triangle DOB =$ dem Vierseite IOCG seyn, damit die beiden Flächen, Prllg. ABDC und Prlltrpz. ABIG, gleich werden. Denkt man sich GI und BD bis zu ihrem Schnitte in E verlängert; so ist Viers. GEDC ein Prllg., und wenn man zu den beiden gleichen Flächen, $\triangle BDO$ und Prlltpz. COIG, die Fläche IODE thut, so ist $\triangle EBI$ = Prllg. CDEG. Stellt man sich EI in F halbirt vor, so ist $\triangle EBF$ die Hälfte des Triangels EBI, so wie, wenn DG gezogen wird, $\triangle EDG = \frac{1}{2}$ Prllg. EDCG wird. Es ist daher auch

$$\triangle EBF = \triangle EDG.$$

Diese beiden Triangel haben den $\angle E$ gemeinschaftlich, und daher verhält sich:

$EF : EG = ED : EB$, oder da $EG = BA$ ist, $EF : AB = ED : EB$. Aber da EI ⋕ DO geht, so ist auch $DH : EF = BD : EB$ (G. §. 290, 2.), folglich wenn die letzteren beiden Prprt. zusammengesetzt werden, ist: $DH : AB = ED . BD : \overline{EB}^2$.

Hier ist aber DH bekannt, denn es verhält sich: $DH : HO = EF : FI$ (G. §. 297.), und da $EF = FI$ ist, so ist auch $DH = HO$ d. h. $DH = \frac{1}{2} DO$, und DO ist aus der Lage des Schenkels BO bekannt. Ferner ist AB so wie BD bekannt, und die zuletzt gefundene Proportion, ist daher nach Zusatz 4. zur Aufg. 112., construirbar. Es ist also dieser Fall, wie der erste Fall, in seiner ferneren Auflösung, durch eine frühere Aufgabe bedingt und ziemlich zusammengesetzt, nur daß, wie im Zusatz zum ersten Falle erwähnt ist, der zweite Fall nicht bei jeder beliebigen Größe des Winkels v, lösbar seyn wird.

140ste Aufgabe. (Fig. 160.)

Es ist ein rechtwinklicher Triangel ABC gegeben, nebst einem Quadrate Q^2, dessen Seite Q sey; man soll auf der Verlängerung der Seite AC, einen Perpendikel ziehen, bis von ihm die Seite AB in ihrer Verlängerung geschnitten wird, so daß das alsdann bestimmte Paralleltrapez, gleich Q^2 sey *).

Auflösung. Man verlängere AC um $CH = \frac{1}{2}BC$, und suche die mittlere Proportionallinie CF, zwischen AC und CH (G. §. 322. Zusatz 2.; wie die Figur zeigt). Nunmehr suche man nach G. §. 301, 1., die vierte Proportionallinie zu den drei Linien: FC, AC und Q, so daß sich verhält (wie die Figur construirt zeigt):

$$FC : AC = MC : NC,$$

wo also $MC = Q$ gemacht ist. Die gefundene Linie NC, trage man auf CF, so daß $CG = CN$ wird, und ziehe AG, welche Linie man von A nach E trägt; so ist, wenn in E die $ED \# CB$ (also senkrecht auf AE) gezogen, und AB bis D verlängert wird, Prlltrpz. $CBDE = Q^2$.

Beweis. Nur die Gleichheit vom Prlltpz. CBDE mit dem gegebenen Quadrate Q^2, ist zu beweisen. — Da $DE \# BC$, also $\triangle DEA \sim \triangle ABC$ ist; so verhält sich

*) Es soll also Q^2, in ein Prlltpz. von der Seite BC, der ein rechter Winkel und der Nebenwinkel des Winkels ABC anliegen, verwandelt werden. Diese immer zu lösende Aufgabe (Aufg. 137. Zusatz 2.), kann auf Zusatz 2. Aufg. 137. zurückgeführt werden.

$$\triangle ADE : \triangle ABC = \overline{AE}^2 : \overline{AC}^2, \text{ also auch}$$

$$\triangle ADE - \triangle ABC : \triangle ABC = \overline{AE}^2 - \overline{AC}^2 : \overline{AC}^2 \text{ d. h.}$$

$$\text{Prlltpz. } BDEC : \triangle ABC = \overline{AE}^2 - \overline{AC}^2 : \overline{AC}^2 \quad \text{(I.)}$$

Da ferner $\triangle AGC$ rechtwinklich, und $CG = CN$ so wie $AE = AG$ gemacht ist, so ist

$$\overline{AE}^2 - \overline{AC}^2 = \overline{AG}^2 - \overline{AC}^2 = \overline{GC}^2 = \overline{NC}^2 \quad \text{(II.)}$$

Nun verhielt sich laut Construction:

$$FC : AC = MC : NC, \text{ also auch}$$

$$\overline{FC}^2 : \overline{AC}^2 = \overline{MC}^2 : \overline{NC}^2, \text{ oder}$$

$$\overline{NC}^2 : \overline{AC}^2 = \overline{MC}^2 : \overline{FC}^2 \quad \text{(III.)}.$$

Setzt man den Werth $\overline{NC}^2$ aus (II.) in (I.), so hat man, Prlltpz. $BDEC : \triangle ABC = \overline{NC}^2 : \overline{AC}^2$, und diese Proportion mit (III.) verglichen, giebt:

$$\text{Prlltpz. } BDEC : \triangle ABC = \overline{MC}^2 : \overline{FC}^2.$$

Aber laut Construct. ist $\overline{FC}^2 = AC.CH = AC \cdot \frac{BC}{2} = \triangle ABC$, also ist auch Prlltpz. $BDEC : \triangle ABC = \overline{MC}^2 : \triangle ABC$ woraus folgt, Prlltpz. $BDEC = \overline{MC}^2 = Q^2$. W. z. b. w.

Anmerk. Analytische Auflösung. Gesetzt DE wäre die verlangte Linie, also Prlltpz. $BDEC = Q^2$; so verhält sich:

$$\triangle ADE : \triangle ABC = \overline{AE}^2 : \overline{AC}^2, \text{ also}$$

$$\triangle ADE - \triangle ABC : \triangle ABC = \overline{AE}^2 - \overline{AC}^2 : \overline{AC}^2 \text{ d. h.}$$

$$\text{Prlltpz. } BDEC : \triangle ABC = \overline{AE}^2 - \overline{AC}^2 : \overline{AC}^2.$$

In dieser Proportion ist nichts unbekannt als $\overline{AE}^2$, denn Prlltpz. $BDEC$ ist $= Q^2$. Verwandelt man also $\triangle ABC$ in ein Quadrat, so ist nach Aufg. 32. Zusatz 1., $\overline{FC}^2 = \triangle ABC$. Nimmt man das dritte Glied $\overline{AE}^2 - \overline{AC}^2$ als unbekannt an, so kann man, wenn man es x^2 nennt, aus den Proport. $Q^2 : \overline{CF}^2 = x^2 : \overline{AC}^2$, sehr leicht x finden, nemlich wie die obige Construction angab, indem man sucht: $Q : CF = x : AC$, oder $FC : AC = Q : x$.

Da nun $x^2 = \overline{AE}^2 - \overline{AC}^2$ seyn soll, so ist

$$x^2 + \overline{AC}^2 = \overline{AE}^2 = \overline{NC}^2 + \overline{AC}^2 = \overline{GC}^2 + \overline{AC}^2 = \overline{AG}^2$$

Ganz so gab die synthetische Auflösung die Construction an.

141ste Aufgabe.

Jedes Polygon P, in ein Oblongum zu verwandeln, wo das Verhältniß der Grundlinie zur Höhe wie n : m gegeben ist.

Auflösung und Beweis. Verzeichnet man ein Oblongum O, wo die Grundlinie zur Höhe das festgestellte Verhältniß hat *); so braucht man nur nach Aufgabe 129. Zusatz 3., das Polygon P in ein Oblongum zu verwandeln, das gleich P und ähnlich O ist. Denn: bei ähnlichen Oblongen, stehen die Seiten in Proportion, daher sie sich bei dem, nach jener Aufgabe erzeugten Oblongum, auch wie n : m verhalten müssen. — Man könnte analytisch auch so schließen: wenn a und b die Seiten des unbekannten Oblongums O sind; so soll O = P werden. Es muß sich also verhalten:

$$a : b = n : m, \text{ also auch}$$

$$a . a : a . b = n : m \text{ d. h.}$$

$$a^2 : a . b = n : m.$$

Aber a . b ist gleich dem Oblongum O = P. Denkt man sich also P in ein Quadrat verwandelt, das wir Q^2 nennen wollen, so hat man:

$$a^2 : Q^2 = n : m.$$

In dieser Proportion, ist uns a^2 unbekannt, läßt sich aber nach Aufg. 108. Zusatz 1. stets finden. Hat man a, so findet sich b aus der Proportion $a : b = n : m$ nach G. §. 301, 1.

Zusatz. Es bedarf hiernach keiner weiteren Auseinandersetzung, wie man jedes Polygon in ein Rhomboides verwandeln kann, wo das Verhältniß der Seiten

---

*) Ist das Verhältniß in Linien gegeben, so dienen diese schon selbst zu den beiden Seiten des Oblongums; ist es anders bestimmt, so reducire man es erst auf das Verhältniß von Linien. Aufg. 105. und 107.

nebst einem Winkel, gegeben ist. Eben so bei der Verwandeluug in einen Triangel, wo das Verhältniß zweier Seiten nebst dem eingeschlossenen Winkel, oder sonst einem auf bestimmte Weise liegenden Winkel, gegeben ist. Oder wenn bei diesem Triangel das Verhältniß der Grundlinie zur Höhe, nebst einem Winkel der auf bestimmte Art liegt, gegeben ist; u. s. w. Bei der Construction des Hülfstriangels, d. h. desjenigen, mit dem der gesuchte Triangel ähnlich ist; hat man natürlich auf die Möglichkeit solcher Construction noch besonders zu achten, wie dies früher hinlänglich zu untersuchen, gelehrt ist.

142ste Aufgabe.

Ein Oblongum in ein anderes Oblongum zu verwandeln, zu welchem eine Seite gegeben ist.

Auflösung und Beweis. Diese Aufgabe ist zwar schon Aufg. 29. gelöset worden, verdient aber hier ihrer anderen Auflösung wegen noch eine Stelle. Diese neue Auflösung ist aber ganz die, Aufg. 111. Zusatz 2. genannte, wo zu drei gegebenen Linien, mittelst G. §. 331., die vierte Proportionallinie, durch Hülfe des Kreises gesucht wird. Denn: sind a und b die Seiten des gegebenen Oblongums, c aber die eine Seite des gesuchten; so construire man die Proportion $c : a = b : x$ und es ist $c . x = a . b$. — So kann also auch jedes Polygon, nachdem man es in ein Oblongum verwandelt hat, gleich wieder in viele andere Oblongen verwandelt werden, zu deren jedes, eine der beiden Seiten ganz beliebig gegeben werden kann.

Zusatz. Auch mittelst G. §. 335., kann ein Oblongum leicht in ein Quadrat verwandelt werden, wenn gleich Aufg. 32. dies bereits lehrte. Sollte die Anwendung jenes Satzes nicht sogleich einleuchten, so sehe man was am Ende des zweiten Zusatzes zur Aufg. 112., über jene Anwendung zum Behufe des Findens der mittleren Proportionallinie gelehrt ist, denn diese ist nichts anderes, als die Seite des gesuchten Quadrates.

143ste Aufgabe. (Fig. 161.)

Ein beliebiges Polygon, in ein reguläres n Seit von jeder beliebigen Seitenanzahl zu verwandeln, sobald nemlich ein reguläres Polygon von dieser Seitenanzahl, zu construiren möglich ist *).

Auflösung und Beweis. Man suche vom gegebenen Polygone den n ten Theil nach Aufg. 68. Zusatz, und verwandele denselben in einen gleichschenklichen Triangel, dessen ungleicher Winkel der Centriwinkel des regulären n Seits, oder dessen gleiche Winkel, die halben Polygonwinkel des gedachten n Seits sind, welches nach Aufg. 134. Zusatz 2. geschieht **). Aus dem Scheitel des ungleichen Winkels des nunmehr erhaltenen Triangels, beschreibe man mit der einen gleichen Seite einen Kreis, so läßt sich die ungleiche Seite; n Mal in die Peripherie eintragen (G. §. 253.) ***), wodurch ein reguläres n Seit entsteht, das n Mal jenem einen Triangel gleich ist (G. §. 258, 1.), daher so groß als das gegebene Polygon wird. W. z. b. w.

Zusatz 1. Man kann zu diesem Zwecke auch gelangen, wenn man das Polygon in ein Quadrat A B N M verwandelt, in der Mitte H der Seite A B, einen Perpendikel errichtet, diesen gleich $\frac{2}{n}$ von A B macht, und

*) Siehe G. §. 348. Anmerkung. Die Verwandelung jedes Polygons in einen gleichseitigen Triangel, so wie in ein Quadrat, ist bereits bekannt. (Aufg. 133 Zusatz und Aufg. 37. Zusatz.)

**) Die Construction jener Winkel ist natürlich unabhängig von gegenwärtiger Aufgabe, nach denen Aufgaben zu suchen, welche in der Geometrie das reguläre n Seit construiren lehrten, sobald der Kreis gegeben wird. (Siehe Aufg. 175 Anmerk.)

***) Hatte man vorher den halben Polygonwinkel genommen, so wird, wie leicht einzusehen ist, der ungleiche Winkel, doch dem Centriwinkel wiederum gleich seyn.

so einen gleichschenklichen Triangel, von der Grundlinie AB und der Höhe $\frac{2}{n}$AB, bildet. Ist HD z. B. = $\frac{2}{n}$AB, so wird △ADB jedesmal = $\frac{1}{n}$ Quadr. ABNM = $\frac{1}{n}$ des gegebenen Polygons seyn. Denn:

$$\triangle ADB = \frac{AB.DH}{2}$$
$$= \tfrac{1}{2} AB . \frac{2}{n} AB$$
$$= \frac{1}{n} AB . AB = \frac{1}{n} \overline{AB}^2.$$

Ist nun ∠BAC = dem halben Polygonwinkel, oder ∠ACB = dem Centriwinkel (also ∠HCB = ∠HCA = ½ Centriwinkel) d. h. △ACB nach der vorher genannten Auflösung, als gleichschenklicher Triangel construirt; so zeigt die Figur, die Verwandelung des Triangels ADB, in den △FEG (nach Aufg. 134. Zusatz 2.), d. h. wo die Seiten wechselseitig parallel den Seiten AC und CB gehen. Uebrigens ist die gegenwärtige Figur für ein reguläres Fünfseit, genau construirt, also HD = ⅖ AB genommen.

144ste Aufgabe. (Fig. 162.)

Einen Kreis, annähernd in ein Quadrat zu verwandeln.

Auflösung. Suche die Seite AD des Quadrates, welches in den Kreis beschrieben werden kann (S. §. 254.), und nehme den funfzehnten Theil von dieser Seite. Verlängere alsdann einen Durchmesser AB, um dieses Fünfzehntel, so daß BE = BA + AE = BA + $\frac{1}{15}$AD wird. In E errichte man den Perpendikel EO = einen + einen halben Radius, und suche das Oblongum BEOL, von den Seiten EB und EO, welches nach Aufg. 32., in das Quadrat EGHM verwandelt wird.; so ist dieses Quadrat, mit ziemlicher Genauigkeit dem Kreise gleich zu achten.

Beweis. Nach G. §. 372. ist die Peripherie eines Kreises, ziemlich genau gleich drei Durchmessern + dem fünften Theil der Quadratseite AD des, in den Kreis zu beschreibenden Quadrates *); also ist ein Durchmesser + $\frac{1}{15}$AD, dem dritten Theile der Peripherie ziemlich genau, gleich zu achten. Construirt man also einen Triangel, dessen Grundlinie 3.BE, und dessen Höhe der Radius ist; so ist dieser Triangel, ziemlich genau dem Kreise gleich (G. §. 271.); nimmt man aber 2.BE = BK zur Grundlinie, und $1\frac{1}{2}$ Radien = EO zur Höhe; so ist auch △KOB = dem Kreise zu nehmen **). Das Oblongum EOLB, ist aber laut Construction = △KOB = Quadrat EGHM = dem Kreise CBD.

Anmerk. Die nähere Untersuchung über diese, eigentlich der Kreisberechnung angehörende Aufgabe, gehört auch in diese besondere Lehre, und ist solche im vierten Kapitel des dritten Hauptstückes des zweiten Bandes des Lehrgebäudes, oder G. §. 366. bis §. 375., nachzusehen. Obige Construction, giebt übrigens nach den näheren Untersuchungen, die Fläche des Quadrates noch nicht um 0,00063 der Kreisfläche zu geringe an, und doch bedeutender als 0,00062 derselben.

Zusatz 1. Man kann also einen Kreis annähernd, mit ziemlicher Genauigkeit, leicht durch eine geometrische Construction, in jedes Polygon unter allen bis hierher gehabten Bedingungen verwandeln.

Zusatz 2. Soll ein Quadrat, oder durch Hülfe desselben jedes andere Polygon, in einen Kreis verwandelt werden; so kann dies nicht ganz so leicht geschehen wie der eben gehabte umgekehrte Fall; denn, rechnet man auch nur einigermaßen auf Genauigkeit, so verhält

---

*) Der Fehler ist, wie dort gelehrt wird, noch nicht $\frac{1}{5000}$ der Peripherie.

**) Triangel KIB, wo die Höhe EI = 1 Radius ist, ist = $\frac{2}{3}$ Kreis; wächst die Höhe EI um die Hälfte, d. h. ist EO = EI + $\frac{1}{2}$ EI; so ist Triangel KIB auch um die Hälfte gewachsen d. h. nun = ($\frac{2}{3}$ + $\frac{1}{3}$) Kreis = 1 Kreis. (G. §. 282, 3.)

sich die Seite eines Quadrats, zum Halbmesser des demselben gleichen Kreises, wie 1772 : 1000.

III. Theilung der Flächen, mittelst der Proportionen und der Aehnlichkeit.

145ste Aufgabe.

Einen Triangel, von einer Winkelspitze aus in n Theile zu theilen, die sich gegen einander verhalten wie a : b : c : d u. s. w.

Auflösung. Man theile die, der bestimmten Winkelspitze gegenüber liegende Seite des Triangels, in n Theile, die sich wie die Größen a, b, c, d u. s. w. gegen einander verhalten. Dies geschieht, wenn diese Größen Linien sind, nach G. §. 301, 3., indem jene Theile erst in eine gerade Linie aneinander getragen werden, und die gedachte Seite so getheilt wird, als diese Linie es durch die Zusammentragung der Theile geworden ist. Sind die Größen a, b, c, d u. s. w. Zahlen (was am öftersten der Fall seyn wird), so lehrt G. §. 301, 4. die Theilung der Triangelseite nach diesen Zahlenverhältnissen. Sind endlich die mehrgedachten Verhältnißgrößen Flächen; so lehrt Aufg. 107., deren Verhältniß durch Linien oder Zahlen darzustellen. Hat man in der Seite des Triangels, diese Theilungpuncte gefunden, und verbindet dieselben mit der bestimmten Winkelspitze des Triangels; so sind die entstehenden Triangel, die gesuchten Theile.

Beweis. Die entstandenen Triangel haben alle gleiche Höhe, und verhalten sich daher wie ihre Grundlinien zu einander (G. §. 283, 3.) d. h. wie die Größen a, b, c, d u. s. w.

Zusätze.

1. Wir könnten jetzt sämmtliche Aufgaben, die über die Theilung der Figuren im zweiten Abschnitte gelehrt sind, hier wiederholen, wenn wir statt jener Theilung in gleiche Theile, nunmehr proportionirte Theile verlangen. Allein wir können uns diese Wiederholung ersparen; denn, achten wir auf den allgemeinen Character der meisten jener Aufgaben, so kommen sie darauf zurück, die gegebene Figur in einen Triangel zu verwandeln, dessen eine Winkelspitze der Punct war, von dem aus die Theilunglinien gehen sollten, und es würden nach Aufg. 41., erst Triangel gesucht, welche die Größe der nten Theile der zu theilenden Fläche angaben, und die alsdann durch gewisse Mittel wieder in die ursprüngliche Fläche zurückgebracht wurden, sobald sie zum Theil außerhalb derselben gefallen waren. Ganz so verfährt man, wenn proportionirte Theile verlangt werden, indem man dieselbe Verwandelung wieder vornimmt, dann aber nach der eben gelöseten 145sten Aufgabe, die proportionirten Flächen sucht, die aber wieder, wenn ihre Lage es erfordert, durch jene früher gelehrten Mittel, in die gegebene Fläche zurückverlegt werden. Wir haben sogar bei den meisten jener Aufgaben, die Theilungpuncte stets so willkührlich angenommen, daß sie eben so gut, als die getheilten Linien in proportionirte Theile theilend, angesehen werden können, wie in gleiche Theile, wofür sie dort angenommen wurden. Betrifft die Theilung ein Parallelogramm, wo die Theilunglinien der einen Seite parallel laufen sollen, so braucht nur eine der anderen, mit jener Seite zusammenstoßenden Seiten, in die n proportionirten Theile getheilt, und hierdurch jene Parallelen gezogen zu werden; denn, nach G. §. 282, 2. haben die kleinen Parallelogramme, alsdann wieder unter sich die bestimmten Verhältnisse. Nur bei einigen jener Aufgaben, mögten noch einige Bemerkungen vielleicht nöthig seyn.

2. Wir setzen also, als wären hier wiederholt, nur mit der Bedingung der proportionirten Theile statt jener gleichen, die Aufgaben: 41, 42, 43, 48, 50, 52, 53, 56 *), 58, 59 **), 60, 62, 63, 64, 65, 66, 67, 68 und 69 ***).

3. Für die übrigen Aufgaben ist zu merken:

a) Was die Aufgabe 44. betrifft, so sey Fig. 55., △ABC wieder der Triangel, in dem ein Punct zu finden ist, der mit den drei Winkelspitzen verbunden, drei Theile giebt, die sich wie a:b:c verhalten. Ist die BA in drei, diesen Größen entsprechende Theile getheilt, und BD der Theil, welcher der Verhältnißgröße ****) a entspricht; so wird △BDC oder △BOC, für jeden auf der DE (nach Aufg. 44.) angenommenen Punct O, die Fläche geben, welche sich zum △BCA so verhält, wie es die Größe a verlangt. Ist nun der Punct O, in der DE so gesucht, daß DO:OE = b:c; so ist auch

$$\left.\begin{array}{ll} & \triangle DOA : \triangle EOA = b : c, \\ \text{ferner} & \triangle BOD : \triangle COE = b : c \end{array}\right\} \text{G. §. 282, 3.}$$

also △DOA : △EOA = △BOD : △COE, daher auch △DOA + △BOD : △EOA + △COE = △BOD : △COE = b : c

d. h. △BOA : △COA = b : c,

---

*) Wenn in Fig. 68., die Linie CB, in die proportionirten Theile getheilt ist; so ist △GBD, der so vielte Theil vom △BCD, als △BGA vom △ABC; daher auch das Viers. AGDB der so vielte Theil vom Vierseit ABCD, als die BG von der CB.

**) Die beiden besonderen Fälle der Zusätze zu dieser Aufgabe, finden, wegen der dort ausdrücklich festgesetzten Halbirung, hier keine Wiederholung.

***) Nach der Berechnung der gegebenen Fläche, sucht man den Inhalt der einzelnen Theile, nach den Regeln der Proportionrechnung, wie solche §. 279. im ersten Bande des Lehrgebäudes, gelehrt sind.

****) Es mag allgemein hier Größe a, b, c u. s. w. stehen, da Linien, Zahlen und Flächen gegeben werden können.

oder: die beiden anderen Theile, entsprechen den Verhältnißgrößen b und c, während ihre Summe, d. h. Viers. BOCA zum △BCA, wie (b+c) zu (b+c+a) sich allgemein verhält. Man hat also bei den drei gesuchten Theilen, △BOC : △BOA : △COA = a : b : c *).

b) Was die, der Aufg. 45. hier analoge Aufgabe betrifft; so hat man, wenn a, b, c und d die Verhältnißgrößen sind, erst die AC (Fig. 56.) in (a+b+c+d) gleiche Theile zu theilen, und a Theile davon zu nehmen, d. h. eine Linie AD zu suchen, die sich zur AC, wie a : (a+b+c+d) verhält, denn alsdann hat △ABD zum △ABC, dasselbe Verhältniß. Die übrigen Theile: △BDE, △DEF und △FEC zu finden, bedarf keiner weitern Erinnerung.

c) Die Auflösung der 46sten Aufgabe, ist nach dem eben Gesagten für die 45ste Aufgabe, nunmehr auch verständlich.

d) Die 47ste Aufgabe, würde jetzt so ausgedrückt werden: von einem gegebenen Triangel T, einen Theil abzuschneiden, der mit einer gegebenen Fläche F, das Verhältniß a : b hat. Heißt solcher Theil X, so soll sich verhalten X : F = a : b, also ist $X = \frac{a}{b} F$. Diesen Theil $\frac{a}{b}$ der F, kann man sowol nach Aufg. 48. Zusatz 1., als nach Aufg. 108. Zusatz 3. finden, und Aufg. 47. lehrt dann, die Fläche X von dem △T abschneidet **). Soll der abzuschneidende Theil X, zum Triangel T, das Verhältniß a : b haben; so liegt im eben Gesagten, die Erfüllung dieser Bedingung schon mitbegriffen.

---

*) Die Lösung dieser Aufgabe, geschieht gewöhnlich auf weitläuftigerem Wege, über den nunmehr natürlich hier weiter nichts zu sagen ist.

**) Sollten sich X > T ergeben, was bei einer willkührlichen Annahme von a : b wol seyn kann; so ist die Lösung unter diesen Umständen unmöglich.

e) Um die Aufg. 49. hier, analog für proportionirte Theile zu lösen, ist es nöthig, die Verhältnißgrößen a, b, c... auf Zahlen zurückzuführen, wenn sie als Linien oder Flächen gegeben sind (Aufg. 106. u. 107.), dann diese Zahlen zu vereinigen, und nun, wie die erste Lösung der 49sten Aufgabe angab, diese Summenzahl zu beachten, ob sie gerade oder ungerade ist. Das Weitere bedarf keiner weiteren Auseinandersetzung. Auch die zweite Lösung jener Aufgabe ist jetzt deutlich, jedoch ist wol zu bemerken, daß nicht von jenen beiden entgegengesetzt liegenden Winkelspitzen, gleich viele Theilunglinien auszugehen brauchen, sondern daß dies von der gegenseitigen Größe der Verhältnißgrößen abhängt, wie viele solcher Linien von jeder Winkelspitze ausgehen. — Uebrigens ist diese Aufgabe, auch in der Aufg. 58. enthalten.

f) Wenn bei Aufg. 51. (Fig. 63.), HC zur DC, das Verhältniß hat, was die Größe a bestimmt; so hat Prllg. HGBC, oder die ihm gleiche Fläche EFBC, auch das entsprechende Verhältniß zum Prllg. AC. Nun müssen aber die Reste AF und DE, der Seiten AB und DC, noch in Theile getheilt werden, die sich beiderseits wie b:c:d... verhalten, also
FL : FA = b : b + c + d.... = EN : ED; denn alsdann verhalten sich die Triangel LEF, MNL, MKA, und die Triangel ELN, NMK, KAD zu einander, wie die Linien LF : ML : AM = NE : KN : DK = b : c : d..., und daher wieder
$\triangle FEL + \triangle LEN : \triangle MNL + \triangle NMK : \triangle MKA + \triangle KAD = b:c:d$,
d. h. Prlltpz. FN : Prlltpz. LK : Prlltpz. MD = b : c : d, während das Prlltpz. FC, bereits die übrig bleibende Verhältnißgröße a, als ihm entsprechend hat (Siehe auch S. §. 299.).

g) Die Auflösung der 54sten Aufgabe auf proportionirte Theile bezogen, wird auf die eben beschriebene Weise geschehen, d. h. eben so, wie in Fig. 63. die Theilung des Paralleltrapezes AFED geschah.

h) Die Auflösung der Aufg. 55., wird auf die analoge Auflösung der Aufg. 48. zurückgeführt, wenn die bei Aufg. 55. vorgeschriebene Verwandelung, geschehen ist.

i) Eben so führt man die Auflösung der Aufg. 57. in Hinsicht des Paralleltrapezes ABCI (Fig. 69.), auf das zurück, was eben für diese Theilung gesagt ward. Die Seite AI, dient mit ihren Theilungpuncten daher sowol dem △ADI, als dem Prlltpz. AC, und es bleibt nur noch die BC nach eben denselben Verhältnissen zu theilen.

k) Endlich ist die hier entsprechende Auflösung der 61sten Aufgabe, keiner Schwierigkeit unterworfen, indem mnn die beiden Parallelen FO und EO (Fig. 78.) mit den Seiten DC und BC, sogleich erhält, sobald man nur die Triangel DFC und BEC findet, was auf die, der 58sten Aufgabe hier analoge Aufgabe und deren Lösung, zurückgeführt wird, worauf nach der, der 60sten Aufgabe hier entsprechenden Aufgabe, vom Puncte O aus, die Theilung des Vierseits DOBA, in die übrigen proportionirten Theile geschieht.

4. Uns bleiben für gegenwärtigen Theil unseres Abschnittes, nur solche Theilungen hauptsächlich übrig, wo die Theilunglinien bestimmte Lagen erhalten, vorzüglich, wenn sie parallel mit gewissen Linien gehen sollen *). Die Auflösungen sind aber auch bei diesen Auf-

*) Die Lage der Theilunglinien im zweiten Theile des zweiten Abschnittes, war nur durch den Punct bestimmt von wo sie ausgehen sollten, sonst an sich (mit weniger Ausnahme wo dies ausdrücklich anders bestimmt ward) mehr gleichgültig. Wenn nun auch in einigen der folgenden Aufgaben ein Punct bestimmt wird, durch den die Theilunglinien gehen sollen, so ist doch die Lage der Linien bei weitem bestimmter und beschränkter, als dies früher der Fall war.

gaben, fast immer im Wesentlichen dieselben, ob die verlangten Theile unter sich gleich oder ob sie unter einander gewisse Verhältnisse haben sollen. Uebrigens folgt aus der Theilung nach gewissen Verhältnissen, auch immer die Theilung in gleiche Theile, denn man darf ja nur die Verhältnißgrößen alle gleich Eins setzen, so erhält man gleiche Theile.

5. Es kommt allerdings bei den folgenden Aufgaben oft darauf an, nach welcher Ordnung die zu suchenden Theile sich gleichsam an einander reihen, und gewöhnlich soll dies so geschehen, wie die Verhältnißgrößen, ihrer gegebenen Ordnung und Folge nach, dies bestimmen. Zur Auflösung thut aber diese Ordnung in sofern nichts weiter, als daß nur die, anfänglich, proportionirt zu schneidenden Linien, nach dieser Ordnung getheilt werden, wonach sich sodann die Theile der Fläche, in derselben Ordnung neben einander befinden.

6. Was endlich die gegebenen Verhältnißgrößen anbetrifft, so mögen sie in der Folge, allgemein durch a, b, c u. s. w. bezeichnet werden, denn die Auflösung gegenwärtiger 145sten Aufgabe, wiederholte die schon früher bekannten Mittel, solche Verhältnißgrößen, die hier Zahlen, Linien oder Flächen sind, den Umständen und Bedingungen gemäß, in einander zu reduciren. In bestimmten Fällen, wird daher die Art dieser Verhältnißgrößen nur näher bezeichnet, sonst aber dieselbe in der Aufgabe unbestimmt gelassen werden, um die Aufgabe in der größten Allgemeinheit, für jede dieser Arten als aufgelöset anzusehen.

146ste Aufgabe. (Fig. 163.)

Durch einen Punct O, innerhalb eines Triangels ABC, eine gerade Linie zu ziehen *),

---

*) Wenn nach Aufg. 42., verbunden mit dem, im zweiten Zusatze zur vorigen Aufgabe Gesagten, ein Triangel höchst einfach von einem innerhalb liegenden Puncte aus in zwei proportionirte

die den Triangel in zwei Theile theilt, welche sich wie a:b zu einander verhalten.

Auflösung und Beweis. Man theile eine beliebige Seite des Triangels ABC, z. B. die BC, in D nach dem Verhältniß a:b, so verhält sich △ABD:△DAC = a:b. Nun lege man nach Aufg. 123. 1sten Fall, durch den Punct O eine Linie, welche von einem der drei Winkel des Triangels ABC, einen Triangel abschneidet, der gleich dem kleineren der beiden Triangel ABD oder DAC ist *). Ist z. B. △CDA dieser kleinere, und △AEF gleich △DAC gemacht; so verhält sich:

△AEF : Viers. EFCB = △DAC : △DAB = b : a.

Zusatz 1. Nach Aufg. 123. 1ster Fall, ist es möglich, daß von keinem der Winkel sich ein Triangel abschneiden läßt, der gleich dem △DAC ist, nemlich wenn der Punct O so liegt, daß der möglichst kleinste Triangel den man von jeder Winkelspitze des Triangels besonders abschneiden kann, größer als △DAC ist, denn alsdann läßt sich ein Triangel gleich diesem △DAC, gewiß nirgend abschneiden. Hierüber belehrt uns die Aufg. 122. vollständig, so wie auch die Zusätze daselbst lehren, ob überhaupt durch alle drei oder nur durch einen jener Winkel eine Linie gezogen werden kann, die solchen kleinsten Triangel erzeugt, so wie, daß es das Viereit EBCF nicht seyn kann, das gleich dem △DAC ist, wenn nemlich dieser Triangel zu klein, für die Möglichkeit solcher Abschneidung ist, worin der Grund zugleich liegt, weshalb der kleinere der beiden zuerst erhaltenen Triangel, zu jener Abschneidung gewählt wurde, indem der größere Triangel BAD, wenn er

Theile zu theilen ist; so macht die gegenwärtige Bedingung: daß eine Linie diese Theilung bewirken soll, einen grossen Unterschied.

*) Welcher der kleinere ist, zeigt schon die kleinere der Größen a oder b an.

gewählt würde, das Vierseit und nicht den Triangel erzeugen müßte. — Es kann also gegenwärtige Aufgabe leicht unmöglich werden.

Zusatz 2. Daß mannigfaltige Bedingungen stattfinden können, um vom Puncte O aus das Vierseit FEBC wieder von neuem zu theilen, ist einleuchtend; theils solche Bedingungen die wir bereits kennen, theils solche, die auf Constructionen beruhen, welche die folgenden Aufgaben erst lehren werden. — Sollte nun aber bestimmt seyn:

Einen Triangel von einem innerhalb liegenden Puncte aus in n Theile zu theilen, die sich wie a:b:c:d u. s. w. verhielten, so aber, daß einer jener Theile durch eine Linie entsteht, welche von einem Winkel des Triangels, einen Triangel abschneidet;

so würde die Frage entstehen: welcher jener Verhältnißgrößen, dieser eine Theil entsprechen soll. — Auf jeden Fall hat man erst die Theile des Triangels ABC zu suchen, die jenen Größen entsprechen, und sie mögen analog denselben A, B, C, D u. s. w. heißen. Ist der Theil in der Aufgabe bestimmt, der jenem Triangel gleich werden soll; so versucht man, ob und wo sich von einem der drei Winkel, ein Triangel, mittelst einer durch O gehenden Linie abschneiden läßt, der gleich solchem Theile ist. Ist dieser Theil aber willkührlich gelassen, so kann es vielleicht jeder jener Theile A, B, C, D ꝛc. seyn, welcher dieser Triangel wird; denn: ist A z. B. der kleinste dieser Theile, so kann er deshalb doch noch größer als der kleinste jener möglich abzuschneidenden Triangel seyn, und ist D z. B. der größte Theil, so kann es immer noch einen Triangel, mittelst einer durch O zu ziehenden Linie geben, der ihm gleich ist; was, wenn nur zwei Theile verlangt werden, unmöglich wird, da wie im Zusatz bemerkt ist, alsdann der größere Theil, stets ein Vierseit wird. Es ist daher zum Theil unbestimmt, vielleicht aber auch durch die Theile A, B, C, D u. s. w. für besondere Aufgaben nothwendig, welcher dieser Theile den gedachten Triangel geben soll, worüber aber einfache Untersuchungen, die wir nach den bisher bekannten Mitteln stets anstellen können, leicht entscheiden.

Anmerk. Siehe Zusatz 2. zur Aufg. 148.

147ste Aufgabe. (Fig. 164.)

Ein Parallelogramm AC, durch eine gerade Linie, welche durch einen innerhalb des Parallelogramms gegebenen Punct O geht, in zwei Theile zu theilen, die sich gegen einander verhalten wie a : b.

Auflösung und Beweis. Nachdem man eine Seite des Prllgs. z. B. die DC, im Puncte G so getheilt hat, daß sich verhält DG : GC = a : b; so ziehe man GH # AD. Nun verhalten sich auch die beiden Theile des Prllgs. AC, d. h.

Prllg. AG : Prllg. HC = DG : GC = a : b *).

Nunmehr schneide man von einem der Winkel des Prllgs. z. B. von ∠ D, nach Aufg. 123. ersten Fall, einen △ DFE ab, der gleich der kleineren der beiden Flächen AG oder HC ist; so ist der Theil △ FECB, der andere Theil. — Giebt es aber bei keinem der Winkel des Parallelogramms, einen solchen Triangel **); so halbire man die Linie HG in Q, und ziehe durch O und Q die Linie IK. Schneidet dieselbe wie hier, die beiden gegenüber liegenden Seiten AB und DC, die auch von der GH geschnitten wurden; so ist KI die gesuchte Theilunglinie. Denn: Prlltpz. AIKD = Prllg. AG ***), also auch Prlltpz. KIBC = Prllg. HC, oder die Theilung

*) S. §. 282, 2., so wie Zusatz 1. zur 145sten Aufgabe.

**) Aus denen in der vorigen Aufgabe angestellten Betrachtungen folgt, daß dies leicht möglich ist.

***) Den Grund hiervon haben wir schon bei Aufg. 50. kennen gelernt.

ist verlangtermaßen geschehen. Liegt aber der Punct O z. B. wie S, so daß die Verbindunglinie von S mit Q, die Seiten BC und AD schneidet, welche nicht von der HG geschnitten werden; so ist leicht einzusehen, wie nunmehr keiner der beiden Theile worin das Prllg. AC durch die NM geschnitten wird, dem einen der Theile AG oder HC, gleich seyn kann. Eben so wenig kann der Triangel, der sehr leicht von einem der Winkel des Prllgs. AC durch jene Verbindunglinie abgeschnitten werden kann, je nachdem es die Lage des Punctes O mit sich bringt, dem einen der Theile AG oder HC gleich seyn *). Die Aufgabe würde also für diesen Fall, d. h. wo kein Triangel wie △DFE, noch der Schnitt jener Verbindunglinie wie eben als nothwendig erkannt, stattfindet, unmöglich aufzulösen seyn.

Zusatz 1. Was in den Zusätzen zur vorigen Aufgabe gesagt ist, kann hier leicht übertragen werden. Es lassen sich aber bei gegenwärtiger Aufgabe, noch manche eigenthümliche Betrachtungen anstellen, d. h. über die Lage des Punctes O, besonders im Vergleiche mit dem Puncte Q; ob beide Puncte zu derselben oder zu verschiedenen Seiten der Diagonalen des Prllgs. liegen; ob O in der Fläche AG oder HC, d. h. in der kleineren oder größeren der beiden Theile des Prllgs. AC liegt u. s. w. Der aufmerksame Leser wird das, was hiermit angedeutet werden soll, leicht finden.

Zusatz 2. Da, wenn AC ein Paralleltrapez vorstellt, wo AB ‡ DC ist, bei dieser Art von Flächen, wenn Q die Mitte der HG ist, das Vierseit

*) Wollte man sich von diesen beiden Fällen noch durch einen eigenen Beweis hier überzeugen; so hat man nur D mit Q zu verbinden, und es wird △LDA = Prllg. AG. Aber △NQD ungleich Viers. QLBM; und doch mußten diese beiden Flächen auch einander gleich seyn, wenn NSM (oder NM) die verlangte Theilunglinie seyn sollte.

seit AIKD = Viers. AHGD ist; die Linie NM aber auch beim Paralleltrapeze nicht NMBA = AHGD geben würde; übrigens der Versuch, erst einen Triangel gleich dem einen Theil des Prllrpzes, von einem Winkel desselben abzuschneiden, ganz wie beim Prllg. anzustellen ist; so sieht man, daß unsere Auflösung auch gilt, wenn verlangt wird:

Ein Paralleltrapez unter denselben Bedingungen zu theilen, wie wir bei der eben gelöseten Aufgabe für das Parallelogramm annahmen.

Anmerk. Siehe Aufg. 148. Zusatz 2.

148ste Aufgabe. (Fig. 165.)

Ein Trapezoides ABCD, durch eine gerade Linie, welche durch einen innerhalb desselben liegenden Punct O geht, in zwei Theile zu theilen, die sich zu einander verhalten wie a : b.

Auflösung und Beweis. Läßt es einer der Winkel des gegebenen Vierseits zu, einen Triangel AIK abzuschneiden, der gleich einer Fläche ist, die sich zum Vierseite ABCD, verhält wie a : (a + b) *) [oder wie b : (a + b)]; so ist IK die gesuchte Theilunglinie, und es verhält sich:

$$\triangle AIK : \text{Fünfseit } IKDCB = a : b,$$

(wenn a dem Theile △AIK entsprach) **).

Sind aber die Winkel so beschaffen, daß die Triangel, welche durch die Verbindunglinien ihrer Scheitel

*) Wenn man nemlich nach Aufgabe 60., verbunden mit dem im Zusatz 2. zur 145sten Aufgabe Gesagten, das Vierseit BD in zwei Theile theilt, die sich verhalten wie a : b; so verhält sich der eine Theil zum ganzen Vierseit wie a : (a + b), und der andere Theil zum Vierseit wie b : (a + b). (Hier würde man jedoch mehrere Theilunglinien erhalten.)

**) Womit hier wie in der Folge kurz angedeutet wird, ob in der festgesetzten Proportion, a homolog dem △IKA ist.

mit dem Puncte O entstehen, wie z. B. △BLA, alle zu klein gegen die Fläche A sind (die der Größe a entspricht) *); so verfahre man folgendergestalt. Man verlängere zwei Seiten des Vierseits, z. B. die AB und DC bis zu ihrem Schnitte in E; so ist △EBC so wie △EAD vollkommen bekannt. Man suche nun die, den gegebenen Verhältnißgrößen gleichartige Größe c, so daß sich verhält:

(I.) Viers. ADCB : △BEC = (a + b) : c

(Aufg. 107. und Aufg. 108. Zusatz 2.). Nunmehr theile man laut Aufg. 146., den △AED, mittelst einer durch den Punct O gehenden Linie FG dergestalt, daß sich verhält: (II.) △EGF : Viers. FGDA = (c + b) : a

oder = (c + a) : b,

je nachdem man den Theil A oder B, zunächst der AD haben will oder hinbringen muß, was sich nach Umständen richtet; denn: schneidet die erhaltene Linie die Seite BC, wie z. B. die NM; so sieht man, daß △EMN unbrauchbar für den letzten Zweck der Aufgabe ist. Sollte aber △AED, die Anwendung von Aufg. 146. bei keinem seiner Winkel zulassen; so verlängere man die Seiten BC und AD, und mache für den △BHA denselben Versuch, nachdem man die, dem △CDH entsprechende Verhältnißgröße d, wie vorher die c, gesucht hat. Sollte auch hier die Auflösung nicht angehen, so ist dieselbe ganz unmöglich, da man keine Lage einer Linie durch O ausdenken kann, welche die Aufgabe erfüllen, und nicht unter denen Linien seyn sollte, die wir eben als die Aufgabe nicht auflösend, fanden. — Hat man aber FG z. B. dergestalt gefunden, wie die Pro-

*) Diese, schon in der 146sten Aufgabe angenommene Bezeichnung der Theile der zu theilenden Fläche, mit den großen Buchstaben, entsprechend oder analog den Verhältnißgrößen die durch dieselben kleinen Buchstaben bezeichnet werden, mag auch in der Folge beibleiben.

portion (II.) angab; so ist der Beweis für die Richtigkeit der Theilung leicht zu führen, denn alsdann verhält sich wieder:

$\triangle EGF + $ Viers. $FGDA$: Vrs. $FGDA = c + b + a : a$ d. h.

$\triangle EAD$: Viers. $FGDA = a + b + c : a$ (III.).

Ferner folgt aus (I.)

Vrs. $ADCB + \triangle BEC$: Vrs. $ADCB = a + b + c : a + b$

d. h. $\triangle EAD$: Viers. $ADCB = a + b + c : a + b$.

Diese Proportion mit der Proprt. (III.) verglichen, giebt:

Viers. $FGDA$: Viers. $ADCB = a : a + b$,

und hieraus folgt wieder

Vrs. $FGDA$: Vrs. $ADCB$ — Vrs. $FGDA = a : a + b - a$

d. h. Viers. $FGDA$: Viers. $FGCB = a : b$. W. z. b. w.

Zusatz 1. Wenn die Theilunglinie, sey sie nun die IK oder die FG oder sonst eine Linie, gefunden ist, so kann man natürlich vom Puncte O aus, jeden der Theile (hier der Bedingung gemäß, vorzüglich das Fünfeck IKDCB, im Falle IK gefunden ward) wiederum nach bestimmten Verhältnissen theilen. Sind vom Anfange an der Theile mehrere verlangt, so ist es nicht schwer die verschiedenen Verhältnißgrößen a, b, c, d ꝛc., entweder der Bedingung oder dem Vortheile der besonderen Aufgabe gemäß, richtig zu behandeln, wozu hinlängliche Anleitung bisher gegeben ist. — Betrachtungen, die auch das Trapezoides in besonderen Fällen zuläßt, müssen auch hier dem Leser selbst anzustellen, überlassen bleiben, so wie es unmöglich ist, die Menge von Fällen hier aufzuzählen, die sich durch Combination der bisher bekannten Bedingungen und Mittel, als neue Aufgaben aufstellen lassen.

Zusatz 2. Aus den Auflösungen der Aufgaben 146, 147. und 148., folgt auch unmittelbar die Lösung der Aufgabe:

Durch einen Punct innerhalb eines Triangels, Parallelogramms, Paralleltrapezes oder Trapezoids, eine Linie zu legen, die von der gegebenen Fläche einen Theil abschneidet, der entweder zur ganzen Fläche ein bestimmtes Verhältniß hat, oder der einer gleichfalls gegebenen Fläche gleich ist. Alle näheren Bedingungen, über das Verhältniß der bekannten Größen zu einander, sind höchst einfach zu bestimmen, und die Betrachtungen bei jenen Aufgaben, werden auch hier bald entscheiden, ob die Lösung möglich ist oder nicht.

149ste Aufgabe. (Fig. 166.)

Einen Triangel ABC, in vier Theile zu theilen, die sich wie a:b:c:d gegenseitig verhalten, so, daß die Theilunglinien verlängert nach einem, außerhalb des Triangels gegebenem Puncte M gehen.

Auflösung und Beweis. Nachdem man eine beliebige Seite des Triangels ABC, z. B. die AC, in den Puncten D, E und F, nach dem Verhältniß a:b:c:d getheilt, also auch

$$\triangle ABD : \triangle DBE : \triangle EFB : \triangle FBC = a:b:c:d$$

erhalten hat; verbinde man auch M mit der, der getheilten Seite AC gegenüber liegenden Winkelspitze B, durch die Linie BM; so wird die Lage der Theilungpuncte D, E und F zu den beiden Seiten des Punctes O (wo BM und AC einander schneiden) sogleich zeigen, ob die von M ausgehenden *) Theilunglinien, die Seite AB oder die BC treffen müssen. Denn, da z. B. $\triangle ABD < \triangle ABO$ ist, so wird offenbar die Linie, welche von M ausgehend vom $\triangle CBA$ einen Theil, gleich $\triangle DAB$ abschneidet, nach AB gehen; so wie, da der andere Theil $\triangle DBE > \triangle DBO$, oder da $\triangle ABE > \triangle ABO$ ist, die

*) Man könnte hier besser sagen: die nach M hingehenden Theilunglinien, d. h. wenn wir das Ausgehen so wie früher erklären, wo dergleichen Puncte, der Figur mehr angehörten als hier.

zweite Theilunglinie nach der BC gehen muß, was auch bei der folgenden Theilunglinie der Fall seyn wird, rc. — Daher schneide man nach Aufg. 123. zweiter Fall, vom ∠A einen Triangel ANG ab, der gleich dem △ABD ist, und wo die Linie welche ihn abschneidet, verlängert nach dem, außerhalb des Winkels CAB liegendem Puncte M geht. Dann schneide man vom ∠C, unter derselben Bedingung, einen Triangel = △CBF ab, so daß △CKI = △CBF wird. Ferner vom ∠C, den △CLH = △CBE, so bleibt für das Viers. KLHI, die Fläche des Triangels FBE, und wegen der drei bereits gefundenen Flächen △CKI, Vierseit KLHI und △ANG (wechselseitig gleich den Triangeln CFB, FBE und ADB), bleibt auch das Fünfseit LNGBH = △DBE übrig *). Es ist die Theilung also vollständig geschehen wie es verlangt war.

Zusatz. Wenn man auch verschiedene Lagen des Punctes M, gegen den Triangel ABC, unterscheiden kann, z. B. wenn M in der Verlängerung einer Seite, oder wenn er in dem Raume des Scheitelwinkels eines der Winkel des Triangels läge, u. s. w.; so bleibt die Auflösung dennoch ungeändert dieselbe, und welche Seite man als die, zuerst am vortheilhaftesten zu theilende wählt, ist aus diesen verschiedenen Lagen leicht ersichtlich. — Zu merken ist nur noch, daß die Auflösung dieser Aufgabe stets möglich ist, wie dies auch die, beim zweiten Falle der 123sten Aufgabe angestellten Betrachtungen schon lehrten.

150ste Aufgabe. (Fig. 167.)

Ein Parallelogramm ABCD, durch Linien, welche verlängert nach einem außer-

---

*) Hierfür könnte man auch sagen: da △ANG = △ADB, so ist Viers. ONGB = △BDO. Eben so: da △CLH = △CEB, so ist Vrs. LOBH = △EBO; weshalb Fünfseit LNGBH = △EDB seyn muß.

halb des Parallelogramms gegebenem Puncte M gehen, in Theile, die sich wie a:b:c verhalten, zu theilen.

Auflösung und Beweis. Man theile eine der Seiten AB oder CD, in den Puncten E und H so, daß sich verhält DE : EH : HC = a : b : c. Durch diese Puncte ziehe man die Linien EF und HG, der Seite AD parallel; so verhält sich:

Prllg. DF : Prllg. FH : Prllg. GC = a : b : c

(S. §. 282, 2.). Halbirt man jede dieser zwei Parallelen, wechselseitig in den Puncten O und Q, und verbindet diese Mitten mit dem Puncte M; so geben die Linien MT und MW, oder deren Theile UT und VW, die gesuchten Theilunglinien. Denn daß das Prltpz. AUTD = Prllg. AFED, so wie Prltpz. VBCW = Prllg. GBCH ist; bedarf nunmehr keines weiteren Beweises hier, der wegen der Congruenz der Triangel UOF und OEF, u. s. w., wie früher geführt wird*). Unter diesen Umständen würde diese Aufgabe schon in den zweiten Theil des zweiten Abschnittes gehört haben**), wenn es sich nicht treffen könnte daß, wenn statt der GH, z. B. die IK die ursprüngliche Theilunglinie ist, die Seite DC erst in der Verlängerung, z. B. in X geschnitten würde. In diesem Falle muß, statt der Verbindunglinie der Puncte M und L, nach Aufg. 123. zweiter Fall, vom ∠ B, zuerst ein △PNB abgeschnitten werden, welcher gleich Prllg. IBCK ist. Sollte der folgende Theil (besonders wenn der Theile viele sind) auch noch die Verlängerung der DC treffen; so wird wiederum ein Triangel vom ∠ B abgeschnitten, der dem Prllg. gleich ist, das die beiden ersten Theile der ursprünglichen Theilung enthält. Und eben so geschieht dies fortgesetzt, wenn der Theile noch mehrere

*) Siehe Aufg. 50. u. a. m.

**) Mit der, Zusatz 2. Aufg. 145. bemerkten Berücksichtigung.

diese Erscheinung veranlassen. Dasselbe geschieht beim ∠ A, wenn die Seite AD geschnitten werden sollte, was alsdann stets geschieht, wenn der, durch die Verbindunglinie einer der Puncte D oder A, mit M, z. B. der AM, vom Prllg. abgeschnittene △AYD *), größer als der ursprüngliche Theil wird, welcher zunächst an der AD liegt. W. z. b. w.

Zusatz 1. Die verschiedene Lage des Punctes M, gegen das Prllg., kann die Auflösung erleichtern oder erschweren, d. h. in so fern weniger oder mehr jener Triangel, nach Aufg. 123. zweiter Fall, von den Winkeln des Prllgs. abgeschnitten werden müssen. Liegt z. M in M', d. h. in der Verlängerung der Diagonale CA; so zeigt eine einfache Ansicht, daß man zu beiden Seiten der M'C, nur durch jene (eben nicht ganz einfache) Abschneidung von Triangeln, zum Zwecke gelangen kann. Eben so sind die Lagen von M, in M'' und in M''', d. h. zwischen den Verlängerungen der Seiten DA und BA, oder in der Verlängerung der einen Seite DA selbst, zur Uebung wol zu unterscheiden. — Die Wahl der ursprünglich zu theilenden Seite des Prllgs., hängt von dieser, mehr oder minder vortheilhaften Lage des Punctes M, ab.

Zusatz 2. Soll ein Paralleltrapez, von einem außerhalb desselben liegendem Puncte aus, getheilt werden; so zeigt eine einfache Ansicht der vorigen Auflösung für das Parallelogramm, daß die Construction für das Prlltpz. dieselbe ist, so lange der gegebene Punct, nur nicht in der Fläche zwischen den erweiterten beiden parallelen Seiten liegt. Natürlich wird die anfängliche Construction wie bei Aufg. 54., in Verbindung mit dem Aufg. 145. Zusatz 3, g. Gesagtem, vollzogen. Auch hier kann der Punct eine, der Auflösung verschieden günstige

---

*) Dieser Triangel hängt von der Lage der Seite DA gegen den Punct M, ab.

Lage haben. — Liegt der Punct in jener Fläche der verlängerten Parallelen, so lehrt Zusatz 1. und 2. der folgenden Aufgabe, die alsdann entstehende Theilungmethode.

151ste Aufgabe. (Fig. 168. u. 169.)

Ein Trapezoides ABCD, (Fig. 168.) durch Linien, welche von dem Puncte T ausgehen, wo zwei der Seiten BA und CD sich verlängert schneiden, in n Theile, die sich wie a:b:c u. s. w. verhalten, zu theilen.

Auflösung. Man verlängere auch die beiden anderen Seiten AD und BC, bis zu ihrem Schnitte in E *); so ist natürlich △EDC völlig bekannt. Nennen wir nun die Summe der Verhältnißgrößen a, b, c ... d. h. a + b + c ... = S; so suche man eine Größe p, so daß sich verhält (I.) △DEC : Vierf. DCBA = a : p **) (Aufg. 107. oder Aufg. 108. Zusatz 2.). Dann suche man wieder eine Fläche F, so daß sich verhält
(II.) F : △DEC = S + p : S (Aufgabe 108. Zusatz 1.). Endlich schneide man vom Puncte T aus, von dem Winkel AEB, einen Triangel GEH ab, dessen Inhalt = F ist (nach Aufg. 123. zweiter Fall); so ist GH die erste Theilunglinie ***). Will man die folgenden Thei-

*) Sind diese Seiten parallel, so tritt die Auflösung des Zusatzes 2. der vorigen Aufgabe ein, was hier erwähnt werden muß, da die allgemeine Theilung der Trapezoide, die besondere des Paralleltrapezes enthalten muß.

**) Diese Größe p wird Zahl, Linie oder Fläche werden, je nachdem a eine Größe dieser Art ist; natürlich ist p mit S auch gleichartig.

***) Daß diese Construction immer möglich ist, folgt außer der stets möglichen Construction des zweiten Falls Aufg. 123. auch daraus: da S + p > S, so ist auch F > △DEC, also kann die Linie TH, nicht auf die andere Seite der DC so fallen, daß sie die Seiten jenes Triangels schnitte. Daß aber auch F < △AEB ist (was wiederum der Fall seyn muß, damit TH nicht auf die andere Seite der AB fällt, was aber nicht lunglinien haben, so setzt man in die Proportion (I.), nach und nach für a, erst a + b, dann a + b + c 2c., so ändert sich p, also wird auch in der Proport. (II.) S + p immer größer, und somit wächst auch F, nemlich der vom ∠ L abzuschneidende Triangel beständig, wonach die verschiedenen Theile des Vierseits DB, stets nach der Ordnung sich an einander reihen, je nachdem sie bei denen ihnen analogen Größen a, b, c ...., auf einander folgen.

Beweis. Laut Construction ist, wenn man △EGH für F setzt: △EGH : △DEC = S + p : S, also auch

△EGH — △DEC : △DEC = S + p — S : S d. h.

Viers. DGHC : △DEC = p : S. Nach Prprt. (I.) ist aber △DEC : Vrs. DCBA = a : p; diese beiden Prprt. zusammengesetzt giebt

Viers. DGHC : Viers. DCBA = a : S,

und dieses ist das Verhältniß, welches das erste Trapez DCHG zum gegebenen Trapeze DB haben muß. Eben so würde man finden:

Viers. DCKI : Viers. DCBA = a + b : S,

woraus dann beim Vergleiche mit der letzten Proportion folgt: Vrs. DGHC : Vrs. DCKI = a : a + b, und hieraus ist abermals höchst einfach abzuleiten:

Viers. DGHC : Viers. GHKI = a : b 2c. W. z. b. w.

Anmerk. Die analytische Auflösung dieser Aufgabe ist leicht zu finden, wenn man TH als Theilunglinie annimmt, und untersucht was in der Figur außerdem noch bekannt ist,

---

sogleich einleuchtet, da △DEC > Viers. DCBA seyn kann), zeigt man so: aus Proport. (I.) folgt

△DEC + Viers. DCBA : △DEC = a + p : a d. h.

△EAB : △DEC = a + p : a.

Setzt man diese Proport. mit der Proprt. (II) zusammen, d. h. mit △DEC : F = S : S + p; so wird △EAB : F = aS + Sp : Sa + ap.

Indem aber S > a, so ist auch Sp > ap, also auch aS + Sp > Sa + ap, folglich auch △EAB > F.

wo man gewiß den $\triangle$ DEC bald findet, der nunmehr in Verbindung mit dem Vierseite ABCD u. s. w. zu bringen ist.

Zusatz 1. Es könnte aber auch die Größe der Fläche bestimmt oder gegeben seyn, die man mittelst einer durch T gehenden Linie, vom Trapez ABCD abschnelden soll. Ist diese z. B. H (natürlich H < Viers. ABCD), so braucht man nur das Verhältniß von H : Vrs. ABCD zu suchen. Gesetzt man findet es gleich mit dem Verhältniß der Linien (oder Zahlen) a : b (Aufgabe 107.); so heißt dies nichts anderes als: das Trapez ABCD, durch eine vom Puncte T ausgehende Linie, in zwei Theile zu theilen, die sich wie a : b — a verhalten. (Denn: entsprach b im obigen Verhältnisse der Fläche ABCD, so ist der andere Theil ABHG, homolog mit b — a). Dasselbe geschieht fortgesetzt, wenn die Größe aller der einzelnen gesuchten Stücke, durch beliebige Flächen gegeben wäre, wo man alsdann zuerst ihr Verhältniß zum Vierseite DB sucht.

Zusatz 2. Nunmehr ist folgende Aufgabe stets lösbar:

Ein Trapez ABCD (Fig. 169.), durch Linien, welche sich verlängert alle in einem, außerhalb des Vierseits beliebig angenommenem Puncte T schneiden, in proportionirte Theile zu theilen.

Wir wollen uns gleich zur analytischen Auflösung wenden. Gesetzt es würden nur zwei Theile verlangt, die sich wie a : b verhalten sollen, und TG, also auch FG, wäre die bekannte Theilunglinie. Man ziehe die Linien TC und TD, so ist $\triangle$BEC (und $\triangle$AHD), völlig bekannt *). Nun soll sich verhalten:

*) Durch die bekannte Lage des Punctes T.

Vierf. BFGC : Vierf. ABCD = a : a + b *) d. h. △BEC + Vierf. FECG : Vierf. ABCD = a : a + b. Indem man das erste Glied dieser Proportion finden kann (Aufg. 108. Züsatz 1.), so hat man auch die bestimmte Größe vom Vierf. FECG, da man, wie erwähnt, den anderen Theil d. h. △BEC des ersten Gliedes kennt. Man setze die Größe des Vierf. FECG = N. Nunmehr schneide man, nach Zusatz 1., von dem völlig bekannten Vierf. CEHD, dessen beide Seiten CE und DH, in T einander schneiden, das Vierf. FECG, mittelst der Linie TG ab, so, daß dieses Vierseit die Größe N hat. Nun ist Vierf. FBCG, der gesuchte erste Theil, an welchem man, wenn der verlangten Theile auch noch so viele wären, die anderen Theile fortgesetzt anreihen kann. — Es versteht sich daß, wenn △BEC > als jenes erste Glied der gedachten Proport. ist, man erst nach Aufg. 123. zweiter Fall, vom ∠ B, einen △LBM abschneiden mußte, der die Größe $\frac{a}{a+b}$ vom Vrf. ABCD hat. — Ueberhaupt sind die Lagen, die der Punct T gegen das gegebene Vierseit haben kann, überaus mannigfaltig, wohin z. B. diejenigen gehören würden, die er gegen das Vierseit BODC **) hat, und es mögte scheinen, als sey das Vierseit CEHD, das zur Construction vorher nöthig war, verschwunden. Dagegen tritt aber das Vierseit CEOK, an dessen Stelle, wo die Seite KO, die Verlängerung der Verbindunglinie der Puncte T und O ist. Triangel OKD, ist aber wiederum jetzt bekannt, und wird in Betracht kommen, wenn z. B. Vierf. EODC zu klein ist, um die bewußte

---

*) Es mag hier das ganze Vierseit eingeführt werden, um die analoge Auflösung für jede beliebige Menge von Theilen, sogleich zu haben.

**) Dies stellt ein beliebig gewähltes Vierseit vor, wo der Winkel DOT nach dem Vierseite zu, convex ist, während Winkel DAT, concav ist.

Fläche N abschneiden zu können. Vorher konnte auch Viers. CEHD zu klein seyn, und alsdann muß Triangel HAD mit in Betracht gezogen werden. Dieser und andere Fälle gehören zu jenen Fällen, deren Auflösungen viele Uebrigen gewähren, die aber nicht weiter aufgezählt zu werden brauchen, nachdem wir alle Mittel die zu ihrer Lösung führen, bereits kennen gelernt haben.

152ste Aufgabe. (Fig. 170. u. 171.)

Einen Triangel ABC (Fig. 170.), durch Linien, die den Seiten BC des Triangels parallel gehen, in n Theile, die sich wie a:b:c... verhalten, zu theilen.

Auflösung. Man theile eine der Seiten des Triangels, mit welchen die verlangten Theilunglinien nicht parallel gehen sollen, also z. B. die Seite CA, nach den Verhältnissen der Größen a, b, c u. s. w. (Aufg. 146. Zusatz 6.) in den Puncten G, H u. s. w., so also, daß wenn die Summe der Verhältnißgrößen d. h. $a + b + c \ldots = S$ ist, sich verhält $CG : CA = a : S$, $CH : CA = a + b : S$ oder $GH : CA = b : S$, also $CG : GH = a : b$ u. s. w. *). Ist bestimmt, welcher der Theile zunächst der CB liegen soll, d. h. ist die ihm entsprechende Verhältnißgröße ausdrücklich genannt; so muß CG der Theil der Linie CA seyn, welchem auch jene Größe bei ihrem Verhältnisse zu S, entspricht, wie dies Aufg. 145. Zusatz 5. allgemein erwähnt, und bei ähnlichen Bestimmungen auch schon in den früheren Aufgaben befolgt worden ist. — Nun beschreibe man über CA, den Halbkreis CFA, errichte in den Theilungpuncten G, H u. s. w. Perpendikel auf der CA, bis zur Peripherie dieses Halbkreises, also bis D, E u. s. w. Von der Spitze des, der Seite BC (mit der die Theilunglinien parallel gehen sollen) gegenüber liegenden

*) Diese Angabe ist für jede Menge von Theilen, leicht weiter auszuführen.

Winkels A, trage man die Entfernungen AD, AE etc., auf die Linie AC auf. Sind I, N u. s. w. die hierdurch erhaltenen Puncte, so ziehe man durch sie die Linien IK, NM u. s. w., parallel der BC, und die verlangte Theilung ist geschehen.

Beweis. Wenn bewiesen wird, daß sich verhält

$$\triangle ACB : \text{Viers. } CIKB = S : a;$$

so wird auch bewiesen werden können, daß sich verhält

$$\triangle ACB : \text{Viers. } CNMB = S : a + b,$$

woraus wiederum folgen wird:

$$\text{Viers. } CIKB : \text{Viers. } CNMB = a : a + b, \text{ oder}$$

$$\text{Viers. } CIKB : \text{Viers. } INMK = a : b.$$

Man beweise daher nur die erste dieser Proportionen. — Stellt man sich A mit D, und D mit C verbunden vor, so ist $\triangle ACD$ rechtwinklich, also verhält sich:

$$AC : AD = AD : AG \quad (\text{G. §. 320.}),$$

oder für AD die AI gesetzt:

$$AC : AI = AI : AG; \quad \text{folglich auch}$$

$$\overline{AC}^2 : \overline{AI}^2 = AC : AG \quad (\text{G. §. 281, 8.})$$

Da aber laut Construction

$$S : S - a^{*)} = AC : AG \quad \text{ist, so ist auch}$$

$$\overline{AC}^2 : \overline{AI}^2 = S : S - a. \quad \text{Aber nach G.}$$

§. 318. ist auch $\overline{AC}^2 : \overline{AI}^2 = \triangle ACB : \triangle AIK$, daher wiederum $\triangle ACB : \triangle AIK = S : S - a$, woraus einfach folgt $\triangle ACB - \triangle AIK : \triangle ACB = S - (S - a) : S$ d. h.

$$\text{Viers. } CIKB : \triangle ACB = a : S. \quad \text{W. z. b. w.}$$

Zusatz 1. Stellt man sich G mit B verbunden vor, so verhält sich $\triangle AGB : \triangle CAB = S - a : S$. Betrachten wir aber unsere Auflösung, so ist nichts anderes geschehen, als daß wir nach Aufg. 132., der Seite BG des Triangels AGB, eine parallele Lage mit einer beliebigen Linie BC, die hier Seite des gegebenen Triangels ist,

---

*) Wenn $AC : CG = S : a$ laut Construction war; so ist auch $AC - CG : AC = S - a : S$ oder $S : S - a = AC : AG$.

gegeben haben. Wir könnten also unmittelbar bei der Auflösung und dem Beweise, auf jene Aufgabe zurückweisen, welches hier, einmal deshalb nicht geschah, um gegenwärtige Aufgabe unabhängig von jener Aufgabe zu lösen (wenn sie gleich durch dieselbe Methode gelöset und bewiesen wird), und dann auch, um abermals Gelegenheit zu finden, eine Aufgabe allgemein durchzuführen (trotz des, durch die Figur bestimmten besonderen Falles), so wie, um verschiedene Bemerkungen, die bei den Proportionen in Bezug auf solche Allgemeinheit stattfinden, machen zu können. (Vergleiche Aufg. 132. Anmerk. 2.). Die Theilung eines Triangels, unter dieser Bedingung der Lage der Theilunglinien, in gleiche Theile, bedarf keiner besonderen Erwähnung mehr (Siehe Aufg. 145. Zusatz 4.). Nunmehr folgen aus der gegenwärtigen Aufgabe folgende Aufgaben.

Zusatz 2. **Von einem gegebenen Triangel ABC (Fig. 170.), soll ein Stück abgeschnitten werden, das gleich einer gegebenen Fläche F ist, so, daß die Theilunglinie parallel der Seite BC des Triangels geht.**

Man sucht daher das Verhältniß vom △ABC : Fläche F (Aufg. 107.), und theilt die Seite CA (oder BA), z. B. in H nach diesem Verhältnisse, wobei noch Rücksicht darauf zu nehmen ist, ob der abgeschnittene Theil an der Seite BC liegen, d. h. also ein Paralleltrapez, oder zunächst der Winkelspitze A liegen, d. h. ein Triangel seyn soll. Wie sich nach solchen Bestimmungen die Theilung der Seite AC in H richtet, ist zur Genüge bekannt. Daß auch mehrere Theile verlangt werden können, die alle ihrer Größe nach durch andere Flächen bestimmt sind, ist einleuchtend, und was die Bedingungen hierbei seyn können und müssen, ist gleichfalls bekannt. Abkürzungen die sich auch hier darbieten, sind für die besonderen Fälle bald zu finden.

Zusatz 3. Einen Triangel ACB (Fig. 171.), in n Theile zu theilen, die sich wie die Größen a, b, c ... zu einander verhalten, und wo die Theilunglinien alle parallel mit einer, der Lage nach bestimmten Linie N laufen.

Man theile wieder eine Seite des Triangels ABC, z. B. die AB, in die Theile AE, EF, FB ..., die sich wie die gegebenen Größen a, b, c ... gegen einander verhalten. Zieht man CE, CF u. s. w., so haben die Triangel ACE, ECF, CFB ..., die bestimmten Verhältnisse zu einander. Man verwandele nun △ACE, in den △AHI, wo die Seite IH ⋕ der N läuft (nach Aufg. 132.). Die Figur zeigt die Construction ausführlich, und ist durch C deshalb die CD ⋕ der N gezogen. Diese CD, wird der Verwandelung aller Triangel dienen, welche durch Theilungpuncte zwischen den Puncten A und D bestimmt werden, so wie sie auch allen Triangeln, wo die sie bestimmenden Puncte zwischen D und B liegen, zur Verwandelung in Triangel, wie △BLM (wo LM ⋕ der N ist) = △CFB dient, nur daß hierzu der Hülfshalbkreis DKB über DB, so wie der Halbkreis DGA über AD, beschrieben werden muß. Beim Puncte C, wird wahrscheinlich ein Fünfseit wie CIHLM zu liegen kommen, es sey denn, daß D noch ein Theilungpunct in der AB ist, wo Viers. DCIH und Viers. DCML, die Theile werden. Daß man den Beweis auch an dieser Auflösung besonders führen kann, also keine Beziehung auf Aufg. 132. zu nehmen braucht, wenn gleich hier der Beweis derselbe wie dort ist; ist gewiß deutlich. Auch wird die Wahl der zuerst zu theilenden Seite, sich nach der Lage der Linie N gegen die Seiten des Triangels, richten.

Zusatz 4. Einen Triangel durch Linien, die senkrecht auf einer Seite des Triangels stehen, in proportionirte Theile zu theilen.

Man nehme, wie im vorigen Zusatze, eine beliebige Linie N irgendwo an, die senkrecht auf der in der Aufgabe bestimmten Seite, z. B. auf der AB des Triangels ABC steht. Sehr bequem kann hierzu der Perpendikel vom Puncte C auf der AB, selbst dienen. Die fernere Auflösung und der Beweis, ist ganz wie vorher.

Wie auch unter der Bedingung dieses und des vorigen Zusatzes, von einem Triangel, eine Fläche von bestimmtem Inhalte abgeschnitten werden kann; ist nach dem was Zusatz 2. gesagt wurde, für sich deutlich.

Zusatz 5. Einen gleichschenklichen Triangel, durch zwei sich senkrecht durchschneidende Linie, in vier gleiche Theile zu theilen.

Wenn man nach unserer gegenwärtigen Aufgabe, den Triangel durch eine, der Grundlinie parallel laufende Linie, halbirt hat; so ist leicht einzusehen, daß die Höhe des gegebenen Triangels, die auch auf der eben gezogenen Parallele senkrecht steht (S. §. 97. Zusatz 2.), den Triangel verlangtermaßen theilen wird, denn sie halbirt den ganzen so wie den abgeschnittenen Triangel, daher auch das an der Grundlinie befindliche Paralleltrapez. Daß zwei und zwei dieser 4 Stücke einander congruent sind, ist leicht zu finden. — Hat man den Triangel durch mehrere, der Grundlinie parallele Linien getheilt; so hat man durch jene Höhe, die alle diese Theile halbirt, eine gerade Anzahl von Theilen, von denen auch zwei und zwei einander congruent sind.

Anmerk. Man meine ja nicht, daß zwei auf einander senkrecht stehende Linien, von denen jede für sich genommen, einen ungleichseitigen Triangel halbiren (und welche zwei Linien wir jetzt leicht erzeugen können), auch den Triangel in vier gleiche Theile theilen. Der Beweis gegen solche Annahme läßt sich leicht führen. Es gehört nemlich zu einer solchen Theilung, daß jede Hälfte, die durch eine der Linien erzeugt wird, durch die andere Linie auch wieder halbirt werde.

Zusatz 6. Mannigfaltige Zusammensetzungen dieser Aufgaben mit früheren Bedingungen, können wiederum

hier

hier einfach gemacht, aber nicht aufgezählt werden, so wie sich diese Aufgaben, wie wir sehen werden, mit vielen der folgenden Aufgaben verbinden lassen.

153ste Aufgabe. (Fig. 172.)

Innerhalb eines Triangels ABC, einen Punct zu finden, von wo aus der Triangel in drei Theile, die sich wie a:b:c verhalten, getheilt werden kann, so, daß der eine Theil ein, dem ganzen Triangel ähnlicher Triangel, die beiden anderen Theile aber, Paralleltrapeze werden.

Auflösung. Es kann bestimmt werden, welcher der Verhältnißgrößen a, b oder c, der gedachte Triangel entsprechen soll, und dies sey z. B. der a. Man nenne die Summe der gegebenen Verhältnißgrößen wieder S, und suche nun eine Linie x, so daß sich verhält S:a *) = das Quadrat einer der Höhen des Triangels: x^2. Man wähle also z. B. die Höhe AH **), so findet man nach Aufg. 108. Zusatz 1., die Fläche x^2 also auch x. Diese Linie x trage man von H auf die Höhe HA, so daß HQ = x werde, sich also verhält $\overline{AH}^2 : \overline{HQ}^2 = S : a$. Nun ziehe man durch Q, die Linie GF ⋕ der CB, und theile GF im Puncte O, nach dem Verhältnisse b:c. Durch O ziehe man die Linien OE und OD, wechselseitig parallel den Seiten AC und AB, und endlich die Linie OA; so sind die Flächen △EOD, Prllpz. EOAC und Prllpz. ODBA, die gesuchten Flächen.

Beweis. Daß △EOD ∾ △CAB ist, folgt aus G. §. 310, 1. und laut Construction, so wie es auch

*) Hier würde b oder c kommen, wenn der Triangel einer dieser Verhältnißgrößen entsprechen sollte.

**) Es wird sich sogleich ergeben, daß man die Höhe wählt, welche der Seite des Triangel entspricht, in der die Seite des gesuchten Triangels liegen soll.

deutlich ist, daß die beiden anderen Vierseite, Parallel-trapeze sind. Man hat also nur das Stattfinden der verlangten Verhältnisse unter den drei Flächen, zu beweisen. Es ist aber QH die Höhe des Triangels EOD, daher verhält sich (G. §. 318.):

$\triangle ABC : \triangle EOD = \overline{AH}^2 : \overline{QH}^2$; laut Constr. war aber $S : a = \overline{AH}^2 : \overline{QH}^2$, daher auch

$\triangle ABC : \triangle EOD = S : a$

d. h. △EOD hat zum ganzen Triangel ABC, das festgesetzte Verhältniß. Nun sind ferner die Vierseite EOGC und OFBD, Parallelogramme welche gleiche Höhen haben; dasselbe findet bei den Triangeln GOA und FOA statt; GO und OF sind die Grundlinien dieser Parallelogramme und Triangel, und diese Linien verhalten sich laut Constr. wie b : c. Daher hat man nach G. §. 282, 2. u. 3.

Prllg. OC : Prllg. OB = △GOA : △OAF = b : c; also auch
Prllg. OC + △GOA : Prllg. OB + △DAF = b : c d. h.
Prlltpz. CEOA : Prlltpz. OABD = b : c.

Da nun, nachdem △EOD, von der ganzen Fläche des Triangels ABC weggenommen war, der Rest, d. h. Sechsseit CEODBA, nur noch S − a d. h. b + c *) Theile zu enthalten brauchte; so sind diese Theile nunmehr einzeln gefunden. W. z. b. w.

Anmerk. Nimmt man einen Punct O im △ABC an, der die Aufgabe auflösen soll; so ist die analytische Auflösung dieser Aufgabe sehr einfach, wenn man bedenkt, daß der Triangel welcher dem ganzen △ABC ähnlich seyn soll, unter mehreren Lagen **) auch die Lage haben kann, bei welcher zwei

*) Es mögte hier scheinen, als könnten a, b und c nur Zahlen seyn, da von einer Menge Theilen gleichsam die Rede ist. Abgesehen aber selbst davon, daß man das Verhältniß der Größen a, b und c, immer durch Zahlen darstellen kann, ist ja oben bei den Ausdrücken S − a und b + c, nur von ihrem Verhältnisse zu S die Rede.

**) Eine ganz andere Lage hat der Triangel, wie er im Zusatz 3. der folgenden Aufgabe vorkömmt.

Seiten, den Seiten des Triangels parallel gehen, die dritte Seite aber in die dritte Seite des Triangels fällt; denn hierdurch erhält man auch gleich die zweite Bedingung erfüllt, daß die beiden anderen Flächen Paralleltrapeze werden. Daß man den Satz G. §. 318., so wie die Höhe AH braucht, ergiebt sich aus der Bedingung der Aehnlichkeit der Triangel, so wie aus der Nothwendigkeit der Einführung bekannter Größen, bei den Urtheilen über die Art und Weise der analytischen Auflösung.

Noch mag folgende Aufgabe und deren Zusätze, über die Ausschneidung der Flächen aus anderen, unter gewissen Bedingungen der Lage derselben gegen einander, hier stehen.

145ste Aufgabe. (Fig. 173.)

Aus einem Quadrate ABCD, ein anderes Quadrat so auszuschneiden, daß dasselbe $\frac{n}{m}$ vom gegebenen Quadrate wird*), und seine Winkelspitzen wechselseitig in den Seiten des gegebenen Quadrates liegen.

Auflösung. Man theile die eine Seite AD des gegebenen Quadrates, im Puncte E so, daß sich verhält

$$AD : DE = m : n.$$

Ueber DA beschreibe man den Halbkreis AFD, und errichte in E den Perpendikel EF bis zur Peripherie des Halbkreises. An DA, trage man ferner in A den $\angle DAG = \frac{1}{2}R$, und verlängere den Schenkel so weit, bis man ihn aus D mit der DG = der DF in G schneiden kann. Von G fälle man auf AD, den Perpendikel GO. Nun trage man das Stück DO der Linie DA, von A nach K auf die AB, von B nach I auf die BC, und von C nach H auf die CD **). Verbindet man nun die Puncte O, K, I und H; zum Vierseite OKIH; so ist dasselbe das gesuchte Quadrat.

---

*) D. h. das gegebene Quadrat soll sich zum verlangten Quadrate wie m : n verhalten.

**) Auch könnte man das Stück AO, von D auf die DC, von C auf die CB und von B auf die BA tragen; der Beweis wird gleich zeigen, daß dies einerlei ist.

Beweis. Erst ist zu zeigen, daß das erzeugte Viereck ein Quadrat, dann aber, daß es $\frac{n}{m}$ ABCD ist. Da die Seiten AB, BC, CD und DA einander gleich sind, so sind auch die Stücke OA, KB, IC und HD, welche nach jener Wegnahme der Linie DO von den Seiten übrig blieben, einander gleich. Deshalb folgt aus G. §. 44., die Congruenz der vier Triangel DOH, HIC, IBK und KAO, woraus sich die Gleichheit der Linien OH, HI, IK und KO d. h. HIKO als ein gleichseitiges Parallelogramm ergiebt. Ferner folgt aus jener Congruenz, daß $\angle DOH = \angle IHC$ *) ist; aber $\angle DOH + \angle DHO = R$ (weil $\angle ODH = R$ ist), daher auch $\angle DHO + \angle IHC = R$ ist, weshalb für $\angle OHI$ auch R bleibt. Also ist OHIK, ein Quadrat (G. §. 123, 4.). — Könnte man nun beweisen, daß OHIK oder $\overline{OH}^2 = \frac{n}{m} ABCD$ wäre, so ist alles bewiesen. Laut Construction verhält sich

$$\overline{DA}^2 : \overline{DF}^2 = DA : DE$$ (G. §. 321, 1.), aber auch laut Constr. $m : n = DA : DE$; daher

$$\overline{DA}^2 : \overline{DF}^2 = m : n$$ d. h.

$$\overline{DF}^2 = \frac{n}{m} \overline{DA}^2 = \frac{n}{m} ABCD.$$

Da ferner $\angle DAG = \frac{1}{2}R$, $\angle DOG$ aber $= R$ ist; so ist auch $\angle OGA = \frac{1}{2}R$ (G. §. 104.), also $\triangle AOG$ gleichschenklich, daher $AO = GO$, und folglich auch $DH = GO$. Nun ist (G. §. 176.)

$$\overline{DG}^2 = \overline{GO}^2 + \overline{OD}^2,$$ DG aber $= DF$ gemacht, also auch $\overline{DF}^2 = \overline{GO}^2 + \overline{OD}^2 = \overline{DH}^2 + \overline{OD}^2$.

Aber da $\triangle DOH$ rechtwinklich ist so ist auch

$$\overline{OH}^2 = \overline{DH}^2 + \overline{OD}^2,$$

---

*) Von einem dieser Paare brauchen wir es nur zu beweisen.

weshalb $\overline{DF}^2 = \overline{OH}^2$ wird, und da $\overline{DF}^2$, wie wir eben fanden, gleich $\frac{n}{m}\overline{DA}^2$ ist, so ist auch $\overline{OH}^2 = \frac{n}{m}\overline{DA}^2$. W. z. b. w.

Zusatz 1. So leicht und einfach es auch nach allem bisher Gehabten ist, eine Linie DF zu finden, deren Quadrat $\frac{n}{m}\overline{AD}^2$ ist, so schwierig könnte es scheinen, die Puncte in den Seiten des gegebenen Quadrates zu finden, welche Winkelpuncte des verlangten Quadrates werden, und sehr würde man irren wenn man glaubte, daß die Linie DF, beliebig das erste Mal zwischen die Schenkel eines der rechten Winkel des Quadrates ABCD eingetragen, zwei jener Winkelpuncte erzeuge, wonach die übrigen sich von selbst bestimmen müßten. Freilich bestimmt schon einer dieser Puncte (wie wir bei O sahen) nebst der Linie DF (die man eben so gut von O zwischen die Schenkel des Winkels DAB als OK tragen könnte), die übrigen drei Puncte, aber hierzu gehört, daß der Punct O auch so liegt, daß, wenn OK eingetragen wird, $OA + AK = DA$ wird, damit bei den übrigen Winkeln B, C und D, gleichfalls Stücke, wechselseitig gleich den Stücken AO und AK, entstehen (sonst würde kein Quadrat KH erfolgen), und diese Summe der Stücke OA und AK (d. h. DA) wird man unmöglich behaupten wollen, stets zu bekommen, wenn man nur die OK von einem willkührlichen Puncte in der AD, nach der AB hin trägt, wenn man auch stets $\overline{OA}^2 + \overline{AK}^2 = \overline{OK}^2$ erhält *). Das hier zu Erfüllende ist also nichts Geringeres als die Lösung der Aufgabe:

---

*) Wie innig dies mit dem, was §. 166, 2. im ersten Bande des Lehrgebäudes gesagt ist, zusammenhängt, wird man bald finden, und Zusatz 2. sogleich noch eine nähere Betrachtung hierüber anstellen.

Eine gegebene Linie (AD) so zu theilen, daß die Summe der Quadrate beider Theile, gleich dem Quadrate einer gegebenen Linie (DF oder OH) ist;

denn es muß $\overline{AO}^2 + \overline{DO}^2 = \overline{DH}^2 + \overline{DO}^2 = \overline{OH}^2 = \overline{DF}^2$ werden. Unter den bisher gehabten Aufgaben, kommt aber diese Aufgabe nirgend vor *). Bei einiger Ueberlegung wird man aber finden, daß diese Aufgabe dieselbe ist, als:

Einen rechtwinklichen Triangel zu construiren, dessen Hypothenuse (DF), so wie die Summe der beiden Catheten (AD) bekannt ist.

Unter dieser Form ist es Aufg. 11., welche lehrt die beiden Catheten zu finden, und die Construction unserer eben gelöseten Aufgabe, ist genau die bei Aufg. 11. vorgeschriebene Lösung **); denn ∠ DAG, ist der anzutragende halbe rechte Winkel, und statt an AG in G wieder den halben rechten Winkel AGO anzutragen, ist von G auf AD der Perpendikel GO gefällt. — Dies eben Gesagte enthält, wie leicht zu sehen ist, die analytische Auflösung gegenwärtiger 154sten Aufgabe.

Zusatz 2. Schon eine einfache geometrische Betrachtung zeigt, daß n : m nicht jedes beliebige Verhältniß seyn kann, sondern, daß das ausgeschnittene Quadrat, mindestens die Hälfte vom Quadrate ABCD seyn muß, welches alsdann stattfindet, wenn O die Mitte der AD ist. Auf eine schöne übereinstimmende Weise, wird dies durch das bestätiget, was im ersten Bande des Lehrgebäudes §. 166, 2. gelehrt ist ***), und die

*) Aufg. 108. Zusatz 5. ist durchaus anders, da statt der Linie OH, das Verhältniß der Quadrate der Theile gegeben ist.

**) Es können die eben genannten Aufgaben, wenn gleich sie nur andere Formen für Aufg. 11. sind, doch als zwei jetzt auch zu lösende neue Aufgaben, in gewisser Hinsicht angesehen werden.

***) Hier aber keineswegs vorausgesetzt wird.

Construction der 11ten Aufgabe (wie es auch die bei jener Aufgabe gemachten Bemerkungen erwähnten) lehrt ebenfalls, daß DF (oder DG) eine gewisse Länge haben muß, damit der Schnitt in G, und folglich der $\triangle$DGO, möglich werde. Auch hier bestätiget sich dies dadurch: wäre DE $= \frac{1}{2}$DA; so wird DF die Seite des Quadrates, das in den Kreis, wovon DQA Halbkreis ist, sich eintragen läßt. Aber wegen des, bei A angetragenen halben rechten Winkels DAG, sieht man ein, daß nunmehr AG, den Kreisbogen in Q stets schneiden muß, d. h. dort, wo AQ $=$ QD wird. Also ist DF unter jener Annahme, gleich DQ. Indem nun auch $\angle$DQA $=$ R ist, so sieht man, daß DQ die kürzeste, von D nach der AG zu ziehende Linie ist. DQ wird aber nur dann kürzer werden, wenn DE noch kleiner als $\frac{1}{2}$DA wird, was also nicht stattfinden darf, ohne die ganze Construction unmöglich zu machen. Für DF $=$ DQ, wird aber $\overline{DQ}^2 = (\frac{1}{2}DA)^2 + (\frac{1}{2}DA)^2 = 2.(\frac{1}{2}DA)^2 = \frac{1}{2}\overline{DA}^2$, d. h. $\overline{OH}^2 (= \overline{DQ}^2) = OHIK$, ist dann $= \frac{1}{2}ABCD$. Leichter lassen sich folgende Aufgaben lösen:

Zusatz 3. Aus einem Triangel, einen Triangel so auszuschneiden, daß der Theil $\frac{1}{4}$ des Ganzen und diesem ähnlich ist, und so liegt, daß die Winkelspitzen wechselseitig in den Seiten des gegebenen Triangels liegen.

Nach G. §. 302., hat man das Resultat sogleich, wenn man die Seiten des gegebenen Triangels halbirt, und die Halbirungpuncte wieder zum Triangel mit einander verbindet.

Zusatz 4. Aus einem beliebigen Vierseite, ein Parallelogramm so auszuschneiden, daß es die Hälfte des Vierseits ist, mit seinen Winkelspitzen aber wechselseitig in den Seiten des Vierseits liegt.

Nach G. §. 304. giebt die wechselseitige Verbindung der Halbirungpuncte der Seiten des Vierseits, das verlangte Parallelogramm.

Zusatz 5. Aus einem Trapezoid, ein ihm ähnliches Vierseit so auszuschneiden, daß es der vierte Theil des gegebenen Trapezoids ist und so liegt, daß die Seiten desselben, parallel den Seiten des gegebenen Vierseits liegen *).

Nach G. §. 317., erhält man das verlangte Vierseit, durch die Verbindunglinien der Durchschnittpuncte der Seiten des, so eben im vierten Zusatze erzeugten Parallelogramms, mit den Diagonalen des gegebenen Vierseits.

Anmerk. Die Aufgaben des 3ten, 4ten und 5ten Zusatzes, lassen sich durch fortgesetzte Theilungen der Seiten der erhaltenen Flächen sehr vervielfältigen. Alle diese Ausschneidungen, sind gewissermaßen auch Einschreibungen von Figuren in Figuren, wie wir solche besonders in den Zusätzen zur 136sten Aufgabe haben kennen gelernt, und ließe sich noch manches Interessante über sie sagen, wenn es hier nicht zu weit führen würde.

155ste Aufgabe. (Fig. 174.)

Ein Parallelogramm ABCD, durch Linien, die parallel einer der Lage nach gegebenen Linie N gehen, in proportionirte Theile)** zu theilen.**

Auflösung und Beweis. Man theile nach dem, was Aufg. 145. Zusatz 1. gesagt ist, durch die Linien FE, HG, KI u. s. w., das Prllg. DB, in die Parallelogramme AF, EH, GK, IK u. s. w., die sich wie die gegebenen Verhältnißgrößen gegen einander verhalten. Diese Theilunglinien halbire man in den Puncten

*) Bei Vierseiten folgt die Aehnlichkeit noch keineswegs aus der parallelen Lage der Seiten.

**) Eine besondere Angabe der Proportionalgrößen, wie bei den früheren Aufgaben geschah, ist nicht immer nöthig.

O, L, Z u. s. w., und ziehe durch die Halbirungpuncte, parallele Linien mit der Linie N. Schneiden diese neuen Linien, die beiden Seiten AB und DC; so ist die verlangte Theilung vollendet. Denn: ist z. B. die NM durch L, parallel der N; so bedarf es keines Beweises weiter, daß wegen der Congruenz der Triangel MLG und HLN, auch Prlltpz. AMND = Prllg. AGHD ist, und der Beweis gilt eben so von der Verwandelung aller übrigen ursprünglichen Theile. In so fern nun diese Schnitte, mit den beiden Seiten AB und DC selbst stattfinden, wurde diese Aufgabe in den zweiten Theil des zweiten Abschnitts schon gehört haben; allein es ist auch möglich, daß, wie z. B. die Parallelen durch O und durch Z, nur die eine der parallelen Seiten, nemlich die DC oder die AB, die andere Seite aber in deren Verlängerung treffen. Ist nun AEFD jener Theil, der die eben erwähnte Verwandelung nicht unmittelbar zuläßt, so mache man FP = FD, und ziehe AP; so ist △APD = Prllg. AF (G. §. 163, 1.). Nun gebe man nach Aufg. 132., der Seite AP dieses Triangels, die Lage XT # der N, so ist △DXT = △DAP = Prllg. AF. Die Figur zeigt übrigens die ganze Construction, wo AY die Hülfparallele auf der N ist. Daß das Fünfseit XAMNT, der anliegende zweite Theil, also gleich dem Prllg. EGHF ist, ist deutlich. — Dieselbe Verrichtung, mache man beim Prllg. IC, wo man aber (aus der Lage der Figur zu erkennen) BI auf die andere Seite BA aufträgt, also die IQ = BI macht, damit man den △QCB = Prllg. IC, in den △RSB verwandeln kann, wo RS # N ist. Die Figur zeigt abermals die Construction, und CV ist die Hülfparallele. Fünfs. RSCNM, ist gleich Prllg. GHKI = Prlltpz. MIKN. — Sollten bei einem und demselben Winkel, mehrere jener mit N parallel gezogenen Linie, nur die eine Seite treffen; so ist wol einleuchtend, daß jene Construction wiederholt wird, wo denn der abgeschnittene Triangel erst zwei, dann drei u. s. w. jener Theile enthält, von denen der erste, die beiden ersten u. s. w. weggenommen, die zuletzt verlangten Theile gleichfalls giebt.

Zusätze. (Fig. 175. u. 176.)

Die Lösung folgender Aufgaben, wird sich nun leicht ergeben.

1. Ein Parallelogramm in proportionirte Theile zu theilen, durch Linien, die auf einer bestimmten Seite desselben senkrecht stehen.

Denn die, in der eben gelöseten Aufgabe betrachtete Linie N, braucht nur senkrecht auf jener Seite angenommen zu werden. Sonst ist durchaus nichts Neues zu beobachten.

2. Ein Parallelogramm ABCD (Fig. 175.), soll durch Linien die parallel einer Diagonale AC gehen, in Theile getheilt werden, die sich wie die Größen a, b, c... gegen einander verhalten.

Hierbei ist zu merken, daß man die beiden Hälften des Prllgs., d. h. △ACB und △DAC, nach Aufg. 152. in die verlangten Theile theilt. Will man aber den △BFE haben, welcher der Größe a entspricht; so muß sich verhalten $\triangle BFE : \triangle BAC = a : \frac{S}{2} = 2 . a : S$*), damit man $\triangle BFE : 2 . \triangle BAC$ **) $= a : S$ d. h.

$$\triangle BFE : \text{Prllg.}\, BD = a : S$$

erhalte. Hieraus ergiebt sich, wie oft man vom △BAC, Theile wird abschneiden können, durch Linien parallel der AC, nemlich so oft als die, stets von neuem eingeführte Verhältnißgröße b, c u. s. w. doppelt genommen, nicht größer als S ist, denn sonst müßte der abzuschneidende Theil, größer als △BAC werden. Dies

*) S bedeutet wie früher die Summe der Verhältnißgrößen a, b, c...

**) Den Factor 2 des dritten Gliedes, auf das zweite Glied übertragen.

giebt ein Zeichen, daß man sich zum zweiten Triangel ADC zu wenden hat, und vom ∠D, nach und nach Triangel abschneiden muß, die den letzten Verhältnißgrößen, welche h, k seyn mögen entsprechen *). Hat man so den △DHG bestimmt, daß sich verhält

$$\triangle DHG : \triangle DAC = 2 . K : S;$$

ferner △DIK so, daß sich verhält

$$\triangle DIK : \triangle DAC = 2 (k + h) : S$$ u. s. w.,

so bleibt natürlich zuletzt ein Sechsseit EFAIKC übrig, das der letzte Theil ist, durch welchen alsdann die Diagonale AC des Prllgs. geht.

3. **Ein Paralleltrapez ABCD (Fig. 176.), durch Linien, die parallel einer der nicht parallelen Seiten AD gehen, in proportionirte Theile zu theilen.**

Durch das, was schon Aufg. 55. von dieser Aufgabe gesagt ist, erhält man, verbunden mit dem bei Aufg. 145. Zusatz 3, h. Gesagtem, zuerst die Theilungpuncte G, H, I u. s. w., in der Seite DF des, dem Paralleltrapeze gleichen Parallelogramms DFEA. Was die ersten Theile AG, GL u. s. w. anbetrifft, d. h. so lange die Theilunglinien noch die Seite DC schneiden, ist dort erwähnt. Um aber den Theil Prllg. HISL, der zum Theil außerhalb der gegebenen Fläche fällt, wieder hineinzuschaffen, durch eine mit DA parallel gehende Linie; verbinde man C mit L, und trage CH von L nach M auf die LA; so ist △LCM = △LCH **), also △MCB = Prltpz. HLBC. Nun theile man die Grundlinie BM des Triangels BCM, in N u. s. w. nach den Ver-

*) Oder wenn eine Bestimmung über die gegenseitige Lage und Folge dieser Theile statt findet, so nimmt man die hiernach erforderlichen Verhältnißgrößen.

**) Denn: würde man durch H eine Parallele mit der CL ziehen, so träfe sie den Punct M d. h. die Linie AB da, wo LM = CH ist (G. §. 112.).

hältnissen, nach welchen Prlltpz. LHCB noch zu theilen ist. Ist △BCN z. B. die Fläche, welche dem letzten Theil gleich ist (indem er der letzten Verhältnißgröße entspricht); so verwandele man nach Aufg. 132. diesen Triangel, in den △BPO, wo die Seite PO ⋕ der Linie LH (⋕ AD) geht. So fährt man bei denen etwa noch übrigen Theilen, die vom ∠B abzuschneiden sind, fort. Daß ein Theil entsteht der ein Fünfseit wird, wie z. B. HCPOL, ist einleuchtend, oder es müßte ein Theilungpunct der Linie DF, in den Punct C zufällig gefallen seyn, wo alsdann die, durch C mit HL parallel gehende Linie, eine Theilunglinie wird.

4. Ein Paralleltrapez, durch Linien, die senkrecht auf den parallelen Seiten stehen, oder die parallel mit einer beliebig gegebenen Linie gehen (welcher jedoch auch eine Linie parallel gehen muß, die beide parallele Seite, ohne daß deren Verlängerung nöthig ist, schneidet), in proportionirte Theile zu theilen.

Beide Fälle bedürfen kaum mehr als ihrer Erwähnung. Denn hat man nach Aufg. 54., verbunden mit dem, Aufg. 145. Zusatz 3, g. Gesagtem, wie bei Fig. 66. geschah, das Paralleltrapez in die proportionirten Theile getheilt; so braucht man nur durch die Mitten der Theilunglinien, die Senkrechten auf die parallelen Seiten, oder mit der gegebenen Linie parallele Linien zu ziehen, so ist die Theilung geschehen, sobald nemlich die beiden parallelen Seiten des Paralleltrapezes noch geschnitten werden. Oder man wendet, im Falle die andern Seiten geschnitten werden sollten, die Aufg. 132., auf die, mehrere Male schon erwähnte Weise an, und damit dies möglich werde, ist beim zweiten Falle (d. h. wo die Theilunglinien parallel einer beliebig gegebenen Linie gehen sollen) die Bedingung gemacht, welche in der Aufgabe in der Parenthese steht. Uebt man sich durch einige selbstgewählte Fälle, so wird man die Nothwendigkeit dieser Bedingung, so wie manche Eigenthümlichkeiten bei diesen Auflösungen, erkennen.

5. **Einen Triangel in drei Theile zu theilen, die sich wie a:b:c zu einander verhalten, so aber, daß die eine Theilunglinie, parallel einer Seite geht, die andere aber senkrecht auf dieser Seite steht.**

Wenn man nach Aufg. 152., zuerst den Triangel sucht, welcher der Verhältnißgröße a (oder der etwa besonders bestimmten) entspricht; so ist die übrig bleibende Fläche, ein Paralleltrapez, das nach Zusatz 4. durch eine, auf den parallelen Seiten senkrechte Linie, noch nach dem Verhältnisse b:c zu theilen ist.

6. **Es soll innerhalb der Diagonale eines Parallelogramms, ein Punct bestimmt werden, von welchem aus das Prllg. in vier gleiche Theile zu theilen ist, von denen zwei Theile Triangel, und die beiden anderen Paralleltrapeze sind.**

Man braucht nur einen der beiden Triangel, worin die Diagonale das Prllg. theilt, nach Aufg. 152. mittelst einer Linie, parallel einer Seite, die zugleich Seite des Prllgs. ist, zu halbiren; so ist der, sich in der Diagonale ergebende Punct der gesuchte Punct, welcher also auch dient, damit der andere Triangel in zwei gleiche Theile getheilt werden kann, durch eine, der Seite des Prllgs. parallelen Linie, welche mit der vorher gewählten Seite des Prllgs. zusammenstößt.

7. Die mannigfaltigen Zusammensetzungen, die man mit diesen Aufgaben überhaupt vornehmen kann, bleiben auch hier unberücksichtiget, da sie in vorkommenden Fällen leicht lösbar sind.

156ste Aufgabe. (Fig. 177. u. 178.)

Ein Paralleltrapez ABCD (Fig. 177.) durch Linien, parallel den parallelen Seiten, in

n Theile zu theilen, die sich wie a:b:c... untereinander verhalten.

Auflösung. Durch einen der Endpuncte der kleineren beider parallelen Seiten, z. B. durch C, ziehe man innerhalb des Paralleltrapezes, eine Parallele CO mit der Seite AB (mit der dies allein möglich ist), bis die größere Seite AD, in O geschnitten wird. Ueber die größere Seite AD, beschreibe man den Halbkreis AGD, nnd von demjenigen Endpuncte der größeren Seite DA, welcher zu dem abgeschnittenen Parallelogramme BCOA gehört, also von A aus, beschreibe man mit AO den Bogen OE, bis die Peripherie des Halbkreises in E geschnitten wird, von welchem Puncte aus man, auf die AD, den Perpendikel EH fällt. Den Theil HD der Linie AD, der hierdurch bestimmt wird, theile man nach den gegebenen Verhältnißgrößen, in den Puncten I, L u. s. w., so daß, wenn S wieder die Summe dieser Größen bedeutet, sich verhält:

$$HI : HD = a : S, \; IL : HD = b : S \text{ u. s. w.*)}$$

oder $HI : IL = a : b$ u. s. w.

In diesen Puncten I, L u. s. w., errichte man die Perpendikel IG, LF u. s. w. Nun trage man von A aus die Entfernungen AG, AF u. s. w. auf die AD, so daß AK = AG, AN = AF u. s. w. wird, ziehe durch diese Puncte K, N u. s. w., die Linien KU, NM u. s. w., parallel der Linie OC (also auch # der AB); so bestimmen sich hierdurch in der CD, die Puncte U, M ꝛc.**), durch welche man nur mit der Seite BC (oder mit der

---

*) Es wird sich aus dem Beweise sogleich ergeben, daß die Theile des Paralleltrapezes, nach derselben Ordnung von der kleineren der parallelen Seiten BC gegen die größere AD zu liegen, als die Theile der HD, von H gegen D zu liegen. Entsprach also HI der a, so liegt an der BC, der Theil des Paralleltrapezes, welcher der a entspricht.

**) Warum müssen jene Parallelen mit der Seite AB, die Seite CD treffen?

AD), die parallelen Linien UT, MP u. s. w. zu ziehen hat, welche die verlangten Theilunglinien sind.

Beweis. Verlängert man die nicht parallelen Seiten AB und DC, bis zu ihrem Schnitte in R; so erhält man lauter ähnliche Triangel RBC, RTU, RPM u. s. w. (S. §. 306, 1.). Ferner sind laut Construction, die entstehenden Vierseite BCOA, TUKA, PMNA u. s. w., Parallelogramme. Erwägt man ferner, daß die Triangel, welche durch die Verbindunglinien der Puncte E, G, F u. s. w. mit D, über AD entstehen, sämmtlich rechtwinklich sind (S. §. 233, 2.); so hat man nunmehr:

$$\overline{AE}^2 : \overline{AG}^2 = AH : AI \text{ *)},$$

oder für AE seinen Werth AO = BC, und für AG den ihm gleichen Werth AK = TU gesetzt, giebt:

$$\overline{BC}^2 : \overline{TU}^2 = AH : AI.$$

Nach der Aehnlichkeit der vorhin genannten Triangel ist auch $\overline{BC}^2 : \overline{TU}^2 = \triangle BRC : \triangle TRU$ (S. §. 318.) folglich auch

$$\triangle BRC : \triangle TRU = AH : AI.$$ Hieraus folgt

$\triangle TRU - \triangle BRC : \triangle BRC = AI - AH : AH$ d. h.

Prlltpz. BCUT : $\triangle$ BRC = HI : AH.

Ganz eben so beweiset man, daß sich verhält

Prlltpz. BCMP : $\triangle$ BRC = HK : AH, wonach alsdann aus beiden letzteren Proportionen zusammen folgt:

Prlltpz. BCUT : Prlltpz. BCMP = HI : HK, daher

Prlltpz. BCUT : Prlltpz. BCMP — Prlltpz. BCUT
= HI : HK — HI d. h.

Prlltpz. BCUT : Prlltpz. TUMP = HI : IK = a : b.

Und so würde man fortgesetzt beweisen, daß die einzeln-

---

*) Nach S. §. 321, 1. ist nemlich $\overline{AE}^2 : \overline{AD}^2 = AH : AD$, und
$\overline{AG}^2 : \overline{AD}^2 = AI : AD$, also
auch $\overline{AE}^2 : \overline{AG}^2 = AH : AI$.

ander liegenden Paralleltrapeze, wie die Größen a:b:c... sich gegen einander verhalten, indem man nach und nach die Triangel PRM und so viele deren noch über AD liegen, in Betracht zieht. — Auch kann man bei dem letzten Prllg. PMDA beginnen, und zeigen, daß, wenn z. B. die Linie LD (aus der sich AN = AF, also auch der Punct M und das Prlltpz. PD ergiebt) der Verhältnißgröße c entsprach, sich verhält: Prlltpz. PD : Prlltpz. BD = c : S. Denn: wie oben beweiset man daß: △ARD : △PMR = AD : AL; also

△ARD — △PMR : △ARD = AD — AL : AD d. h.

Prlltpz. OD : △ARD = LD : AD.

Ganz eben so findet man aus dem Vergleiche der Triangel ARD und BRC, daß sich verhält

Prlltpz. BD : △ARD = HD : AD;

und so folgt aus beiden letzteren Proportionen:

Prllg. PD : Prllg. BD = LD : HD = c : S. U. s. w. W. z. b. w.

Anmerk. 1. Von dieser eben so wichtigen, als interessanten Aufgabe, mag nun folgende analytische Auflösung hier noch stehen. Gesetzt man verlangte die Linie TU, so daß sich verhielte: das Prlltpz. BCUT : Prlltpz. BCDA = a : S, wo S die Summe der Verhältnißgrößen, a aber irgend eine dieser Größen bedeutet, der das nach BC zu liegende Prlltpz. entsprechen soll. Man stelle sich die Seiten AB und DC, bis R verlängert vor, um so die alsdann bekannten Triangel ARD und TRU zu bilden, so verhält sich:

$$\triangle ARD : \triangle CRB = \overline{AD}^2 : \overline{CB}^2, \text{ daher auch}$$

$$\triangle ARD - \triangle CRB : \triangle CRB = \overline{AD}^2 - \overline{CB}^2 : \overline{CB}^2, \text{ d. h.}$$

$$\text{Prlltpz. } ABCD : \triangle CRB = \overline{AD}^2 - \overline{CB}^2 : \overline{BC}^2$$

Ganz eben so, wird man aus dem Vergleiche der beiden Triangel TRU und BRC, die Proportion herleiten:

$$\text{Prlltpz. } BTUC : \triangle BRC = \overline{TU}^2 - \overline{CB}^2 : \overline{BC}^2$$

Die Vergleichung dieser beiden Proportionen, giebt:

$$\text{Prlltpz. } ABCD : \text{Prlltpz. } BTUC = \overline{AD}^2 - \overline{CB}^2 : \overline{TU}^2 - \overline{CB}^2$$

Nun sollte aber laut Annahme seyn:

$$\text{Prlltpz. } ABCD : \text{Prlltpz. } BTUC = S : a, \text{ also auch}$$

$$\overline{AD}^2 - \overline{CB}^2 : \overline{TU}^2 - \overline{CB}^2 = S : a,$$

welche

welche Proportion nur allein als unbekannte Größe, die Linie TU (oder deren Quadrat) enthält. Sucht man daher das zweite Glied $\overline{TU}^2 - \overline{CB}^2 = X^2$, so ist $\overline{TU}^2 = X^2 + \overline{CB}^2$, und hieraus TU selbst bekannt. Beschreibt man aber über AD, den Halbkreis AGD, und trägt CB als Sehne AE hinein, so ist die Linie ED so beschaffen, daß $\overline{AD}^2 - \overline{AE}^2 = \overline{ED}^2$ ist. Der Anfang unserer Auflösung war aber genau diese Construction, indem AO = AE = BC gemacht wurde. Jetzt ist nichts leichter als X^2, d. h. $\overline{TU}^2 - \overline{CB}^2$ zu finden, denn: theilt man HD so, daß der von D gegen H zu liegende Theil, sich zur DH wie a : S verhält, d: h. wenn wir z. B. DL als diesen Theil ansehen, sich verhält

$$DH : DL = S : a; \text{ so ist, da sich verhält}$$

$$DH : DL = \overline{DE}^2 : \overline{DF}^2, \text{ auch}$$

$$\overline{DE}^2 : \overline{DF}^2 = S : a, \text{ d. h. } DF \text{ ist } = X.$$

Würde man also, da Winkel AED recht ist, diese X = DF, von E auf ED nach Q tragen; so wäre nach dem eben Gesagten die Hypothenuse AQ, die gesuchte Linie TU, und man brauchte sie nur in das Prlltpz. einzutragen, was geschehen wäre, wenn man sie von A nach D tragen würde, also z. B. AK = AQ machte, dann durch K die KU parallel der AB, und durch U die UT parallel BC zöge. Diese Operation würde für jede der anderen Linien zu wiederholen seyn. Um indeß diese Wiederholung zu ersparen, betrachte man die beiden Sehnen AE und AG; so verhält sich

$$\overline{AG}^2 : \overline{AE}^2 = AI : AH, \text{ also}$$

$$\overline{AG}^2 - \overline{AE}^2 : \overline{AE}^2 = AI - AH (= HI) : AH. \text{ Aber auch}$$

$$\overline{AE}^2 : \overline{DE}^2 = AH : HD$$ (S. §. 323.), daher diese beiden Proportionen zusammengesetzt geben

$$\overline{AG}^2 - \overline{AE}^2 : \overline{DE}^2 = HI : HD.$$

Hätte man nun das Verhältniß von HI : HD = a : S gemacht, so wäre $\overline{AG}^2 - \overline{AE}^2 : \overline{DE}^2 = a : S$, und da man X so suchte, daß sich verhielt $X^2 : \overline{DE}^2 = a : S$; so wäre

$$\overline{AG}^2 - \overline{AE}^2 = X^2, \text{ also}$$

$$\overline{AG}^2 = \overline{AE}^2 + X^2,$$

d. h. AG wäre die Linie, die wir für den Werth der TU zu finden haben, da AE = BC ist, und wir oben sahen, daß

$\overline{TU}^2 = X^2 + \overline{CB}^2$ seyn muß. Daher werden wir hierdurch auf obige synthetische Auflösung, unmittelbar geführt.

Anmerk. 2. Wer theils verschiedene Auflösungen dieser Aufgabe, theils Anwendungen derselben auf verschiedene besondere Fälle nachlesen will, der findet selbige unter andern in Grüsons Geodäsie, bei der Theilung der vierseitigen Figuren: Aufg. 15, 24, 30, 31, 42, 43, 44, 56, 59.

Zusatz 1. Soll (Fig. 178.) das Prlltpz. ABCD, nur halbirt werden; so führt Aufg. 115. auf folgende Auflösung. Man verlängere die beiden nicht parallelen Seiten AD und BC, bis zu ihrem Schnitte in E, und theile nun die, in D bereits getheilte Linie EA, in F so, daß sich verhält:

$$\overline{EA}^2 \div \overline{EF}^2 = \overline{EF}^2 \div \overline{ED}^2$$ (Aufg. 115.) *).

Zieht man alsdann durch F die FG # AB; so sind die Triangel AEB, FEG und DEC ähnlich, daher nach G. §. 318. im Vergleiche mit der letzten Proportion sich auch verhält: $\triangle EAB \div \triangle EFG = \triangle EFG \div \triangle EDC$,

also ist $\triangle EAB + \triangle EDC = 2 . \triangle EFG$.

Nimmt man von beiden Größen weg $2 . \triangle EDC$, so bleibt: $\triangle EAB - \triangle EDC = 2 . \triangle EFG - 2 . \triangle EDC$,

d. h. Prlltpz. ABCD = 2 . Prlltpz. DFGC,

also ist Prlltpz. DFGC, die Hälfte vom Prlltrpz. ABCD, und daher Prlltpz. FGBA die andere Hälfte. Wie verlangt war.

Zusatz 2. Ist $\angle A = \angle B$ (also auch $\angle D = \angle C$); so ist wol leicht einzusehen, daß auch AD = BC ist, wonach man das Prlltpz. ABCD, ein gleichschenkliches Paralleltrapez nennen könnte. Der $\triangle AEB$, wird alsdann auch gleichschenklich, und der Perpendikel von E auf AB, halbirt auch das Prlltpz. ABCD. Man kann daher nach dem, was Zusatz 1. gelehrt ist, folgende Aufgabe einfach lösen:

---

*) Auch hätte man die BE in G so theilen können, daß sich $\overline{EB}^2 : \overline{EG}^2 = \overline{EG}^2 : \overline{EC}^2$ verhält.

Ein gleichschenkliches Paralleltrapez, durch zwei einander senkrecht durchschneidende Linien (FG und OH), in vier gleiche Theile zu theilen.

Daß zwei und zwei dieser Theile unter sich congruent sind, ist leicht einzusehen. Verbinden wir dies mit unserer Aufgabe 156., so kann man das Prlltpz. ABCD, erst in eine beliebige Menge gleicher Theile, z. B. in n derselben, durch Linien, parallel den parallelen Seiten, theilen, und alle diese Theile durch die Linie OH, die ein Theil des Perpendikels EH ist, halbiren, so daß das Prlltpz. DB, in 2n gleiche Theile getheilt ist, von denen immer zwei und zwei wechselseitig congruent sind *).

Zusatz 3. Die Aufgabe:

Von einem Paralleltrapeze mittelst einer, den parallelen Seiten parallelen Linie, ein Stück von gegebenem Inhalte abzuschneiden;

ist nunmehr auch stets lösbar; denn man braucht nur das Verhältniß der abzuschneidenden Fläche, gegen das Prlltpz. zu bestimmen (Aufg. 107.), und dann nach gegenwärtiger Aufgabe, die Theilung des Paralleltrapezes nach diesem Verhältnisse vorzunehmen, wobei, wie wir wissen, bestimmt seyn kann, ob der abzuschneidende Theil der **kleineren** oder der **größeren** der parallelen Seiten, zunächst anliegen soll.

Zusatz 4. Soll ein Paralleltrapez durch Linien, die mit einer beliebig gegebenen Linie parallel laufen, in proportionirte Theile getheilt werden, und diese Linie hat nicht die Lage, welche Aufg. 155. Zusatz 4. (in der Parenthese daselbst) näher bestimmt wurde; so wird die Theilung so vollzogen, wie die 158ste Aufgabe für jedes Trapezoid allgemein lehrt.

*). Vergleiche Aufg. 152. Zusatz 5. nebst der Anmerkung daselbst

157ste Aufgabe (Fig. 179, 180. u. 181.)

Ein Trapezoides ABCD (Fig. 179.), durch Linien, die einer bestimmten Seite parallel laufen, in proportionirte Theile zu theilen.

Auflösung und Beweis 1. Gesetzt die Theilunglinien sollten mit der Seite DC parallel laufen; so verlängere man die beiden Seiten des Vierseits, welche mit jener bestimmten Seite zusammenstoßen, also AD und BC, bis sie in E einander schneiden. Ferner verwandele man das Vierseit ABCD nach Aufg. 33, 1. in den △AIB, so, daß einer der Endpuncte der, der DC gegenüberliegenden Seite AB, also z. B. A, Spitze des Triangels wird *). Nun theile man nach Aufg. 58. (verbunden mit Aufg. 145. Zusatz 2.) den △AIB, durch Hülfe der Puncte F, G, H u. s. w. in der Seite IB, und durch die Linien AF, AG, AH u. s. w., in die bestimmten proportionirten Theile. Verwandelt man jetzt den △EAF nach Aufg. 132. in den △ENU, wo die Seite NU ⋕ der Linie DC geht; so ist Viers. NABU, der erste gesuchte Theil, denn es bedarf kaum einer Erwähnung, daß das Viers. NUBA = △AFB ist, indem die beiden Ergänzungen dieser Flächen (nemlich △ENU und △EAF) zum △AEB, einander gleich sind. Verfährt man eben so beim △EAG, und giebt der AG die Lage SV ⋕ der DC; dann beim △EAH, der AH die Lage PZ ⋕ der DC u. s. w.; so ist die verlangte Theilung geschehen. Die Figur zeigt übrigens die ganze Construction **).

---

*) Die Nothwendigkeit dieser Bedingung, wird sich sogleich aus der ferneren Lösung ergeben. Es würde daher D oder C zur Spitze angenommen seyn, wenn die Theilunglinien parallel der Seite AB gehen sollten.

**) Es bestätiget sich die Bemerkung in der obigen Note, denn man kann z. B. nicht sagen: man gebe der Seite AF des Triangels AFB, eine parallele Lage mit der DC, denn es soll ja ein Vierseit NABU und kein Triangel hier erzeugt

Es kann nun aber leicht der Fall eintreten, daß, wenn man zufolge der nöthigen Construction durch den Punct A eine Parallele AY mit der DC zieht, der abgeschnittene △AYB, größer als der Theil ist, der zunächst der AB liegt, was geschehen würde, wenn z. B. W ein Theilungpunct wird, indem jetzt △AWB > △AYB ist. Dann aber wird △AWB für sich, d. h. ohne Rücksicht auf △EAW, in den △XQB, zufolge Aufg. 132. verwandelt, denn man würde einen Triangel bekommen haben, der zum Theil außer dem Vierseite ABCD liegen würde, wenn man △EAW hätte verwandeln wollen. Sollten der Theilungpuncte mehrere zwischen Y und B liegen, so werden alle die im △AYB liegenden Theile, zuerst auf diese Weise verwandelt. — Dies würde nun auch der Fall seyn, wenn, wie in Figur 180., die Theilunglinien mit der Seite AB parallel gehen sollten, und der durch die DG ⋕ der AB abgeschnittene △DGC, zu groß für den ersten Theil DCF (des Triangels CDN = Viers. ABCD) ist. Würde man △EDF in den △EPS verwandelt haben, so zeigt sich die, für die Theilung unbrauchbare Linie PS, wenn sie auch parallel der DG (⋕ AB) geht; das Vierseit DPSG, das dem △DFG gleich wäre, würde erst wieder müssen in das Vierseit DLMG verwandelt werden, was zwar nach Aufg. 137. Zusatz 2., besonders nach der daselbst gemachten Bemerkung (Seite 295. unten bei **) angeht, aber unnöthige Mühe veranlassen würde. Die andern Theile, wie △CDK u. s. w., lassen die Verlegung ihrer Seiten nach HI u. s. w. ⋕ der AB leicht zu, was natürlich von allen Triangeln gilt, deren, sie in der CN bestimmenden Puncte, zwischen G und B liegen. Gegen AB zu, kann die erwähnte Schwierigkeit, der Natur der Sache (d. h. der Lage der Seite

---

werden, es sey denn daß das einträte, wovon sogleich die Rede seyn wird.

AB zufolge) nach, nicht stattfinden, so wenig als dies bei Fig. 179., gegen die DC zu, möglich war.

Könnte man voraussehen, daß der eben erwähnte Fall eintreten wird, so kann man sich auch folgender ganz allgemein anwendbaren Methode bedienen.

Auflösung und Beweis 2. Soll (Fig. 181.) das Vierseit ABCD, durch Linien, parallel der Seite AB, getheilt werdeu; so schneide man durch die Linie CE ⧺ AB, den △CED vom Trapezoid ab, welches letztere also in das Prlltpz. ABCE und den △ECD zerlegt ist. Den △ECD, verwandele man nach Aufg. 137., in das Prlltpz. EFGC, welches die Seite EC, dieser anliegend die Winkel CED und den Nebenwinkel des Winkels ECB (also ∠ECG) hat; so ist Prlltpz. ABGF = Trapezoid ABCD. Theilt man nun nach Aufg. 156., dieses Prlltpz. durch Linien, die der Seite AB parallel gehen, in die verlangten Theile; so werden diese Linien, wie HI u. s. w., die Theilunglinien selbst seyn, so lange sie noch auf der Seite der EC liegen, wo die AB liegt. Fallen aber einige von diesen Theilunglinien, wie z. B. die KL, auf die andere Seite der EC; so muß man, wenn z. B. AILK den hierdurch bestimmten Theil bedeutet, den Theil Prlltpz. ECLK, wieder in das Prlltpz. ECNM verwandeln (Aufg. 137. Zusatz 2.), das, außer der Seite EC und dem anliegenden ∠CEF, auch den ∠ECD dieser Seite anliegend hat. Dann ist das Fünfseit HICNM, wo MN ⧺ KI (⧺ AB) ist, der neue gesuchte Theil. Mit den noch etwa vorhandenen Theilen, könnte man ganz auf dieselbe Weise verfahren, wobei stets die EC als die, den neuen noch zu bildenden Parallestrapezen zur Seite dienende Linie angenommen wird, es sey denn, daß man es vorzöge, den △MND, der nach der ersten Hineinschaffung eines jener Paralleltrapeze, übrig bleibt, von neuem in Theile zu theilen, die der Seiten MN parallel gehen (Aufg. 152.), wobei man natürlich auf die Verhältnißgrößen, welche den noch zu erzeugenden Theilen entsprechen sollen, genau Rücksicht zu nehmen hat, was nach allen unseren, für solche Fälle bereits betrachteten Auflösungen, kaum noch dieser Erinnerung bedarf. Sollte es sich zufällig treffen, daß die Linie CE selbst eine Theilunglinie wird; so würde man gewiß den Weg vorziehen, nach welchem sowol das Prlltpz. ABCE als der △ECD für sich, nach den darüber bekannten Bestimmungen und Methoden getheilt wird (Aufg. 156. u. Aufg. 152.).

Zusatz. Ohne weitere Erinnerung wie es geschieht, ist jetzt die Aufgabe stets lösbar:

Von einem gegebenen Vierseite, ein Stück von einer bestimmten Größe, mittelst einer, mit einer Seite des Vierseits parallelen Linie, abzuschneiden.

Anmerk. Als eine neue Auflösung unserer Aufgabe, kann man die Methode ansehen, von der wir bei der Lösung der folgenden Aufgabe Gebrauch machen werden.

158ste Aufgabe. (Fig. 182. u. 183.)

Ein Trapezoid ABCD (Fig. 182.), durch Linien, die parallel einer beliebig gegebenen Linie N gehen, in proportionirte Theile zu theilen.

Auflösung und Beweis. Wenn man durch die beiden Winkelspitzen A und B des gegebenen Vierseits, die Linien AE und BP, parallel der Linie N zieht; so werden zwei Triangel AED und BPC (die sich auch bei jeder Form des Trapezoids und Lage der Linie N leicht finden lassen) *), vom gegebenen Vierseite abge-

*) Hat die N eine parallele Lage mit einer Seite des Vierseits; so entsteht allerdings nur ein solcher Triangel, aber diese Annahme ist gegen die vorige Aufgabe kein neuer Fall. Liegt aber die N parallel der Diagonale; so wird das ganze Vierseit in zwei Triangel durch die oben erwähnten Linien, die alsdann zu einer Linie werden, getheilt; dann beruht die Lösung auf Aufg. 152. (Vrgl. Aufg. 155. Zusatz 2.).

schnitten. Sind diese Triangel größer als die Proportionaltheile, die von dem Vierseite abgeschnitten werden und den Winkeln D und C zunächst liegen; so bestimme man zwischen D und E (so wie zwischen P und C) die Theilungpuncte, welche mit A (oder mit B) verbunden, die Triangel geben, deren Inhalte den gedachten Proportionalgrößen entsprechen, und verwandele diese Triangel nach Aufg. 132. in solche Triangel, wo die eine Seite (die eben gezogene Theilunglinie) eine Lage, parallel der Linie N erhält. Will man dies nicht erst untersuchen, so wende man sich sogleich zu folgender Auflösung, bei der sich bald ergeben wird, ob einer jener Triangel zu groß war, wonach man alsdann immer noch die eben genannte Verrichtung wird vollziehen können. Nemlich: man ziehe durch A, die AE ⧣ der N, und verwandele △ADE, nach Aufg. 137. in das Prlltpz. AEOF, über die Seite AE, welcher der ∠AED und der ∠EAF als Nebenwinkel des Winkels EAB anliegt. Nunmehr ist Viers. FOCB = Viers. ABCD, und man hat nur nöthig nach der vorigen Aufgabe, dieses Vierseit, parallel der Seite FO, zu theilen, so ist die Aufgabe gelöset. — Alle Fälle, die sich in Bezug auf das Schneiden der Seiten AD oder BC, durch eine oder die andere jener Theilunglinien, ergeben könnten; wissen wir nach Aufg. 132. oder 137. zu beseitigen. — Wir wollen aber folgende neue Theilungmethode, für das Vierseit FOCB hier anwenden *). Man verwandele das genannte Vierseit, in den △FBH d. h. in einen solchen Triangel, wo die Seite FO, ein Theil einer Seite wird (Aufg. 33, 1.). Theilt man nun die Grundlinie FH, in den Puncten I, G u. s. w. in die, den gegebenen Proportionalgrößen entsprechenden Theile; so wird △FBI, gleich dem einen Theile seyn. Zieht man durch I, die IK ⧣ der Diagonale BO, und verbindet

*) Siehe die Anmerkung zur vorigen Aufgabe.

N mit O; so ist △INO = △INB, also △FNO = △FBI. Nunmehr verwandele man nach Aufg. 137., den △FNO, in das Prlltpz. FKMO (d. h. über der Seite FO, und den anliegenden Winkeln F und FOC); so hat man durch die Linie KM, die erste Theilunglinie des Vierseits, denn Prlltpz. AKMD (d. h. der erste so eben erhaltene Theil), ist = Prlltpz. AKME + △AED = Prlltpz. AKME + Prlltpz. FAEO = Prlltpz. FKMO = △FNO = △FIB. — Hätte bei der zuletzt vorgenommenen Verwandelung, die Linie KM, die AD geschnitten; so wäre dies natürlich ein Zeichen, daß △AED zu groß gegen den ersten Theil ist, und man hätte die gleich am Anfange dieser Auflösung genannte Constructiog, vorzunehmen gehabt. — Was die Theilungpuncte, welche zwischen I und O fallen, anbetrifft; so geben auch sie die, durch sie mit der Diagonale parallel gezogenen Linie dergestalt, daß diese die Seite AB selbst schneiden, und man verfährt mit denen hiernach erhaltenen Triangeln (die ihre Spitze in O und ihre Grundlinien in der FB haben), wie es vorher beim △FNO geschah, d. h. FO, so wie die Winkel F und FOC, dienen den neuen Paralleltrapezen, die man nach Aufg. 137. erzeugt, stets als Bedingungstücke. Die bereits erhaltenen Paralleltrapeze, wie FKMO, oder die Theile des Vierseits, wie AKMD, gehen stets von der ganzen Fläche ab, und so bleiben die neuen Theile in ihrer erforderlichen Größe und Form übrig. Für die, zwischen O und H fallenden Theilungpuncte, wie z. B. für G, merke man nur, daß die, durch sie parallel der Diagonale gezogenen Linien, bis zur Verlängerung der Seite AB gezogen werden, wie z. B. GL. Dann ist △FBG = △FLO, und der △FLO giebt, nach Aufg. 137. verwandelt, Prlltpz. FRSO, d. h. RS als neue Theilunglinie. Sollte die Seite BC, durch eine dieser, der FO parallelen Linien geschnitten werden; so ist dies, wie auch vorher bemerkt worden, ein Zeichen, daß △BPC

(BP ∦ FO) zu groß für diesen letzten Theil ist. Will man solchen Theil nicht mittelst Aufg. 132. besonders suchen; so braucht man nur nach Aufg. 137. Zusatz 2., mit diesem Theile (so wie mit allen Theilen die etwa noch erforderlich sind) eben so zu verfahren, als es mit jenen Theilen geschah, die auf der andern Seite der BP liegen.

Zusatz 1. Nach allem bisher Gesagten, sind nun auch die Aufgaben leicht lösbar:

a. Von einem Trapezoid, ein Stück von gegebenem Inhalte, mittelst einer, mit einer der Lage nach gegebenen Linie parallelen Linie, bzuschneiden.

b. Ein Trapezoid durch Linien, die senkrecht auf einer bestimmten Seite desselben stehen, in proportionale Theile zu theilen. U. s. w.

Zusatz 2. Als einen besonderen Fall wollen wir folgende Aufgabe noch lösen:

Das Trapezoid ABCD (Fig. 183.), durch eine, auf der Seite DC senkrechte Linie zu halbiren, wenn man weiß daß die Winkel D und C einander gleich sind.

Auflösung und Beweis. Verlängert man die Seiten CB und DA, bis sie in F einander schneiden; so ist △DFC gleichschenklich, also halbirt der Perpendikel FG diesen Triangel. Nun ist (wie wol einfach zu finden) AO > BO. Schneidet man daher OH = OB von OA ab, und verbindet F mit H; so ist △FOH = △FOB. Nun war △FGC = △FGD,

△FOB = △FOH, also

△FGC — △FOB = △FGD — △FOH, d. h.

Trpz. OGCB = Fünfs. FHOGD = Trpz. OADG + △FHA. Wird nun die Hälfte des Triangels FHA, in ein Quadrat verwandelt, und nach Aufg. 140., zum △OEG (der entsteht wenn man OA und GD bis zum Schnitte in E verlängert) das Prlltpz. OMNG = jenem Qua-

drate zugesetzt; so ist Prlltpz. OMNG = $\frac{1}{2}\triangle$AHF. Fanden wir also vorher:
Trapezoid OGCB = Trapezoid OADG + $\triangle$AHF; so ist Trpzd. OGCB − $\frac{1}{2}\triangle$AHF = Trpzd. OADG + $\frac{1}{2}\triangle$AHF; d. h. Trpzd. BMNC = Trpzd. AMND. W. z. b. w.

159ste Aufgabe. (Fig. 184.)

Eine Figur von einer beliebigen Seitenmenge, nach dem Verhältniß von a:b zu schneiden, so, daß der eine Theil der ganzen Figur ähnlich wird.

Auflösung. Irgend eine Seite, z. B. die AB der gegebenen Figur, theile man in K, so daß sich verhält AK : KB = a : b (G. §. 301, 4.). Beschreibe über AB den Halbkreis AMB, errichte in K die KL senkrecht auf AB, und trage AL von A nach F auf die AB. Nun construire man über AF, die Fig. AFGHI, ähnlich der gegebenen Figur (Aufg. 129, 1.); so ist die gebrochene Linie IHGF, die Theilunglinie.

Beweis. Es verhält sich

$$\overline{AB}^2 : \overline{AL}^2 = AB : AK \quad (G. \S. 321, 1.)$$

oder $\overline{AB}^2 : \overline{AF}^2 = AB : AK$. Aber auch

$\overline{AB}^2 : \overline{AF}^2 = ABCDE : AFGHI$ (G. 327, 2.), also ABCDE : AFGHI = AB : AK. Hieraus folgt:

$$ABCDE - AFGHI : AFGHI = AB - AK : AK$$
$$= KB : AK = b : a$$

d. h. IHGFBCDE : AFGHI = b : a. W. z. b. w.

Zusatz. Hiernach kann man von einer Figur ein Stück, das entweder gleich einer gegebenen Fläche, oder ein bestimmter Theil der ganzen Fläche ist, abschneiden, so daß der Rest der ganzen Figur ähnlich ist, oder ein solches bestimmtes Stück ausschneiden, das ähnlich der ganzen Fläche ist.

160ste Aufgabe. (Fig. 185. u. 186.)

Ein Polygon von einer beliebigen Seitenmenge, in proportionirte Theile zu theilen, durch Linien, die einer Seite des Polygons parallel gehen.

Auflösung und Beweis 1. Wenn das Sechsseit ABCDEF, (Fig. 185.) durch Linien, parallel der Seite AF getheilt werden soll; so verwandele man es in das Vierseit HAFE, in welchem jene Seite AF, wieder eine Seite wird *). Nach Aufg. 157., theile man das Vierseit AFEH, durch Linien, die der FA parallel gehen, als IK, MN u. s. w., in die bestimmten Theile. So lange die Theilunglinien ganz in den Seiten der gegebenen Figur endigen, wie die IK, sind dieselben auch sogleich die gesuchten Theilunglinien; dagegen fällt die MN schon zum Theil außerhalb der gegebenen Figur. Zieht man aber durch B, die BL ⫲ AF; so hat man nur nach Aufg. 137. Zusatz 2. das Prllpz. LBNM, in das Prllpz. LBRP zu verwandeln **); so ist PR die neue Theilunglinie. So wird man auch die übrigen Linien, besonders durch Hülfe der eben gebrauchten Construction, wieder ganz in die gegebene Figur bringen können, wenn auch besonders die Lage der einspringenden Winkel, öftere Wiederholung dieser Constructionen und Verlegung der nach und nach erhaltenen Theilunglinien, veranlassen sollten. — Wüßte man, daß z. B. der △ECD, mehrere Theile des Polygons enthält; so versteht es sich von selbst, daß man von ihm besonders, durch Linien wie die ST u. s. w. ⫲ der FA, gegen den ∠D zu, jene Theile abschneiden könnte (Aufg. 152. Zusatz 6.) — Auch hätte man den, durch die Ver-

*) Hier ist erst durch die EB, das Vierseit EBAF abgeschnitten, und dann das Vierseit EBCD, in den Triangel EBH verwandelt, dessen Seite BH, in der Verlängerung der AB liegt.

**) Daß die LB, so wie die Winkel LBC und BLE hierzu gegeben sind, ist für sich klar, und wird dies in der Folge nicht mehr besonders angeführt werden.

längerung der Seiten EF und BA bis zu ihrem Schnitte in G entstehenden großen △HEG betrachten können, und von ihm Stücke, mittelst Linien die parallel der als beliebig gegeben anzusehenden Linie FA gehen (Aufg. 152. Zus. 3.), wie △GIK, △GMN u. s. w. abschneiden. Natürlich müßte das Verhältniß des Triangels GFA zum ganzen △GEH, genau beachtet werden, wie dies bei vielen der früheren Aufgaben gelehrt ist, und die Verlegung solcher Linien wie MN nach PR u. s. w., bliebe wie vorher zu erfüllen übrig. —

Unter den mannigfaltigen Wegen die zur Auflösung dieser Aufgabe führen, mag folgende Methode noch erwähnt werden.

Auflösung und Beweis 2. Soll das Siebenseit ABCDEOF (Fig. 186.), durch Linien, parallel der Seite DE getheilt werden; so theile man durch eine willkührliche Linie AH, das Polygon in zwei Theile *), dergestalt aber, daß diese Linie die bestimmte Seite DE trifft. Dann verwandele man nach Aufg. 37. Zusatz, die beiden Theile zu beiden Seiten der AH, in die Triangel AHM und AHN, wonach das ganze Polygon, in den △MAN verwandelt ist. Durch die Puncte M und N, ziehe man die beliebig langen Linien MP und NR, parallel der AH. Die Linie AH selbst, theile man in den Puncten K, L u. s. w. nach denselben Verhältnissen, als das Polygon vorgeschriebenermaßen getheilt werden soll **). Zieht man LM und LN, so

*) Die Folge der Auflösung wird lehren, wie man diese Linie am zweckmäßigsten wählt; auch braucht sie keinesweges von einer Winkelspitze, wie hier angenommen ist, auszugehen.

**) Geschieht diese Theilung in gleiche Theile, so werden wir sehen, daß die ganze nun folgende Auflösung, ausgenommen den letzten Verrichtungen wo die Theilunglinien die bestimmte Lage erhalten, auch schon im zweiten Theile des zweiten Abschnittes dieser Aufgaben hätte gelehrt werden können. (Siehe Aufg. 68, Anmerk. 1.).

ist $\triangle MLN$ gleich dem Inhalte des ersten gesuchten Theiles, denn:

$\triangle LHM : \triangle AHM = \triangle LHN : \triangle AHN = LH : AH = a : S$*),

also $\triangle LHM + \triangle LHN : \triangle AHM + \triangle AHN = a : S$,

d. h. $\triangle MLN : \triangle AMN = a : S$

oder $\triangle MLN$: Polygon $ABCDEOF = a : S$.

Nun ziehe man LD, ferner durch M die MG # der LD, bis zur DC, dann die Verbindunglinie LG; so ist Vierseit LHDG = $\triangle LHM$. Eben so auf der anderen Seite, mache man Viers. HEQL = $\triangle LNH$ **). Jetzt ist das Fünfseit GLQED = dem $\triangle MLN$, d. h. die gebrochene Linie GLQ (die nur zufällig gerade werden könnte), ist eine Theilunglinie des gegebenen Polygons. — Verbindet man ferner den folgenden Theilungpunct K, mit M und mit N; so sind die Triangel KLM und KLN zusammen, aus demselben Grunde wie vorher $\triangle MLN$, gleich dem Inhalte des folgenden Theils vom Polygone. Verlängert man aber die Theilunglinien LG und LQ, bis sie die Linien MP und NR in den Puncten S und Z schneiden; so geben die Verbindunglinien KS und KZ, die Triangel KLS und KLZ, wechselsweise gleich jenen Triangeln. Um diese Triangel aber auch als Theile des gegebenen Polygons zu erhalten, ziehe man KG, und verwandele $\triangle KGS$ in $\triangle KGU$, ziehe ferner KC, und verwandele $\triangle KCU$ in $\triangle KCV$; so ist Fünfseit KVCGL = $\triangle KSL$. Auf der andern Seite ziehe man KQ, und verwandele $\triangle KQZ$, erst in den $\triangle KQW$ [wo W in der Verlängerung der Seite QO, die selbst nicht von der ZW (# der QK)

---

*) Die Bedeutung von a und S, ist aus den früheren Aufgaben deutlich (Siehe z. B. Aufg. 151.

**) In der Figur sind alle, hier und in der Folge der Lösung kurz angedeuteten Constructionen, ausgeführt, ausgenommen die letzteren, sich auf die bestimmte Lage der Theilunglinien beziehenden Constructionen.

geschnitten wird, liegt], dann, nachdem man KO gezogen hat, den △KOVV in △KOF; so ist wiederum das Fünfſ. KTOQL = dem △KZL, also wird die ganze Fläche KTOQLGCV, der neue Theil des gegebenen Polygons, oder die gebrochene Linie VKT, ist eine neue Theilunglinie. — Wären es der Theile nun auch noch so viele *), die man in das gegebene Polygon hineinzuschaffen hätte, so würde man nach der genannten Methode stets fortfahren, also zunächst die Theile der gebrochenen Theilunglinie VKT, bis zu den Linien MP und NR verlängern, und dadurch Triangel bilden, deren Spitzen in diesen Linien liegen, und deren Grundlinie die verschiedenen Theile der AH sind. Diese Triangel werden dann wieder wie vorher, in die gegebene Figur hineingeschafft, und so durch fortgesetzte Construction diese Figur durch lauter, in der AH gebrochenen Linien, in die verlangte Menge Theile getheilt **). — Die Verwandelung gebrochener Theilung- oder Grenzlinien, in gerade Linien, haben wir im zweiten Abschnitte zu oft gehabt, als daß sie hier wieder besonders erwähnt zu werden brauchte; man verwandele also die gebrochene Theilunglinien GLQ, VKT u. s. w., in die geraden Linien GX, Tc u. s. w. Sollten diese oder einige von ihnen, der Seite DE schon zufällig parallel gehen; so sind sie die gesuchten Theilunglinien, wo nicht, so ziehe man durch X, die Xb ⋕ DE, und verwandele nach Aufg. 137., den △bXG, in das Prllpz. bXYa; so geht Ya ⋕ Xb ⋕ ED, und Ya ist die erste Theilung-

*) Die hier gewählten drei Theile, gaben hinlänglich Gelegenheit, die Hineinschaffung der außerhalb fallenden Theile zu lehren.

**) Diese, alle zwischen verschiedenen Puncten liegenden Linien, bilden das Characteristische dieser Theilungmethode, die sich darum wesentlich von den Theilungen im zweiten Theile des zweiten Aaschnitts, unterscheidet.

linie welche die in der Aufgabe geforderte Lage hat. Eben so verfahre man bei der Tc, indem man Tp # ED zieht, und den abgeschnittenen △Tpc, in das Prlltpz. Tphi verwandelt, wo hi die zweite Theilungslinie wird. — Daß man für alle folgende Theile so fortfahren kann, ist gewiß deutlich, und sollte es sich treffen, daß eine solche Verwandelung eines jener Triangel in ein Prlltpz., z. B. △Tpc, das Prlltpz. Tped gäbe, wo die Seite ed, die Seite AF schneidet; so zieht man wieder durch F die Fk # der DE, und verwandelt abermals das abgeschnittene Prlltpz. kFde, in das Prlltpz. kFmn, wo dann mn die Theilunglinie geworden wäre. Kurz, es giebt keinen Fall, dem wir nicht durch bereits bekannte Mittel sollten genügen können.

Zusatz. Wir können nunmehr auch die Aufgabe lösen:

Von irgend einem Polygone, ein Stück von bestimmtem Inhalte abzuschneiden, mittelst einer, mit einer bestimmten Seite des Polygons parallel laufenden Linie.

161ste Aufgabe. (Fig. 187.)

Ein gegebenes Polygon ABCDEF, mittelst Linien, die parallel einer gegebenen Linie N gehen, in proportionirte Theile zu theilen *).

Auflösung und Beweis. Man zerlege das gegebene Polygon durch die Linien CZ, FU und BT, welche man durch die Winkelspitzen C, F und B, parallel der Seite DE zieht, in die Paralleltrapeze CE, CF, UT

*) Die Auflösung wird zeigen, daß wenn gleiche Theile verlangt werden, diese neue Methode, ausgenommen das Ende, (welches sich auf die bestimmte Lage der Theilunglinien bezieht), auch schon hätte können im zweiten Theile des zweiten Abschnittes gelehrt werden. (S. Aufg. 68. Anmerk. 1.)

UT und den △BTA *). Nun theile man alle diese Parallelen, nebst der Seite DE, in Theile, die sich wie die zur Theilung des Polygons gegebenen Proportionalgrößen verhalten. Sind die Puncte O, Q, I und K diejenigen, welchen die Theile BO, UQ, CI und DK zukommen, die alle der ersten Proportionalgröße entsprechen; so ist (Aufg. 145. und daselbst Zusatz 3, f.) klar, daß, wenn man die Puncte A, O, Q, I und K durch die einzelnen Linien, welche die gebrochene Linie AOQIK bilden, verbindet, diese gebrochene Linie eine Fläche BAOQIKDC abschneidet, welche zum ganzen Polygon dasjenige Verhältniß hat, welches die erste Proportionalgröße anzeigt. Jene gebrochene Linie, verwandele man nun in eine gerade Linie. Dieses geschieht stückweise, indem man zuerst aus der AOQ die QG, dann aus der GQI die LI, und dann aus der LIK die KP bildet **). Es schneidet also die KP, von der gegebenen Figur das Stück BPKDC ab, das die für den ersten Theil erforderliche Größe hat. — Nun kommt es darauf an, der KP eine Lage, parallel der N zu geben. Man ziehe deshalb durch einen Endpunct der PK, z. B. durch K, die Linie KH ⋕ der N, bis eine Seite CB des Polygons geschnitten wird. Es ist dann ferner über die HK eine Fläche, gleich der Fläche HBPK zu construiren, wo die andere Grenzlinie parallel der N (⋕ HK) geht. Nachdem man die Linie BK gezogen hat, verwandelt man den △BKP, in den △BKR, so

*) Dies kann offenbar bei jeder beliebigen Menge von Winkelspitzen welche die Figur auch haben mag, geschehen. Welche Seite (wie hier die DE) man am vortheilhaftesten wählt, um mit ihr jene Parallelen zu ziehen, ergiebt sich aus der Lage der Linie N, wie im Verfolg der Lösung sich zeigen wird.

**) In der Figur sind diese Verwandelungen nach und nach ausgeführt; daß sie verschieden gebildet werden können, ist bekannt, wie man sie wählt ist beliebig, oder richtet sich darnach, daß die letzte Linie PK, so viel als möglich der N parallel wird.

ist Vierſ. HBRK = Vierſ. HBPK. Das erstere Vierſ. (HBRK) verwandelt man endlich in das Prlltpz. HKNM (Aufg. 137. Zusatz 2.) *), so ist MN die erste der gesuchten Theilunglinien. — Daß man für alle folgende Theile, eine ganz analoge Construction wie eben geschah, verrichten kann, ist einleuchtend; die Figur würde zu verwickelt geworden seyn, hätten solche durchgeführte Constructionen noch mehrere gemacht werden sollen. Es bedeute daher sogleich die Line SW eine, durch die Verwandelung der anfänglich gebrochenen Theilunglinien erzeugte Linie. Man ziehe durch S, die SV ⋕ der N, so trifft diese Linie in der Verlängerung der DE, den Punct V. Zieht man SE, und verwandelt △SEV in △SEX; so ist die Fläche SWEX, die ganz auf der einen Seite der Linie SW liegt, noch von der Fläche BSXEDC abzuschneiden, mittelst einer mit N parallelen Linie. Verwandelt man △SWE, in △SaE; so ist nunmehr Vierſ. SXEa abzuschneiden. Wird daher durch E, eine Parallele Eb mit der N gezogen, und der △Eab, in das Prlltpz. bEYc, über die Parallele Eb verwandelt (Aufg. 137.); so ist die Seite cY, die neue verlangte Theilunglinie, welche parallel der N geht. — Diese Beispiele zeigen auch hier hinlänglich, wie man durch eine richtige Folge von Constructionen, die ungünstigsten Lagen gewisser Linien (wozu die zum Theil außerhalb der gegebenen Figur fallenden Linien vorzüglich gehören), wieder vortheilhaft ändern kann. Deshalb ist auch hier diese letztere Aenderung der Linie SW in die cY, weitläuftiger vollzogen, als es für die Lage dieser Linie nöthig war **).

*) Zu dem Ende würde man erst durch R, eine Linie, parallel der KH ziehen müssen, welche nebst den Linien BR und einem Theile der BH, einen Triangel gebildet hätte, der in ein Prlltpz. über jene gezogene Parallele (nach Aufg. 137.) verwandelt wäre.

**) Wäre gleich Anfangs durch W, eine Linie, z. B. Wa pa-

Zusätze.

1. Es bedarf jetzt die Lösung der Aufgabe: Von einem beliebigen Polygone, einen Theil, gleich einer gegebenen Fläche, mittelst einer, mit einer gegebenen Linie parallelen Linie abzuschneiden; keiner besondern Erwähnung mehr.

2. Indem hiermit die Theilung der Polygone geschlossen wird, sey nur noch erwähnt, wie durch Combinationen der verschiedenen Bedingungen, die Menge der aufzugebenden Aufgaben, rein ins Unendliche geht; selbst abgesehen von der, stets zu ändernden Menge, oder dem zu ändernden bestimmten Verhältnisse der gesuchten Theile zu einander, also bloß in Beziehung auf die Lage der Theilunglinien.

3. Die Berechnung der Figuren, wie wir solche im Anhange zum zweiten Abschnitte dieser Aufgaben kennen lernten, gewährt auch bei den Constructionen mittelst der Proportionen und der Aehnlichkeit, wesentliche Vortheile, die Niemandem entgehen werden, der das früher darüber Gesagte hinlänglich verstanden hat.

IV. Constructionen beim Kreise, mittelst der Proportionen und der Aehnlichkeit.

162ste Aufgabe.

Kreise zu vereinigen, den Unterschied zweier Kreise, das Vielfache eines Kreises, und einen bestimmten Theil eines Kreises

---

rallel der N gezogen; so hätte man bloß den △ WaS, in das Prllpz. a W Y c zu verwandeln gehabt.

zu finden, so, daß die Resultate wiederum Kreise werden.

Auflösung und Beweis. Kreise sind ähnliche Figuren (S. §. 356, 7.); was daher von der Vereinigung u. s. w. dieser gilt, kann auf die Kreise übertragen werden. — Sollen daher zwei Kreise vereiniget werden, so trage man ihre Halbmesser (oder Durchmesser) unter einem rechten Winkel zusammen, und ziehe die Hypothenuse des rechtwinklichen Triangels, wozu jene beiden Linien die Catheten sind; so ist dieselbe der Halbmesser (oder Durchmesser) des Kreises, welcher die Summe jener beiden Kreise ausmacht (S. §. 329.). Wollte man, unabhängig von jenem Satze dies beweisen; so mögen R und r die beiden Halbmesser der zu vereinigenden Kreise K und k, und h die vorhin gedachte Hypothenuse, so wie H der Kreis seyn, dessen Halbmesser h ist. Nun verhält sich nach S. §. 355.

$R^2 : r^2 = K : k$, also

$R^2 + r^2 : K + k = R^2 : K$. Es ist aber (S. §. 176.) $R^2 + r^2 = h^2$, also

$h^2 : K + k = R^2 : K$. Aber da auch

$h^2 : R^2 = H : K$; so wird durch Verwechselung der mittleren Glieder

$h^2 : H = R^2 : K$, also beim Vergleiche mit der dritten Proportion

$h^2 : K + k = h^2 : H$ d. h.

$K + k = H$. W. z. b. w.

So kann man nun mit der Vereinigung jeder beliebigen Menge von Kreisen fortfahren. — Was ferner das Suchen des Unterschiedes zweier Kreise, oder das des Vielfachen eines Kreises betrifft; so wird aus dem eben Gesagten und Aufg. 40., die Beantwortung von selbst folgen. Einen bestimmten Theil eines Kreises, oder allgemein $\frac{n}{m}$K, findet man nach Aufg. 108. Zusatz 3., wo man aber die Verwandelung des Kreises in ein Quadrat *), nicht erst vorzunehmen braucht, sondern das Quadrat des Halbmessers statt dessen einführt, und als Resultat natürlich wieder eine Linie erhält, die der Halbmesser, eines Kreises gleich der gesuchten Größe, ist. — Nach Art des vorhin geführten Beweises, kann man auch den Beweis für jeden besonderen Fall einzeln führen.

Anmerk. Siehe G. §. 356. besonders Nr. 8. und 9. daselbst; aus Nr. 10. könnte man leicht eine besondere Aufgabe bilden.

Zusätze.

Unter den mannigfaltigen Bedingungen wie sich diese Aufgaben zusammenstellen lassen, mögen nur folgende hier aufgeführt werden.

1. Einen Halbkreis, einen Quadranten oder überhaupt jeden Sector dessen Verhältniß zur Kreisfläche man kennt, in einen ganzen Kreis, oder in einen andern Sector von anderem Verhältnisse zur Kreisfläche, zu verwandeln.

Ist der gegebene Sector S und sein zugehöriger Kreis K (der stets bekannt ist wenn S es ist, indem hier von Constructionen die Rede ist), und man weiß, daß sich verhält $K:S = n:m$, oder daß $S = \frac{m}{n}K$, und man verlangt einen Sector s der gleich S **) ist, aber der zu seinem Kreise K, das Verhältniß $p:q$ hat, d. h. es soll sich verhalten $s:k = p:q$ oder $s = \frac{p}{q}k$ seyn; so soll auch seyn $\frac{m}{n}K = \frac{p}{q}k$, also sich verhalten

$$K:k = \frac{p}{q} : \frac{m}{n} = pn:mq \text{ ***}),$$

wo, da p, q, n und m Zahlen bedeuten, pn und mq wieder Zahlen werden, und man $K = \frac{mq}{pn}K$ erhält.

---

*) Siehe Aufgabe 144.

**) Also soll S in s verwandelt werden.

***) Theorie der Proportionen §. 273, 2. und §. 275, 2. im ersten Bande des Lehrgebäudes.

Da nun nach unserer Aufgabe der Theil $\frac{mq}{pn}$ von K gefunden werden kann, so ist k bekannt, wonach man den Sector s, aus dem Verhältniß p : q wieder findet. — Sollte also z. B. ein Sextant (S) in einen Quadranten (s) verwandelt werden; so ist $\frac{m}{n}K = \frac{1}{6}K$, und $\frac{p}{q}k = \frac{1}{4}k$, folglich $\frac{mq}{pn}K \doteq \frac{4}{6}K = \frac{2}{3}K$. Hat man also einen Kreis (k) gleich $\frac{2}{3}K$ construirt, so ist der Quadrant desselben, die gesuchte Größe s. Wollte man noch einen besonderen Beweis für diese Construction führen *), so hat man $k = \frac{2}{3}K$, also

$$\frac{k}{4} = \frac{2}{3.4}K = \frac{1}{6}K = \frac{K}{6}. \text{ W. z. b. w.}$$

Anmerk. Es darf hierbei nicht vergessen werden, daß wir eigentlich hier nur von solchen Sectoren reden können, deren Centriwinkel sich geometrisch construiren lassen **). Will man die Kreisberechnung hier anwenden, was allerdings auch angeht; so geht man aus dem, eigentlich hier von der Geometrie vorausgesetztem Gebiete hinaus, und muß sich mit Annäherungen begnügen, während wir hier, der Theorie nach, immer nur von ganz genauen Resultaten reden.

2. **Zu finden, wie oft ein Kreis in einem anderen Kreise enthalten ist.**

Das in gegenwärtiger (162sten) Aufgabe Gesagte, und Aufg. 107., sind hinreichend, diese Frage zu beantworten. Daß Zusatz 3. der Aufg. 107., am schnellsten zum Zwecke führt, indem die dortigen Größen Q und q, hier die Radien der Kreise sind; ist leicht zu erachten.

---

*) Der nach der eben genannten Auflösung, welche man gewiß sogleich für eine analytische erkannte, nicht mehr nöthig ist. Siehe die Einleitung zu diesem Supplemente.

**) Siehe G. §. 348. Anmerk. Daß die genaue geometrische Construction der Sectoren von bestimmtem Verhältniß zum Kreise, mit der Construction der regulären Polygone zusammenhängt; braucht gewiß nur beiläufig erinnert zu werden.

3. **Einen Kreis durch einen concentrischen Kreis so zu theilen, daß der innere Kreis oder der Ring, ein bestimmter Theil der Kreisfläche wird.**

Daß diese Aufgabe nichts anders ist, als: einen bestimmten Theil eines Kreises zu suchen, und dann dem Resultate die Lage eines concentrischen Kreises zu ersterem Kreise zu geben; ist wol für sich klar; also folgt die Auflösung aus unserer 162sten Aufgabe. Soll der Ring $\frac{n}{m}$ vom ganzen Kreise seyn, so ist der innere Kreis $\frac{m-n}{m}$ von diesem; also die Lösung, wie vorher gezeigt worden ist.

4. **Den Inhalt der Kreise und der geradlinigten Figuren, unter einander zu vergleichen.**

Daß die Lösung dieser Aufgabe nur annähernd geschehen kann, ist aus der Kreislehre bekannt. Will man durch Construction das Verlangte finden, so ist Aufg. 144. dazu vollkommen geeignet. Will man also z. B. wissen, wie oft irgend ein Polygon in einem Kreise enthalten ist; so verwandele man beide Flächen in Quadrate, und suche deren Verhältniß zu einander auf (Aufg. 107.). — Leicht ist die große Menge der Aufgaben zu erkennen, die man hier durch Zusammenstellungen machen kann. Diese Menge wird noch vermehrt durch die:

5. **Anwendung der Kreisberechnung, auf die Vergleichung der beim Kreise vorkommenden Größen.** Den Character dieser Anwendungen, kennen wir bereits aus dem Anhange zum zweiten Abschnitt dieser Aufgaben, nur ist hierzu noch die Kenntniß des vierten Kapitels im dritten Hauptstücke des Lehrgebäudes der Mathematik (2ter Band) erforderlich. Da diese Aufgaben aber einen zu arithmetischen Character haben, und oft bis jetzt noch nicht vorausgesetzte mathematische Lehren

(als Trigonometrie u. s. w.) erfordern; so bleiben sie hier ganz weg.

163ste Aufgabe. (Fig. 188.)

In einer Kreislinie AFH, sind zwei Puncte A und C gegeben; man soll einen dritten Punct finden, der mit den beiden gegebenen Puncten verbunden, zwei Sehnen giebt, die das Verhältniß a:b zu einander haben.

Auflösung. Ziehe die Sehne AC, fälle auf sie vom Mittelguncte Q des Kreises, den Perpendikel QE, und verlängere ihn zum Durchmesser FD. Nun theile man die AC, im Puncte O so, daß sich verhält AO:OC = a:b (G. §. 301, 3. und 4.). Verbindet man den Punct O mit D und mit F; so geben die Verbindunglinien verlängert bis sie Sehnen werden, in B und in G zwei Puncte, die beide unsere Aufgabe erfüllen.

Beweis. Man ziehe AB und BC; so soll sich verhalten AB : BC = a : b. Denn ist dies erwiesen, so wird eben so das Verhältniß der Sehnen AG : GC wie a : b zu beweisen seyn. — Verbindet man A und C mit D, so ist △AOB ∾ △DOC und △BOC ∾ △AOD *). Hieraus folgt AB : DC = AO : OD, und aus dem 2ten Triangelpaar AD : BC = OD : OC. Durch Zusammensetzung erhält man

AB . AD : DC . BC = AO : OC = a : b.

Nun sind aber die Triangel AED und CED congruent (G. §. 44.), also ist AD = DC. Läßt man diese gleichen Sehnen aus dem ersten Verhältnisse verschwinden, so bleibt AB : BC = a : b. W. z. b. w.

Zusatz. Um zu bestimmen, welchen der beiden Puncte B oder G man verlangt; wird gewöhnlich der Abschnitt ACF oder ACD benannt **), in welchem die beiden Sehnen liegen sollen.

---

*) Nach G. §. 308.; die Gleichheit der Winkel folgt aus G. §. 232.

**) Je nachdem der Mittelpunct in ihm liegen soll oder nicht.

Anmerk. 1. Analytische Auflösung. Wäre B der gesuchte Punct, so würde man ihn offenbar mit dem Mittelpuncte Q verbinden und zum Durchmesser BH die BQ verlängern, um so eine Linie zu haben, die auch ihrer Lage nach bekannt wäre. Um nun eine Proportion bilden zu können, worin die beiden Linien AB und BC erscheinen, würde man A und C mit H verbinden, da die Aehnlichkeit der hierdurch entstehenden und sich wechselseitig gegenüber liegenden Triangel, bekannt ist (G. §. 331.). Bildet man nun die Proportionen:

$$AB : HC = AS : SH \text{ (weil } \triangle ABS \sim \triangle SHC),$$

und $$AH : BC = SH : SC \text{ (weil } \triangle BSC \sim \triangle ASH),$$

so verschwindet durch Zusammensetzung beider Proportionen, die SH, und man erhält:

$$AB . AH : HC . BC = AS : SC.$$

Wären hier nur die Linien AH und HC einander gleich, so hätte man $AB : BC = AS : SC$, und wäre

$a : b = AS : SC$; so hätte man

$AB : BC = a : b$ d. h. das verlangte Verhältniß. Da wir aber $AS : SC = a : b$ machen, können und $AH = HC$, durch die Construction der auf der AC Senkrechten ED wird, d. h. wenn H in D und S in O fällt; so ergiebt sich hieraus die Nothwendigkeit unserer obigen synthetischen Auflösung.

Anmerk. 2. Da auch über den Gang der analytischen Auflösung, mit dem Gebrauch der Proportionen und der Aehnlichkeit, viele Beispiele vorgekommen sind; so mag die eben genannte analytische Lösung, als ein einleitendes Beispiel für die folgenden Aufgaben angesehen werden, daher diese Art von Auflösungen zu finden, nunmehr dem Leser selbst überlassen bleibt, ausgenommen geringer Hülfen da, wo dieselben nöthig sind

165ste Aufgabe. (Fig. 189.)

Zu zwei gegebenen Kreisen, die möglichen Tangenten zu fällen.

Auflösung. Gesetzt man sollte zu den beiden Kreisen ADF und BHG, deren Halbmesser R und r seyn mögen, die möglichen Tangenten fällen; so ziehe man die Centrallinie OQ (G. §. 219, 6.), und suche eine vierte Proportionallinie X, so daß sich verhält:

$$R - r : r = OQ : X.$$

Nun verlängere man die OQ, vom Mittelpuncte Q des

kleineren Kreises aus, um QC = X; so wird die, von C aus zum Kreise BHG gefällte Tangente CB (G. §. 217.) verlängert, auch Tangente zum Kreise ADF seyn. Dasselbe gilt von der zweiten Tangente CG, die man von C aus zum Kreise BHG fällen kann. — Ferner suche man eine Linie Y, so daß sich verhält:

$$R + r : r = OQ : Y.$$

Trägt man diese Y vom Mittelpuncte des kleineren Kreises aus, auf die Centrallinie, so daß QN = Y wird *); so giebt die vom Puncte N zum Kreise BHG gefällte Tangente NI, rückwärts verlängert, auch eine Tangente zum anderen Kreise. Wiederum gilt dasselbe von der zweiten, vom Puncte N aus zum Kreise IHG gefällten Tangente NL. Es erfüllen also vier Tangenten, von denen zwischen zweien die beiden Kreise, und die anderen beiden zwischen den Kreisen liegen.

Beweis. Offenbar wird man nur zu beweisen haben, daß die CB so wie die NI, verlängert Tangenten zum zweiten Kreis werden, da es für die verlängerten Tangenten CG und NL, auf gleiche Weise bewiesen werden kann **). — Man verbinde Q mit B, und ziehe durch O, die unbestimmt lange Linie OP ⋕ der QB. Träfe nun die verlängerte CB, den Punct A, wo die OP die Peripherie ADF schneidet; so wäre die Linie CBA, Tangente zum Kreise ADF, denn ∠OAC = ∠QBC (G. §. 97, 1.); letzterer ist aber recht, also wäre CA Tangente (G. §. 215. Zusatz). Man nehme nun an, die verlängerte CB träfe nicht den Punct A, sondern schnitte die Linie OP in P; so hätte man, da alsdann im △CPO die QB ⋕ OP geht:

*) Man kann auch Y so suchen: R + r : R = OQ : Y; dann wird aber Y vom Mittelpuncte des großen Kreises aus auf die Centrallinie getragen d. h. ON = Y gemacht. Der Beweis hierfür, wird sich aus dem gleich folgenden Beweise unmittelbar ergeben.

**) Siehe auch Aufg. 71. Anmerk. 2.

$$CO : CQ = OP : QB,$$ also auch

$$CO - CQ : CQ = OP - QB : QB$$ d. h.

$$OQ : X = OP - r : r,$$ oder

$$OP - r : r = OQ : X.$$ Da nun aber laut Constr. war $$R - r : r = OQ : X;$$ so muß seyn

$$OP - r = R - r,$$ also

$$OP = R = OA,$$

was unmöglich ist. Es kann also die verlängerte CB, nicht die Verlängerung der OA treffen. Daß man auf einen ähnlichen Widerspruch, durch die Annahme: CB treffe einen Punct zwischen O und A, geräth, ist durch dieselben Schlüsse leicht zu beweisen. Es muß also CB verlängert A treffen, oder CA (so wie auf der anderen Seite CF), ist eine der gesuchten Tangenten.

Nimmt man ferner an: die Tangente NI zum Kreise BHG, träfe verlängert nicht den Punct K, wo eine durch O mit der Verbindunglinie QI gezogene Parallele OK, die Peripherie des Kreises ADF trifft, sondern schneide die OK in S; so sind die beiden Triangel NIQ und NSO ähnlich (S. §. 308.), also folgt:

$$OS : IQ = ON : NQ.$$ Hieraus folgt wieder $$OS + IQ : IQ = ON + NQ : NQ$$ d. h.

$$OS + r : r = OQ : Y.$$ Laut Constr. war aber $$R + r : r = OQ : Y,$$ also müßte seyn

$$OS + r = R + r,$$ oder

$$OS = R = OK,$$

was abermals nicht möglich ist. Die Annahme: daß die verlängerte IN, die Verlängerung der OK trifft, führt auf den ähnlichen Widerspruch, daß eine größere Linie als die OK, gleich der OK (= R) sey. Der Beweis für die LM als Tangente, ist ganz derselbe als der eben geführte Beweis für die IK.

Anmerk. Nimmt man beim analytischen Verfahren an: CA sey die Tangente; so kommt es allerdings nur auf den Punct C in der, der Lage nach bekannten Linie OQ oder deren Verlängerung an, d. h. auf die Linie QC. Verbindet man O und Q wechselseitig mit A und mit B; so geben die rechten Winkel bei A und B, die Nothwendigkeit, daß OA parallel QB seyn muß, woraus die vorhin angegebenen Proportion zur Construction, sich leicht ergiebt.

Zusatz 1. **Berühren** die beiden Kreise einander **von außen**; so werden die zwei zwischen liegenden Tangenten, zu **einer** gemeinschaftlichen Tangente. **Schneiden** die Kreise sich, so fallen die mittleren Tangenten ganz weg; die Construction der beiden äußeren Tangenten aber, bleibt in beiden Fällen dieselbe wie vorher. Berühren die Kreise einander **von innen**; so haben sie im Ganzen nur **eine** gemeinschaftliche Tangente im Berührungpuncte; und liegen die Kreise **in einander**, so fallen alle vier Tangenten weg. Dies bedarf keiner Erläuterung weiter.

Zusatz 2. Warum sind wol außer den **vier** Tangenten die wir fanden (oder denen in Zusatz 1. erwähnten), keine weiter zu beiden Kreisen möglich? — Könnte wol auch noch ein Punct gegeben werden, von welchem aus die Tangenten zu beiden Kreisen gefällt werden sollen? Kann man auch wol zu **mehr als zwei** Kreisen, deren Lage beliebig gegeben ist, eine gemeinschaftliche Tangente fällen? Wenn die zwei in unserer Aufgabe gegebenen Kreise **gleich groß** sind, wie wird die Auflösung dann seyn?

166ste Aufgabe. (Fig. 190.)

Von einem, außerhalb eines Kreises DCM gegebenen Punct A aus, zum Kreise eine Secante zu ziehen, die in der Peripherie des Kreises, nach dem Verhältniß a:b geschnitten wird, so, daß der Theil welcher außerhalb des Kreises liegt, der Verhältnißgröße a entspricht.

Auflösung. Ziehe die durch den Mittelpunct O gehende Secante AE, und suche eine Linie AH, so daß sich verhält:

$AH : AE = a + b : a$ *).

Nun suche man zwischen den Linien AH und AD, die mittlere Proportionallinie AL (wo die Figur nach G. §. 321, 2. die Construction zeigt); so ist dieselbe die gesuchte Secante, daher man nur von A aus mit AL, die Peripherie des Kreises in C zu schneiden, und AC zu ziehen braucht.

Beweis. Es verhält sich laut Construction:

$AE : AH = a : a + b$, und auch laut Constr.

$AH : AC = AC : AD$. Beide Prprt. zusammenges. geben $AE : AC = a . AC : (a + b) AD$. Aber nach G. §. 334. ist $AE : AC = AB : AD$; folglich wird

$AB : AD = a . AC : (a + b) AD$, oder

$AB : a . AC = AD : (a + b) AD$, d. h.

$AB : a . AC = 1 : (a + b)$, was man auch setzen kann $AB : AC = a : a + b$. Daraus folgt

$AC - AB : AB = a + b - a : a$ d. h.

$BC : AB = b : a$. W. z. b. w.

Anmerk. G. §. 334. giebt sogleich bei der Annahme: AC sey die Secante, wenn man die bekannte AE zieht, die Proportion $AE : AC = AB : AD$, worin die Substitution von $\frac{a}{a+b} AC$ für AB, auf die beiden zu construirenden Proportionen leitet. Dies ist die analytische Auflösung.

Zusatz 1. Es hätte in der Aufgabe eben so gut bestimmt werden können, daß der außerhalb fallende Theil der zu suchenden Secante, oder der Theil von ihr welcher Sehne wird, ein bestimmter Theil, z. B. $\frac{n}{m}$ von der ganzen Linie werden sollte. Alsdann wird aus der Bedingung, daß sich verhalten soll $AC : AB = m : n$, $AB = \frac{n}{m} AC$, statt dessen wir vorher $AB = \frac{a}{a+b} AC$

*) Die Figur führt die Construction aus, indem zwei Linien AG und AF gesucht sind, deren Verhältniß wie $a + b : a$ gemacht ist. Dann ist F mit E verbunden, und GH parallel FE gezogen.

hatten. Daß das Verhältniß $AC : BC = m : n$, auf $AC : AC - BC = m : m - n$ d. h. auf $AC : AB = m : m - n$ führt, wo wieder $AB = \frac{m-n}{m} AC$ wird; ist deutlich.

Zusatz 2. Da AD die kleinste, und AE die größte, von A aus zur Peripherie des Kreises zu ziehende Linie ist (S. §. 208, 2. und 1.); so schließt das Verhältniß $AD : AE$, alle Verhältnisse in sich, welche in der Aufgabe bestimmt oder gegeben werden können. Denn leicht sieht man ein, daß AC (= AL) zu groß für die Eintragung vom bestimmten Puncte A aus werden kann, wenn AH zu groß war, welche Größe sich sowol nach AE als nach dem Verhältniß $a + b : a$, richtet.

167ste Aufgabe. (Fig. 191.)

Von zweien, außerhalb eines Kreises FMC gegebenen Puncten A und B aus, zwei Secanten zum Kreise zu ziehen, dergestalt, daß sie in einem Puncte zusammentreffen, und die Verbindunglinie der beiden Puncte wo sie den Kreis schneiden, parallel der Verbindunglinie der gegebenen Puncte A und B geht.

Auflösung. Man ziehe die AB, und schneide von einem der gegebenen Puncte, z. B. von A aus, die Peripherie des Kreises mit der AB in E, und ziehe durch E die Secante AF. Vom Puncte A aus trage man auf die Verlängerung der AB, die Linie AD, gleich der Secante AF *), fälle von D zum Kreise die Tangente DO, und ziehe durch O die Secante AC. Den Punct C verbinde man mit B; so sind die Linien AC und BC die gesuchten Secanten, also die Verbindunglinie der Puncte O und N d. h. $ON \# AB$.

*) Wäre die Peripherie von B aus, mit der BA geschnitten worden; so würde von B aus auf die verlängerte BA nach A zu, die Secante (die der AF alsdann entsprochen hätte) getragen seyn.

Beweis. Nach G. §. 334. verhält sich:

AF : AC = AO : AE; oder, für AF u. AE ihre Werthe gesetzt AD : AC = AO : AB.

Aus dieser Proportion, folgt die Aehnlichkeit der Triangel ADO und ABC (G. §. 312.), da sie den, von jener proportionirten Linien eingeschlossenen Winkel CAD, gemeinschaftlich haben. Es folgt hieraus die wechselseitige Gleichheit der übrigen Winkel, also:

∠ADO = ∠ACB. Da aber nach G. §. 244. auch ∠NOD = ∠OCN (∠ACB) ist; so ist ∠ADO = ∠NOD d. h. es ist

NO ⋕ AB (G. §. 94.). W. z. b. w.

Anmerk. Hätte man nur den *einen* Punct O in der Peripherie gehabt; so wären beide Secanten AC und BC, nebst der ON bestimmt gewesen, so wie auch die Lage der in O möglichen Tangente OD, d. h. der Tangente in O bis zum Schnitte mit der AB oder deren Verlängerung. Ferner wären die Winkel ACB, DON und ODA einander gleich, also die Triangel ACB und AOD einander ähnlich (G. §. 308.). Daraus folgt die Proport. AC : AD = AB : AO. In dieser Proportion sind die beiden äußeren Glieder unbekannt, aber ihr Product AC . AO ist gleich $\overline{AM}^2$, wenn AM die von A zum Kreise zu fällende Tangente anzeigt. Man erhält also AC . AO = AD . AB = $\overline{AM}^2$, woraus man die Proportion AM : AD = AB : AM bilden kann. In dieser Substitution, liegt das Eigenthümliche der *analytischen Auflösung* gegenwärtiger Aufgabe. Die noch unbekannte AD in dieser Proportion, ist leicht zu entwickeln, besonders wenn man setzt AB : AM : AD. Hat man AD, so ist wiederum durch den Punct D, auch der Punct O bestimmt. Sucht man aber irgend eine Secante (AF) deren äußerer Abschnitt (AE) gleich AB ist; so ist für gegenwärtigen Fall *) die ganze Secante (AF) gleich der AD **). Dies führt unmittelbar auf die eben angegebene synthetische Construction, bei welcher die Tangente AM, völlig überflüssig war.

---

*) Wo der Kreis und die Lage des Punctes A gegen denselben, bekannt ist.

**) Vergleiche das Ende von Aufg. 112. Zusatz 2.

Zusatz. Die mannigfaltigen Betrachtungen welche sich bei dieser Aufgabe, besonders über die Lage der gegebenen Puncte und die Größe ihrer Verbindunglinie, sowol gegen den Kreis als in Hinsicht ihrer Entfernung von demselben, anstellen lassen; bleiben dem nunmehr hinlänglich geübten Leser selbst überlassen.

168ste Aufgabe. (Fig. 192.)

Gegeben ein Kreis IDA und zwei Puncte N und M in seiner Fläche; man verlangt einen zweiten Kreis, der durch jene beide Puncte geht, und den gegebenen Kreis so schneidet, daß er die Peripherie desselben halbirt.

Auflösung. Man verbinde einen der gegebenen Puncte z. B. N, mit dem Mittelpuncte Q des Kreises IDA; errichte in Q auf der NQ, den Perpendikel QA bis zur Peripherie, verbinde N mit A, errichte in A auf NA den Perpendikel AH bis er in H die verlängerte NQ schneidet *). Beschreibt man (nach G. §. 209.) durch die drei Puncte N, M und H, den Kreis HCM; so ist derselbe der verlangte Kreis **).

Beweis. Verbindet man Q mit den beiden Puncten C und B, wo der neue Kreis den gegebenen schneidet; so ist zu beweisen, daß die Linien QC und QB in einer geraden Linie liegen. Nun ist laut Construction △NAH rechtwinklich, und AQ senkrecht auf der Hypothenuse NH; daher verhält sich:

$$NQ : QA = QA : QH$$

(G. §. 322.). Aber QA ist als Halbmesser gleich QC = QB, also hat man auch

$$NQ : QC = QB : QH.$$

Von diesen vier Linien weiß man aber, daß die beiden Linien

*) Warum wird H außerhalb des Kreises IDA fallen müssen?

**) Die Figur zeigt die Construction.

Linien NQ und QH in gerader Linie liegen, von den beiden anderen soll es aber noch bewiesen werden *). Gesetzt nun QC wäre nicht die Verlängerung der BQ, so sey es QL, und dann verhält sich nach G. §. 331.

NQ : QL = QB : QH.

Diese Proportion mit der letzten verglichen, giebt QL = QC. Da aber Q Mittelpunct des Kreises IDA ist, so ist QC = QO, also wäre QL = QO, was unmöglich ist. Von jeder Linie die man also außer der QC, als Verlängerung der BQ annehmen mag, kann man auf dieselbe Ungereimtheit führen, also ist QC die Verlängerung der QB, d. h. BC ist eine gerade Linie, als solche aber ein Durchmesser, und folglich wird die Peripherie des Kreises IDA, durch den Kreis HCM halbirt. — W. z. b. w.

Anmerk. Nichts ist leichter als die analytische Auflösung dieser Aufgabe. Denn: ist HCM der gesuchte Kreis, und man zieht den Durchmesser CB nebst der Sehne NH durch Q; so bilden die Abschnitte der Linien CB und HN, eine Proportion, in welcher QH die vierte Proportionallinie zu den drei bekannten Linien NQ, QC und QB **) ist. Die obige Construction suchte durch die QH nichts weiter, als diese vierte Proportionallinie.

169ste Aufgabe. (Fig. 193.)

Gegeben zwei Linien AB und DF, nebst einem Puncte N in der Linie AB; man soll in dieser Linie (AB) einen zweiten Punct finden, so, daß wenn man aus ihm als Mittelpunct einen Kreis beschreibt, derselbe durch den Punct N geht und die andere Linie DF berührt.

---

*) Wenn es gleich scheinen mögte, als folgte bereits aus G. §. 331. diese Nothwendigkeit; so wird man sich doch überzeugen, daß dies nicht unmittelbar schon eine Folge ist.

**) Beide letztere Linien sind gleich dem Halbmesser des Kreises IBD.

Auflösung. Man verlängere beide gegebene Linien, bis sie im Puncte C einander schneiden. Hier errichte man auf der DC, den Perpendikel CG, und mache ihn gleich der Linie NC. Verbindet man G mit N, und zieht durch den Punct E, wo die GN die DC schneidet, die Linie EH ⋕ der GC; so giebt der Punct H in der NG, den gesuchten Punct. Daher hat man nur noch mit der HN, den Kreis IEN zu beschreiben nöthig.

Beweis. Da HE ⋕ CG ist, so verhält sich:

$$NH : HE = NC : CG.$$

Da nun NC = CG gemacht ist, so ist auch NH = HE, folglich geht der mit HN beschriebene Kreis, durch E. Aber aus der Parallelität der Linien HE und CG, folgt

$$\angle HEC = \angle ECG.$$

Da nun ∠ECG recht ist, so ist auch ∠HEC recht d. h. der mit HE beschriebene Kreis, berührt die Linie DF. (S. §. 215. Zusatz. W. z. b. w.

Anmerk. Nimmt man H als bekannt an; so muß der von H auf DC zu fällende Perpendikel HE, gleich der HN seyn. Jeder auf der DF errichtete Perpendikel, geht aber alsdann parallel der (eigentlich gesuchten) Linie HE, daher man den bekannten Schneidungpunct C beider Linien, als einen Punct wählen kann, wo man einen solchen Perpendikel CG errichtet. Würde man N mit E verbinden, und die Linie bis zum Schnitt mit der CG in G verlängern; so folgt aus der Gleichheit der Linien NH und HE, auch in Gleichheit der Linien NC und CG. Dies giebt die analytische Auflösung zu obiger Construction.

Zusatz. Gehen die beiden gegebenen Linien parallel, oder stehen sie verlängert senkrecht auf einander; so ist die Auflösung noch einfacher als die eben gehabte. Wie wol? — Liegt die eine Linie aber in der Verlängerung der andern, so ist die Auflösung unmöglich. — Wie wird es aber seyn, wenn beide Linien bei ihrem Zusammentreffen, einen stumpfen Winkel mit einander bilden?

170ste Aufgabe. (Fig. 194.)

Es ist eine begrenzte Linie AB und eine unbegrenzte Linie CD gegeben; man soll einen Kreis beschreiben, zu welchem die erstere Linie Sehne, die letztere aber Tangente wird.

Auflösung. Man halbire die AB in O, und errichte hier zu beiden Seiten der AB, den Perpendikel FE. Den Punct E, wo derselbe die CD schneidet, verbinde man mit einem der Puncte A oder B, z. B. mit B; fälle von O auf die CD den Perpendikel OG, und schneide von O aus mit der OG, die EB (oder deren Verlängerung) in I. Zieht man OI und durch B die BK # der OI; so giebt der Punct K in der EF, den Mittelpunct des gesuchten Kreises ALP, den man nur mit der KB zu beschreiben braucht.

Beweis. Daß der mit KB beschriebene Kreis durch A geht; folgt aus der Congruenz der Triangel KOB und KOA. Man fälle von K auf CD den Perpendikel KL, so ist nur die Gleichheit der KL # oder KB zu beweisen. Aber es ist KL # OG, so wie KB # OI; also folgt:

$$\begin{array}{l} EK:EO = KL:OG, \text{ und} \\ \underline{EK:EO = KB:OI; \text{ also}} \\ KL:OG = KB:OI. \end{array}$$

Weil aber OG = OI gemacht war, so ist auch KL = KB. W. z. b. w.

Zusatz 1. Hätte man E mit A verbunden, und von O mit OG die EA in N geschnitten; so wäre wieder durch die AK # NO, der Punct K bestimmt. Man sieht, daß nun die beiden Triangel AKE und NOE, so wie die Triangel KEL und OEG betrachtet werden müssen, um durch Hülfe des Verhältnisses EK : EO, die Gleichheit der Verhältnisse KL : OG und KA : NO, und hieraus die Gleichheit der KL und der KA (= KB) zu finden. Hätte der Schnitt von O aus mit OG, die Verlängerung der EB getroffen; so sieht man ein, daß K zwischen O und E gefallen wäre.

Zusatz 2. Die beiden gegebenen Linien, können sehr mannigfaltige Lagen gegen einander haben, wodurch die Auflösung erleichtert wird. Wer hierüber das Nähere nachsehen will, findet es in meiner Sammlung neuer mathematischer Aufgaben, 8te Aufgabe (Seite 82.), wo ich auch eine durchaus andere Auflösung des eben betrachteten Falles dieser Aufgabe gebe.

Zusatz 3. Wenn z. B. verlangt würde:

Einen Kreis zu construiren, der durch zwei in der Peripherie eines gegebenen Kreises bestimmte Puncte geht, und der eine außerhalb dieses Kreises beliebig gegebene Linie tangirt;

so sieht man auch hier gewiß sogleich, daß dies die Forderung unserer gegenwärtigen Aufgabe, nur etwas in den Worten verändert, ist.

Anmerk. Die analytische Auflösung gegenwärtiger Aufgabe zeigt gewiß sogleich, daß der gesuchte Mittelpunct in dem, in der Mitte der AB errichteten Perpendikel liegen muß. Nimmt man K als solchen Punct an; so muß der Perpendikel von K auf CD, gleich der KB seyn. Man hat dann zwei Triangel EKB und EKL, welchen die Linie EK gemeinschaftlich ist. Kann man also noch zwei Linien erzeugen, die gleich sind, und mit den Linien Kβ und KL verglichen, eine Proportion bilden; so folgt jene zu beweisende Gleichheit. Um diese Linien zu finden, dient der bekannte Punct O am geschicktesten, und jene Linien müssen durch ihn wechselseitig parallel den Linien KL und KB gehen. Dies führt nun ganz einfach auf die synthetische Construction.

171ste Aufgabe. (Fig. 195.)

Außerhalb einer Linie CD, sind zwei Puncte A und B gegeben; man soll in der CD einen Punct finden, so, daß der Winkel welcher bei ihm entsteht, wenn man ihn als Scheitel mit den beiden Puncten A und B verbindet, der größtmöglichste Winkel ist *).

---

*) Diese Aufgabe scheint, diesem Theile gegenwärtigen Abschnit-

Auflösung. Nach Aufg. 170., beschreibe man einen Kreis EQG, welcher die Verbindunglinie der Puncte A und B zur Sehne, die Linie CD aber zur Tangente hat. Der Berührungpunct E, ist der gesuchte Punct, also ∠AEB der größtmöglichste Winkel.

Beweis. Man nehme irgend einen anderen Punct als E, in der CD, als Scheitel eines Winkels an, z. B. F, und construire den ∠AFB. Zieht man von B nach Q, (wo die Peripherie von der AF geschnitten wird) die Linie BQ; so ist

∠AEB = ∠AQB (G. §. 232.); da
aber ∠AFB < ∠AQB ist (G. §. 57.),
so auch ∠AEB > ∠AFB.

Ganz so wird von allen anderen Puncten und Winkeln, als z. B. ∠AOB u. s. w. bewiesen, daß sie kleiner als ∠AEB sind, welcher Winkel daher der größtmöglichste aller jener Winkel ist. W. z. b. w.

172ste Aufgabe. (Fig. 196. u. 197.)

Es ist ein Winkel ABC (Fig. 196.) und zwischen seinen Schenkeln ein Punct O gegeben; man soll einen Kreis construiren, der beide Schenkel berührt und durch den Punct O geht.

Auflösung. Man halbire durch die Linie BD den Winkel ABC, nehme in dieser Linie einen willkührlichen Punct E an, und fälle von ihn auf den Schenkel BA, den Perpendikel EF. Ferner verbinde man B mit O, und schneide von E aus die BO in N, mit der EN = der EF. Zieht man jetzt durch O, die OG ⧺ NE; so giebt diese Parallele in der BD den Punct an, aus welchem als Mittelpunct mit dem Halbmesser GO

---

tes nicht anzugehören; es wird sich aber gleich zeigen, daß sie ein Zusatz zur vorigen Aufgabe ist, ihrer Natur nach aber, besser besonders genannt wird.

ein Kreis QOH beschrieben, die Bedingungen der Aufgabe erfüllt.

Beweis. Man fälle von G, auf die Schenkel BA und BC, die Perpendikel GQ und GH; so folgt aus der Congruenz der Triangel BGQ und BGH (G. §. 61.), daß GQ = GH ist. Man hat also nur GQ = GO zu beweisen nöthig. Da EF # GQ, und EN # GO ist; so folgt aus der Betrachtung der Triangel BEF und BGQ, die Proportion

BE : BG = EF : GQ, u. aus d. ähnl. △ BEN u. BGO (G. §. 306, 1.) folgt BE : BG = EN : GO; folglich ist

EF : GQ = EN : GO.

Da nun EF = EN gemacht ist, so ist GQ = GO. W. z. b. w.

Anmerk. Daß der gesuchte Punct, in der Halbirunglinie des Winkels ABC liegen mußte, war wol einfach klar. Nun kam es nur noch darauf an, in der BD einen Punct zu finden, der so weit von der BA als vom Puncte O entfernt liegt. Dies kommt ganz auf die Frage in der Aufg. 170. zurück, und man wird die hier geführte höchst analoge Auflösung mit der Lösung jener Aufgabe, gewiß nicht verkennen. Auch ist es deutlich, daß man hier den Perpendikel von E auf die BC hätte fällen und mit ET = EN, die BO schneiden können, wodurch die Triangel BET und BGH, so wie die Triangel BEN und BGO, die zu betrachtenden Triangel geworden wären.

Zusatz 1. Die Größe des gegebenen Winkels, hindert die Auflösung durchaus nicht. Zu bemerken ist aber, daß es außer dem Puncte G, noch einen Mittelpunct giebt, der einen Kreis unter unseren Bedingungen zuläßt. Nemlich: wenn man aus E die BO in den zweiten Punct S geschnitten, und dann wieder durch O eine Parallele OM mit der ES gezogen hätte; so würde M dieser zweite Mittelpunct seyn. Der Beweis ist ganz wie vorher. — Sollte der Punct O in der Halbirunglinie BD, z. B. in L gegeben seyn; so sieht man bald ein, daß der Perpendikel RP, in L auf BD errichtet, einen Triangel RBP bestimmt, in welchen man nur nach G. §. 247. den möglichen Kreis zu beschreiben nöthig hat. — Sollten endlich statt des Winkels, zwei parallele Linien, und zwischen ihnen der Punct gegeben seyn; so ist die Auflösung leicht zu finden. Wie wol?

Zusatz 2. Die Einleitung zur Auflösung unserer Aufgabe, wird noch etwas anders, wenn man annimmt, daß die beiden Linien BA und CD (Fig. 197.), zwischen welchen der Kreis liegen soll, nur als convergirend, aber nicht bis zu ihrem Dnrchschnitte selbst bekannt sind, welcher Punct daher auch nicht zur Construction gebraucht werden darf. Denn nun ziehe man durch irgend einen Punct der einen Linie, z. B. durch E in der CD, eine Parallele EF mit der anderen Linie AB, und halbire den Winkel CEF durch die EG, die man bis zur anderen Linie AB in G verlängert. Wird nun in der Mitte Q der GE, der Perpendikel QH errichtet; so ist derselbe die Halbirunglinie des Winkels, den die gegebenen Linien bei ihrem Schnitte mit einander bilden würden. Denn: denkt man sich die gegebenen Linien bis zu ihrem Durchschnitte in N verlängert; so entsteht ein △GEN. Nun ist:

$$\angle BGE = \angle GEN + \angle GNE \quad \text{(G. §. 104.)},$$

oder $\angle BGE = \angle GEF + \angle FED = \angle GED$,

indem $\angle GEN = \angle GEF$ laut Constr., und $\angle GNE = \angle FED$ nach G. 97, 2. ist. Daher sind nun auch die Nebenwinkel der eben gefundenen Winkel einander gleich, d. h. $\angle EGN = \angle GEN$, also ist △GNE gleichschenklich, weshalb der Perpendikel in der Mitte der GE, durch N gehen muß. — Eben so, wie man also jetzt eine Linie HQ fand, die nach dem Schneidungspuncte der gegebenen Linie geht, hat man nun noch eine Linie zu finden, die auch nach N und durch O geht *). Hierzu dient Aufg. 119., und man erhält nach der dort

*) Welche der BO in Aufg. 172. entspricht.

angezeigten zweiten Construction, die Linie OT. Nunmehr kann man den Kreis MOI (der durch O gehen soll), nach unserer eben gehabten Aufgabe construiren.

Zusatz 3. Sollte statt des Punctes O zwischen den Schenkeln des Winkels ABC (Fig. 196.) oder zwischen den convergirenden Linien BA und CD (Fig. 197.), der Halbmesser des zu findenden Kreises gegeben seyn; so kommt es nur darauf an, in der Halbirunglinie des Winkels, einen Punct zu finden, der von einer der Seiten, um die Länge jenes Halbmessers entfernt ist. Errichtet man daher (Fig. 196.) in einem beliebigen Puncte I eines Schenkels den Perpendikel IK, den man gleich dem Halbmesser macht; so giebt die Parallele durch K mit der BC, den Mittelpunct G in der BD an. Daß dies richtig sey, so wie, daß G so weit von der BA als von der BC entfernt liegt; bedarf keines weitern Beweises mehr. Diese allerdings neue Aufgabe, gehört aber schon zu den Aufgaben des dritten Abschnittes, welches auch dann noch der Fall ist, wenn man selbst die Linien AB und CD (Fig. 197.) giebt; denn das Finden der Halbirunglinie QH, setzte keine Kenntniß der Proportionen voraus.

173ste Aufgabe. (Fig. 198.)

Zwischen den Schenkeln eines Winkels ABC, ist ein Kreis WDR gegeben; man soll zwischen jenen Schenkeln einen neuen Kreis beschreiben, der beide Schenkel, so wie den gegebenen Kreis berührt.

Auflösung 1. Wenn beide Kreise einander von außen berühren sollen. — In einem beliebigen Puncte F des einen Schenkels BC, errichte man einen Perpendikel GN zu beiden Seiten der BC, und trage nach außen *) die Linie FN gleich dem Halbmesser QD des gegebenen Kreises; nach innen ver-

*) D. h. abgekehrt vom gegebenen Winkel.

längere man ihn, bis er die Halbirunglinie BE des Winkels ABC, in G trifft, welche Linie man daher zu ziehen hat. Durch N ziehe man die NZ # BC, und verlängere sie bis die verlängerte EB in P geschnitten wird. Den Punct P verbinde man mit dem Mittelpuncte Q des gegebenen Kreises, und schneide von G aus mit der GN, diese Verbindunglinie in T, daß also GT = GN wird. Verbindet man T mit G, und zieht durch Q die Parallele QU mit der TG, bis die BE in U geschnitten wird; so ist U der Mittelpunct des gesuchten Kreises XRY, den man nur noch mit dem Perpendikel UY, von U auf einen der Schenkel BC gefällt, zu beschreiben nöthig.

Beweis. Daß die beiden Perpendikel UX und UY einander gleich sind, und daher der, mit dem einen dieser Perpendikel beschriebene Kreis, beide Schenkel des Winkels ABC berührt; ist für sich klar. Man hat also nur zu beweisen nöthig, daß die Linie UR, d. h. die Linie von U bis zu dem Puncte, wo die QU die Peripherie des gegebenen Kreises in R schneidet, gleich UY ist. Betrachtet man die Triangel PUZ *) und PGN, so geht UZ # GN, also verhält sich:

PU : PG = UZ : GN; ferner in dem △PUQ

u. PGT, wo UQ # GT ist PU : PG = UQ : GT, also

UZ : GN = UQ : GT.

Da nun GN = GT gemacht ist, so ist auch UZ = UQ. Es ist aber FYZN ein Oblondum (G. §. 122, 2. und wegen der rechten Winkel), also FN = YZ. Ferner ist FN gleich dem Halbmesser des Kreises RDW gemacht, also ist auch YZ = diesem Halbmesser = RQ; daher denn UY = UR ist. Nach G. §. 220. berühren also beide Kreise in R einander. W. z. b. w.

---

*) Z bedeutet den Punct, wo die verlängerte UY die PZ trifft.

Anmerk. Die Aehnlichkeit dieser Auflösung mit den Lösungen der letzteren Aufgaben, macht die Betrachtungen über die analytische Auflösung hier überflüssig. Dasselbe gilt von der folgenden Auflösung.

Auflösung 2. Die Kreise sollen von innen einander berühren. — Wie vorher, nehme man den beliebigen Perpendikel FG, und trage auf ihn nach innen die Linie FH, gleich dem Halbmesser des gegebenen Kreises. Durch H ziehe man die VI ⋕ dem Schenkel BC, und durch I nach Q die Linie IQ. Von G aus schneide man die IQ mit der GK, gleich der GH, und ziehe durch Q die QO ⋕ der GK; so giebt wiederum der Punct O in der BE, den Mittelpunct des gesuchten Kreises LDM, den man nur mit dem Perpendikel OM, von O auf den Schenkel BC gefällt, zu beschreiben braucht.

Beweis. Die völlig analoge Art der Auflösung wie im ersten Falle, wird es leicht machen, den völlig analogen Beweis zu finden. (Die betrachteten Paare der Triangel sind △IOQ und △IGK, so wie △IOV und △IGH, woraus die OQ = der OV, und dann aus VM = HF = QD, QO + QD = OV + VM d. h. OD = OM folgt).

Zusatz. Die zweiten Schnitte, die man in jeder der beiden Auflösungen von G aus nach der PQ (in Nr. 1.) und der IQ (in Nr. 2.) machen kann, geben noch einen Mittelpunct für einen zweiten Kreis, der die Bedingungen (Nr. 1. oder Nr. 2.) erfüllt, wenn man durch die, beide Male erwähnte Parallele, in der BE den Mittelpunct sucht. Die Beweise bleiben dieselben wie vorhin. — Ferner würde man die Puncte P und I auch finden können, wenn man die Construction mit dem Perpendikel in F, in einen beliebigen Punct des anderen Schenkels BA gemacht hätte. Dies leuchtet ohne Erörterung gewiß sogleich ein.

174ste Aufgabe. (Fig. 199.)

Innerhalb eines Kreises ABC, ist eine, durch seinen Mittelpunct Q gehende Linie NM bestimmt und gegeben; man verlangt einen Kreis, der durch die Endpuncte der Linie NM geht, und den gegebenen Kreis berührt.

Auflösung. Offenbar muß in dem, in der Mitte D der NM errichteten Perpendikel, der Mittelpunct des zu suchenden Kreises liegen. Construirt man nach Aufg. 128. Zusatz, über NQ (d. h. über den größeren beider Theile worin der Mittelpunct Q die NM theilt) den Triangel NOQ, so, daß die Summe der Seiten NO und OQ, gleich dem Radius des gegebenen Kreises wird; so ist O der Mittelpunct, und die Verlängerung der QO bis zur Peripherie des gegebenen Kreises, d. h. OA, der Halbmesser des zu suchenden Kreises, welcher selbst der Kreis AEN ist.

Beweis. Daß ON = OM ist, bedarf kaum der Erinnerung. Nun ist QA = QO + OA = QO + ON, also OA = ON, d. h. der Kreis AEN berührt in A den Kreis ABC (G. §. 220.). W. z. b. w.

Anmerk. Die analytische Auflösung liegt zum Theil in dem, im Anfange der eben genannten Auflösung Gesagtem, zum Theil ergiebt sich das Bedürfniß der Anwendung von Aufg. 128. Zusatz sogleich, aus der Nothwendigkeit, ON = OA, und A, O und Q in einer geraden Linie zu haben (G. §. 222.).

175ste Aufgabe. (Fig. 200.)

Innerhalb eines gegebenen Kreises, eine beliebige Menge von Kreisen zu construiren, die alle den gegebenen Kreis, und sich wechselseitig, je zwei und zwei einander, berühren *).

Auflösung. Diese Aufgabe kann rein geometrisch nur alsdann gelöset werden, wenn man gö-

---

*) Siehe Aufg. 92. Zusatz 1.

metrisch ein reguläres Polygon von so vielen Seiten in den Kreis construiren kann, als kleine Kreise verlangt werden. Es mögen daher fünf derselben gefordert seyn. Nach G. §. 344., construire man das reguläre Fünfseit ABCDE in den gegebenen Kreis, und fälle auf eine der Seiten, den Perpendikel ON. Jetzt suche man eine Linie x, so daß sich verhält:

$$AO + AN : AN = AO : x.$$

Trägt man die alsdann gefundene Linie x, von allen Winkelspitzen des Fünfseits auf die von hier ausgehenden Halbmesser, so daß $AG = BH = CI = DK = EL = x$ werden; so sind die Puncte G, H, I, K und L, die Mittelpuncte für die gesuchten Kreise, deren Halbmesser die x ist.

Beweis. Fället man vom Mittelpuncte, auf alle Seiten des Polygons, die Perpendikel; so ist die Congruenz aller entstehenden Vierseite, wie NOMA, MOSB u. s. w. aus G. §. 260, 5. bekannt. Stellt man sich die Puncte G, H u. s. w., zum Fünfs. GHIKL verbunden vor; so ist wol deutlich, daß diese Verbindunglinien wechselseitig senkrecht auf den Linien ON, OM u. s. w. stehen *). Daß ferner $LF = GF = GQ = QH$ u. s. w. ist; folgt aus der, überall hier stattfindenden Congruenz. Man braucht daher nur zu beweisen, daß $GF = GA$ ist, dann berührt der Kreis aus G mit GA beschrieben, den Kreis ACE in A, und die Linien ON und OM, werden in H und in Q berührt, wo wiederum die Berührungpuncte der anstoßenden Kreise sind. — Aus der erfüllten Proportion:

$$AO + AN : AN = AO : AG \ (= x) \text{ folgt}$$

$$AO + AN - AN : AN = AO - GA : GA \text{ d. h.}$$

$$AO : AN = OG : GA.$$

---

*) Da $OA = OE$, und $AG = EL$; so verhält sich $OA : OE = AG : EL$, also ist LG parallel AE. Aber AE ist senkrecht auf NO, also auch LG auf NO.

Da sich aber auch verhält (weil GH # AN ist)

AO : AN = OG : GH; so folgt, daß

GA = GH ist. W. z. b. w.

Anmerk. Die analytische Auflösung führt sogleich auf die, vorher als zu construiren angegebene Proportion, wenn man die, offenbar sogleich als Bedürfniß einleuchtende Gleichheit der Linien AG und GF, erkannt hat, denn AG = GF = x, wird durch jene bekannte Veränderung der Prprt. AO:AN = OG:GF, in AO + AN : AN = OG + GF (= OG + GA = AO) : GF, erzeugt, worin die drei ersten Glieder ganz bekannt sind.

Zusatz 1. Sollte die Aufgabe gegeben seyn:

Innerhalb eines regulären nSeits, n Kreise zu construiren, wo jeder eine Seite oder zwei Seiten des Polygons, und je zwei und zwei Kreise einander berühren;

so würde die Lösung dieser Bedingung nur in sofern in diesen Abschnitt gehören, als die Construction der regulären Polygone, in so weit sie möglich ist, erst mit dem Hauptstücke der Proportionen und der Aehnlichkeit vollendet wird (S. §. 348. Anmerkung). Denn man sieht ein, daß die erste Bedingung (wo jeder Kreis eine Seite berühren soll) beim regulären Fünfseite z. B. erfüllt wird, wenn man in die gleichschenklichen Triangel AOB, BOC u. s. w., die möglichen Kreise construirt. Bei der zweiten Bedingung (wo jeder Kreis zwei Seiten berühren soll) wird nur verlangt, in die Vierseite NOMA, MOSB u. s. w., die Kreise zu verzeichnen, was nach S. §. 249. geschieht, da jene Vierseite die Eigenschaft haben, solche Construction zuzulassen. Jedes nSeit aber, hat, analog dem eben betrachteten Fünfseite, jene Triangel und Vierseite (Vergleiche Aufg. 92. Zusatz 2.).

Zusatz 2. Aus obigem Gesichtspuncte angesehen, kann hier auch die allgemeine Lösung der Aufgabe stehen:

Ueber eine beliebig gegebene Linie, als Seite, ein reguläres Polygon zu construiren, vorausgesetzt daß ein reguläres Poly-

gon von einer solchen Seitenmenge, rein geometrisch construirt werden kann *).

Man braucht zu dem Ende nur, ganz unabhängig von der gegebenen Linie, ein reguläres Polygon von der bestimmten Seitenmenge zu construiren. Hat man auf diese Weise den Centriwinkel erhalten, so ist nur nöthig, nach Aufg. 7, 5., einen gleichschenklichen Triangel zu construiren, der jenen Centriwinkel als ungleichen Winkel, und die gegebene Seite als ungleiche Seite hat. Die gleiche sich ergebende Seite, ist alsdann der Halbmesser des Kreises, worin sich die gegebene Seite n Mal eintragen läßt, wodurch also das verlangte n Seit gebildet wird **)

Anmerk. Die Aufg. 143. hätte auch gewissermaßen hier erst hergehört, würde aber dort, da sie eigenthümlich von der Verwandelung der regulären Polygone handelt, zweckmäßig schon genannt.

176ste Aufgabe. (Fig. 201.)

Es sind zwei Puncte A und B gegeben; man soll bloß mit Hülfe des Zirkels, zwei andere Puncte bestimmen, die mit jenen ersten Puncten, die vier Winkelspitzen eines Quadrates bilden.

Auflösung. Man beschreibe aus A und aus B, die Kreisbogen BDF und ACG mit dem Halbmesser AB, und trage diesen Halbmesser von B und von A aus, drei Mal auf die beschriebenen Bogen auf, so daß hierdurch die Puncte F und G entstehen. Von F und von G aus, beschreibe man wieder mit FB und GA

---

*) Siehe G. §. 348. Anmerk.

**) Man findet in mehreren Büchern besondere Aufgaben über die Construction gewisser regulärer Polygone über eine gegebene Linie als Seite. Diese Aufgaben bleiben hier natürlich weg, da wir durch die Andeutung obiger allgemeiner Auflösung, dieser besondern Lösungen nicht weiter bedürfen, die überdies mittelbar, unsere allgemeine Lösung in sich schließen.

als Halbmesser, die, sich in H schneidenden Kreisbogen BH und AH. Endlich beschreibe man aus A und aus B, mit den Linien AH und BH, die Bogen HC und HD, d. h. bis die Bogen ACG und BDF, in C und in D geschnitten werden. So sind die Puncte C und D, die gesuchten beiden Puncte.

Beweis. Die Bogen ACG und BDF, sind Halbkreise, indem sie den Halbmesser AB, laut Construction drei Mal als Sehne fassen. Würde man vom Puncte H, auf die AB einen Perpendikel HN gefällt denken, so würde derselbe offenbar die Linie AB halbiren *), denn der $\triangle HAB$ würde, wenn man ihn construirt, *gleichschenklich* seyn, wegen der, zu den gleichen Bogen AH und BH gehörenden gleichen Sehnen **). Nun ist die Linie AH als eine Sehne zu betrachten, die in einen (nur nicht vollendeten) Halbkreis (dessen Mittelpunct G ist) eingetragen ist, dessen Durchmesser $2.GA = 4.AB$ ist; daher verhält sich nach G.-§. 320.

$$4.AB : AH = AH : AN\left(=\frac{AB}{2}\right).$$

Also ist $\overline{AH}^2 = 4.AB.\frac{1}{2}AB = 2.\overline{AB}^2$. Aber es ist $AH = AC$, also auch $\overline{AC}^2 = 2.\overline{AB}^2$. Würde man die BC ziehen, so wäre auch $BC = AB$, also $\overline{AC}^2 = \overline{AB}^2 + \overline{BC}^2$, woraus folgt, daß $\angle ABC$ *recht* ist. Ganz eben so wird es auf der andern Seite vom $\angle DAB$ bewiesen. Da hiernach $AD \# BC$ ist, und beide auch gleich (also gleich AB) sind; so ist das Vierseit ABCD *ein Quadrat*. — W. z. b. w.

*) Alle diese Linien kann man sich zum Beweise als gezogen vorstellen.

**) Wollte man sich den Triangel AOB vorstellen, der laut Construction *gleichseitig* ist, und die beiden Theile der Figur, welche durch ON und deren Verlängerung bestimmt werden, gehörig auf einander gelegt sich vorstellen; so würde offenbar eine völlige Congruenz dieser beiden Theile stattfinden.

Zusatz.

Die vorstehende Aufgabe sollte hier bloß als eine Probe von derjenigen Behandlung der geometrischen Aufgaben stehen, welche sich zu ihrer Lösung, ausschließlich des Zirkels, also keine Anwendung des Lineals, bedienen *). Man könnte diese Behandlungart: Geometrie des Zirkels, nennen. Sie dient zu einer großen Uebung, und zur Entwickelung mancher Eigenthümlichkeiten in der Verbindung der geometrischen Lehren, wenn sie gleich, einigen practischen Nutzen abgerechnet, die einzelne Anwendungen haben können, mehr der Speculation als der Wissenschaft förderlich ist. Wer sich über Aufgaben dieser Art hinlänglich unterrichten will, findet sie in dem Werke: Géométrie du compas, par L. Mascheroni, traduit de l'italien par Carette. Paris 1798. Eine deutsche Bearbeitung dieses lehrreichen und originellen Buches, wäre sehr zu wünschen.

*) Siehe S. §. 10.

Einige Verbesserungen im ersten Supplemente.

S. 63 Z. 12 v. u. f. FBC l. △FBC.
— 75 — 11 u. 12 v. u. vor §. setze man ein S.
— 146 — 15 v. u. alle drei Mal setze man □' statt □''
— 177 — 6 st analytischen l. algebraisch-analytischen.
— 193 in der Ueberschrift der Seite: st. I. l. II.
— 197 Z. 2 v. u. st. wovon der eine l. welche.
— 197 — 1 v. u. st. liegt, und der andern l. liegen, und.
— 198 — 2 st. entsteht l. entstehen.
— 198 — 12 st. Verbindunglinie l Verbindunglinien.
— 202 — 3 das Komma vor und muß wegfallen.
— 209 — 16 st. n.m l. n:m.
— 212 — 4 v. u. st. Errichtung l. Einrichtung.
— 239 — 16 v. u st. einen l. einem.
— 254 — 3 v. u. st. Ausbruch l. Ausdruck.
— 378 — 16 nach dem Worte liegen, setze man noch hinzu: die Bedingungen dieser Aufgabe.

Verbesserungen im zweiten Bande des Lehrgebäudes der Mathematik.

(Das, einigen Exemplaren des zweiten Bandes meines Lehrgebäudes beiliegende Verzeichniß von Verbesserungen, ist, in sofern es den zweiten Band betrifft, größtentheils während meiner Abwesenheit vom Druckorte angefertiget, und selbst voller Fehler. — Die Besitzer jenes Verzeichnisses werden daher gebeten, dasselbe nicht weiter zu beachten, und dagegen die hier folgenden Verbesserungen gefälligst vorzunehmen, die mehr oder minder den Sinn berichtigen Unbedeutende Aenderungen werden als unwesentlich hier übergangen.)

Seite 6 Z. 4 v u. nach scheinbar ist ein Komma zu setzen.
— 10 — 5 u. 6 v. o. st. Ebene l. Fläche.
— 22 — 9 v. u. st. ∠FOB l. ∠FOA.
— 31 — 2 v. o. st. an l. auf.
— 47 — 7 v. o. st. §. 303. l. §. 293.
— 50 — 12 v. o. st. < ABD l. < ∠ ABD.
— 53 — 4 v. o. st. ∠C = ∠C l. ∠C = ∠E.
— 63 — 7 v. u. st. §. 343. l. §. 333.
— 66 — 17 v. o. st. CB l. AB.
— 73 — 9 v. o. st. EI l. EF
— 75 — 17 v. o. st. ∠q l. ∠p.
— 77 — 5 v. o. st. ∠c l. ∠i.
— 77 — 3 v. u. st. = l. <.

S. 78 Z. 10 v. o. st. werden l. ist.
— 82 — 3 v. u. st. Schrittes l. Schnittes.
— 96 — 3 v. o. st. stostenden l. stoßenden.
— 98 — 24 v. o. st. $\angle$ DAD l. $\angle$ DAB.
— 104 — 10 v. o. st. DC = l. DA =
— 104 — 6 v. u. st. LG l. LI.
— 106 — 12 v. u. st. eines l. einer.
— 115 — 4 v. u. st. $\triangle$ ABE l. $\triangle$ ABC.
— 119 — 13 v. o. st. EDI l. EDF.
— 123 — 13 v. o. st. ABG l. ACG.
— 126 — 12 v. o. st. $\# \overline{HQ}^2$ l. $= \overline{HQ}^2$.
— 135 — 12 v. o. st. AB^2 l. $\overline{AB}^2$.
— 135 — 13 v. o. st. AO^2 l. $\overline{AO}^2$.
— 135 — 7 v. u. st. = + l. +
— 136 — 16 v. o. st. $AD^2 + BD^2$ l. $\overline{AD}^2 + \overline{BD}^2$.
— 137 — 12 v. o. st. $\overline{AO}^2$ l. $\overline{AO}^2$.
— 137 — 14 v. o. st. AD^2 l. $\overline{AD}^2$.
— 137 — 18 v. o. st. Man l. Zusatz. Man.
— 137 — 19 v. o. st. ; l. :
— 137 } Die Bemerkungen * am Ende der Seiten, sind auf beiden
— 139 } Seiten mit einander verwechselt.
— 141 Z. 15 v. o. st. ED l. FD.
— 159 — 16 v. o. st. EI l. EF.
— 161 — 10 v. u. st. $\backsim$ l. $\backsimeq$
— 181 — 22 v. o. st. ist, l. ist;
— 182 — 16 v. o. st. 4 l. 3.
— 182 — 28 v. o. st. 5 l. 4.
— 183 — 1 v. o. st 6 l. 5.
— 183 — 7 v. o. st. vierten l. dritten.
— 185 — 24 v. o. st. $\angle$ HGB l. $\angle$ HBG.
— 185 — 2 v. u. st. $\angle$ DOA l. $\angle$ DOB.
— 196 — 9 v. u. st. OQ l. BQ.
— 198 — 18 v. o. st. §. 229 l. §. 229 Anmerkung.
— 200 — 15 v. o st. AC l. AB.
— 202 — 9 v. o. st. gegen l. gehen.
— 205 — 6 v. u. st. 170 l. 166.
— 211 — 6 v. u. st. — n l. — 4.
— 212 — 9 v. u. st. einer l. einer jeden.
— 215 — 13 v. u. st. ORP l. OMP.
— 220 — 11 v. o. st. OHE l. OHC.
— 221 — 8 v. o. st. OE l. OH.
— 221 — 21 v. o. st. wegend es l. wegen des:
— 231 — 11 v. o. st. n l. r.
— 232 — 3 v. u. st. vom l. von.
— 234 — 7 v. o. st. BEC l. SOP.
— 242 — 10 v. u. st. construirtes l. construirte.
— 245 — 8 v. o. st. §. 229 l. §. 229 Anmerkung.
— 259 — 22 v. o. st. gleich große Theile, l. solche Theile abschneidet, welche zu den ganzen Seiten gleiche Verhältnisse haben.

S. 261 Z. 13 v. u. st. 392 l. 292.
— 261 — 11 v. u. st. $\angle$ODB l. $\angle$ODA.
— 269 — 2 v. o. st. 322,*2 l. 322.
— 277 — 1 v. o. st. erforder l. erfordert.
— 278 — 15 v. o. st. GCG l. GCH.
— 280 — 1 v. o. st. $\angle$ CIQ l. IQG.
— 280 — 21 v. o. st. DF l. EF.
— 281 — 23 v. o. st, war l. vor.
— 285 — 5 v. o. st. TU l. TW.
— 285 — 15 v. o. st. mit l. weil.
— 291 — 10 v. o. st. MAE l. BAE.
— 293 — 6 v. o. st. einzelne l. einige.
— 293 — 6 v. u. st. co l. bo.
— 294 — 4 v. o. st. mit l. weil.
— 301 — 13 v. o. st. BD l. AD.
— 309 — 1 v. o. st. nun l. um.
— 326 — 14 v. o. st. ähnliche l. reguläre.
— 327 — 15 v. o. st $k > k$ l. $h > k$.
— 328 — 11 v. u. st K l. k.
— 328 — 1 v. u st. seyn l. werden.
— 334 — 19 v. o. st. DFB l. DTB.
— 339 — 15 v. o. st. 9 l. q.
— 344 — 4 v. o. st. $\frac{QN}{QN}$ l. $\frac{QM}{QN}$.
— 345 — 9 v. u. st. den l. dem.
— 346 — 11 v. u. das, nach dem Worte Ungleichheit muß weg, ferner statt bewiesen l. beweisen.
— 348 — 20 v. o. st. $> YZ$ l $> YI$.
— 349 — 11 v. o. st. BE l. BC.
— 358 — 15 v. o. st. 331 l 333
— 358 — 6 v. u. st. möglich l. unmöglich.
— 360 — 3 v. u. st. zu berechnen l. berechnen.
— 364 — 12 v. u. st. wo aus l. woraus.
— 365 — 10 u. 26 st. ; allein l. . Allein.
— 370 — 11 v. o st vorgetragenen l. vorzutragenden.
— 373 — 1 v. o. st. stoßenden l. stoßende.
— 373 — 14 v. u. st mußte l. müßte.
— 377 — 20 v. o. st. IAF l. IAG.
— 380 — 3 v. u. st. sind die Ebenen l. ist die Ebene.
— 382 — 3 v. o. st. konnten l. könnten, st. mußten l. müßten.
— 384 — 4 v. u. st. der l. das.
— 385 — 7 v. o st. 350 l. 250.
— 385 — 20 v. o. st. den l. der.
— 388 — 10 v. o. st. 251 l. 252.
— 390 — 12 v. o st. welches l. welcher.
— 391 — 12 v. u. st. gegebene l. gegebenen,
— 392 — 6 v. o. st. 197,3 l. 97,3.
— 392 — 20 v. o. st. Kreis l. Beweis.
— 392 — 26 v. o. st. andern Ebenen l. andere Ebene.
— 395 — 11 v. o. st. Zusatz l. Zusatz 1.
— 395 — 1 v. u. st. nie l. nur.
— 397 — 3 v. u. st. HN l. HG.

S. 399 Z. 4 v. u. nach NM setze man (Fig. 246.).
— 400 — 5 v. u. st. Q l. S.
— 409 — 19 v. o. st. Stehet nun l. Stehen eine.
— 410 — 1 v. o. st. 167 l. 267.
— 411 — 7 v. o. st. unerweitert l. erweitert.
— 411 — 3 v. u. st. gestellte l. gefällte.
— 411 — 1 v. u. st. ON l. CN.
— 413 — 4 v. o. st. aber l. also.
— 413 — 3 v. u. st. Winkek l. Winkel.
— 420 — 16 v. o. st. nur l. nun.
— 420 — 24 v. o. st. 438 l. 428.
— 421 — 12 v. u. st. KHI l. KGI.
— 422 — 7 v. o. st. einsehen l. aufsuchen.
— 422 — 10 v. o. st. nur l. noch.
— 441 — 23 v. o. st. 6f l. 6d.
— 441 — 24 v. o. st. 6f + 7g l. 6d + 7f.
— 442 — 11 v. o. st. $\frac{3}{4}$M l. $\frac{3}{8}$M.
— 446 — 4 v. u. st. d2R l. 32R.
— 447 — 13 v. u. st. n—2 l. (n—2).
— 452 — 9 v. o. st. 455 l. 454.
— 458 — 5 v. o. st. Es l. Er.
— 459 — 11 v. o. st. EF l. EG.
— 461 — 4 v. u. st. 451 l. 453.
— 464 — 2 v. u. st.), und l.) liegt, und.
— 469 — 2 v. u. st. Lehrsätzen l. Lehnsätzen.
— 477 — 3 v. o. st. Primen l. Prismen.
— 477 — 18 v. o. st. mit l. aus.
— 478 — 6 v. u. st. ebene l. ebenen.
— 479 — 18 u. 21 v. u. st. n—2 l. (n—2).
— 481 — 14 v. u. st OM = OM l. OM = ON.
— 484 — 15 v. o. st. tressen l. treffen.
— 484 — 3 v. u. st. hat AO l. AO.
— 484 — 5 v. u. st um l. in.
— 484 — 7 v. u. st. 71 l. 61.
— 485 — 1 v. o. st. konnte l. könnte.
— 488 — 6 v. o. st. Ebene l. parallelen Ebene.
— 488 — 14 v. u. st. da l. denn.
— 489 — 1 v. u. st. und l. in.
— 492 — 12 v. o. st. gelegt l. zerlegt.
— 493 hier ist die Seitenzahl unrichtig angegeben.
— 493 Z. 16 v. o. st. hinzuznfügen l. hinzufügen.
— 498 — 1 v. u. st. zweischen l. zwischen.
— 500 — 6 v. o. st 282 l. 285.
— 501 — 2 v. o. st. dem l. den.
— 504 — 15 v. u. st. ∠ ∠ l. △ △
— 505 — 7 v. o. st. sind) l.) sind.
— 505 — 14 v. o. st. daß der l. daß.
— 509 — 2 v. u. st. sie l. so.
— 511 — 9 v. o. st. könne l. können.
— 514 — 2 v. u. st. sh l. $\frac{sh}{2}$.
— 517 — 1 v. u. st. *) l. ***).
— 521 — 4 v. o. st. $\#$ l. =

Seite

S. 529 Z. 1 v. o. st. AM l. NM.
— 530 — 14 v. o. st. Boden l. Bogen.
— 530 — 15 v. o. st. 363 l. 362.
— 539 — 15 v. u. st. EO l. AO.
— 542 — 8 v. u. st. Kegeln l. Kegels.
— 544 — 1 v. u. st. A l. t.
— 546 — 6 v. u. st. 309 l. 509.
— 546 — 5 v. u. st. Den l. Der.
— 547 — 3 v. u. st. zuletzt l. jetzt.
— 548 — 9 v. u. st. n l. nte.
— 554 — 3 v. u. st. pR l. pr.
— 555 — 12 v. o. st. n l. r.
— 556 — 5 v. o. st. $\frac{1}{3}$P l. $\frac{1}{2}$P.
— 556 — 23 v. o. st. M l. die ganze Oberfläche.
— 557 — 15 v. o. st. Errichtung l. Einrichtung.
— 558 — 14 v. o. st. beschriebenen l. beschriebene.
— 565 — 14 v. o. st. $\frac{2}{2}$ l. $\frac{2}{3}$.
— 565 — 19 v. o. nach bestimmt ein Komma.
— 567 — 6 v. o. st. $\frac{1}{3}$EL . $\frac{1}{3}$LF l. $\frac{1}{3}$EL = $\frac{1}{3}$LF.
— 569 — 14 v. o. st. Apothemata l. Apothema.
— 569 — 3 v. u. st. indem l. und wo.
— 576 — 15 v. o. st. alsu l. also.
— 577 — 9. v. u. st. nnr l. nur.
— 577 — 4 v. u. nach ist, setze man (§. 198.).
— 600 — 4 v. o. st. BRN l. BKN.
— 603 — 14 v. o. st. Schenkel l. Scheitel.
— 604 — 3 v. o. st. mit l. aus.
— 605 — 4 v. o. st. oberen l. ebenen.
— 620 — 10 v. o. st. wo nun l. da.
— 624 — 9 v. o. st. ED l. GD.
— 627 — 14 v. o. st. $>$ l. $<$
— 629 — 19 v. o. st. $\triangle$ABC l. $\triangle$ABE.
— 635 — 14 v. o. st. 6R—(...) l. [6R—(...)]
— 636 — 1 v. o. st. 6R—(...) l. [6R—(...)]
— 640 — 4 v. u. st. 29 l. 27.
— 644 — 8 v. u. st. verhielt l. verhält.
— 645 — 13 v. o. st. Grundfläche des Kegels l. Grundfläche des Zylinders und des Kegels.
— 645 — 14 v. u. st. der l. der Zylinder.
— 647 — 4 v. u. st. die Anmerkung l. den Zusatz.
— 649 — 4 v. o. st. H l. C.
— 651 — 8 v. u. st. nach l. noch.
— 652 — 9 v. u. st. $\frac{1}{6}\pi\overline{IH}^2$ l. $\frac{1}{6}\pi\overline{IH}^3$.
— 653 — 12 v. o. st. ist daher l. ist.
— 664 — 8 v. u. st. 528 l. 578.
— 667 — 7 v. o. st. erzeugt l. anzeigt.
— 667 — 8 v. u. st. jener l. jenen.
— 677 — 13 v. o. st. darf l. hat.
— 677 — 17 v. o. st. nun l. eine.
— 678 — 8 v. u. nach gleich setze man ein Komma.

Verbesserungen in den Figuren des zweiten Bandes des Lehrgebäudes.

Fig. 40. Von O nach B fehlt eine Linie.
— 65. Das v bei D ist unkenntlich.
— 98. Von B nach C fehlt eine Linie.
— 110. Da wo To veerlängert die BD trifft, muß der Buchstabe C stehen.
— 121. Zwischen D und E muß noch M am Kreisbogen stehen, eben so zwischen A und O noch ein B.
— 132. Fehlt der Buchstabe O am Mittelpuncte.
— 171. (Wie bei Fig. 132)
— 173. Die Linien OT und OV müssen bis P und U verlängert werden.
— 199. Zwischen B und C fehlt der Buchstabe F.
— 205. Von A nach I fehlt eine Linie.
— 206. Von U nach Z fehlt die Linie.
— 223. Fehlt die Linie OB.
— 228. Fehlt die Linie QF.
— 232. Wo der Bogen YW erweitert die verlängerte OI schneidet, fehlt der Buchstab Z. Von W nach Z muß dann noch eine gerade Linie gezogen werden. Die Linie IW muß den Bogen YI tangiren, und nicht wie in der Figur (die überhaupt nicht recht deutlich ist) etwas abstehen.
— 233. Zwischen C und B fehlt am Bogen der Buchstabe N.
— 236. Fehlt der Buchstab D am Scheitel des Winkels.
— 237. Die Linien OC und oc können noch gezogen werden.
— 256. Fehlt die Linie EH, dagegen kann die GO wegfallen.
— 259. Die Linie FH muß bis an die BO ausgezogen werden.
— 285. Fehlt die Linie GC.
— 299. Fehlt die Linie BO.
— 302. An der unteren Linie muß I statt G stehen.
— 305. Fehlen die punctirten Linien CF und CE.
— 306. Fehlt die Linie TV.
— 312. Am unteren Kreise muß das U ein W seyn.
— 327. Sind zwei Buchstaben R, man nenne das R zwischen A und C, lieber R'.
— 345. Fehlen die Linien FI und QB.

Lehmus, Dr D. C. L., Lehrbuch der angewandten Mathematik, 1r Bd die Statik enthaltend, m 4 K gr 8. 1818. 22 gr.
— — 2r Bd die Geostatik enthalt., mit 8 Kupf. 1 rthl. 2 gr.
— — 3r Bd. enthaltend Hydrostatik, Hydraulik, Mechanik. 1 rthl. 18 gr.
— — Lehrbuch der Geometrie, 1r Bd. mit 13 Kupf. gr. 8. 1818. 1 rthl. 18 gr.
— — 2r Bd. mit 13 Kupf gr. 8. 1820. 1 rthl. 6 gr.
— — Sammlung v. Beispielen, Aufgaben und Lehrsätzen aus der Arithmetik, Algebra, Geometrie und ebenen Trigonometrie, mit 4 Kupf. gr. 8. 1820. 22 gr.
— — die ersten einfachsten Grundbegriffe und Lehren der höhern Analysis und Curvenlehre, m. 2 Kupf. gr. 8. 1819. 1 rthl.
— — Theorie des Krummzapfens, m. 1 K gr. 4. 1818. 6 gr.
— — Lehrbuch der Korperberechnungen u s. w., mit 4 Kupf. gr. 8. 1822. 1 rthl 4 gr.
Michelotti, F. D., hydraulische Versuche, aus dem Ital. von Zimmermann, mit Anmerk. von Eytelwein. Mit Kupf. in Fol. gr. 4. 1808 3 rthl. 20 gr.
Mönnich, Theorie der Parallellinien, m. 2 K. gr. 8. 1821. 8 gr.
Neumann, K., der Wasser-Mahl-Mühlenbau, mit Vorrede von Eytelwein, 1r Bd. 3 Hefte mit 4 Kupf. in Fol. gr. 4. 1810–17. 10 rthl.
Ohm, Dr. M., Aufsätze aus dem Gebiete der höhern Mathematik gr. 8. 1823. 12 gr.
— — Versuch eines vollkommen consequenten Systems der Mathematik gr. 8. 1r Thl. 1822. Arithmetik, Algebra und Analysis 1r Thl. enthalt. 2r Thl. 1822. Arithmetik u. s w. 2r Thl. enthalt. Jeder Bd. 1 rthl. 12 gr.
Pohl, G. F., die Kugelfläche als mathemat. Construktionsfeld im Gegensatz der Ebene, oder die Geometrie und Trigonometrie auf der Sphäre in ihren Elementen ausführlich dargestellt, mit 6 Kupf. gr. 4. 1819. 2 rthl 20 gr.
Schmeißer, Fr, Anleitung zum Selbstfinden der reinen Mathesis, 1r Thl. die Arithmetik 1s Lehrg. m. 1 K. gr 8. 1817. 20 gr.
— — Lehrbuch der reinen Mathesis zu ein. zum Selbstfinden leitenden Vortrage ders. 1r Thl. die Arithm. 1s Lehrg. mit 2 Kupf. gr 8. 1817. 2 rthl. 12 gr.
Tafeln, neue trigonometrische, für die Decimaleintheilung der Quadranten berechnet von J. P. Hobert und L. Ideler gr. 8. 1799. 2 rthl. 12 gr.
Dasselbe mit französischem Text. 2 rthl. 12 gr.
Textor, v, Darstellung der höhern Analysis oder der Functionenlehre gr. 8. 1809. 1 rthl. 8 gr.
— — Beschreibung des Verfahrens bei der trigonometr.-topograph. Vermessung von Ost- und Westpreußen u. s. w. Mit Charte gr. 8. 1810. 1 rthl. 12 gr.

Zu Ostern 1824. erscheint ein Lehrbuch für Feldmesser von A. L. Crelle.

Lehmus, Dr D. C. L., Lehrbuch der angewandten Mathematik, 1r Bd die Statik enthaltend, m 4 K gr 8. 1818. 22 gr.
— — 2r Bd die Geostatik enthalt, mit 8 Kupf. 1 rthl. 2 gr.
— — 3r Bd. enthaltend Hydrostatik, Hydraulik, Mechanik. 1 rthl. 18 gr.
— — Lehrbuch der Geometrie, 1r Bd. mit 13 Kupf. gr. 8. 1818. 1 rthl. 18 gr.
— — 2r Bd. mit 13 Kupf gr. 8. 1820. 1 rthl. 6 gr.
— — Sammlung v. Beispielen, Aufgaben und Lehrsätzen aus der Arithmetik, Algebra, Geometrie und ebenen Trigonometrie, mit 4 Kupf. gr. 8. 1820. 22 gr.
— — die ersten einfachsten Grundbegriffe und Lehren der höhern Analysis und Curvenlehre, m. 2 Kupf gr. 8. 1819. 1 rthl.
— — Theorie des Krummzapfens, m. 1 K gr. 4. 1818. 6 gr.
— — Lehrbuch der Korperberechnungen u s. w., mit 4 Kupf. gr 8. 1822. 1 rthl 4 gr.
Michelotti, F. D., hydraulische Versuche, aus dem Ital. von Zimmermann, mit Anmerk. von Eytelwein. Mit Kupf. in Fol. gr. 4. 1808 3 rthl. 20 gr.
Mönnich, Theorie der Parallellinien, m. 2 K. gr. 8. 1821. 8 gr.
Neumann, K., der Wasser-Mahl-Mühlenbau, mit Vorrede von Eytelwein, 1r Bd. 3 Hefte mit 4 Kupf. in Fol. gr. 4. 1810–17. 10 rthl.
Ohm, Dr. M., Aufsatze aus dem Gebiete der höhern Mathematik gr. 8. 1823. 12 gr.
— — Versuch eines vollkommen consequenten Systems der Mathematik gr. 8. 1r Thl. 1822. Arithmetik, Algebra und Analysis 1r Thl. enthalt. 2r Thl. 1822. Arithmetik u. s w. 2r Thl. enthalt. Jeder Bd. 1 rthl. 12 gr.
Pohl, G. F., die Kugelfläche als mathemat. Construktionsfeld im Gegensatz der Ebene, oder die Geometrie und Trigonometrie auf der Sphäre in ihren Elementen ausführlich dargestellt, mit 6 Kupf. gr. 4. 1819. 2 rthl 20 gr.
Schmeißer, Fr, Anleitung zum Selbstfinden der reinen Mathesis, 1r Thl. die Arithmetik 1s Lehrg. m. 1 K. gr 8. 1817. 20 gr.
— — Lehrbuch der reinen Mathesis zu ein. zum Selbstfinden leitenden Vortrage ders. 1r Thl. die Arithm. 1s Lehrg. mit 2 Kupf. gr 8. 1817. 2 rthl. 12 gr.
Tafeln, neue trigonometrische, für die Decimaleintheilung der Quadranten berechnet von J. P. Hobert und L. Ideler gr. 8. 1799. 2 rthl. 12 gr.
Dasselbe mit französischem Text. 2 rthl. 12 gr.
Textor, v, Darstellung der höhern Analysis oder der Functionenlehre gr. 8. 1809. 1 rthl. 8 gr.
— — Beschreibung des Verfahrens bei der trigonometr.-topograph. Vermessung von Ost- und Westpreußen u. s. w. Mit Charte gr. 8. 1810. 1 rthl. 12 gr.

Zu Ostern 1824. erscheint ein Lehrbuch für Feldmesser von A. L. Crelle.

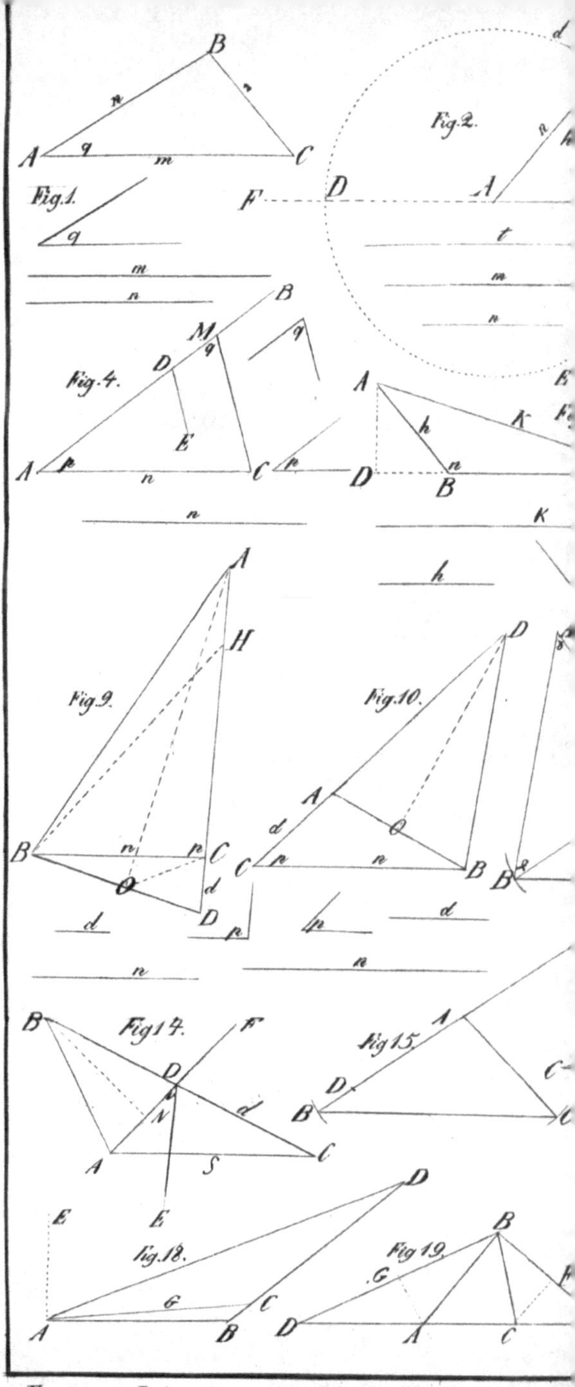

Forstners Lehrgebäude der Mathematik 1te Supp

Taf. 1.

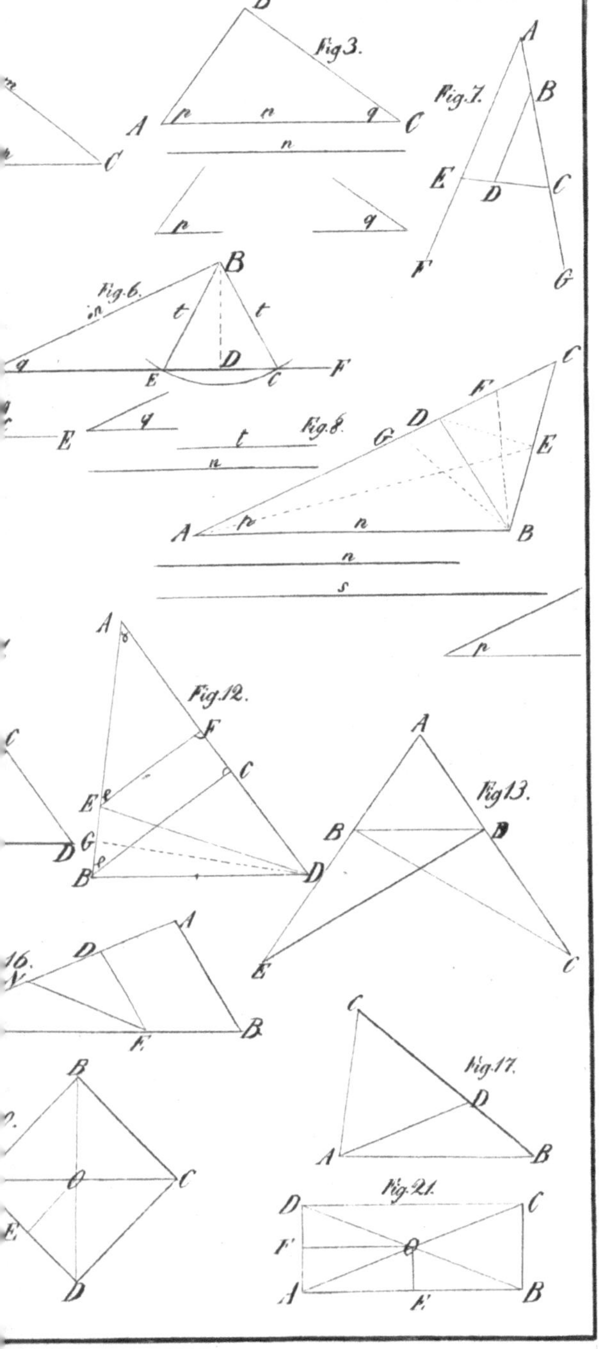

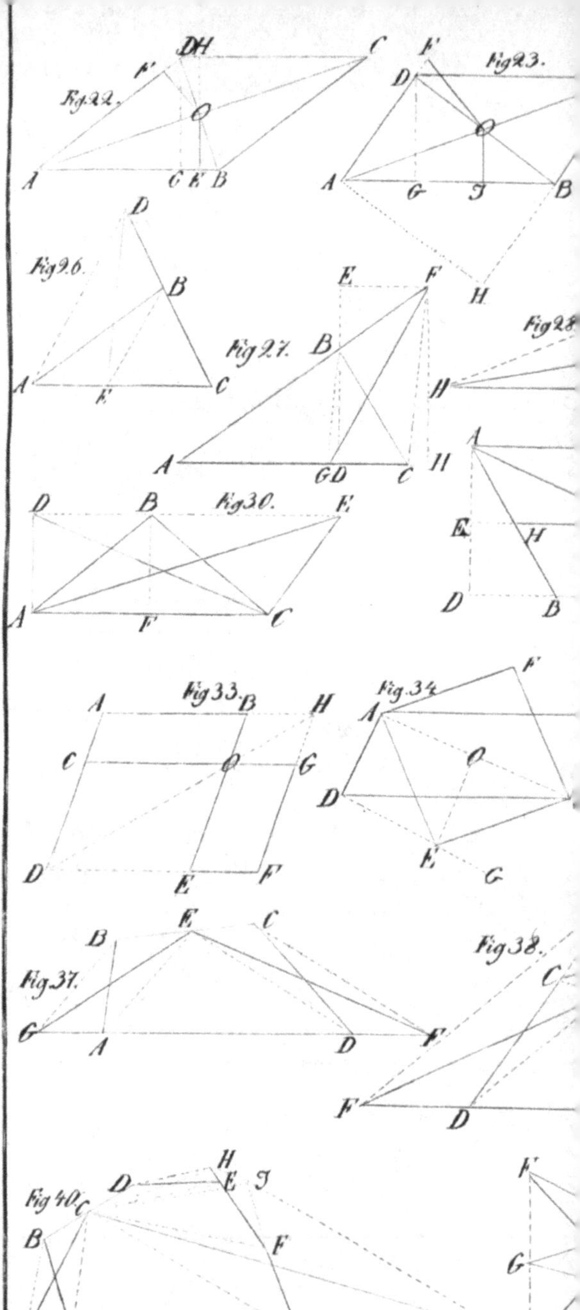

Forstners Lhrgb. d. Mathmtk. 1ter Suplmt.

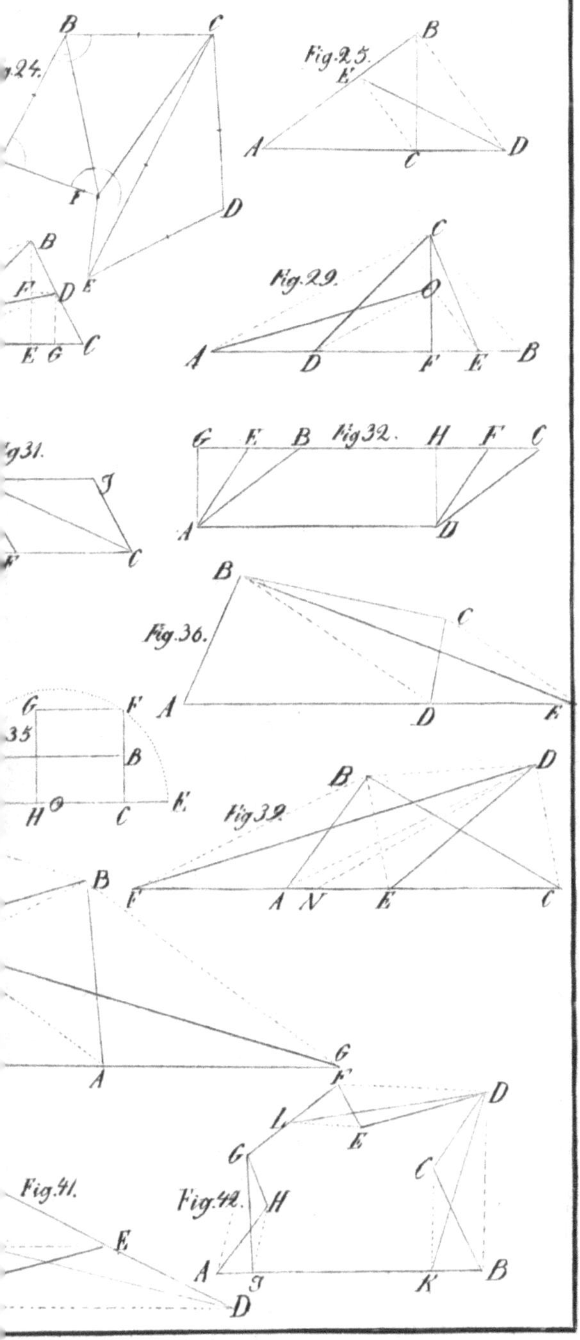
Fig. 25.
Fig. 29.
Fig 32.
Fig. 36.
Fig 39.
Fig. 41.
Fig. 42.

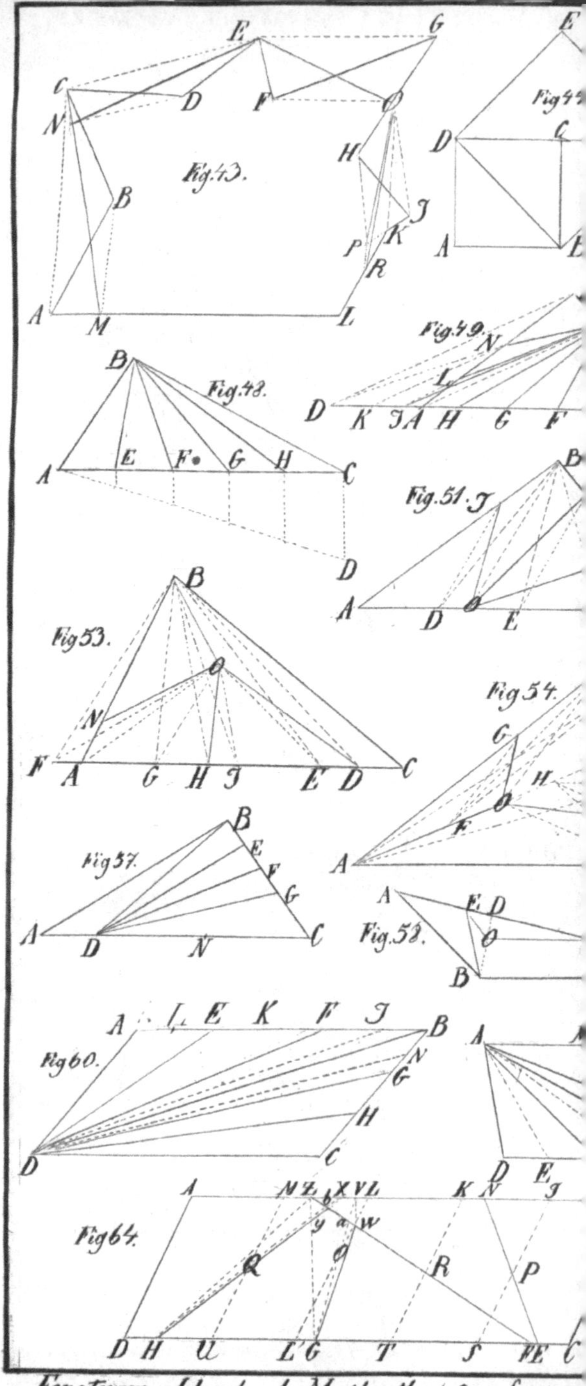

Förstners Lhrgb. d. Mathmtk. I ten Suppm

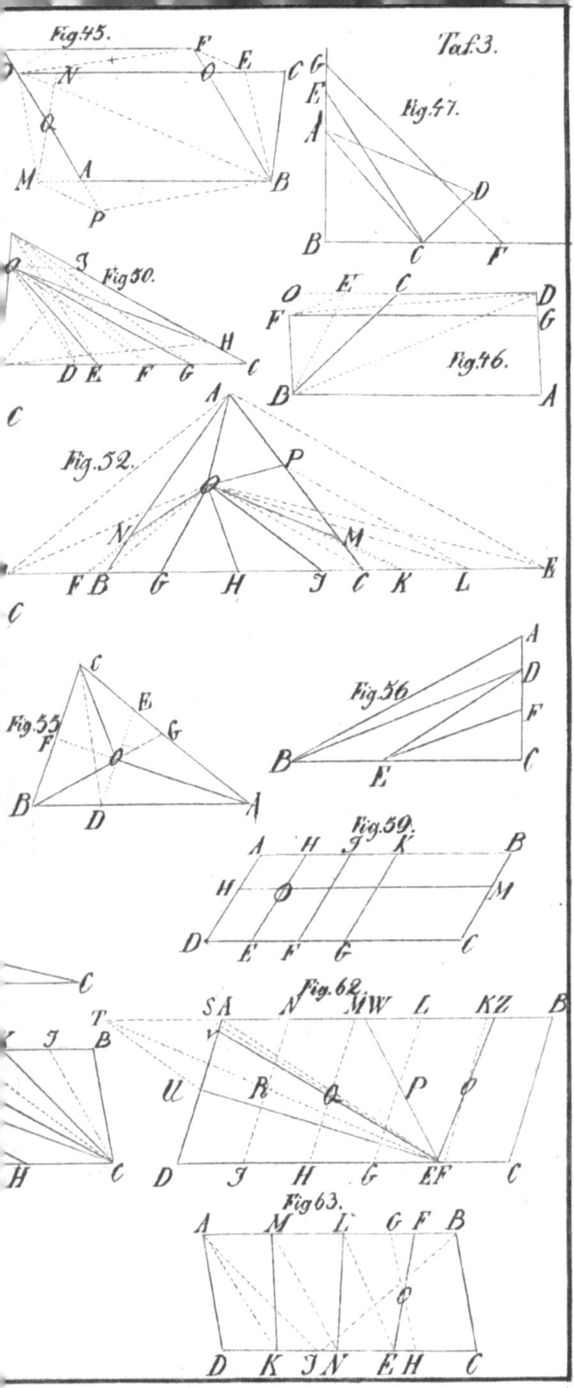
Taf. 3.
Fig. 45.
Fig. 47.
Fig. 50.
Fig. 46.
Fig. 52.
Fig. 55.
Fig. 56.
Fig. 59.
Fig. 62.
Fig. 63.

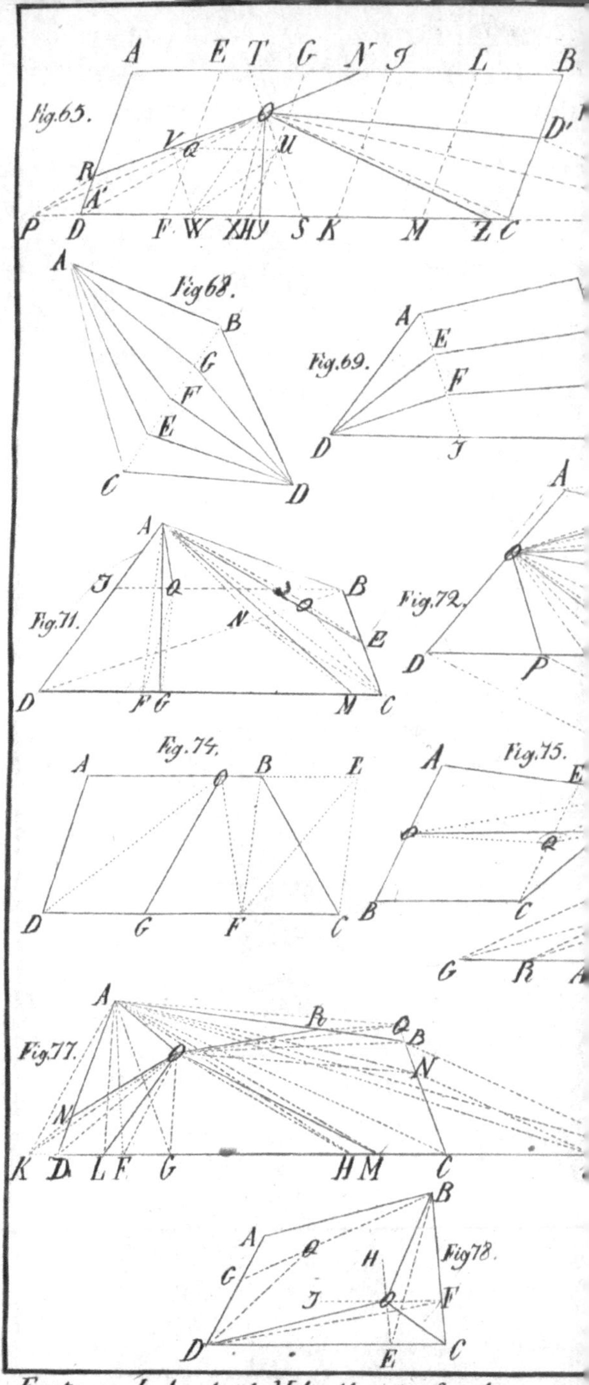

Forstners Lehrgb. d. Mthmtk. 1te Suplmt.

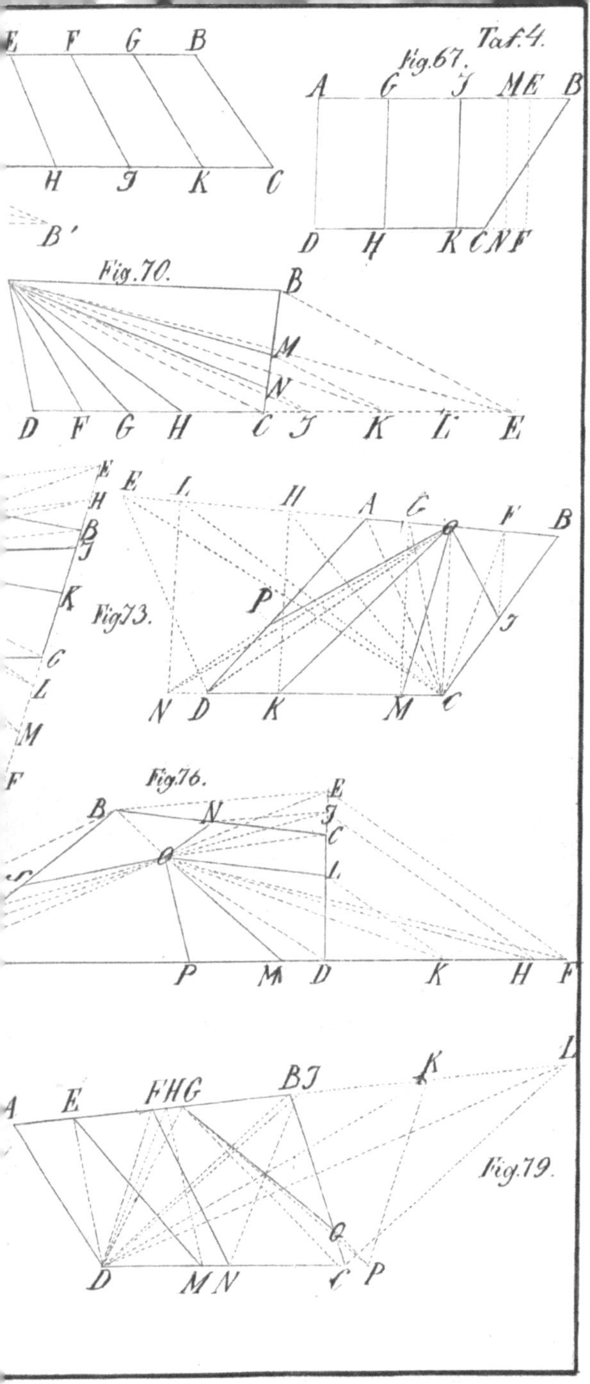
Taf. 4.
Fig. 67.
Fig. 70.
Fig. 73.
Fig. 76.
Fig. 79.

Fig 80.

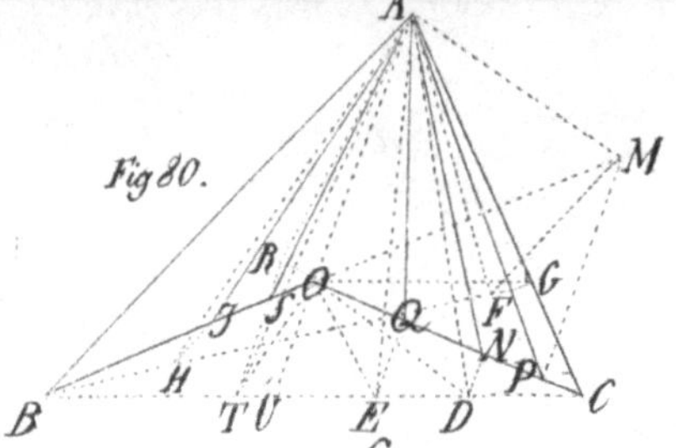

Fig 82.

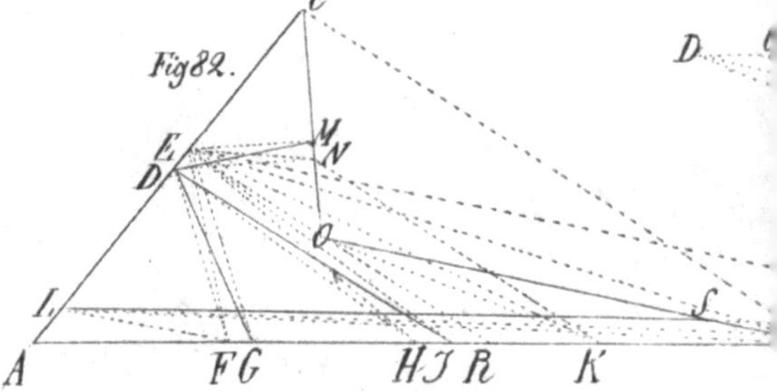

Fig 84.

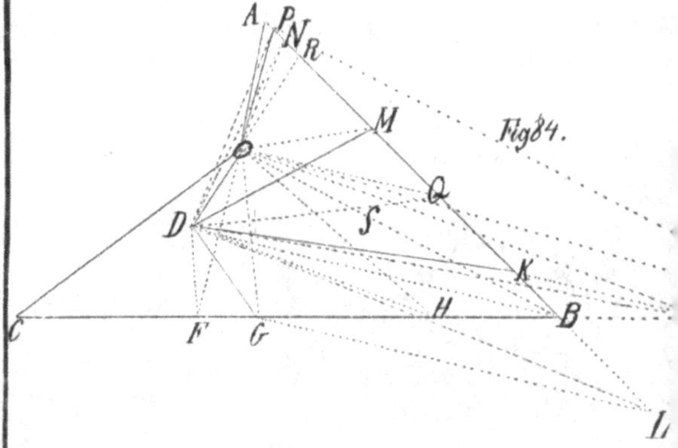

Fig 85.

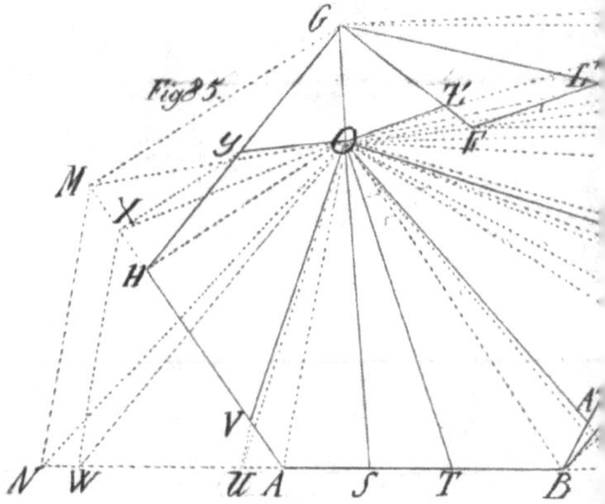

Taf. 5.

Fig 81.

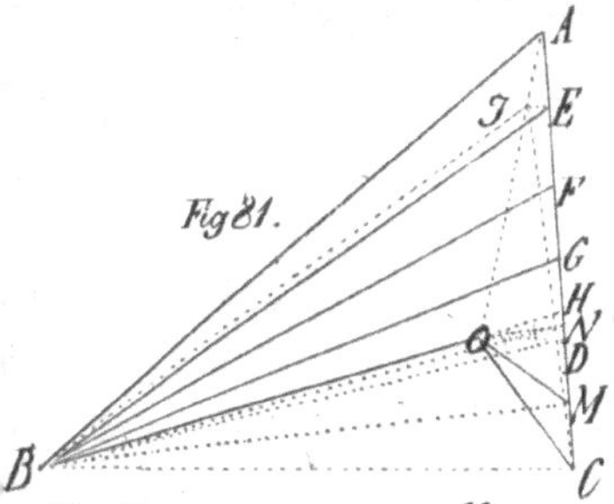

Fig 83.

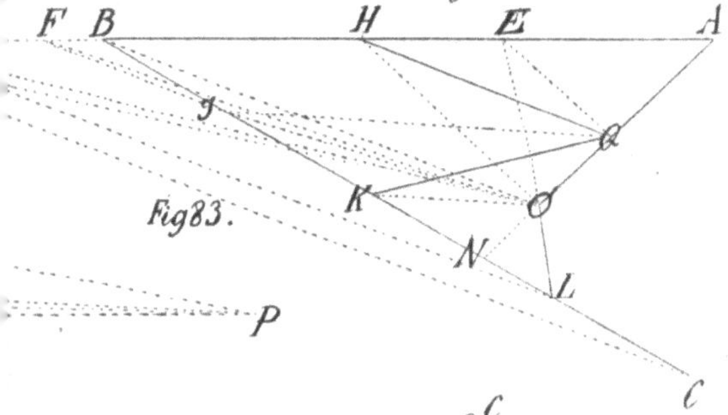

Fig 86.

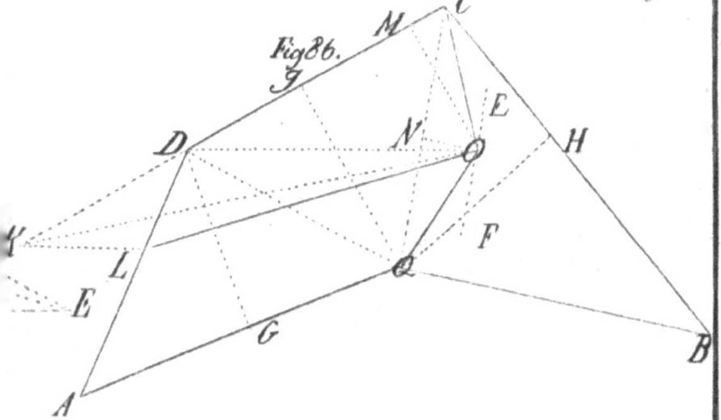

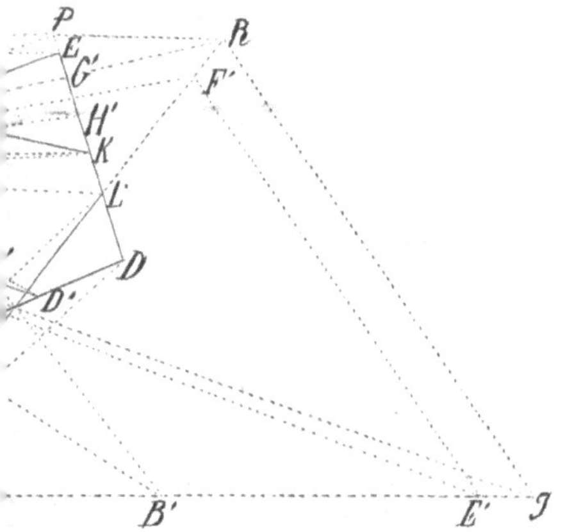

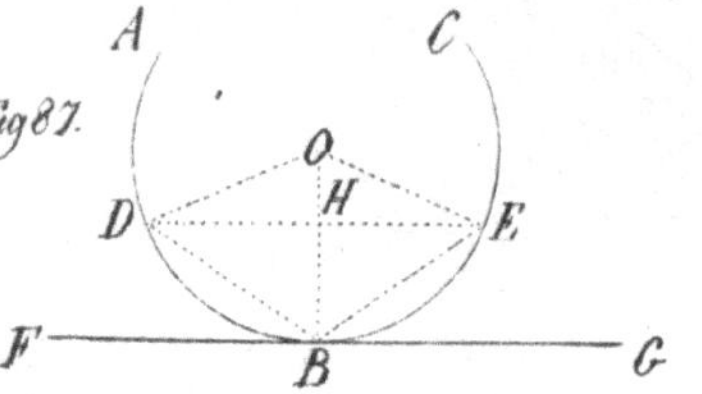

Fig 87.

Fig 88.

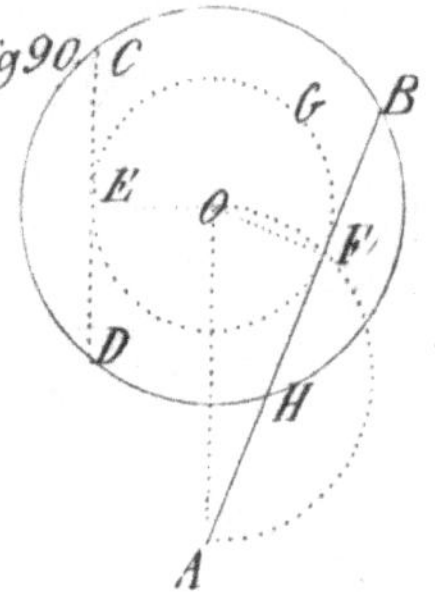

Fig 90.

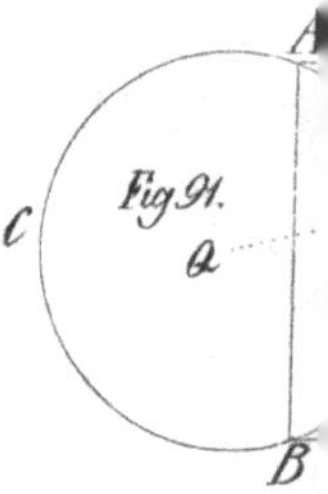

Fig 91.

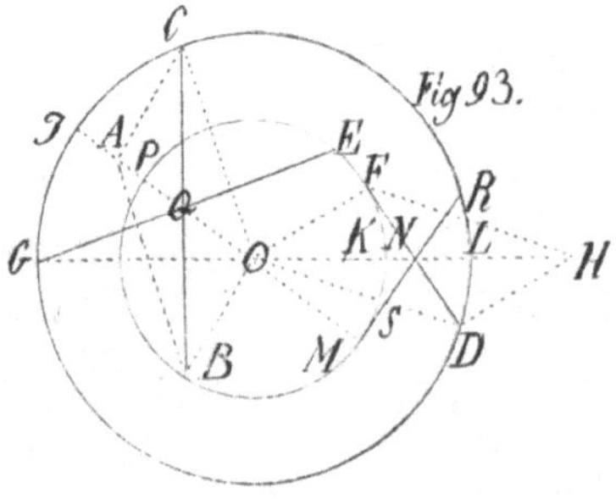

Fig 93.

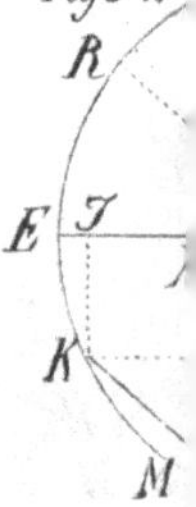

Fig 94.

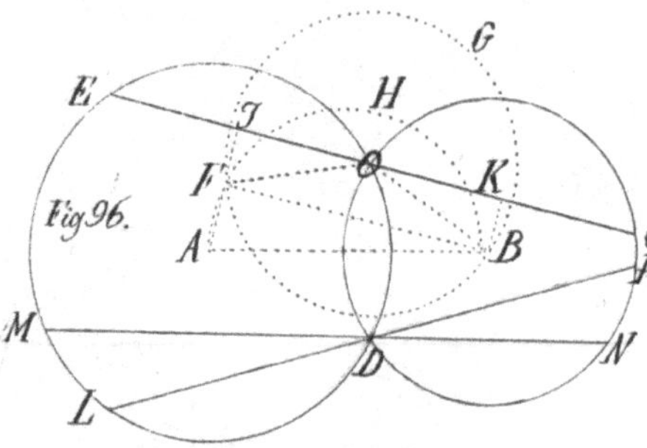

Fig 96.

Forstners Lehrgb. d. Mathmk 1te Suplmt

Taf. 6.

Fig 89.

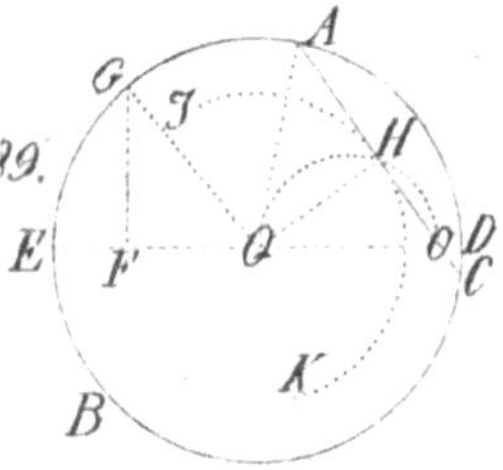

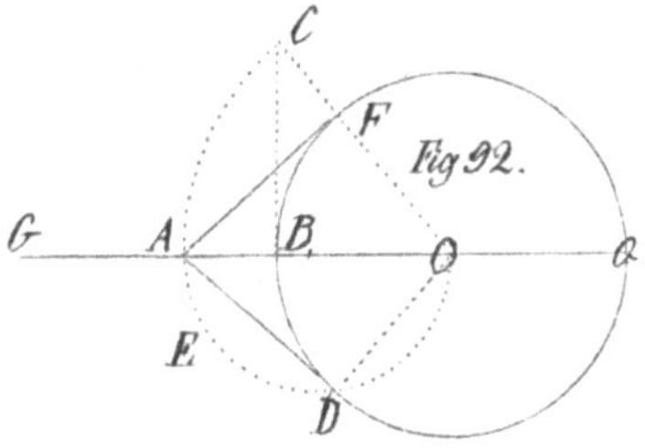

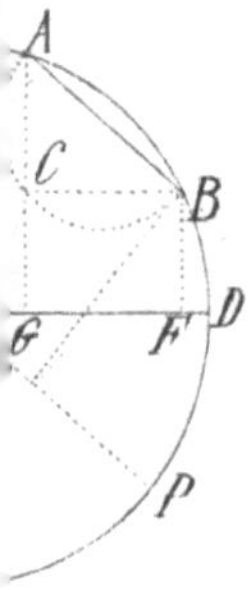

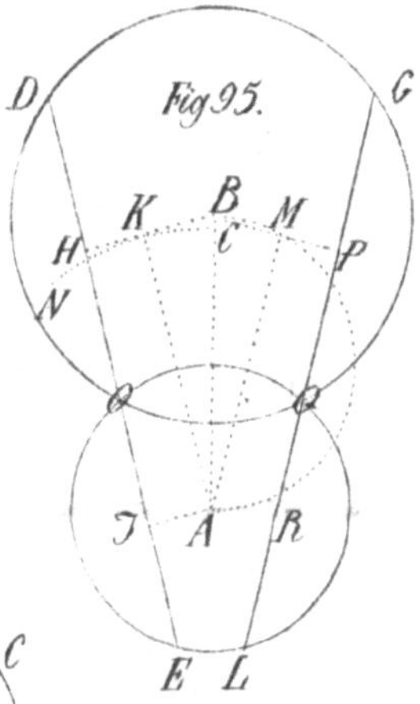

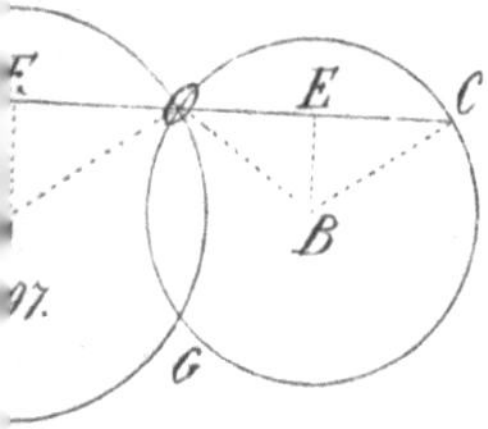

97.

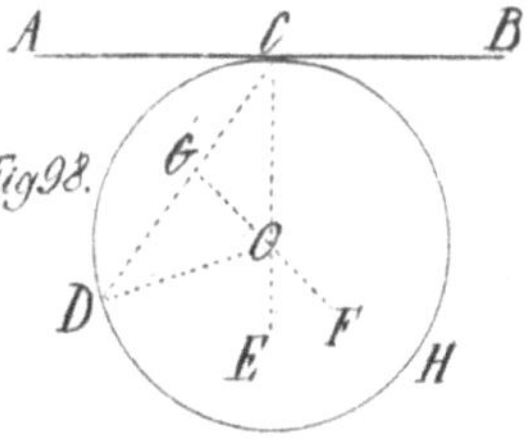

Fig 98.

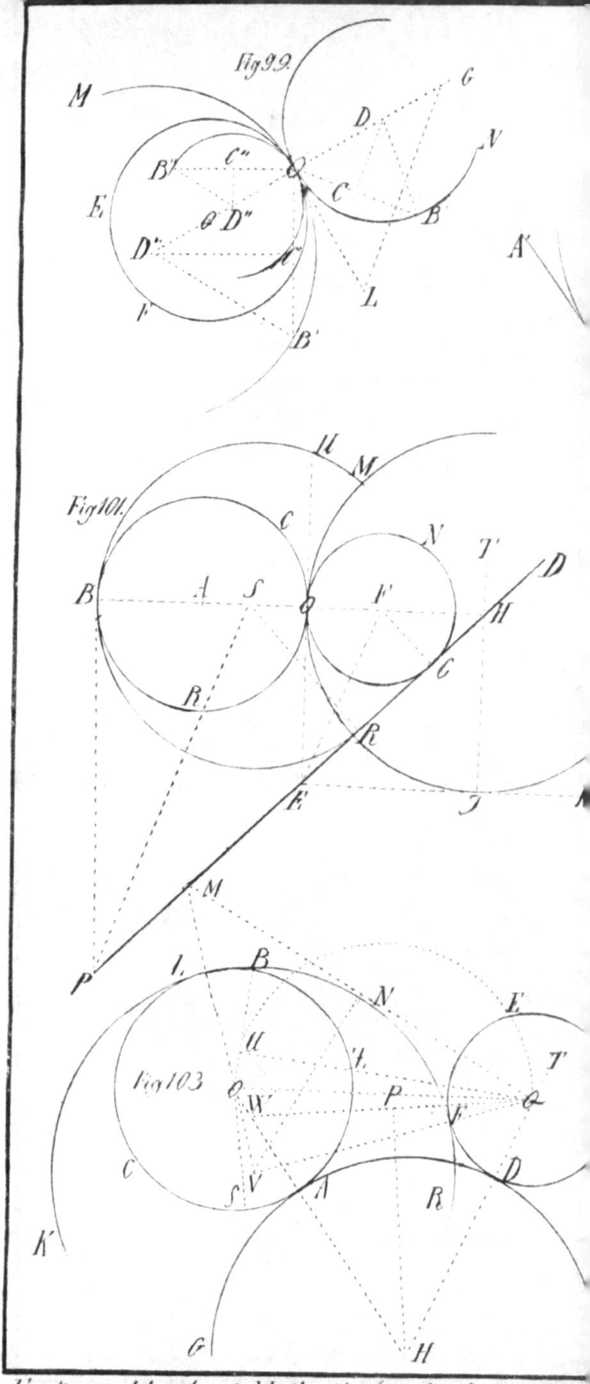

Förstners Lhrgb. d. Mathmtk. 1te Suplmt.

Taf. 7

Fig. 100.

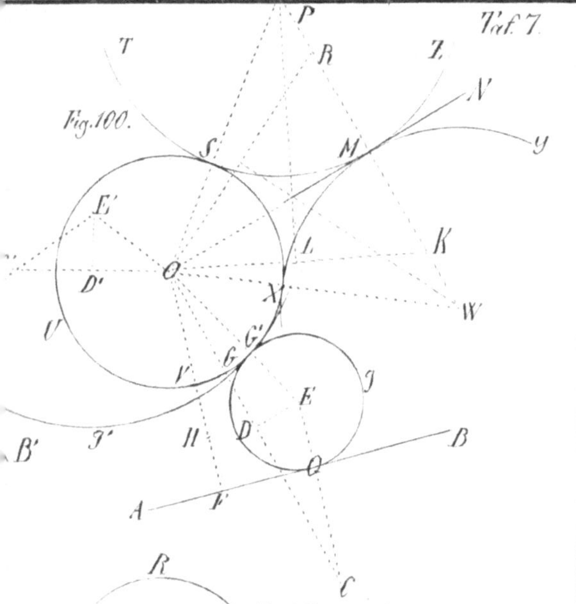

Fig. 102.

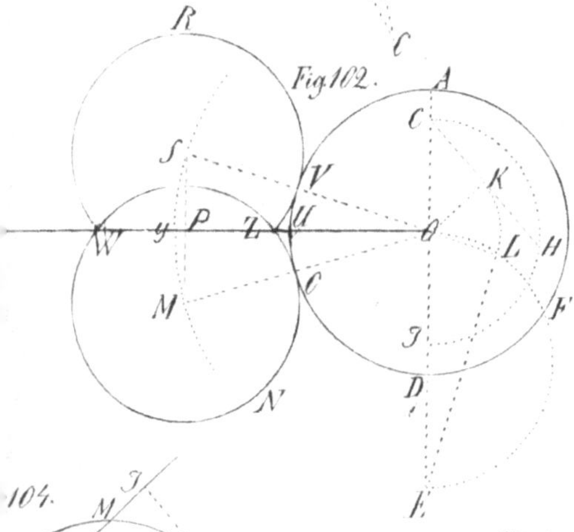

104.

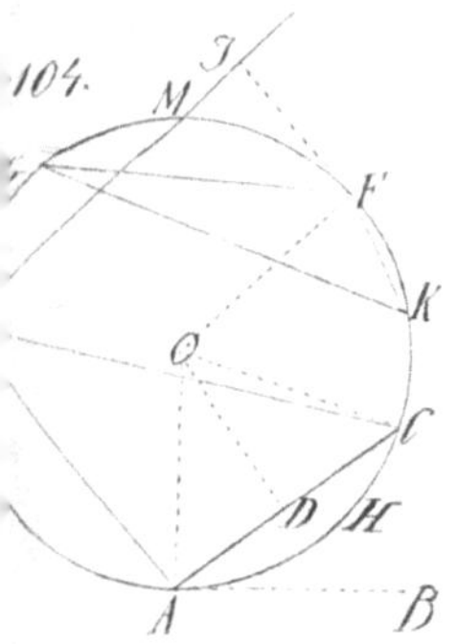

Fig. 105.

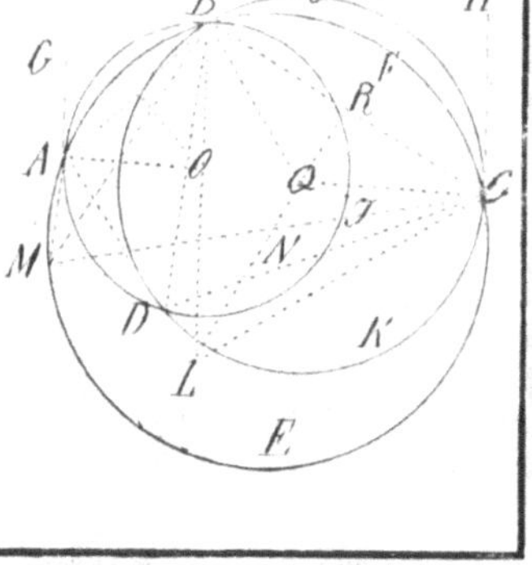

Fig 106.

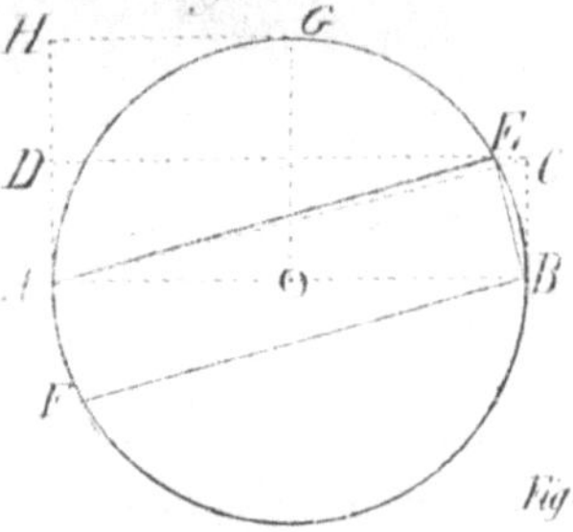

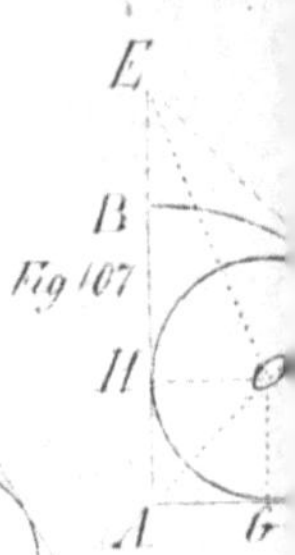

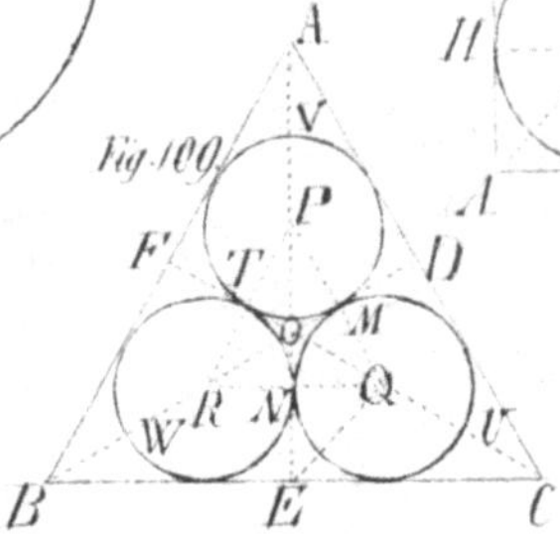

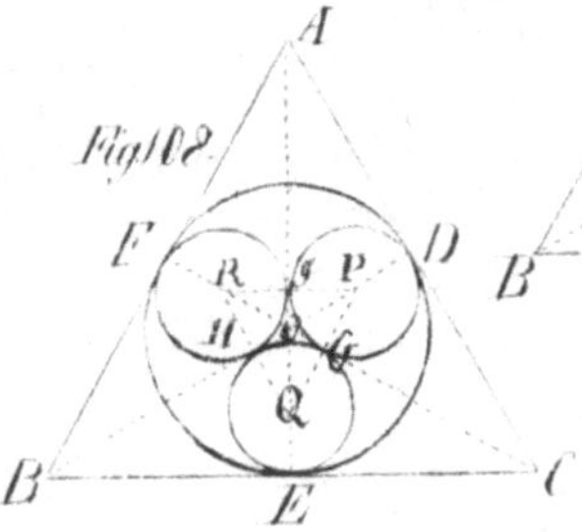

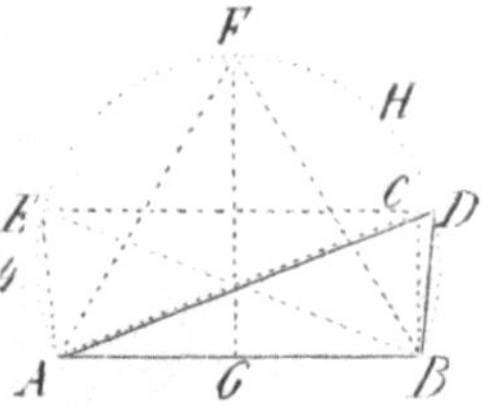

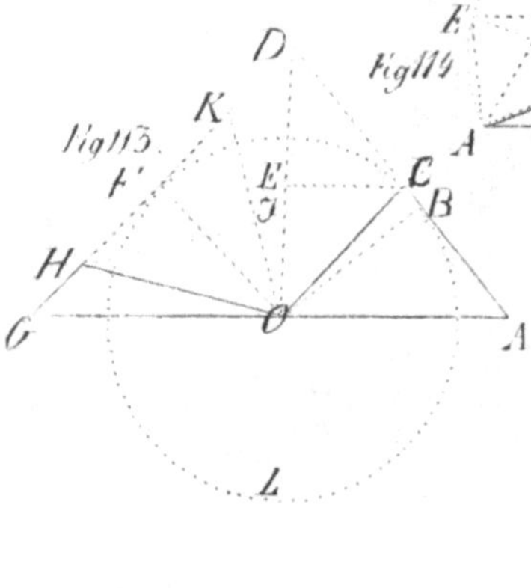

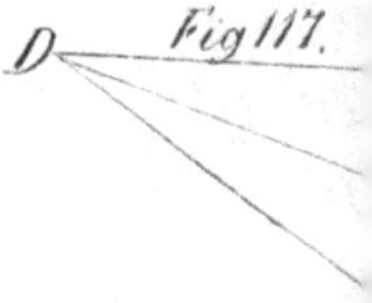

Fig 119.

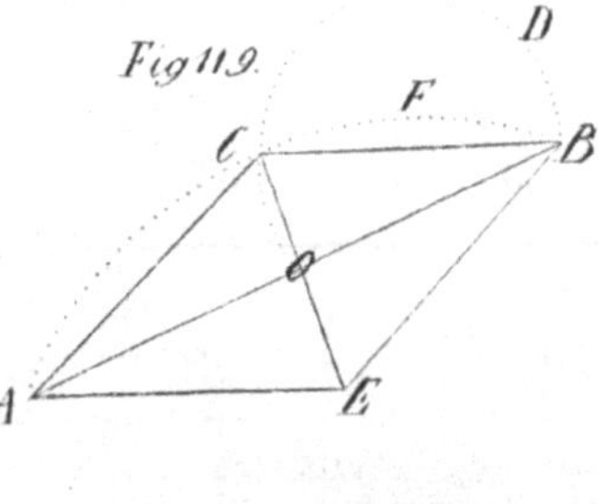

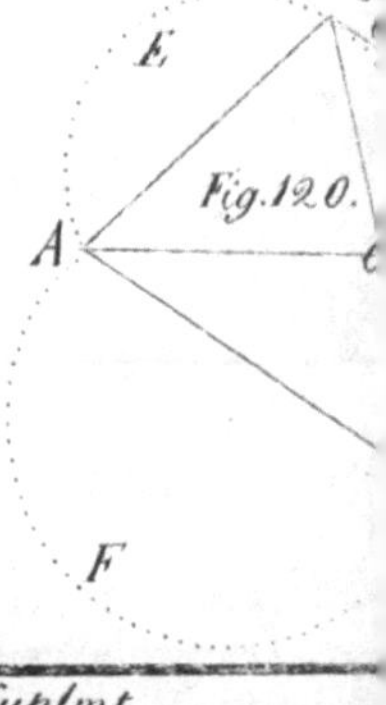

Taf. 8.

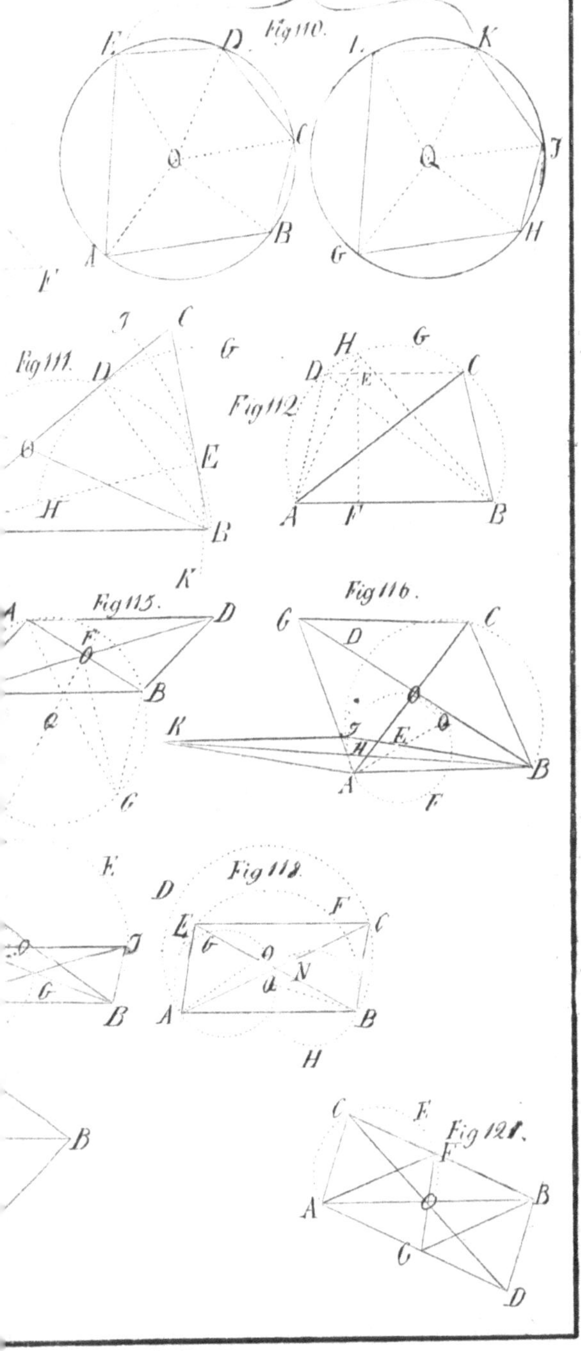

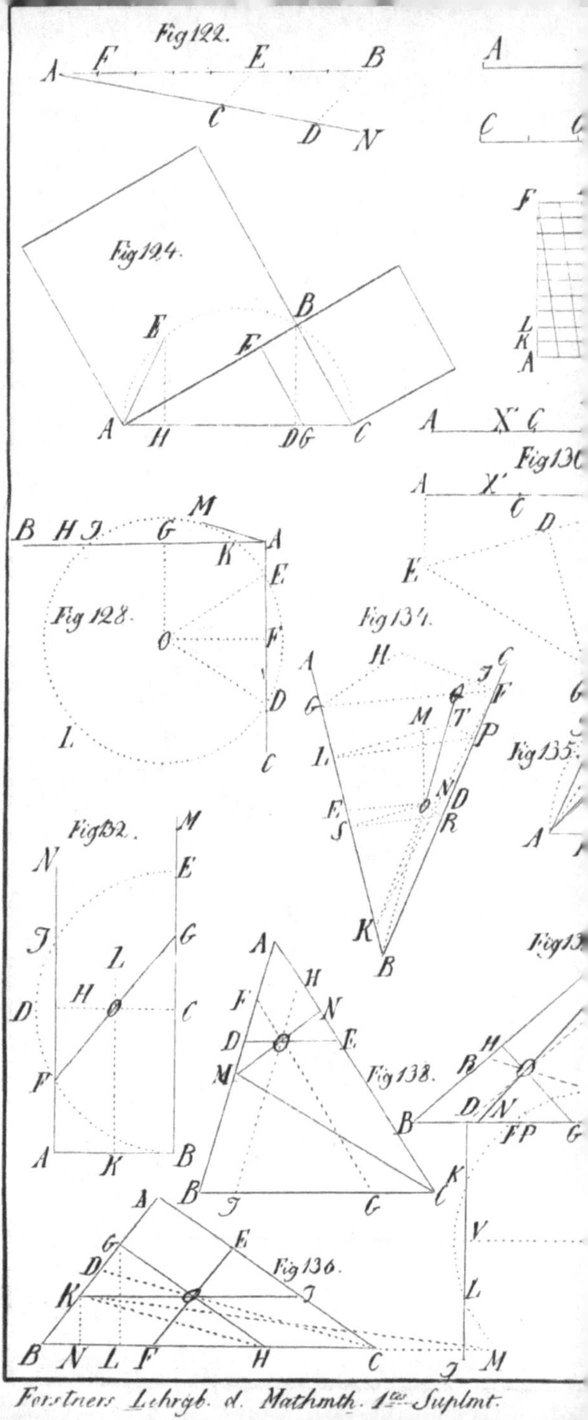

Forstners Lehrgb. d. Mathmth. 1ᵗᵉˢ Suplmt.

Taf. 9.

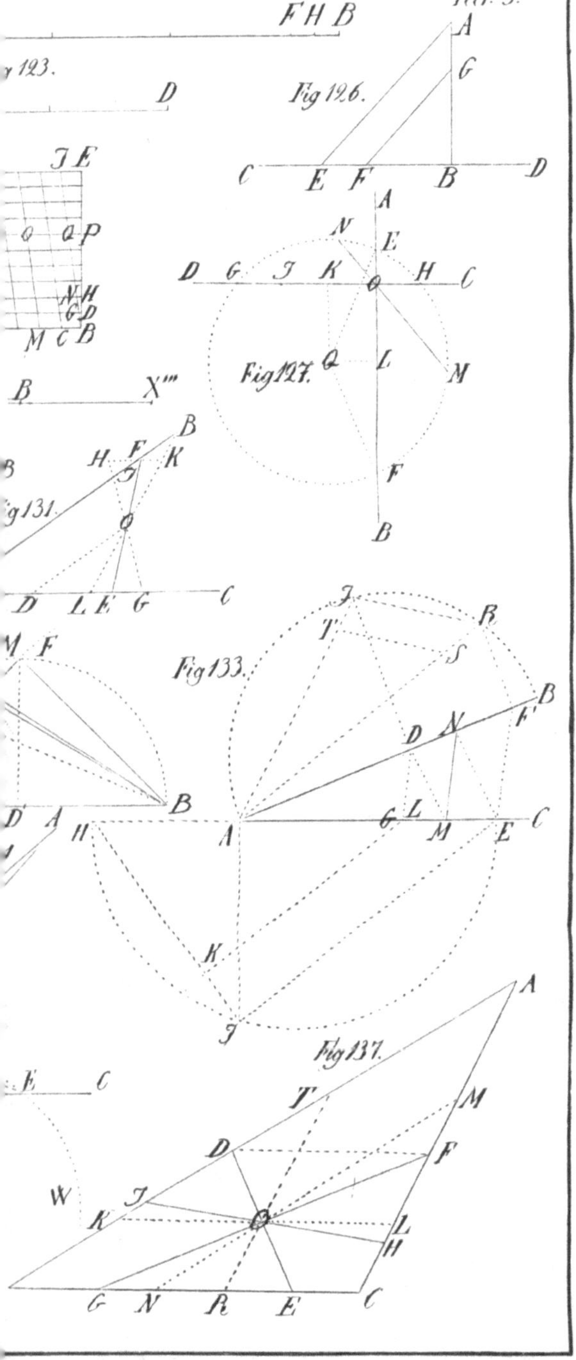

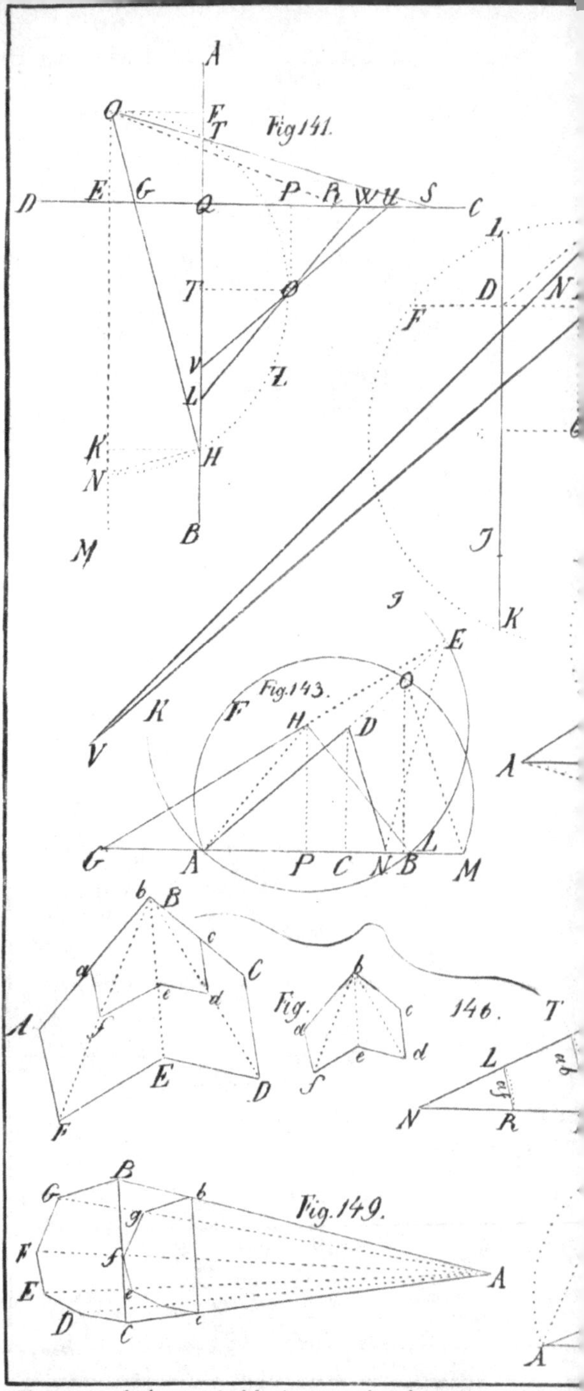

Forstners Lehrgb. d. Mathmtk. 1te Suplmt.

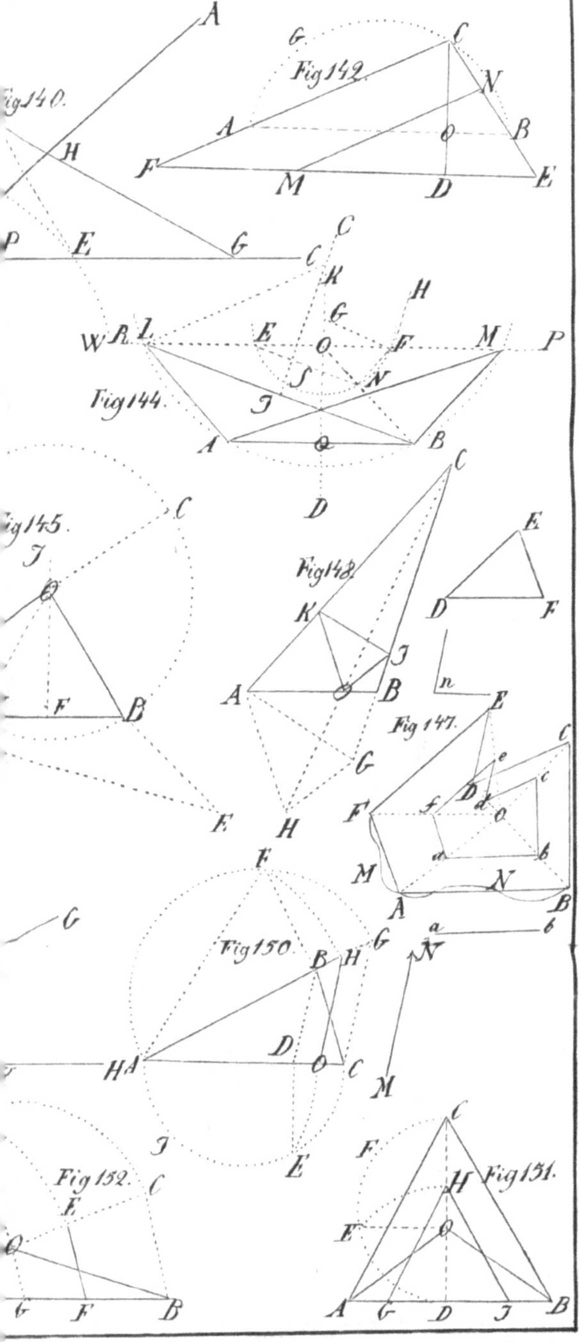
Fig 140.
Fig 142.
Fig 144.
Fig 145.
Fig 148.
Fig 147.
Fig 150.
Fig 151.
Fig 152.

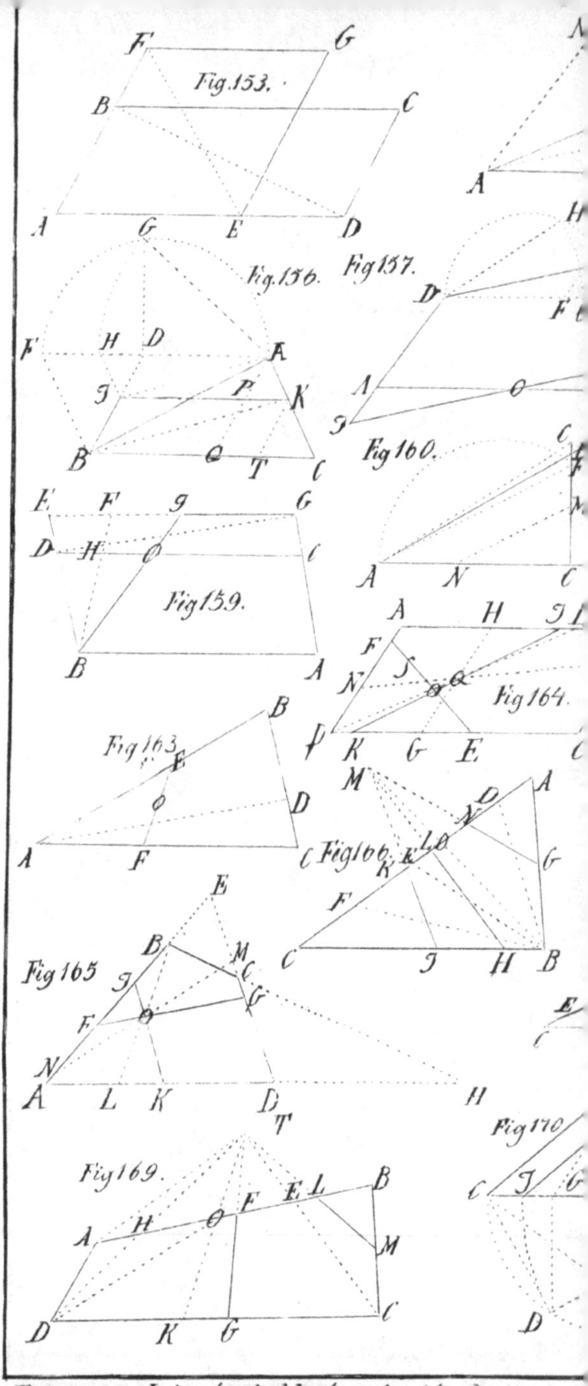

Forstners Lehrgb. d. Mathmtk. 1te Suplmt.

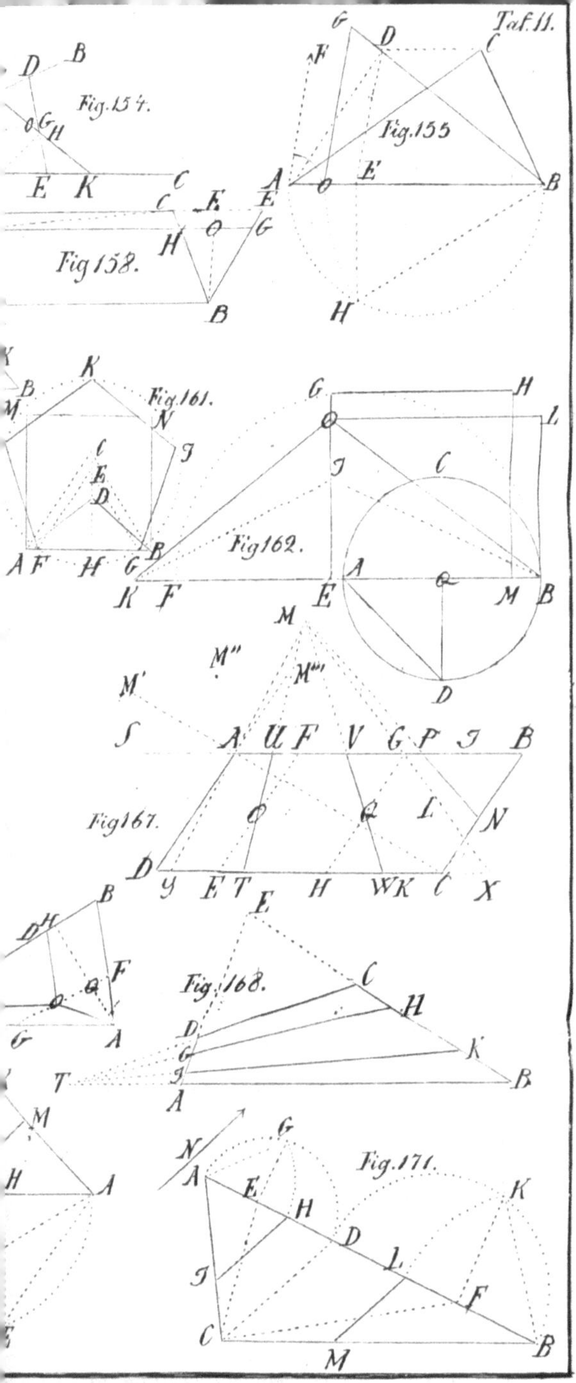
Taf. 11.
Fig. 154.
Fig. 155
Fig 158.
Fig. 161.
Fig 162.
Fig 167.
Fig. 168.
Fig. 171.

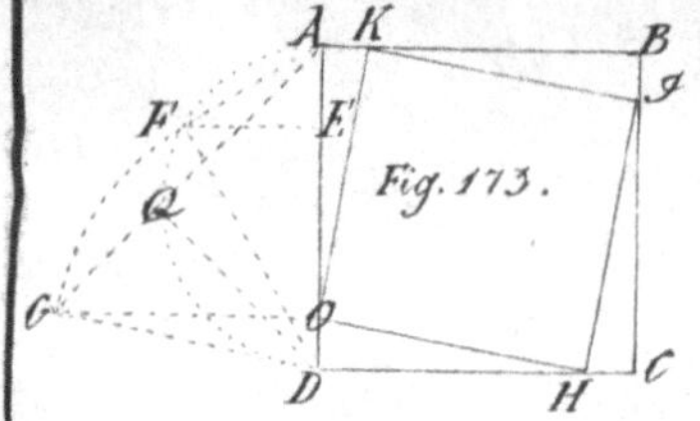

Fig. 173.

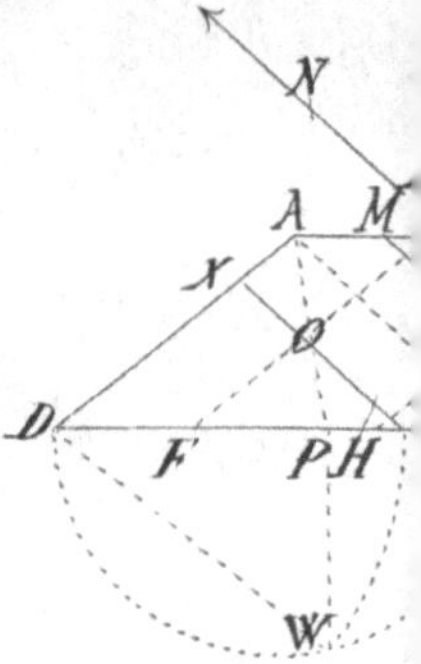

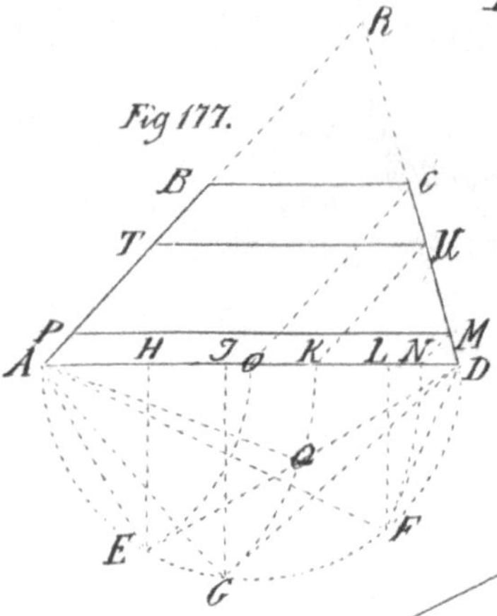

Fig 177.

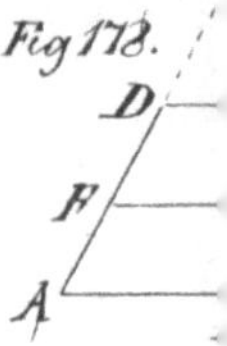

Fig 178.

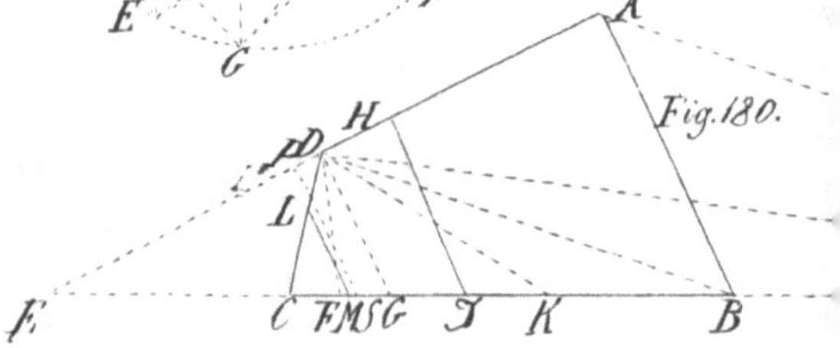

Fig. 180.

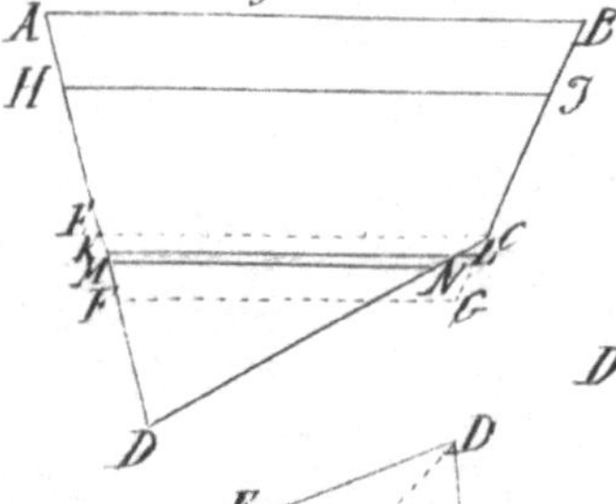

Fig 181.

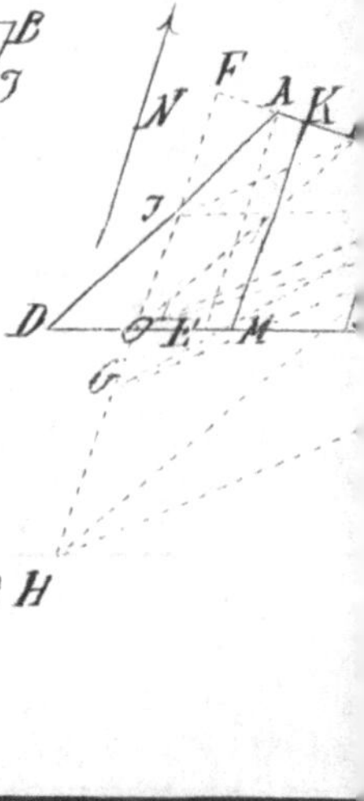

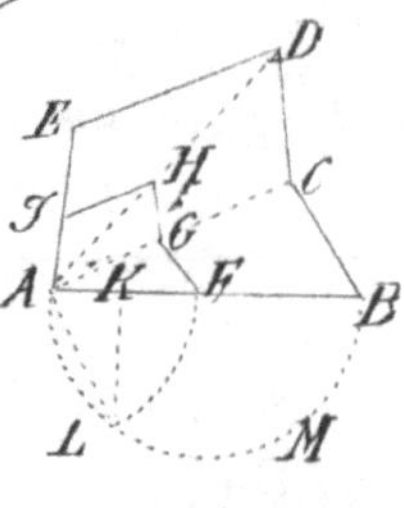

Fig. 184.

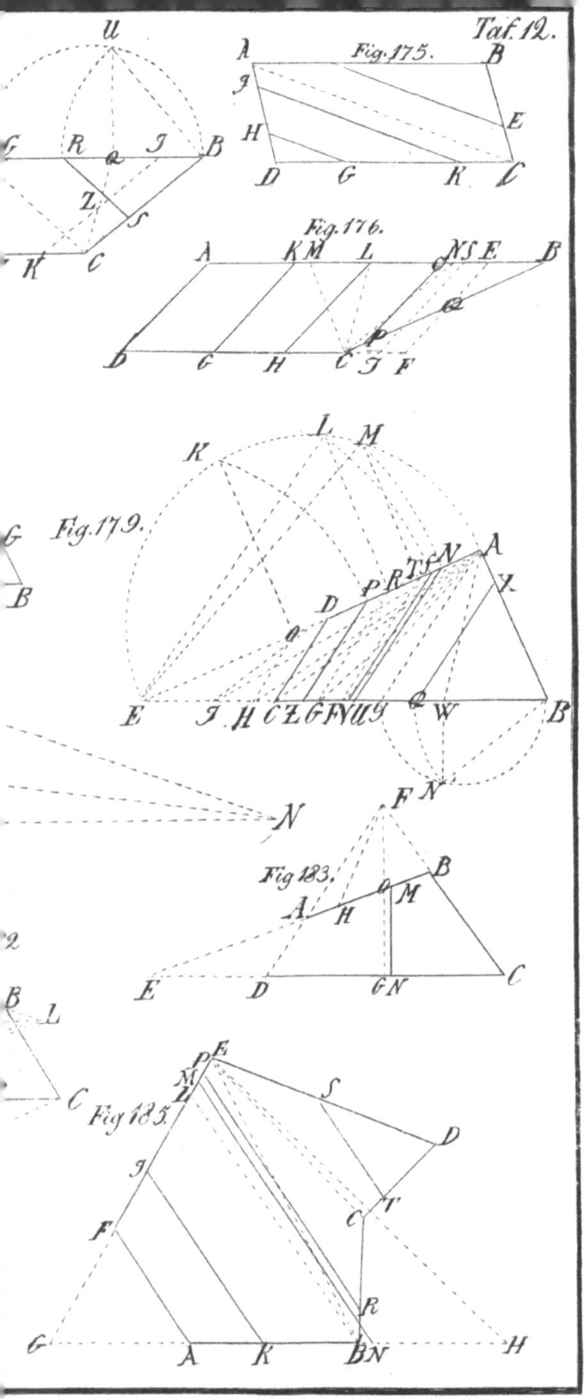
Taf. 12.
Fig. 175.
Fig. 176.
Fig. 179.
Fig. 183.
Fig. 185.

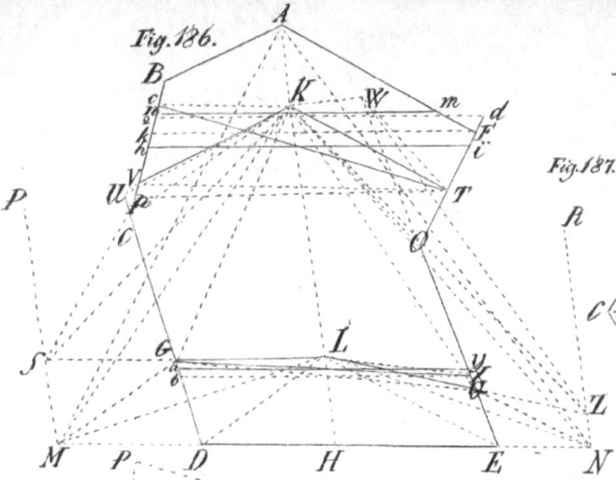

Fig. 186.

Fig. 187.

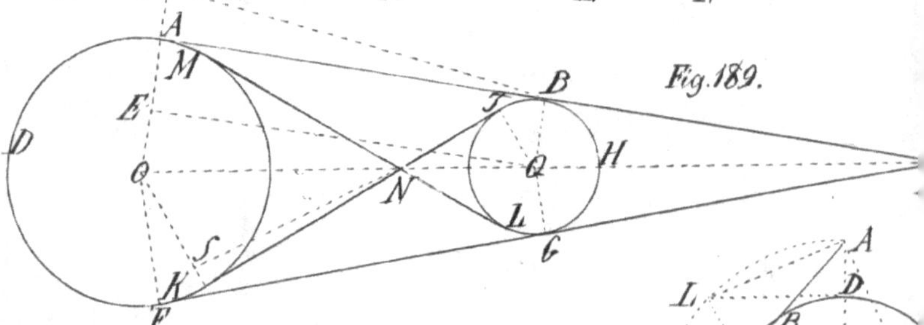

Fig. 189.

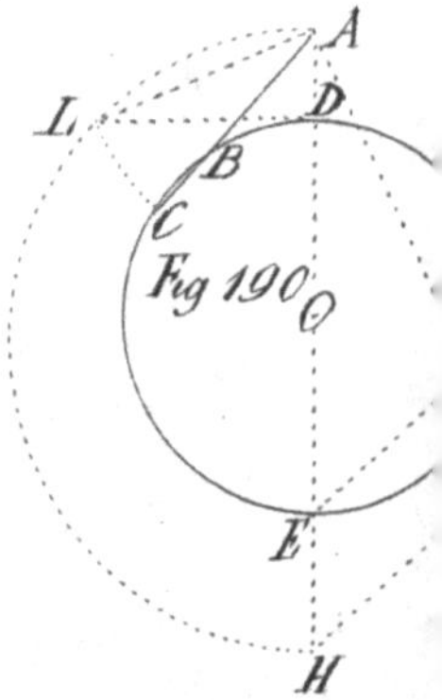

Fig 190

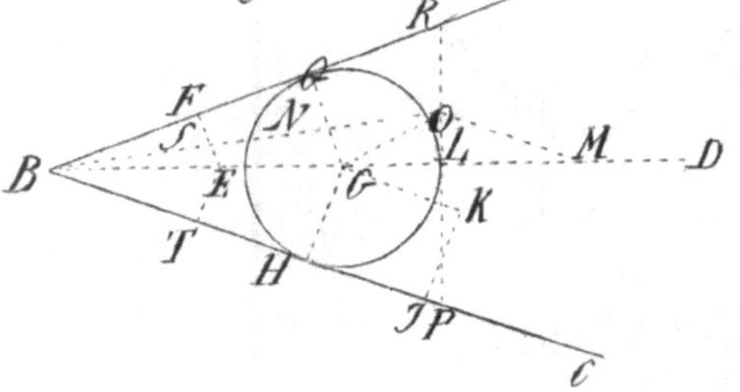

Fig 196

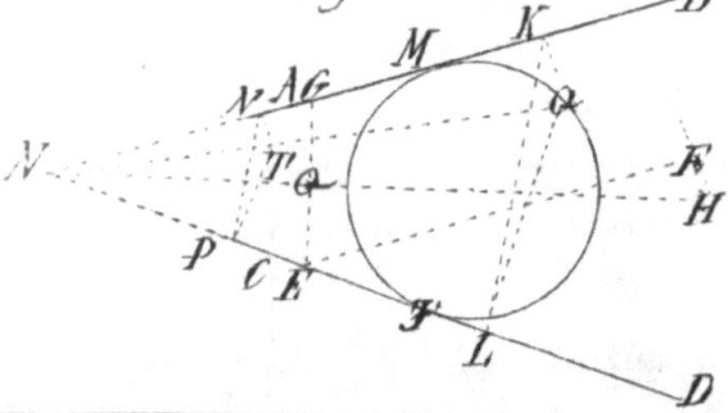

Fig. 197.

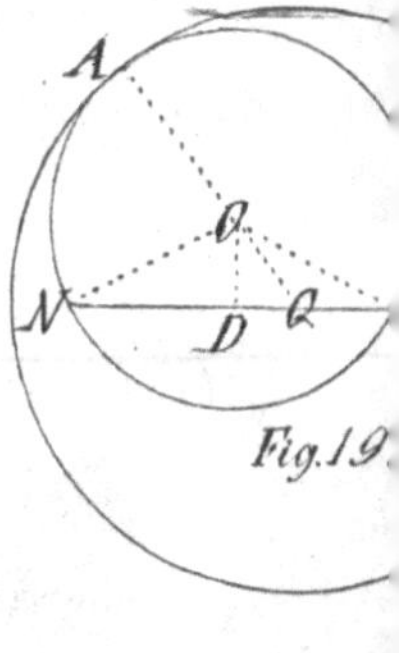

Fig. 19

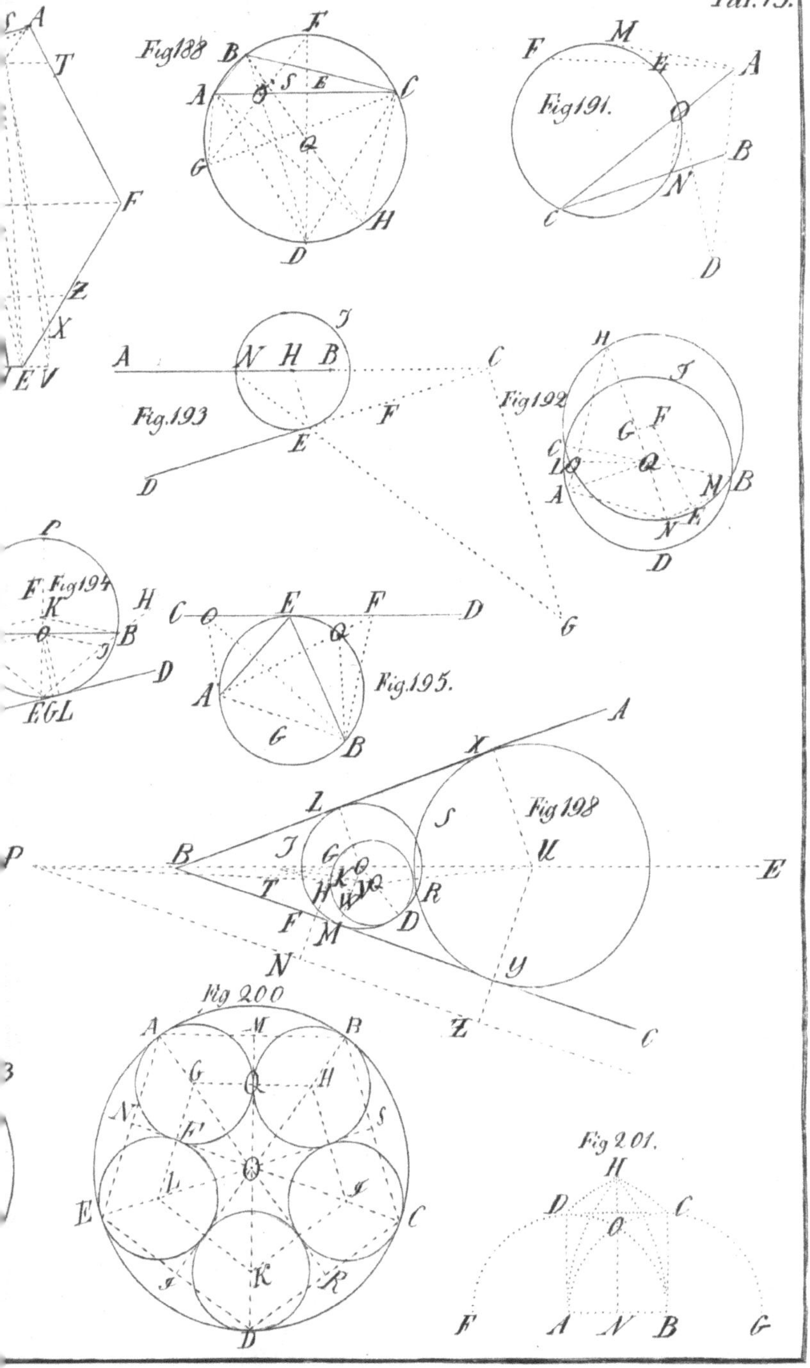
Fig 188
Fig 191.
Fig. 193
Fig 192
Fig 194
Fig. 195.
Fig 198
Fig 200
Fig 201.

FSC
www.fsc.org
MIX
Papier | Fördert gute Waldnutzung
FSC® C083411

Kolibri 360 GmbH
Ferdinand-Jühlke-Straße 7
99095 Erfurt, Deutschland
produktsicherheit@kolibri360.de